计算机基础与实训教材系列

计算机组装与维护

实用教程(第三版)

李建斌　李菲　薛芳　编著

清华大学出版社
北　京

内 容 简 介

本书由浅入深、循序渐进地介绍了计算机组装与维护的相关知识与技巧。全书共分为 10 章，分别介绍计算机的基础知识、计算机的硬件选购、计算机的组装、安装操作系统、硬件管理与检测计算机、系统应用与常用软件、计算机的网络设备、计算机的优化、计算机的日常维护和排除常见计算机故障等内容。

本书内容丰富，结构清晰，语言简练，图文并茂，具有很强的实用性和可操作性，是一本适合于高等院校、职业学校及各类社会培训学校的优秀教材，也是广大初、中级电脑用户的自学参考书。

本书对应的电子教案和习题答案可以到 http://www.tupwk.com.cn/edu 网站下载。

图书在版编目(CIP)数据

计算机组装与维护实用教程/李建斌，李菲，薛芳 编著. —3 版 —北京：清华大学出版社，2016（2021.8重印）
(计算机基础与实训教材系列)
ISBN 978-7-302-42963-0

Ⅰ. ①计… Ⅱ. ①李… ②李… ③薛… Ⅲ. ①电子计算机—组装—教材②计算机维护—教材
Ⅳ. ①TP30

中国版本图书馆 CIP 数据核字(2016)第 030567 号

责任编辑：胡辰浩 袁建华
装帧设计：思创景点
责任校对：曹 阳
责任印制：宋 林

出版发行：清华大学出版社
网　　址：http://www.tup.com.cn，http://www.wqbook.com
地　　址：北京清华大学学研大厦 A 座　**邮　　编：**100084
社 总 机：010-62770175　**邮　　购：**010-62786544
投稿与读者服务：010-62776969，c-service@tup.tsinghua.edu.cn
质 量 反 馈：010-62772015，zhiliang@tup.tsinghua.edu.cn
课 件 下 载：http://www.tup.com.cn,010-62794504
印 装 者：三河市铭诚印务有限公司
经　　销：全国新华书店
开　　本：190mm×260mm　**印　张：**19.25　**字　　数：**517 千字
版　　次：2009 年 1 月第 1 版　2016 年 2 月第 3 版　**印　　次：**2021 年 8 月第 6 次印刷
定　　价：69.00 元

产品编号：058513-04

编审委员会

计算机基础与实训教材系列

丛书序

计算机已经广泛应用于现代社会的各个领域，熟练使用计算机已经成为人们必备的技能之一。因此，如何快速地掌握计算机知识和使用技术，并应用于现实生活和实际工作中，已成为新世纪人才迫切需要解决的问题。

为适应这种需求，各类高等院校、高职高专、中职中专、培训学校都开设了计算机专业的课程，同时也将非计算机专业学生的计算机知识和技能教育纳入教学计划，并陆续出台了相应的教学大纲。基于以上因素，清华大学出版社组织一线教学精英编写了这套“计算机基础与实训教材系列”丛书，以满足大中专院校、职业院校及各类社会培训学校的教学需要。

一、丛书书目

本套教材涵盖了计算机各个应用领域，包括计算机硬件知识、操作系统、数据库、编程语言、文字录入和排版、办公软件、计算机网络、图形图像、三维动画、网页制作以及多媒体制作等。众多的图书品种可以满足各类院校相关课程设置的需要。

⊙ 已出版的图书书目

《计算机基础实用教程（第三版）》	《Excel 财务会计实战应用（第四版）》
《计算机基础实用教程(Windows 7+Office 2010 版)》	《C＃程序设计实用教程》
《电脑入门实用教程（第三版）》	《中文版 Office 2007 实用教程》
《电脑入门实用教程（Windows 7+Office 2010）》	《中文版 Word 2007 文档处理实用教程》
《电脑办公自动化实用教程（第三版）》	《中文版 Excel 2007 电子表格实用教程》
《计算机组装与维护实用教程（第三版）》	《中文版 PowerPoint 2007 幻灯片制作实用教程》
《中文版 Word 2003 文档处理实用教程》	《中文版 Access 2007 数据库应用实例教程》
《中文版 PowerPoint 2003 幻灯片制作实用教程》	《中文版 Project 2007 实用教程》
《中文版 Excel 2003 电子表格实用教程》	《中文版 Office 2010 实用教程》
《中文版 Access 2003 数据库应用实用教程》	《Word+Excel+PowerPoint 2010 实用教程》
《中文版 Project 2003 实用教程》	《中文版 Word 2010 文档处理实用教程》
《中文版 Office 2003 实用教程》	《中文版 Excel 2010 电子表格实用教程》
《网页设计与制作(Dreamweaver+Flash+Photoshop)》	《中文版 PowerPoint 2010 幻灯片制作实用教程》
《ASP.NET 4.0 动态网站开发实用教程》	《Access 2010 数据库应用基础教程》
《ASP.NET 4.5 动态网站开发实用教程》	《中文版 Access 2010 数据库应用实用教程》
《Excel 财务会计实战应用（第三版）》	《中文版 Project 2010 实用教程》

(续表)

《AutoCAD 2014 中文版基础教程》	《中文版 Photoshop CC 图像处理实用教程》
《中文版 AutoCAD 2014 实用教程》	《中文版 Flash CC 动画制作实用教程》
《AutoCAD 2015 中文版基础教程》	《中文版 Dreamweaver CC 网页制作实用教程》
《中文版 AutoCAD 2015 实用教程》	《中文版 InDesign CC 实用教程》
《AutoCAD 2016 中文版基础教程》	《中文版 CorelDRAW X7 平面设计实用教程》
《中文版 AutoCAD 2016 实用教程》	《中文版 Office 2013 实用教程》
《中文版 Photoshop CS6 图像处理实用教程》	《Office 2013 办公软件实用教程》
《中文版 Dreamweaver CS6 网页制作实用教程》	《中文版 Word 2013 文档处理实用教程》
《中文版 Flash CS6 动画制作实用教程》	《中文版 Excel 2013 电子表格实用教程》
《中文版 Illustrator CS6 平面设计实用教程》	《中文版 PowerPoint 2013 幻灯片制作实用教程》
《中文版 InDesign CS6 实用教程》	《Access 2013 数据库应用基础教程》
《中文版 CorelDRAW X6 平面设计实用教程》	《中文版 Access 2013 数据库应用实用教程》
《中文版 Premiere Pro CS6 多媒体制作实用教程》	《SQL Server 2008 数据库应用实用教程》
《中文版 Premiere Pro CC 视频编辑实例教程》	《Windows 8 实用教程》
《Mastercam X6 实用教程》	《计算机网络技术实用教程》
《多媒体技术及应用》	

二、丛书特色

1. 选题新颖，策划周全——为计算机教学量身打造

本套丛书注重理论知识与实践操作的紧密结合，同时突出上机操作环节。丛书作者均为各大院校的教学专家和业界精英，他们熟悉教学内容的编排，深谙学生的需求和接受能力，并将这种教学理念充分融入本套教材的编写中。

本套丛书全面贯彻“理论→实例→上机→习题”4 阶段教学模式，在内容选择、结构安排上更加符合读者的认知习惯，从而达到老师易教、学生易学的目的。

2. 教学结构科学合理、循序渐进——完全掌握“教学”与“自学”两种模式

本套丛书完全以大中专院校、职业院校及各类社会培训学校的教学需要为出发点，紧密结合学科的教学特点，由浅入深地安排章节内容，循序渐进地完成各种复杂知识的讲解，使学生能够一学就会、即学即用。

对教师而言，本套丛书根据实际教学情况安排好课时，提前组织好课前备课内容，使课堂

教学过程更加条理化，同时方便学生学习，让学生在学习完后有例可学、有题可练；对自学者而言，可以按照本书的章节安排逐步学习。

3. 内容丰富，学习目标明确——全面提升“知识”与“能力”

本套丛书内容丰富，信息量大，章节结构完全按照教学大纲的要求来安排，并细化了每一章内容，符合教学需要和计算机用户的学习习惯。在每章的开始，列出了学习目标和本章重点，便于教师和学生提纲挈领地掌握本章知识点，每章的最后还附带有上机练习和习题两部分内容，教师可以参照上机练习，实时指导学生进行上机操作，使学生及时巩固所学的知识。自学者也可以按照上机练习内容进行自我训练，快速掌握相关知识。

4. 实例精彩实用，讲解细致透彻——全方位解决实际遇到的问题

本套丛书精心安排了大量实例讲解，每个实例解决一个问题或是介绍一项技巧，以便读者在最短的时间内掌握计算机应用的操作方法，从而能够顺利解决实践工作中的问题。

范例讲解语言通俗易懂，通过添加大量的“提示”和“知识点”的方式突出重要知识点，以便加深读者对关键技术和理论知识的印象，使读者轻松领悟每一个范例的精髓所在，提高读者的思考能力和分析能力，同时也加强了读者的综合应用能力。

5. 版式简洁大方，排版紧凑，标注清晰明确——打造一个轻松阅读的环境

本套丛书的版式简洁、大方，合理安排图与文字的占用空间，对于标题、正文、提示和知识点等都设计了醒目的字体符号，读者阅读起来会感到轻松愉快。

三、读者定位

本丛书为所有从事计算机教学的老师和自学人员而编写，是一套适合于大中专院校、职业院校及各类社会培训学校的优秀教材，也可作为计算机初、中级用户和计算机爱好者学习计算机知识的自学参考书。

四、周到体贴的售后服务

为了方便教学，本套丛书提供精心制作的 PowerPoint 教学课件(即电子教案)、素材、源文件、习题答案等相关内容，可在网站上免费下载，也可发送电子邮件至 huchenhao@263.net 索取。

此外，如果读者在使用本系列图书的过程中遇到疑惑或困难，可以在丛书支持网站(http://www.tupwk.com.cn/edu)的互动论坛上留言，本丛书的作者或技术编辑会及时提供相应的技术支持。咨询电话：010-62796045。

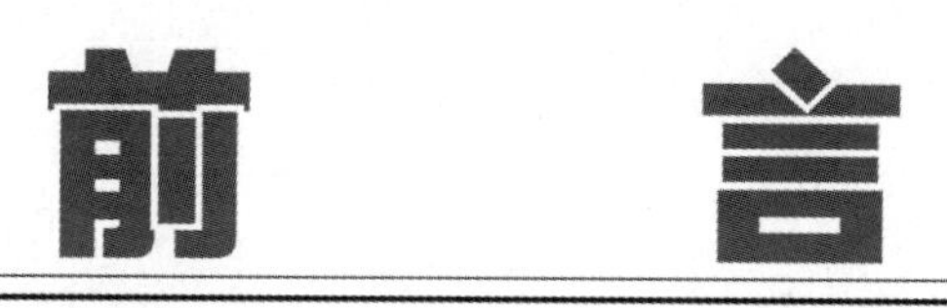

前言

计算机作为一种工具，正改变着我们工作和学习的方式，走进我们的生活。计算机由许多部件组成，这些部件协调工作，共同实现了计算机的强大功能。但是如此多的组成部件，如果其中的一个或多个安装不当或出现问题，则会给用户使用计算机带来极大的不便。因此，计算机的组装和维护方法，是每一个计算机用户都需要掌握的技能。

本书从教学实际需求出发，合理安排知识结构，从零开始、循序渐进地讲解计算机组装与维护的方法和技巧。本书共分 10 章，主要内容如下。

第 1 章介绍计算机的相关基础知识以及一些主要硬件设备的外观与功能。

第 2 章介绍计算机主要硬件设备的性能指标与选购注意事项。

第 3 章介绍组装计算机的详细步骤与相应的注意事项。

第 4 章介绍 Windows 7、Windows 8 这两款主流操作系统的安装方法。

第 5 章介绍查看计算机中硬件信息的方法与检测计算机硬件性能的方法。

第 6 章介绍操作系统的应用与常用软件的使用方法。

第 7 章介绍常用网络设备的特点与使用方法。

第 8 章介绍优化 Windows 操作系统的常用软件。

第 9 章介绍维护计算机硬件设备与系统的方法，让计算机可以更加稳定地工作。

第 10 章介绍遇到计算机故障时的分析方法与一些常见计算机故障的处理方法。

本书图文并茂、条理清晰、通俗易懂、内容丰富，在讲解每个知识点时都配有相应的实例，方便读者上机实践。同时在难于理解和掌握的部分内容上给出相关提示，让读者能够快速地提高操作技能。此外，本书配有大量综合实例和练习，让读者在不断的实际操作中更加牢固地掌握书中讲解的内容。

为了方便老师教学，我们免费提供本书对应的电子教案和习题答案，您可以到 http://www.tupwk.com.cn/edu 网站上进行下载。

本书分为 10 章，其中阜新高等专科学校的李建斌编写了 1~5 章，阜新高等专科学校的李菲编写了 6~9 章，薛芳编写了第 10 章。另外，除封面署名的作者外，参加本书编写的人员还有陈笑、曹小震、高娟妮、李亮辉、洪妍、孔祥亮、陈跃华、杜思明、熊晓磊、曹汉鸣、陶晓云、王通、方峻、李小凤、曹晓松、蒋晓冬、邱培强等人。由于作者水平所限，本书难免有不足之处，欢迎广大读者批评指正。我们的邮箱是 huchenhao@263.net，电话是 010-62796045。

作　者

2015 年 10 月

编　者

2015年10月

推荐课时安排

章　名	重点掌握内容	教学课时
第 1 章　计算机基础知识	1. 计算机的用途与分类 2. 计算机的组成 3. 主要硬件设备介绍 4. 常用外接设备介绍	2 学时
第 2 章　计算机的硬件选购	1. 选购主板与 CPU 2. 选购内存与硬盘 3. 选购显卡与显示器 4. 选购光驱 5. 选购键盘、鼠标和机箱	5 学时
第 3 章　计算机的组装	1. 组装计算机的准备事项 2. 组装机箱内的硬件设备 3. 连接数据线与电源线 4. 连接外部设备 5. 连接机箱控制线 6. 开机检测	4 学时
第 4 章　安装操作系统	1. 全新、自动安装 Windows 7 2. 全新、升级安装 Windows 8	2 学时
第 5 章　硬件管理与检测计算机	1. 查看计算机中的硬件 2. 安装和升级驱动程序 3. 检测硬件性能 4. 连接打印机	2 学时
第 6 章　系统应用与常用软件	1. 系统的认识 2. 系统的基本操作 3. 常用软件的使用	3 学时
第 7 章　计算机的网络设备	1. 网卡 2. ADSL Modem 3. 局域网交换机 4. 无线路由器 5. 网线	3 学时

(续表)

章 名	重 点 掌 握 内 容	教 学 课 时
第 8 章　计算机的优化	1. 使用软件优化系统 2. 通过组策略优化系统 3. 常用优化操作 4. 优化硬件性能	2 学时
第 9 章　计算机的日常维护	1. 保养与维护硬件设备 2. 保养与维护外接设备 3. 定期维护系统 4. 管理磁盘分区 5. 查杀计算机病毒与木马	2 学时
第 10 章　排除常见计算机故障	1. 常见故障现象 2. 故障原因分析原则 3. 系统故障诊断思路 4. 系统常见故障处理 5. 硬件故障检测方法 6. 硬件设备常见故障处理	2 学时

注：1. 教学课时安排仅供参考，授课教师可根据情况作调整。

2. 建议每章安排与教学课时相同时间的上机练习。

目录

CONTENTS

计算机基础与实训教材系列

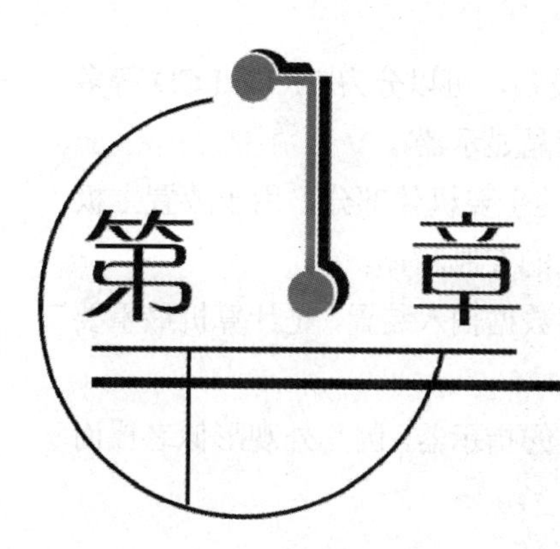

第1章 计算机基础知识

学习目标

在掌握计算机的组装与维护技能之前，用户应首先了解计算机的基本知识，如计算机的外观、计算机的用途、计算机的常用术语及其硬件结构和软件分类等。本章作为全书的开端，将重点介绍计算机基础知识。

本章重点

- 计算机的外观与功能
- 计算机的主要硬件设备
- 计算机软件的分类
- 计算机的启动原理

1.1 计算机的介绍

计算机由早期的电子计算器发展而来，是一种能够按照程序运行，自动、高速处理海量数据的现代化智能电子设备。下面将对计算机的外观、用途、分类和常用术语进行详细的介绍，帮助用户对计算机建立一个比较清晰的认识。

1.1.1 初识计算机

计算机由硬件与软件组成，没有安装任何软件的计算机被称为“裸机”。常见的计算机类型有台式计算机、笔记本电脑和平板计算机等(本书将着重介绍台式计算机的组装与维护)。其中，台式计算机从外观上看，由显示器、主机、键盘、鼠标等几个主要设备组成，如图 1-1 所示。

计算机各主要设备的功能如下。

◉ 显示器：显示器是计算机的I/O设备，即输入/输出设备，可以分为CRT、LCD等多种(目前市场上常见的显示器多为LCD显示器，即液晶显示器)。

◉ 主机：计算机主机是计算机除去输入/输出设备以外的主要机体部分，用于放置主板以及其他计算机主要部件(主板、内存、CPU等设备)的控制箱体。

◉ 键盘：键盘是计算机用于操作设备运行的一种指令和数据输入装置，是计算机最重要的输入设备之一。

◉ 鼠标：鼠标是计算机用于显示操作系统纵横坐标定位的指示器，因其外观形似老鼠而被称为“鼠标”(Mouse)。

图1-1　计算机的主要设备

1.1.2　常见计算机类型

计算机经过数十年的发展，出现了多种类型，如台式计算机、笔记本电脑、平板计算机等。下面将分别介绍不同种类计算机的特点。

1. 台式计算机

台式计算机是出现最早，也是目前最常见的计算机，其最大的优点是耐用并且价格实惠(与平板计算机和笔记本电脑相比)；缺点是笨重，并且耗电量较大。常见的台式计算机一般分为分体式计算机与一体式计算机两种。

◉ 分体式计算机：分体式计算机即一般常见的台式计算机。如图1-2所示，为一台典型的分体式计算机。

◉ 一体式计算机：随着主机尺寸的缩小，计算机厂商开始把主机集成到显示器中，从而形成一体式计算机(缩写为AIO)，如图1-3所示。一体式计算机相较传统的分体台式计算机有着连接线少、体积小的优势。

图1-2　分体式计算机

图1-3　一体式计算机

知识点

多点触摸技术是一体式计算机的一大亮点。惠普、华硕、微星、海尔等厂商都已陆续推出了多点触摸技术的一体式计算机。依靠多点触摸技术，用户能够以直观的手指操作(拖拉、撑开、合拢、旋转)来实现图片的切换、移位、放大缩小和旋转，实现文档、网页的翻页及文字缩放。多点触摸技术的引入增强了一体式计算机的核心竞争力，成为一体式计算机的发展契机，也为未来的一体式计算机产品指明了一个方向。

2. 笔记本电脑

笔记本电脑(NoteBook)又被称为手提计算机或膝上计算机，是一种可随身携带的小型个人计算机，如图1-4所示。笔记本电脑通常重1~3kg，其发展趋势是体积越来越小，重量越来越轻，而功能却越来越强大。

图1-4　笔记本电脑

知识点

与台式计算机相比，笔记本电脑的优点是机身小巧轻便，方便携带；缺点是散热效果较差，同等性能的硬件配置下价格比台式计算机稍贵。

3. 平板计算机

平板计算机(简称 Tablet PC)是一种小型、方便携带的个人计算机，一般以触摸屏作为基本的输入设备，其外观如图 1-5 所示。平板计算机的主要特点是显示器可以随意旋转，并且都是触摸液晶显示屏(有些产品可以用电磁感应笔手写输入)。

iPad Air2

微软 Surface Pro3

图 1-5　平板计算机

1.1.3　计算机的用途

如今，计算机已经成为家庭生活与企业办公中必不可少的工具之一，其用途非常广泛，几乎渗透到人们日常活动的各个方面。对于普通用户而言，计算机的常见用途主要包括计算机办公、网上冲浪、文件管理、视听播放和游戏娱乐等几个方面。

- 计算机办公：随着计算机的逐渐普及，目前几乎所有的办公场所都使用计算机，尤其是一些从事金融投资、动画制作、广告设计等行业的单位，更是离不开计算机的协助，如图 1-6 所示。计算机在办公操作中的用途很多，如制作办公文档、财务报表、3D 效果图等。
- 网上冲浪：计算机接入互联网后，可以为用户带来更多的便利。例如，可以在网上看新闻、下载资源、网上购物、浏览微博等。而这一切只是人们使用计算机上网最基本的应用而已，随着 Web 2.0 时代的到来，更多的计算机用户可以通过 Internet 相互联系，不仅仅只是在互联网上冲浪，同时每一个用户也可以成为波浪的制造者，如图 1-7 所示。

图 1-6　计算机办公

图 1-7　网上冲浪

- 文件管理：计算机可以帮助用户更加轻松地掌握并管理各种电子化的数据信息，如各种电子表格、文档、联系信息、视频资料以及图片文件等。通过操作计算机，不仅可以方便地保存各种资源，还可以随时在计算机中调出并查看自己所需的内容，如图 1-8 所示。
- 视听播放：听音乐和看视频是计算机最常用的功能之一。计算机拥有很强的兼容能力，使用计算机的视听播放功能，不仅可以播放各种 DVD、CD、MP3、MP4 音乐与视频，还可以播放一些特殊格式的音频或视频文件，如图 1-9 所示。因此，很多家庭计算机已经逐步代替客厅中的各种影音播放机，组成更强大的视听家庭影院。

图 1-8　文件管理

图 1-9　视听播放

- 游戏娱乐：计算机游戏是指在计算机上运行的游戏软件，这种软件是一种具有娱乐功能的计算机软件。计算机游戏为游戏参与者提供了一个虚拟的空间，从一定程度上让人可以摆脱现实世界，在另一个世界中扮演真实世界中扮演不了的角色。同时计算机多媒体技术的发展，使游戏给了人们很多体验和享受，如图 1-10 所示。

图 1-10　计算机游戏

知识点

常见的计算机游戏分为网络游戏、单机游戏、网页游戏等几种，其中网络游戏与网页游戏需要用户将计算机接入 Internet 后才能进入游戏，而单机游戏一般通过游戏光盘在计算机中安装后即可开始游戏。

1.2 计算机的硬件组成

计算机由硬件与软件组成。其中，硬件包括构成计算机的主要内部设备与常用外部设备两种，本节将分别介绍这两种计算机硬件设备的外观和功能。

1.2.1 计算机的主要内部设备

计算机的主要内部设备包括主板、CPU、内存、硬盘、显卡、机箱、电源和光驱等，其各自的外观与功能如下。

1. 主板

计算机的主板是计算机主机的核心配件，它被安装在机箱内。主板的外观一般为矩形的电路板，其上安装了组成计算机的主要电路系统，一般包括BIOS芯片、I/O控制芯片、键盘和面板控制开关接口等，如图1-11所示。

图1-11 主板

知识点

计算机的主板采用了开放式结构。主板上大都有6至15个扩展插槽，供计算机外围设备的控制卡(适配器)插接。通过更换这些插卡，用户可以对计算机的相应子系统进行局部升级。

2. CPU

CPU是计算机解释和执行指令的部件，它控制整个计算机系统的操作。因此，CPU也被称作是计算机的“心脏”，如图1-12所示。

CPU安装在计算机的主板上的CPU插槽中，它由运算器、控制器和寄存器及实现它们之间联系的数据、控制及状态的总线构成，其运作原理大致可分为提取(Fetch)、解码(Decode)、执行(Execute)和写回(Writeback)这4个阶段。

图 1-12　CPU

知识点

CPU从存储器或高速缓冲存储器中取出指令，放入指令寄存器，并对指令译码，并执行指令。所谓计算机的可编程性主要是指对CPU的编程。

3. 内存

内存(Memory)也被称为内存储器，是计算机中重要的部件之一，它是与 CPU 进行沟通的桥梁，其作用是用于暂时存放CPU中的运算数据，以及与硬盘等外部存储器交换的数据。内存被安装在计算机主板的内存插槽中，其运行情况决定了计算机能否稳定运行，如图1-13所示。

图 1-13　内存

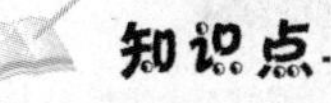

知识点

内存是暂时存储程序以及数据的地方。例如，用户在使用Word处理文稿，当在键盘上敲入字符时，它就被存入内存中；当用户在Word中选择【文件】|【保存】命令存盘时，内存中的数据才会被存入硬

4. 硬盘

硬盘是计算机的主要存储媒介之一，由一个或者多个铝制或者玻璃制的碟片组成。这些碟片外覆盖有铁磁性材料，如图1-14所示。绝大多数硬盘都是固定硬盘，被永久性地密封固定在

硬盘驱动器中。硬盘一般被安装在计算机的机箱上的驱动器架内，通过数据线与计算机主板相连。

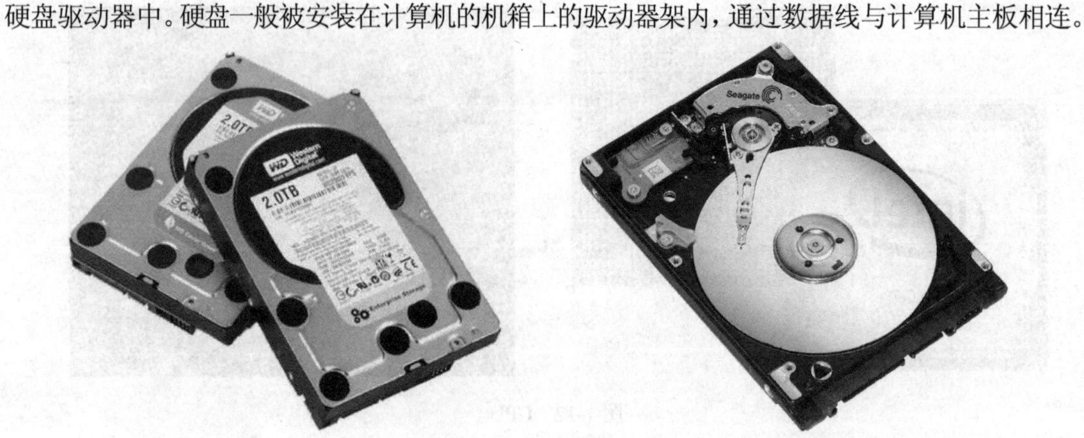

图 1-14　硬盘

知识点

硬盘通常由重叠的一组盘片构成，每个盘面都被划分为数目相等的磁道，并从外缘的 0 开始编号。具有相同编号的磁道形成一个圆柱，称之为磁盘的柱面。

5. 显卡

显卡的全称为显示接口卡(video card，或 graphic card)，又称为显示适配器，它是计算机最基本的配件之一，如图 1-15 所示。显卡安装在计算机主板上的PCI Express(或 AGP、PCI)插槽中，其用途是将计算机系统所需要的显示信息进行转换驱动，并向显示器提供行扫描信号，控制显示器的正确显示。

图 1-15　显卡

6. 机箱

机箱作为计算机配件中的一部分，其主要功能是放置和固定各计算机配件，起到一个承托和保护作用，如图 1-16 所示。机箱也可以被看作是计算机主机的“房子”，它由金属钢板和塑

料面板制成，为电源、主板、各种扩展板卡、软盘驱动器、光盘驱动器、硬盘驱动器等存储设备提供安装空间，并通过机箱内支架、各种螺丝或卡子、夹子等连接件将这些零部件牢固地固定在机箱内部，形成一台主机。

图 1-16 机箱

知识点

设计精良的计算机机箱会提供方便的 LED 显示灯以供维护者及时了解机器情况，前置 USB 接口之类的小设计也会极大地方便使用者。同时，有的机箱提供前置冗余电源的设计，使得电源维护也更为便

7. 电源

计算机电源的功能是把 220V 的交流电，转换成直流电，并专门为计算机配件(主板、驱动器等)供电的设备，是计算机各部件供电的枢纽，也是计算机的重要组成部分，如图 1-17 所示。

图 1-17 电源

电源的转换效率通常在 70%-80%之间，这就意味着 20%-30%的能量将转化为热量。这些热量积聚在电源中不能及时散发，会使电源局部温度过高，从而对电源造成伤害。因此，任何电源内部都包含有散热装置。

8. 光驱

光驱是计算机用来读写光碟内容的设备，也是在台式计算机中较常见的一个部件，如图1-18 所示。随着多媒体的应用越来越广泛，使得光驱在大部分计算机中已经成为标准配置。目前，市场上常见的光驱可分为 CD-ROM 驱动器、DVD 光驱(DVD-ROM)和刻录机等。

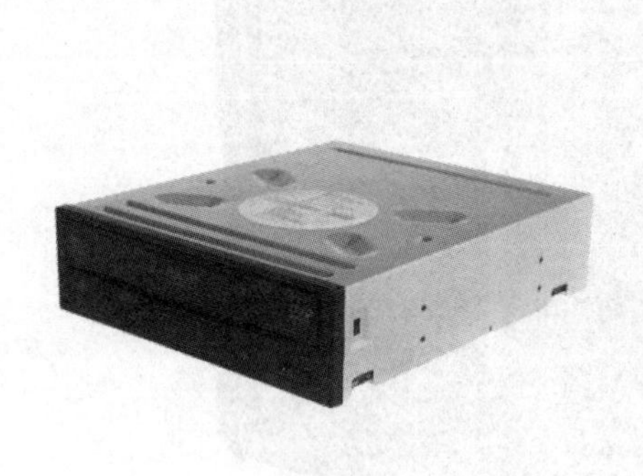

图 1-18　光驱

1.2.2　计算机的主要外部设备

计算机的外部设备主要包括键盘、鼠标、显示器、打印机、摄像头、移动存储设备、耳机(耳麦和麦克风)、音箱等，下面将对它们分别进行介绍。

1. 键盘

计算机键盘(如图 1-19 所示)是一种可以把文字信息和控制信息输入计算机的设备，它由英文打字机键盘演变而来。台式计算机的键盘一般使用 PS/2 或 USB 接口与计算机主机相连。

图 1-19　键盘

知识点

键盘的作用是记录用户的按键信息，并通过控制电路将该信息送入计算机，从而实现将字符输入计算机的目的。目前市面上的键盘，无论是何种类型，其信号产生的原理都基本相同。

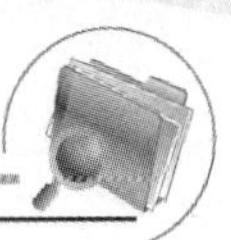

2. 鼠标

鼠标的标准称呼应该是“鼠标器”(Mouse)，其外观如图 1-20 所示。鼠标的使用是为了使计算机的操作更加简便，从而代替键盘那繁琐的指令。台式计算机所使用的鼠标与键盘一样，一般采用 PS/2 或 USB 接口与计算机主机相连。

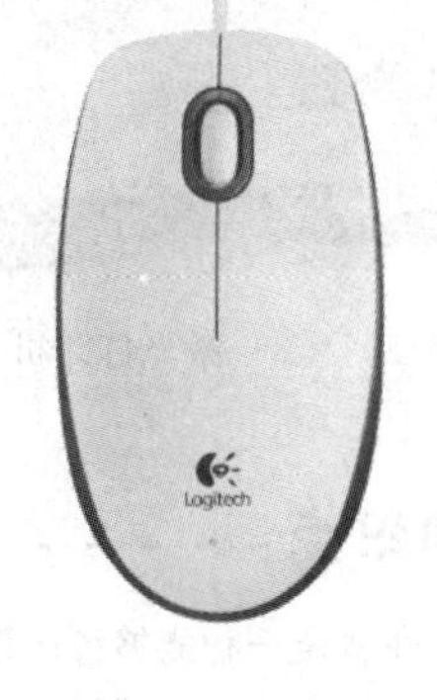

图 1-20　鼠标

3. 显示器

显示器通常也称为监视器，是一种将一定的电子文件通过特定的传输设备显示到屏幕上再反射到人眼的显示工具，如图 1-21 所示。目前常见的显示器均为 LCD(液晶)显示器。

图 1-21　显示器

知识点

显示器是与计算机交流的窗口，选购一台好的显示器可以大大降低使用计算机时的疲劳感。目前，LCD 显示器凭借其高清晰、高亮度、低功耗、体积较小及影像显示稳定等优势，成为了市场的主流。

4. 打印机

打印机是计算机的输出设备之一，其作用是将计算机的处理结果打印在相关介质上。打印机是最常见的计算机外部设备之一，其外观如图 1-22 所示。

激光打印机

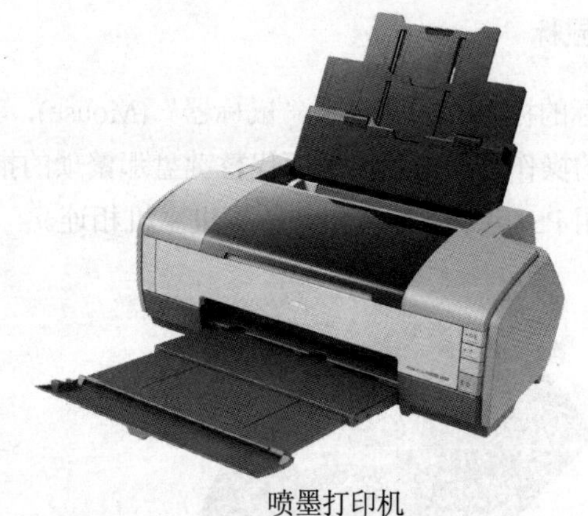

喷墨打印机

图 1-22　打印机

知识点

打印机是一种能够将计算机的运算结果或中间结果以人所能识别的数字 、字母、符号和图形等，依照规定的格式输出到纸上的设备，其正向轻、薄、短、小、低功耗、高速度和智能化方向发展。

5. 摄像头

摄像头(Camera)又称为计算机相机、计算机眼等，是一种视频输入设备，被广泛地运用于视频会议、远程医疗及实时监控等方面，如图 1-23 所示。

图 1-23　摄像头

知识点

用户可以彼此通过摄像头在网络上进行有影像、有声音的交谈和沟通。另外，还可以将其用于当前各种流行的数码影像或影音处理。

6. 移动存储设备

移动存储设备指的是便携式的数据存储装置，此类设备带有存储介质且自身具有读写介质的功能，不需要(或很少需要)其他设备(如计算机)的协助。现代的移动存储设备主要有移动硬盘、

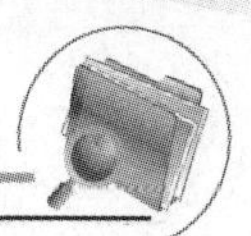

U 盘(闪存盘)和各种记忆卡(存储卡)等，如图 1-24 所示。

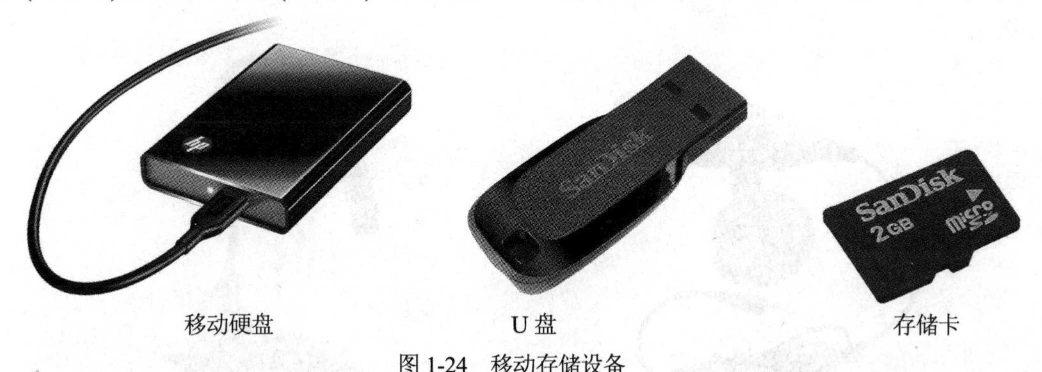

移动硬盘　　　　U 盘　　　　存储卡

图 1-24　移动存储设备

知识点

在所有移动存储设备中，移动硬盘可以提供相当大的存储容量，是一种较具性价比的移动存储产品。在大容量 U 盘(闪存盘)价格还无法被用户所接受的情况下，移动硬盘可以为用户提供较大的存储容量和不错的便携性。

7. 耳机、耳麦和麦克风

耳机是使用计算机听音乐、玩游戏或看电影必不可少的设备，如图 1-25 所示。它能够从声卡中接收音频信号，并将其还原为真实的音乐。

耳麦是耳机与麦克风的整合体，如图 1-26 所示。它不同于普通的耳机，普通耳机往往是立体声的，而耳麦多是单声道的，另外，耳麦有普通耳机所没有的麦克风。

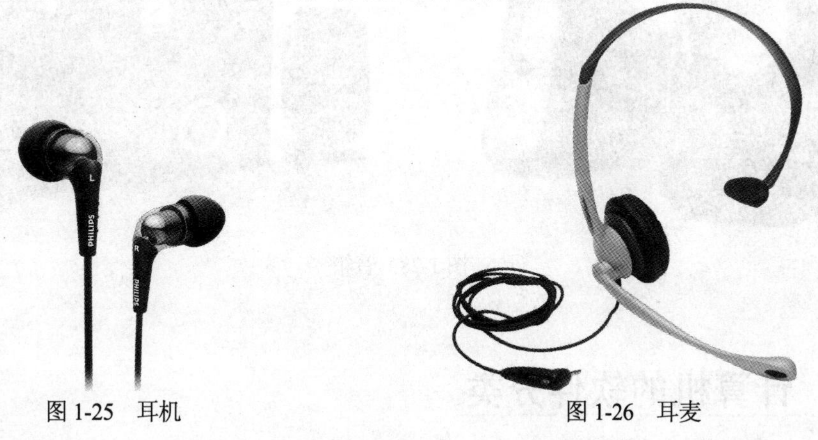

图 1-25　耳机　　　　图 1-26　耳麦

知识点

耳机与耳麦在计算机外设中有着相当重要的地位。游戏、音乐、视频，它们无处不在。而网吧、办公室等场合，耳机与耳麦更是计算机用户的必备品。

麦克风的学名为传声器，是一种能够将声音信号转换为电信号的能量转换器件，由英文 Microphone 翻译而来(也称话筒、微音器)。在麦克风配合计算机使用时，可以向计算机中输入音频(录音)，或者通过一些专门的语音软件(如 QQ 或歪歪)与远程用户进行网络语音对话，如图 1-27 所示。

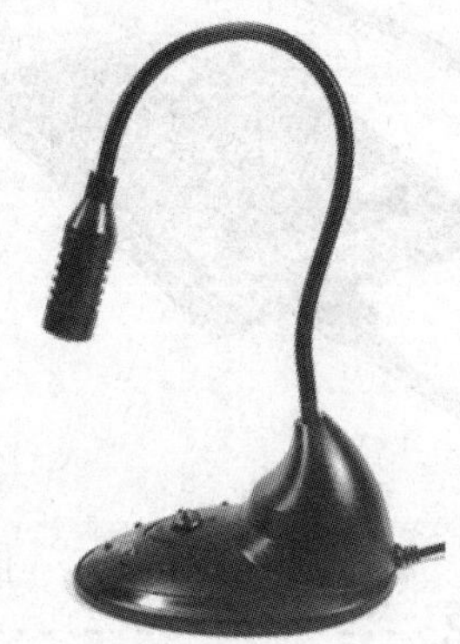

图 1-27　麦克风

知识点

耳机、耳麦与麦克风一般与安装在计算机主板上的声卡音频接口相连，大部分台式机的音频接口在计算机主机背后的机箱面板上，也有部分计算机，其主机前面板上安装有前置音频接口。

8. 音箱

音箱是最为常见的计算机音频输出设备，它由多个带有喇叭的箱体组成。目前，音箱的种类和外形多种多样，常见音箱的外观如图 1-28 所示。

图 1-28　音箱

1.3　计算机的软件分类

计算机的软件由程序和有关的文档组成，其中程序是指令序列的符号表示，文档则是软件开发过程中创建的技术资料。程序是软件的主体，一般保存在存储介质(如硬盘或光盘)中，以便在计算机中使用。文档对于使用和维护软件非常重要，随软件产品一起发布的文档主要是使用手册，其中包含了软件产品的功能介绍、运行环境要求、安装方法、操作说明和错误信息说明等。计算机软件按用途可以分为操作系统软件和应用软件两类。

1.3.1　操作系统软件

操作系统是一款管理计算机硬件与软件资源的程序，同时也是计算机系统的内核与基石。操作系统是一款庞大的管理控制程序、大致包括五方面的管理功能：进程与处理器管理、作业管理、存储管理、设备管理、文件管理。操作系统是管理计算机全部硬件资源、软件资源、数据资源、控制程序运行并为用户提供操作界面的系统软件集合。目前，操作系统主要包括微软的 Windows、苹果的 Mac OS 以及 Linux 等，这些操作系统所适用的用户群体也不尽相同，计算机用户可以根据自己的实际需要选择不同的操作系统。下面将分别对几种操作系统进行简单介绍。

1. Windows 7 操作系统

Windows 7 系统是由微软公司开发的一款操作系统，如图 1-29 所示。该系统旨在让人们的日常计算机操作更加简单和快捷，为人们提供高效易行的工作环境。Windows 7 系统和以前的系统相比，具有很多优点：更快的速度和更高的性能，更个性化的桌面，更强大的多媒体功能，Windows Touch 带来极致触摸操控体验，Home groups 和 Libraries 简化局域网共享，全面革新的用户安全机制，超强的硬件兼容性，革命性的工具栏设计等。

图 1-29　Windows 7 操作系统

知识点

Windows 7 操作系统为满足不同用户群体的需要，开发了 6 个版本，分别是 Windows 7 Starter(简易版)、Windows 7 Home Basic(家庭基础版)、Windows 7 Home Premium(家庭高级版)、Windows 7 Professional(专业版)、Windows Enterprise(企业版)、Windows 7 Ultimate(旗舰版)。

2. Windows 8 操作系统

Windows 8 是由微软公司开发的、具有革命性变化的操作系统，如图 1-30 所示。Windows 8 系统支持来自 Intel、AMD 和 ARM 的芯片架构，这意味着 Windows 系统开始向更多平台迈进，包括平板计算机和 PC。Windows 8 增加了很多实用功能，主要包括全新的 Metro 界面、内

置 Windows 应用商店、应用程序的后台常驻、资源管理器采用“Ribbon”界面、智能复制、IE10 浏览器、内置 pdf 阅读器、支持 ARM 处理器和分屏多任务处理界面等。

Windows 8 系统安装光盘

Windows 8 操作系统桌面

图 1-30　Windows 8 操作系统

3. Windows Server 2008 操作系统

Windows Server 2008 是微软的一个服务器操作系统，它继承了 Windows Server 2003 的优良特性。使用 Windows Server 2008 可以使 IT 专业人员对服务器和网络基础结构具有更强的操控能力。Windows Server 2008 通过加强操作系统和保护网络环境提高了系统的安全性，通过加快 IT 系统的部署与维护，使服务器和应用程序的合并与虚拟化更加简单。另外，它还为用户特别是为 IT 专业人员提供了直观，灵活的管理工具，如图 1-31 所示。

图 1-31　Windows Server 2008 系统

知识点

Windows Server 2008 的主要优点有：更强的操控能力，更安全的保护，更大的灵活性，更快的关机服务等。

4. Windows Server 2012 操作系统

Windows Server 2012(开发代号：Windows Server 8)是微软的一个服务器系统，如图 1-32 所示。这是 Windows 8 的服务器版本，并且是 Windows Server 2008 R2 的继任者。该操作系统在

2012 年 8 月 1 日已完成编译 RTM 版，并且在 2012 年 9 月 4 日正式发售。Windows Server 2012 操作系统有 4 个版本 Foundation、Essentials、Standard 以及 Datacenter。

- Windows Server 2012 Foundation 版本仅提供给 OEM 厂商，限定用户 15 位以内，提供通用服务器功能，不支持虚拟化。
- Windows Server 2012 Essentials 版本面向中小企业，用户限定在 25 位以内，该版本简化了界面，预先配置云服务连接，不支持虚拟化。
- Windows Server 2012 Standard 版本提供完整的 Windows Server 功能，限制只能使用两台虚拟主机。
- Windows Server 2012 Datacenter 版本提供完整的 Windows Server 功能，不限制虚拟主机数量。

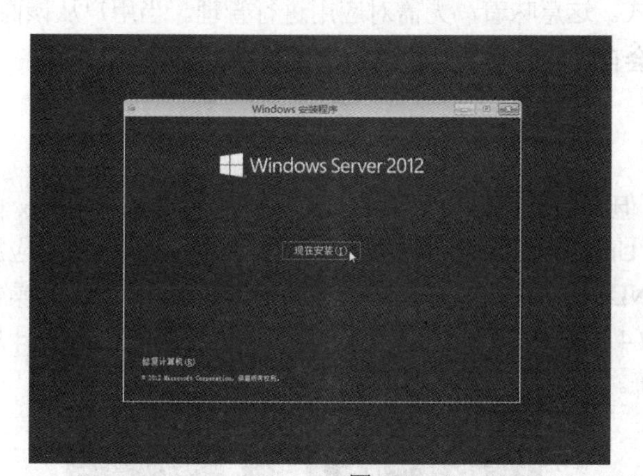

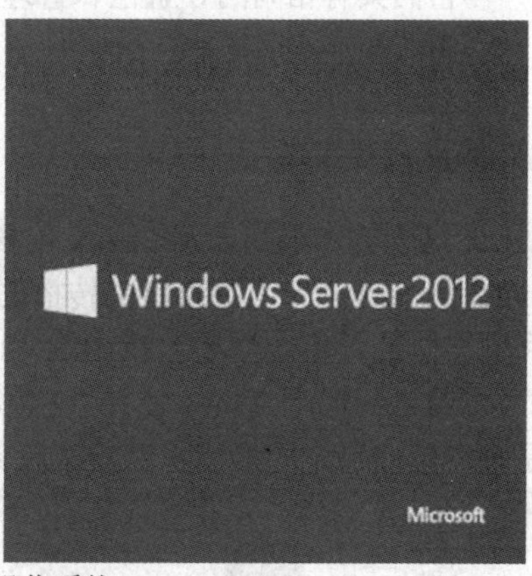

图 1-32　Windows Server 2012 操作系统

5. Mac OS 操作系统

Mac OS 是一套运行于苹果 Macintosh 系列计算机上的操作系统，如图 1-33 所示。Mac OS 是首个在商用领域成功的图形用户界面操作系统。现行的最新的系统版本是 OS X 10.10 Yosemite，并且网上也有在 PC 上运行的 Mac 系统，简称 Mac PC。

图 1-33　Mac OS 操作系统

Mac OS 系统具有以下 4 个特点。

- 全屏模式：全屏模式是 Mac OS 操作系统中最为重要的功能。所有应用程序均可以在全屏模式下运行。这并不意味着窗口模式将消失，而是表明在未来有可能实现完全的网格计算。iLife 11 的用户界面也表明了这一点。这种用户界面将极大简化计算机的使用，减少多个窗口带来的困扰。它将使用户获得与 iPhone、iPod touch 和 iPad 用户相同的体验。
- 任务控制：任务控制整合了 Dock 和控制面板，并能够以窗口和全屏模式查看各种应用。
- 快速启动面板：Mac OS 系统的快速启动面板的工作方式与 iPad 完全相同。它以类似于 iPad 的用户界面显示计算机中安装的一切应用，并通过 App Store 进行管理。用户可滑动鼠标，在多个应用图标界面间切换。
- Mac App Store 应用商店：Mac App Store 的工作方式与 iOS 系统的 App Store 完全相同。它们具有相同的导航栏和管理方式。这意味着，无需对应用进行管理。当用户从该商店购买一个应用后，Mac 计算机会自动将它安装到快速启动面板中。

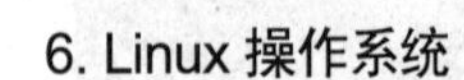

6. Linux 操作系统

Linux 这个词本身只表示 Linux 内核，但人们已经习惯了用 Linux 来形容整个基于 Linux 内核。Linux 是一套免费使用和自由传播的类 Unix 操作系统，能运行主要的 UNIX 工具软件、应用程序和网络协议，是一个基于 POSIX 和 UNIX 的多用户、多任务、支持多线程和多 CPU 的操作系统。如图 1-34 所示，Linux 支持 32 位和 64 位硬件。Linux 继承了 Unix 以网络为核心的设计思想，是一个性能稳定的多用户网络操作系统。

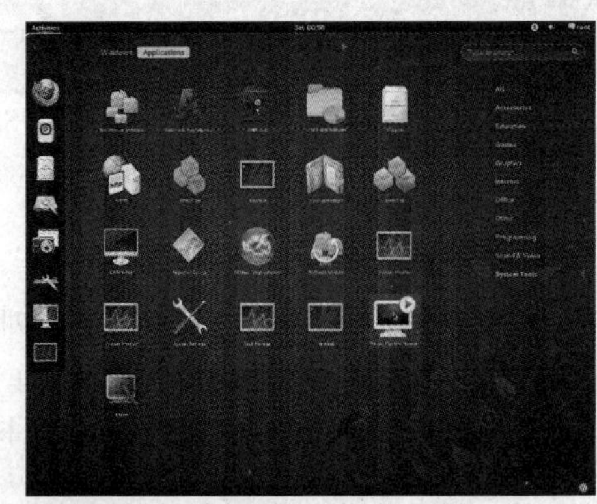

图 1-34　Linux 操作系统

Linux 操作系统诞生于 1991 年 10 月 5 日(正式向外公布时间)。Linux 有着许多不同的 Linux 版本，但都使用了 Linux 内核。Linux 可以安装在各种计算机的硬件设备中，比如台式计算机、平板电脑、路由器、手机、视频游戏控制台、大型机和超级计算机。

1.3.2　语言处理软件

人们用计算机解决问题时，必须用某种“语言”来和计算机进行交流。具体而言，就是利用某种计算机语言来编写程序，然后再让计算机来执行所编写的程序，从而让计算机完成特定

的任务。目前主要有 3 种程序设计语言，分别是机器语言、汇编语言和高级语言。

- 机器语言：机器语言是用二进制代码指令表示的计算机语言，其指令是用 0 和 1 组成的一串代码，它们有一定的位数，并分成若干段，各段的编码表示不同的含义。例如，某计算机字长为 16 位，即由 16 个二进制数组成一条指令或其他信息。16 个 0 和 1 可组成各种排列组合，通过线路变成电信号，让计算机执行各种不同的操作。
- 汇编语言：汇编语言(Assembly Language)是一种面向机器的程序设计语言。在汇编语合中，用助记符(Memonic)代替操作码，用地址符号或标号代替地址码。如此，用符号代替机器语言的二进制码，就可以把机器语言转变成汇编语言。
- 高级语言：由于汇编语言过分依赖于硬件体系，且其助记符量大难记，于是人们又发明了更加易用的所谓高级语言。这种语言的语法和结构更类似普通英文，并且由于远离对硬件的直接操作，使得普通用户经过学习之后都可以编程。

1.3.3　驱动程序

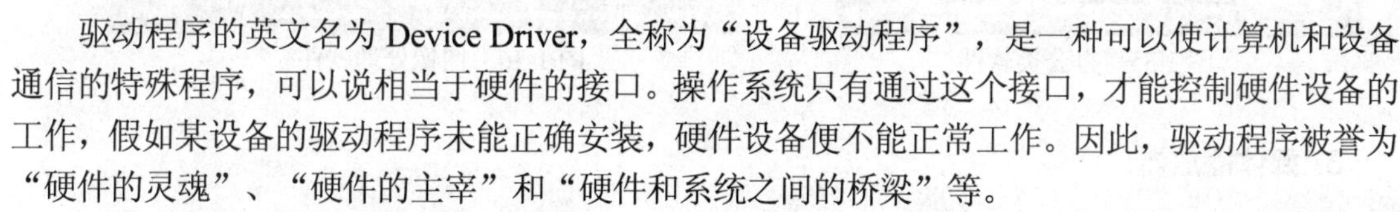

驱动程序的英文名为 Device Driver，全称为“设备驱动程序”，是一种可以使计算机和设备通信的特殊程序，可以说相当于硬件的接口。操作系统只有通过这个接口，才能控制硬件设备的工作，假如某设备的驱动程序未能正确安装，硬件设备便不能正常工作。因此，驱动程序被誉为“硬件的灵魂”、“硬件的主宰”和“硬件和系统之间的桥梁”等。

硬件如果缺少了驱动程序的“驱动”，那么本来性能非常强大的硬件就无法根据软件发出的指令进行工作，硬件就是空有一身本领，毫无用武之地。从理论上讲，所有的硬件设备都需要安装相应的驱动程序就能正常工作。但像 CPU、内存、主板、软驱、键盘、显示器等设备却并不需要安装相应的驱动程序就能正常工作。这是因为这些硬件对于一台个人计算机来说是必需的，所有早期的设计人员将这些列为 BIOS 能直接支持的硬件。换言之，上述硬件安装后就可以被 BIOS 和操作系统直接支持，不再需要安装驱动程序。从这个角度来说，BIOS 也是一种驱动程序。但是对于其他的硬件，如网卡、声卡、显卡等，却必须安装驱动程序，不然这些硬件就无法正常工作。

1.3.4　应用程序

所谓应用程序，是指除了系统软件以外的所有软件，它是用户利用计算机及其提供的系统软件为解决各种实际问题而编写的计算机程序。由于计算机已渗透到了各个领域，因此，应用软件也是多种多样的。目前，常见的应用软件包括各种用于科学计算的程序包、各种字处理软件、信息管理软件、计算机辅助设计教学软件、实时控制软件和各种图形软件等。

应用软件是指为了完成某些工作而开发的一组程序，它能够为用户解决各种实际问题。下面列举几种应用软件。

1. 办公类软件

办公类软件主要指用于文字处理、电子表格制作、幻灯片制作等的软件，如 Microsoft 公司的 Office Word、Excel 等，如图 1-35 所示。

2. 图像处理软件

图像处理软件主要用于编辑或处理图形图像文件，应用于平面设计、三维设计、影视制作等领域、如 Photoshop、Corel DRAW、会声会影、美图秀秀等，如图 1-36 所示。

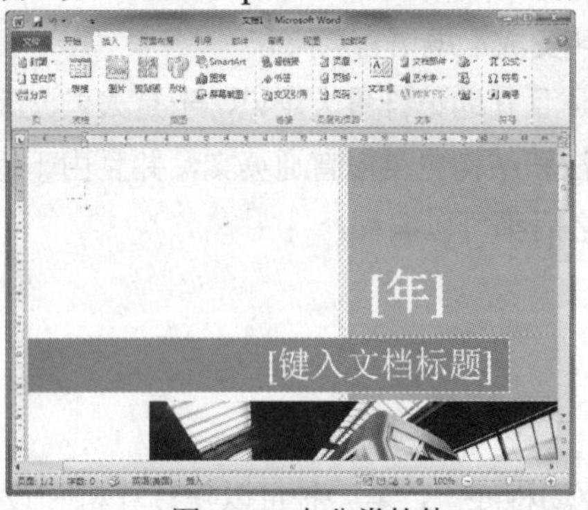

图 1-35　办公类软件

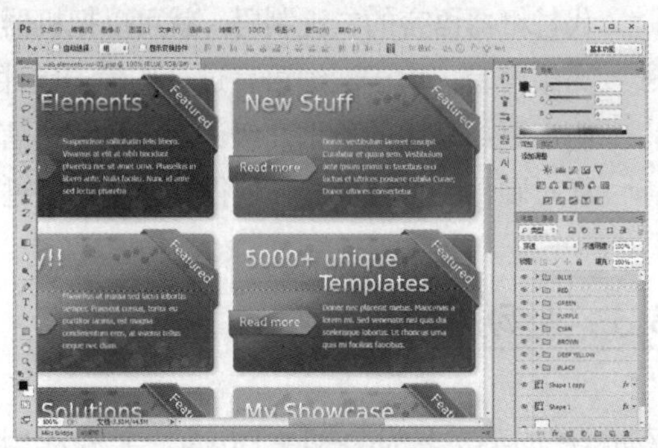

图 1-36　图像处理软件

3. 媒体播放器

媒体播放器是指计算机中用于播放多媒体的软件，包括网页、音频、视频和图片 4 类播放器软件，如 Windows Media Player、迅雷看看、Flash 播放器，如图 1-37 所示。

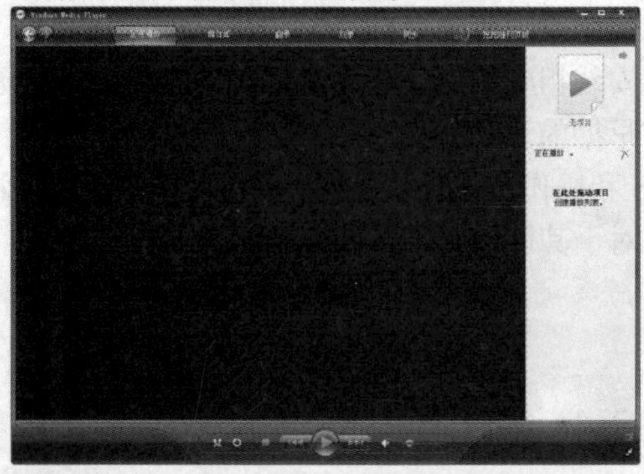

图 1-37　媒体播放器

1.4　上机练习

用户在使用计算机之前必须先启动计算机，即平常所说的“开机”，启动计算机应按照一定的顺序来操作。本章上机练习主要介绍有关启动与关闭计算机的操作。用户可以通过实例操作初步掌握计算机的基本使用方法。

(1) 检查计算机显示器和主机的电源是否插好后，确定电源插板已通电，然后按下显示器

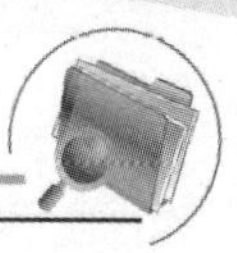

上的电源按钮，打开显示器，如图 1-38 所示。

(2) 按下计算机主机前面板上的电源按钮，此时主机前面板上的电源指示灯将会变亮，计算机随即将被启动，执行系统开机自检程序，如图 1-39 所示。

图 1-38　打开显示器

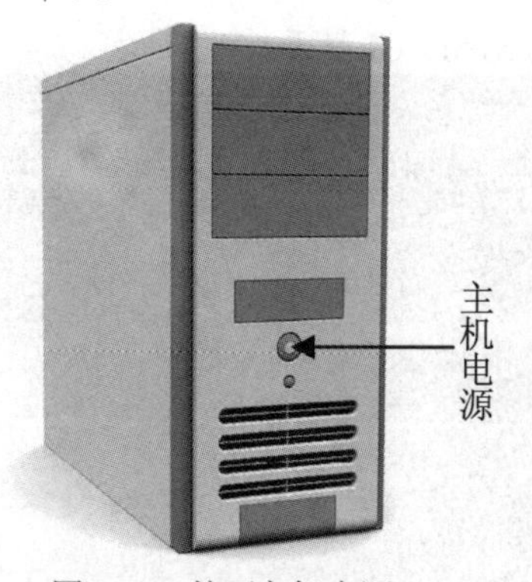

图 1-39　按下主机电源

(3) 计算机在启动后，将自动运行监测程序，进入操作系统桌面，如图 1-40 所示。

(4) 如果系统设置有密码，将显示如图 1-41 所示的系统登录界面。

图 1-40　进入系统

图 1-41　系统登录界面

(5) 在【密码】文本框中，输入密码后，按下 Enter 键，稍后即可进入 Windows 7 系统的桌面，如图 1-42 所示。

(6) 在 Windows 7 系统的桌面上单击【开始】按钮，在弹出的【开始】菜单中单击【关机】按钮，如图 1-43 所示。

图 1-42　系统桌面

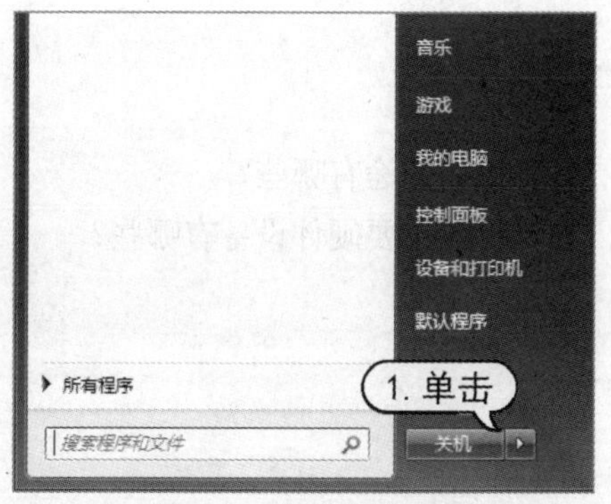

图 1-43　关闭计算机

(7) 此时，Windows 7 系统将开始关闭操作系统。若系统检测到了更新，则会自动安装更新文件，结束后计算机主机将关闭，如图 1-44 所示。

(8) 若用户的计算机安装的是 Windows8 系统，启动计算机后将打开如图 1-45 所示的 Windows 8 Metro UI 界面。

图 1-44　关闭系统

图 1-45　Windows 8 Metro UI 界面

(9) 在 Metro UI 界面中单击【桌面】磁贴后，将进入 Windows 8 系统桌面，如图 1-46 所示。

(10) 在 Windows 8 系统的桌面上按下 Alt+F4 组合键，然后在打开的【关闭 Windows】对话框中单击【确定】按钮，即可关闭计算机，如图 1-47 所示。

图 1-46　进入 Windows 8 系统桌面

图 1-47　关闭计算机

1.5　习题

1. 计算机的用途有哪些？
2. 计算机的主要硬件设备有哪些？

第2章 计算机的硬件选购

学习目标

计算机的硬件设备是计算机的基础，用户在学习组装与维护计算机之前，应全面了解计算机中各部分硬件设备的结构、参数与性能。本章将通过介绍计算机各部分硬件配件选购常识与要点，详细讲解获取计算机硬件技术信息、分析硬件性能指标以及识别硬件物理结构的方法，帮助用户进一步掌握计算机硬件的相关知识。

本章重点

- 计算机硬件的技术信息
- 计算机配件的硬件结构
- 硬件配件的技术指标
- 计算机配件的选购常识

2.1 选购 CPU

CPU 主要负责接收与处理外界的数据信息，然后将处理结果传送到正确的硬件设备。它是各种运算和控制的核心，本节将介绍在选购 CPU 时，用户应了解的相关知识。

2.1.1 CPU 简介

CPU (中央处理器，即：Central Processing Unit)是一块超大规模的集成电路，是一台计算机的运算核心和控制核心。主要包括运算器(ALU，即：Arithmetic and Logic Unit)和控制器(CU，即：Control Unit)两大部件。此外，还包括若干个寄存器和高速缓冲存储器及实现它们之间联系的数据、控制及状态的总线。CPU 与内部存储器和输入/输出设备合称为电子计算机的三大核心部件。

1. 常见类型

目前，市场上常见的CPU主要分为Intel品牌和AMD品牌两种，其中Intel品牌的CPU稳定性较好，AMD品牌的CPU则有较高的性价比。从性能上对比，Intel CPU与AMD CPU的区别如下。

- AMD重视3D处理能力，AMD同档次CPU的3D处理能力是Intel的120%。AMD CPU拥有超强的浮点运算能力，让计算机在游戏方面性能突出，如图2-1所示。
- Intel更重视的是视频的处理速度，Intel CPU的优点是优秀的视频解码能力和办公能力，并且重视数学运算。在纯数学运算中，Intel CPU要比同档次的AMD CPU快35%。并且相对AMD CPU来说，Intel CPU更加稳定，如图2-2所示。

图2-1　AMD品牌CPU

图2-2　Intel品牌CPU

知识点

从价格上对比，AMD 由于设计原因，二级缓存较小，所以成本更低。因此，在市场货源充足的情况下，AMD CPU的价格要比同档次的Intel CPU低10%~20%。

2. 技术信息

随着CPU技术的发展，其主流技术不断更新，用户在选购一款CPU之前，应首先了解当前市场上各主流型号CPU的相关技术信息，并结合自己所选择的主板型号做出最终的选择。

- 双核处理器：双核处理器标志着计算机技术的一次重大飞跃。双核处理器是指在一个处理器上集成两个运算核心，从而提高其计算能力。
- 四核处理器：四核处理器即是基于单个半导体的一个处理器上拥有四个一样功能的处理器核心。换句话说，将四个物理处理器核心整合入一个核中。四核CPU实际上是将两个Conroe 双核处理器封装在一起。
- 六核处理器：Core i7 980X是第一款六核CPU，基于Intel最新的Westmere架构，采用领先业界的32nm制作工艺，拥有3.33GHz主频、12MB三级缓存，并继承了Core i7 900系列的全部特性。
- 八核处理器：八核处理器针对的是四插槽(four-socket)服务器。每个物理核心均可同时运行两个线程，使得服务器上可提供64个虚拟处理核心。

2.1.2　CPU 的性能指标

CPU 的制作技术不断飞速发展，其性能的好坏已经不能简单地以频率来判断，还需要综合缓存、总线、接口、指令集和制造工艺等指标参数。下面将分别介绍这些性能指标的含义。

- 主频：主频即 CPU 内部核心工作的时钟频率(CPU Clock Speed)，单位一般是 GHz。同类 CPU 的主频越高，一个时钟周期里完成的指令数也越多，CPU 的运算速度也就越快。但是由于不同种类的 CPU 内部结构的不同，往往不能直接通过主频来比较，而且高主频 CPU 的实际表现性能还与外频、缓存大小等有关。带有特殊指令的 CPU，则相对程度地依赖软件的优化程度。
- 外频：外频指的是 CPU 的外部时钟频率，也就是 CPU 与主板之间同步运行的速度。目前，绝大部分计算机系统中外频也是内存与主板之间的同步运行的速度，在这种方式下，可以理解为 CPU 的外频直接与内存相连通，实现两者间的同步运行状态。
- 扩展总线速度：扩展总线速度(Expansion Bus Speed)指的就是指安装在微机系统上的局部总线，如 VESA 或 PCI 总线，打开计算机的时候会看见一些插槽般的东西，这些就是扩展槽，而扩展总线就是 CPU 联系这些外部设备的桥梁。
- 倍频：倍频为 CPU 主频与外频之比的倍数。CPU 主频与外频的关系是：CPU 主频＝外频×倍频数。
- 接口类型：随着 CPU 制造工艺的不断进步，CPU 的架构发生了很大的变化，相应的 CPU 针脚类型也发生了变化。目前 Intel 四核 CPU 多采用 LGA 775 接口或 LGA 1366 接口；AMD 四核 CPU 多采用 Socket AM2+接口或 Socket AM3 接口。
- 总线频率：前端总线(FSB)是将 CPU 连接到北桥芯片的总线。前端总线频率(即总线频率)直接影响 CPU 与内存之间数据交换速度。得知总线频率和数据位宽可以计算出数据带宽，即数据带宽=(总线频率×数据位宽)/8，数据传输最大带宽取决于所有同时传输的数据的宽度和传输频率。例如，支持 64 位的至强 Nocona，前端总线是 800MHz，它的数据传输最大带宽是 6.4GB/秒。
- 缓存：缓存大小也是 CPU 的重要指标之一，而且缓存的结构和大小对 CPU 速度的影响非常大，CPU 内缓存的运行频率极高，一般是和处理器同频运作，其工作效率远远大于系统内存和硬盘。缓存分为一级缓存(L1 CACHE)、二级缓存(L2 CACHE)和三级缓存(L3 CACHE)。
- 制造工艺：制造工艺一般用来衡量组成芯片电子线路或元件的细致程度，通常以 μm(微米)和 nm(纳米)为单位。制造工艺越精细，CPU 线路和元件就越小，在相同尺寸芯片上就可以增加更多的元器件。这也是 CPU 内部器件不断增加、功能不断增强而体积变化却不大的重要原因。
- 工作电压：工作电压是指 CPU 正常工作时需要的电压。低电压能够解决 CPU 耗电过多和发热量过大的问题，让 CPU 能够更加稳定的运行，同时也能延长 CPU 的使用寿命。

2.1.3 CPU 的选购常识

用户在选购 CPU 的过程中，应了解以下常识。

- 了解计算机市场上大多数商家有关盒装 CPU 的报价，如果发现个别商家的报价比其他商家的报价低很多，而这些商家又不是 Intel 公司直销点的话，那么最好不要贪图便宜，以免上当受骗。
- 对于正宗盒装 CPU 而言，其塑料封装纸上的标志水印字迹应是工工整整的，而不应是横着的、斜着的或者倒着的(除非在封装时由于操作原因而将塑料封纸上的字扯成弧形)，并且正反两面的字体差不多都是这种形式。假冒盒装产品往往是正面字体比较工整，而反面的字歪斜，如图 2-3 所示。
- Intel CPU 上都有一串很长的编码。拨打 Intel 的查询热线 8008201100，并把这串编码告诉 Intel 的技术服务员，技术服务员会在计算机中查询该编码。若 CPU 上的序列号、包装盒上的序列号、风扇上的序列号，都与 Intel 公司数据库中的记录一样，则为正品 CPU，如图 2-4 所示。

图 2-3　盒装 CPU 正面

图 2-4　盒装 CPU 编码

用户可以运行某些特定的检测程序来检测 CPU 是否已经被作假(超频)。Intel 公司推出了一款名为“处理器标识实用程序”的 CPU 测试软件。这个软件包括 CPU 频率测试、CPU 所支持技术测试以及 CPU ID 数据测试共 3 部分功能。

2.2 选购主板

由于计算机中所有的硬件设备及外部设备都是通过主板与 CPU 连接在一起进行通信，其他计算机硬件设备必须与主板配套使用，因此在选购硬件时，应首先确定要使用的主板。本节将介绍在选购主板时，用户应了解的几个问题，包括主板的常见类型、硬件结构、性能指标等。

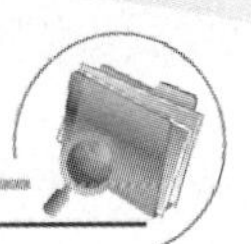

2.2.1 主板简介

主板又称为主机板(mainboard)、系统板或母版，它能够提供一系列接合点，供处理器(CPU)、显卡、声卡、硬盘、存储器以及其他对外设备接合(这些设备通常直接插入有关插槽，或用线路连接)。本节将通过介绍常见类型和主流技术信息，帮助用户初步了解有关主板的基础知识。

1. 常见类型

主板按其结构可以分为AT、Baby-AT、ATX、Micro ATX、LPX、NLX、Flex ATX、EATX、WATX以及BTX等几种，其中常见的类型如下。

- ATX主板：ATX(AT Extended)结构是一种改进型的AT主板，对主板上元件布局作了优化，有更好的散热性和集成度，需要配合专门的ATX机箱使用，如图2-5所示。
- Micro ATX主板：Micro ATX是依据ATX规格改进而成的一种标准。Micro ATX架构降低了主板硬件的成本，并减少了计算机系统的功耗，如图2-6所示。

图2-5 ATX主板

图2-6 Micro ATX主板

- BTX主板：BTX结构的主板支持窄板设计，其系统结构更加紧凑。该结构的主板能够支持目前流行的新总线和接口，如PCI-Express和SATA等，并且其针对散热和气流的运动，以及主板线路的布局都进行了优化设计。

2. 技术信息

主板是连接计算机各个硬件配件的桥梁，随着芯片组技术的不断发展，应用于主板上的新技术也层出不穷。目前，主板上应用的常见技术包括：

- PCI Express 2.0技术：PCI Express 2.0则在1.0版本基础上进行了改进，将接口速率提升到了5GHz，传输性能也翻了一番。
- USB 3.0技术：USB 3.0规范提供了十倍于USB 2.0规范的传输速度和更高的节能效率。

- SATA 2 接口技术：SATA 2 接口技术其主要特征是外部传输率从SATA的 150Mb/s 进一步提高到了 300Mb/s。
- SATA 3 接口技术：SATA 3 接口技术可以使数据传输速度翻番达到 6gbps，同时向下兼容旧版规范 SATA Revision 2.6。
- eSATA 接口技术：eSATA 是外置式 SATA 2 规范，是业界标准接口 Serial ATA(SATA)的延伸。

3. 主要品牌

品牌主板，其特点包括研发能力强、技术创新、推出新品速度快、产品线齐全、高端产品非常过硬。目前，市场认可度最高的是以下 4 个品牌。

- 华硕(ASUS)：全球第一大主板制造商，也是公认的主板第一品牌，做工追求又实又华，在很多用户的心目中已经属于一种权威的象征；同时其价格也是同类产品中最高的，如图 2-17 所示。
- 微星(mSi)：主板产品的出货量位居世界前五，2009 改革后的微星在高端产品中非常出色，使用 SFC 铁素电感，CPU 供电使用钽电容以及低温的一体式 mos 管，俗称“军规”主板，超频能力大有提升，如图 2-8 所示。

图 2-7　华硕品牌

msi 微星科技

图 2-8　微星品牌

- 技嘉(GIGABYTE)：一贯以“堆料王”而闻名，但绝非华而不实，从高端至低端用料十足，低端价格合理，高端的刺客枪手系列创新不少，集成了比较高端的声卡和“杀手”网卡，但是在主板固态电容和全封闭电感普及的时代下，技嘉从一开始打着全固态和“堆料王”主板的旗号，渐渐开始走下坡路，如图 2-9 所示。
- 华擎(ASRock)：过去曾是华硕的分厂，如今早已跟华硕分家，所以在产品线上也不受限制，拥有华硕的设计团队的华擎，推出费特拉提和极限玩家的中高端系列，一举挺身而出，如图 2-10 所示。

GIGABYTE®

图 2-9　技嘉品牌

ASRock

图 2-10　华擎品牌

知识点

除了以上介绍的 4 个一线品牌主板以外，市场上还有包括映泰、升技、磐正、Intel、富士康和精英等二线品牌主板，以及盈通、硕泰克、顶星、翔升等三线品牌主板，这些主板有的针对 AMD 平台设计，有的尽量压低了价格，各具特色。

2.2.2 主板的硬件结构

主板一般采用开放式的结构，其正面包含多种扩展插槽，用于连接计算机硬件设备，如图 2-11 所示。了解主板的硬件结构，有助于用户根据主板的插槽配置情况来决定计算机其他硬件的选购(如 CPU、显卡)。

图 2-11 主板上的各种元器件

下面分别介绍主板上各部分元器件的功能。

1. CPU 插槽

CPU 插槽是用于将 CPU 与主板连接的接口。CPU 经过多年的发展，其所采用的接口方式有针脚式、卡式、触电式和引脚式。目前主流 CPU 的接口都是针脚式接口，并且不同的 CPU 使用不同类型的 CPU 插槽。下面将介绍 Intel 公司和 AMD 公司生产的 CPU 所使用的插槽。

- Socket AM2 插槽：目前采用 Socket AM2 接口的有低端的Sempron、中端的Athlon 64、高端的Athlon 64 X2以及顶级的 Athlon 64 FX 等全系列 AMD 桌面 CPU。Socket AM2 是 2006 年 5 月底AMD发布的支持DDR2 内存的 AMD64 位桌面CPU 的接口标准，具有 940 根 CPU 针脚，如图 2-12 所示。
- Socket AM3 插槽：Socket AM3 有 938 针的物理引脚，AM3 的 CPU 与 Socket AM2+ 插槽和 Socket AM2 插槽在物理上是兼容的，因为后两者的物理引脚数均为 940 针。所有的 AMD桌面级 45 纳米处理器均采用了 Socket AM3 插槽。
- LGA 775：在选购 CPU 时，通常都会把 Intel 的处理器的插槽称为 LGA 775，其中的 LGA 代表了处理器的封装方式，775 则代表了触点的数量。在 LGA 775 出现之前，Intel 和AMD 处理器的插槽都被叫做 Socket XXX，其中的 Socket 实际上就是插槽的意思，而 XXX 则表示针脚的数量。

◉ LGA 1366：LGA 1366 要比 LGA 775A 多出约 600 个针脚，这些针脚用于 QPI 总线、三条 64bit DDR3 内存通道等连接。

◉ LGA 1156：LGA 1156 又称为 Socket H，是 Intel 在 LGA775 与 LGA 1366 之后的 CPU 插槽。它也是 Intel Core i3/i5/i7 处理器(Nehalem 系列)的插槽，读取速度比 LGA 775 快，如图 2-13 所示。

图 2-12　Socket AM2 插槽

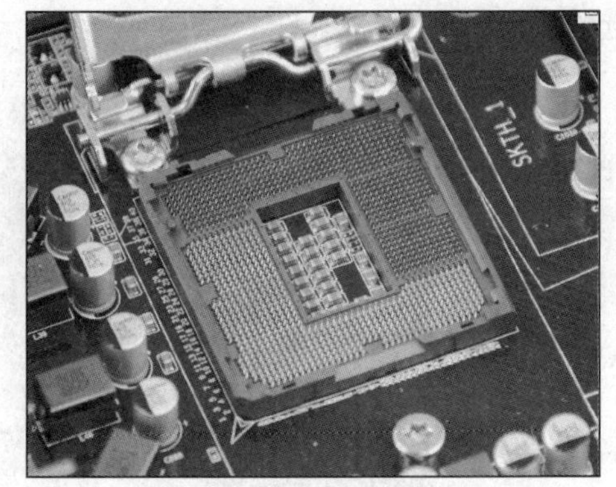

图 2-13　LGA 1156 插槽

知识点

用户在选购主板时，应首先关注自己选择的 CPU 与主板是否兼容。无论用户选择购买 Intel CPU 还是 AMD CPU，都需要购置与其 CPU 针脚相匹配的主板。

2. 内存插槽

计算机内存所支持的内存种类和容量都由主板上的内存插槽所决定。内存通过其金手指与主板连接，内存条正反两面都带有金手指。金手指可以在两面提供不同的信号，也可以提供相同的信号。目前，常见主板都带有 4 条以上的内存插槽，如图 2-14 所示。

图 2-14　内存插槽

3. 北桥芯片

北桥芯片(North Bridge)是主板芯片组中起主导作用的最重要的组成部分，也称为主桥(Host Bridge)。芯片组的名称就是以北桥芯片的名称来命名的。例如，英特尔GM45 芯片组的北桥芯

片是 G45、最新的则是支持酷睿 i7处理器的 X58 系列的北桥芯片，如图 2-15 所示。

图 2-15　北桥芯片

4. 南桥芯片

南桥芯片(South Bridge)是主板芯片组的重要组成部分，一般位于主板上离 CPU 插槽较远的下方，PCI 插槽的附近。这种布局是考虑到它所连接的I/O 总线较多，离处理器远一点有利于布线。相对于北桥芯片，南桥芯片数据处理量并不算大。南桥芯片不与处理器直接相连，而是通过一定的方式与北桥芯片相连，如图 2-16 所示。

图 2-16　南桥芯片

5. 其他芯片

芯片组是主板的核心组成部分，它决定了主板性能的好坏与级别的高低，是“南桥”与“北桥”芯片的统称。但除此之外，在主板上还有用于其他协调作用的芯片(第三方芯片)，如集成网卡芯片、集成声卡芯片以及时钟发生器等。

- 集成网卡芯片：主板网卡芯片是指整合了网络功能的主板所集成的网卡芯片。在主板的背板上也有相应的网卡接口(RJ-45)，该接口一般位于音频接口或 USB 接口附近，如图 2-17 所示。
- 集成声卡芯片：现在的主板基本上都集成了音频处理功能，大部分新装计算机的用户均使用主板自带声卡，如图 2-18 所示。声卡一般位于主板 I/O 接口附近，最为常见

的板载声卡就是 Realtek 的声卡产品，其名称多为 ALC XXX，后面的数字代表着这个声卡芯片支持声道的数量。

图 2-17　集成网卡芯片

图 2-18　集成声卡芯片

◉　时钟发生器：时钟发生器是在主板上靠近内存插槽的一块芯片，在其右边找到 ICS 字样的就是时钟发生器，该芯片上最下面的一行字显示其型号。

6. PCI-Express 插槽

PCI-Express 是常见的总线和接口标准，有多种规格，从 PCI-Express 1X 到 PCI-Express 16X，能满足现在和将来一定时间内出现的低速设备和高速设备的需求，如图 2-19 所示。

图 2-19　主板上的 PCI-Express 插槽

7. SATA 接口

SATA 是 Serial ATA 的缩写，即串行 ATA，是一种完全不同于并行 ATA 的新型硬盘接口类型(因其采用串行方式传输数据而得名)。

与并行 ATA 相比，SATA 总线使用嵌入式时钟信号，具备了更强的纠错能力，如图 2-20 所示。

8. 电源插座

电源插座是主板连接电源的接口，负责为 CPU、内存、芯片组和各种接口卡提供电源。目前，常见主板所使用的电源插座都具有防插错结构，如图 2-21 所示。

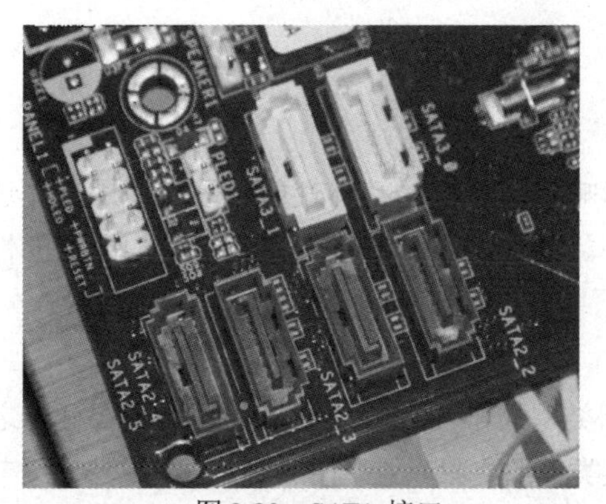

图 2-20　SATA 接口

图 2-21　电源插座

9. I/O(输入/输出)接口

计算机的输入/输出接口是 CPU 与外部设备之间交换信息的连接电路，如图 2-21 所示。它们通过总线与 CPU 相连，简称 I/O 接口。I/O 接口分为总线接口和通信接口两类。

- 当需要外部设备或用户电路与 CPU 之间进行数据、信息交换以及控制操作时，应使用计算机总线把外部设备和用户电路连接起来，这时就需要使用总线接口。
- 当计算机系统与其他系统直接进行数字通信时使用通信接口。

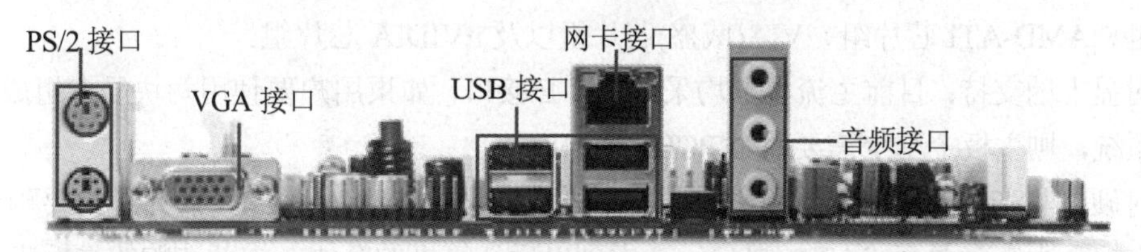

图 2-22　主板 I/O 接口

从上图所示的主板外观上看，常见的主板上的 I/O 接口至少有以下几种。

- PS/2 接口：PS/2 接口分为 PS/2 键盘接口和 PS/2 鼠标接口，并且这两种接口完全相同。为了区分键盘接口和鼠标接口，PS/2 键盘接口采用了蓝色显示，而 PS/2 鼠标接口则采用了绿色显示。
- VGA 接口：VGA 接口是计算机连接显示器最主要的接口。
- USB 接口：通用串行总线(Universal Serial Bus，简称 USB)是连接外部装置的一个串口汇流排标准，在计算机上使用广泛，几乎所有的计算机主板上都配置由 USB 接口。USB 接口标准的版本有 USB 1.0、USB 2.0 和 USB 3.0。
- 网卡接口：网卡接口通过网络控制器可以使用网线连接至 LAN 网络。
- 音频信号接口：集成由声卡芯片的主板，其 I/O 接口上由音频信号接口，通过不同的音频信号接口，可以将计算机与不同的音频输入/输出设备相连(如耳机、麦克风等)。

知识点

有些主板还提供同轴 S/PDIF 接口、IEEE 1394 接口以及 Optical S/PDIF Out 光纤接口等其他接口。

2.2.3 主板的性能指标

主板是计算机硬件系统的平台，其性能直接影响到计算机的整体性能。因此，用户在选购主板时，除了应了解其技术信息和硬件结构以外，还必须充分了解自己所选购的主板的性能指标。

下面将分别介绍主板的几个主要性能指标。

- 支持 CPU 的类型与频率范围：CPU 插槽类型的不同是区分主板类型的主要标志之一。尽管主板型号众多，但总的结构是很类似的，只是在诸如 CPU 插槽或其他细节上有所不同。现在市面上主流的主板 CPU 插槽分 AM2、AM3 以及 LGA 775 等几类，它们分别与对应的 CPU 匹配。
- 对内存的支持：目前主流内存均采用 DDR3 技术，为了能发挥内存的全部性能，主板同样需要支持 DDR3 内存。此外，内存插槽的数量可用来衡量一块主板以后升级的潜力。如果用户想要以后通过添加硬件升级电脑，则应选择至少有 4 个内存插槽的主板。
- 主板芯片组：主板的芯片组是衡量主板性能的重要指标之一，它决定了主板所能支持的 CPU 种类、频率以及内存类型等。目前主板芯片组的主要生产厂商有 Intel 芯片组、AMD-ATI 芯片组、VIA(威盛)芯片组以及 nVIDIA 芯片组。
- 对显卡的支持：目前主流显卡均采用 PCI-E 接口，如果用户要使用两块显卡组成 SLI 系统，则主板上至少需要两个 PCI-E 接口。
- 对硬盘与光驱的支持：目前主流硬盘与光驱均采用 SATA 接口，因此用户要购买的主板至少应有两个 SATA 接口。考虑到以后计算机的升级，推荐选购的主板应至少具有 4 到 6 个 SATA 接口，如图 2-23 所示。
- USB 接口的数量与传输标准：由于 USB 接口使用起来十分方便，因此越来越多的计算机硬件与外部设备都采用 USB 方式与计算机连接，如 USB 鼠标、USB 键盘、USB 打印机、U 盘、移动硬盘以及数码相机等。为了让计算机能同时连接更多的设备，发挥更多的功能，主板上的 USB 接口应越多越好，如图 2-24 所示。

图 2-23　SATA 接口

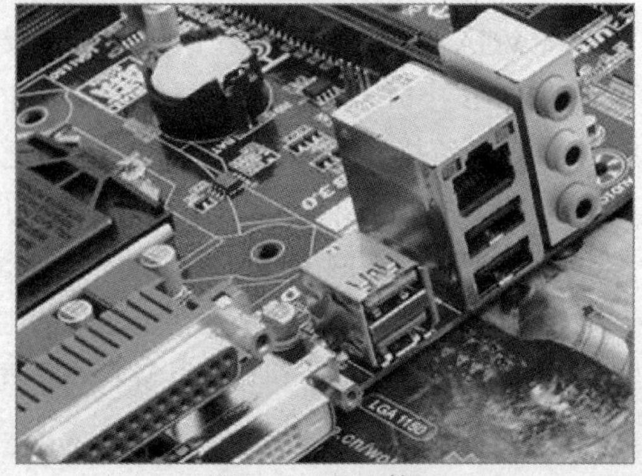

图 2-24　USB 接口

- 超频保护功能：现在市面上的一些主板具有超频保护功能，可以有效地防止用户由于超频过度而烧毁 CPU 和主板。例如，Intel 主板集成了 Overclocking Protection(超频保护)功能，只允许用户“适度”调整芯片运行频率。

2.2.4　主板的选购常识

用户在了解了主板的主要性能指标后，即可根据自己的需求选择一款合适的主板。下面将介绍在选购主板时，应注意的一些常识问题，为用户选购主板提供参考。

- 注意主板电池的情况：电池是为保持 CMOS 数据和时钟的运转而设的。“掉电”就是指电池没电了，不能保持 CMOS 数据，关机后时钟也不走了。选购时，应观察电池是否生锈、漏液。
- 观察芯片的生产日期：计算机的速度不仅取决于 CPU 的速度，同时也取决于主板芯片组的性能。如果各芯片的生产日期相差较大，用户就要注意。
- 观察扩展槽插的质量：一般来说，方法是先仔细观察槽孔内弹簧片的位置形状，再把卡插入槽中后拔出；然后，观察此刻槽孔内弹簧片的位置与形状是否与原来相同，若有较大偏差，则说明该插槽的弹簧片弹性不好，质量较差。
- 查看主板上的 CPU 供电电路：在采用相同芯片组时判断一块主板的好坏，最好的方法就是看供电电路的设计。就 CPU 供电部分来说，采用两相供电设计会使供电部分时刻处于高负载状态，严重影响主板的稳定性与使用寿命。
- 观察用料和制作工艺：通常主板的 PCB 板一般是 4~8 层的结构，优质主板一般都会采用 6 层以上的 PCB 板，6 层以上的 PCB 板具有良好的电气性能和抗电磁性。

知识点

选购主板时用户应根据各自的经济条件和工作需要进行选购。此外，除以上的质量鉴别方法外，还要注意主板的说明书及品牌，建议不要购买那些没有说明书或字迹不清无品牌标识的主板。

2.3　选购内存

内存是计算机的记忆中心，是存储当前计算机运行的程序和数据。内存容量的大小是衡量计算机性能高低的指标之一，内存质量的好坏也对计算机的稳定运行起着非常重要的作用。

2.3.1　内存简介

内存又被称为主存，它是 CPU 能够直接寻址的存储空间，由半导体器件制成。其最大的特点是存取速率快。内存是计算机中的主要部件，这是相对于外存而言的。

用户在日常工作中利用计算机处理的程序(如 Windows 操作系统、打字软件、游戏软件等)，一般都是安装在硬盘等计算机外存上的，但外存中的程序计算机是无法使用其功能的，必须把程序调入内存中运行，才能真正使用其功能。用户在利用计算机输入一段文字(或玩一个游戏)时，都需要在内存中运行一段相应的程序。

1. 常见类型

目前，市场上常见的内存，根据其芯片类型划分，可以分为 DDR、DDR2 和 DDR3 等几种类型，其各自的特点如下。

- DDR：DDR 的全称是 DDR SDRAM。目前，DDR 内存运行的频率主要有 100MHz、133MHz、166MHz 这 3 种。由于 DDR 内存具有双倍速率传输数据的特性，因此在 DDR 内存的标识上采用了工作频率×2 的方法，也就是 DDR200、DDR266、DDR333 和 DDR400，如图 2-25 所示。
- DDR2：DDR2(Double Data Rate 2)SDRAM 是由 JEDEC 进行开发的内存技术标准，它与上一代 DDR 内存技术标准最大的不同就是，虽然同是采用了在时钟的上升/下降沿同时进行数据传输的基本方式，但 DDR2 内存却拥有两倍于上一代 DDR 内存预读取能力(即 4b 数据读预取)。换句话说，DDR2 内存每个时钟能够以 4 倍外部总线的速度读/写数据，并且能够以内部控制总线 4 倍的速度运行，如图 2-26 所示。

图 2-25　DDR 内存

图 2-26　DDR2 内存

- DDR3：DDR3 SDRAM 为了更省电、传输效率更快，使用了 SSTL 15 的 I/O 接口，运作 I/O 电压是 1.5V，采用 CSP、FBGA 封装方式包装，除了延续 DDR2 SDRAM 的 ODT、OCD、Posted CAS、AL 控制方式外，另外新增了更为精进的 CWD、Reset、ZQ、SRT、RASR 功能。DDR3 内存是目前市场上流行的主流内存，如图 2-27 所示。
- DDR4：DDR4 内存将会拥有两种规格。其中，使用 Single-ended Signaling 信号的 DDR4 内存其传输速率已经被确认为 1.6~3.2Gb/s，而基于差分信号技术的 DDR4 内存其传输速率则将可以达到 6.4Gb/s。由于通过一个 DRAM 实现两种接口基本上是不可能的，因此 DDR4 内存将会同时存在基于传统 SE 信号和差分信号的两种规格产品，如图 2-28 所示。

图 2-27　DDR3 内存

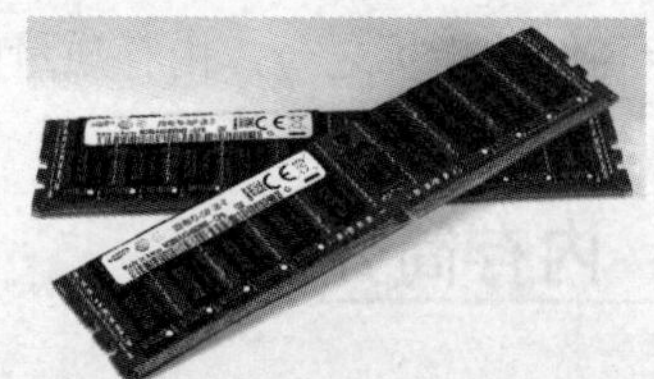

图 2-28　DDR4 内存

2. 技术信息

内存的主流技术随着计算机技术的发展而不断发展，与主板与 CPU 一样，新的技术不断出现。因此，用户在选购内存时，应充分了解当前的主流内存技术信息。

- 双通道内存技术：双通道内存技术其实是一种内存控制和管理技术，它依赖于芯片组的内存控制器发生作用，在理论上能够使两条同等规格内存所提供的带宽增长一倍。双通道内存主要是依靠主板北桥的控制技术，与内存本身无关。目前支持双通道内存技术的主板有 Intel 的 i865 和 i875 系列，SIS 的 SIS655、658 系列，NVIDIAD 的 nFORCE 2 系列等。
- 内存的封装技术：内存封装技术是将内存芯片包裹起来，以避免芯片与外界接触，防止外界对芯片的损害的一种技术(空气中的杂质和不良气体，乃至水蒸气都会腐蚀芯片上的精密电路，进而造成电学性能下降)。目前，常见的内存封装类型有 DIP 封装、TSOP 封装、CSP 封装、BGR 封装等。

知识点

目前，市场上的主要内存品牌有 HY(现代)、KingMAX、Winward、金邦、Kingston、三星、幻影金条等，用户通过这些主流内存品牌商发布的各种新产品信息，进一步了解各种内存技术信息。

2.3.2 内存的硬件结构

内存主要由内存芯片、PCB 板、金手指、内存固定卡口和金手指缺口等几个部分组成。从外观上看，内存是一块长条形的电路板，如图 2-29 所示。

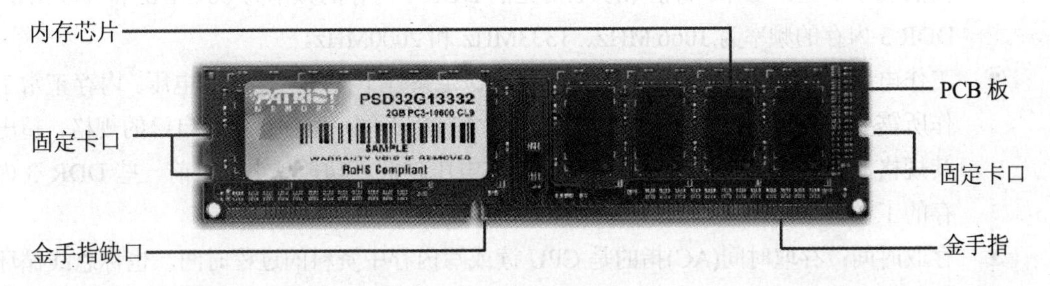

图 2-29 内存的结构

- 内存芯片：内存的芯片颗粒就是内存的核心。内存的性能、速度、容量都与内存芯片密切相关。如今市场上有许多种类的内存，但内存颗粒的型号并不多，常见的有 HY(现代)、三星和英飞凌等。三星内存芯片以出色的稳定性和兼容性知名；HY 内存芯片多为低端产品采用；英飞凌内存芯片在超频方面表现出色。
- PCB 板：以绝缘材料为基板加工成一定尺寸的板，它为内存的各电子元器件提供固定、装配时的机械支撑，可实现电子元器件之间的电气连接或绝缘。

- 金手指：指内存与主板内存槽接触部分的一根根黄色接触点，用于传输数据。金手指是铜质导线，使用时间一长就可能出现氧化的现象，进而影响内存的正常工作，容易发生无法开机的故障。所以可以每隔一年左右时间用橡皮擦清理一下金手指上的氧化物。
- 内存固定卡口：内存插到主板上后，主板上的内存插槽会有两个夹子牢固地扣住内存两端，这个卡口便是用于固定内存的。
- 金手指缺口：内存金手指上的缺口用来防止将内存插反。只有正确安装，才能将内存插入主板的内存插槽中。

知识点

内存PCB电路板的作用是连接内存芯片引脚与主板信号线。因此，其做工好坏直接关系着系统稳定性。目前，主流内存PCB电路板层数一般是6层，这类电路板具有良好的电气性能，可以有效屏蔽信号干扰。

2.3.3 内存的性能指标

内存的性能指标是反映内存优劣的重要参数，主要包括内存容量、时钟频率、存取时间、延迟时间、奇偶校验、ECC校验、数据位宽和内存带宽等。

- 容量：内存最主要的一个性能指标就是内存的容量，普通用户在购买内存时往往也最关注该性能指标。目前市场上主流内存的容量为2GB和4GB。
- 频率：内存主频和CPU主频一样，习惯上被用来表示内存的速度，代表着该内存所能达到的最高工作频率。内存主频是以MHz(兆赫)为单位计量的。内存主频越高，在一定程度上代表着内存所能达到的速度越快。内存主频决定着该内存最高能在什么样的频率下正常工作。目前市场上常见的DDR 2内存的频率为667MHz和800MHz，DDR 3内存的频率为1066 MHz、1333MHz和2000MHz。
- 工作电压：内存的工作电压是指使内存在稳定条件下工作所需要的电压。内存正常工作所需要的电压值，对于不同类型的内存会有所不同，但各自均有自己的规格，超出其规格，容易造成内存损坏。内存的工作电压越低，功耗越小。目前一些DDR 3内存的工作电压已经降到1.5V。
- 存取时间：存取时间(AC)指的是CPU读或写内存中资料的过程时间，也称总线循环(Bus Cycle)。以读取为例，CPU发出指令给内存时，便会要求内存取用特定地址的特定资料，内存响应CPU后便会将CPU所需要的数据传送给CPU，一直到CPU收到数据为止，这就是一个读取的过程。内存的存取时间越短，速度越快。
- 延迟时间：延迟时间(CL)是指纵向地址脉冲的反应时间。它是在一定频率下衡量支持不同规范的内存的重要标志之一。延迟时间越短，内存性能越好。
- 数据位宽和内存带宽：数据位宽指的是内存在一个时钟周期内可以传送的数据长度，其单位为位(b)。内存带宽则指的是内存的数据传输率。

知识点

目前 DDR3 内存的数据位宽已经达到 8b，也就是说在同样核心频率下，DDR 3 内存能提供两倍于 DDR2 的带宽。

2.3.4 内存的选购常识

选购性价比较高的内存对于计算机的性能起着至关重要的作用。用户在选购内存时，应了解以下几个选购常识。

- 检查 SPD 芯片：SPD 可谓内存的“身份证”，它能帮助主板快速确定内存的基本情况。在现今高外频的时代，SPD 的作用更大，兼容性差的内存大多是没有 SPD 或 SPD 信息不真实的产品。另外，有一种内存虽然有 SPD，但其使用的是报废的 SPD，所以用户可以看到这类内存的 SPD 根本没有与线路连接，只是被孤零零地焊在 PCB 板上。建议不要购买这类内存，如图 2-30 所示。
- 检查 PCB 板：PCB 板的质量也是一个很重要的决定因素，决定 PCB 板好坏的有好几个因素，如板材。一般情况下，如果内存使用 4 层板，这种内存在工作过程中由于信号干扰所产生的杂波就会很大，有时会产生不稳定的现象。而使用 6 层板设计的内存相应的干扰就会小得多，如图 2-31 所示。

图 2-30 检查 SPD 芯片

图 2-31 检查 PCB 板

- 检查内存金手指：内存金手指部分应较光亮，没有发白或发黑的现象。如果内存的金手指存在色斑或氧化现象的话，这条内存肯定有问题，建议不要购买。

2.4 选购硬盘

硬盘是计算机的主要存储设备，是存储计算机数据资料的仓库。此外，硬盘的性能也影响到计算机整机的性能，关系到计算机处理硬盘数据的速度与稳定性。本节将详细介绍选购硬盘

应注意的相关知识。

2.4.1 硬盘简介

硬盘(Hard Disk Drive，简称 HDD)是计算机上以坚硬的旋转盘片为基础的非易失性存储设备。

硬盘在平整的磁性表面存储和检索数字数据。信息通过离磁性表面很近的写头，由电磁流来改变极性方式被电磁流写到磁盘上。信息可以通过相反的方式回读。例如，磁场导致线圈中电气的改变或读头经过它的上方。早期的硬盘存储媒介是可替换的，不过现在市场上常见的硬盘是固定的存储媒介，被封在硬盘里 (除了一个过滤孔，用来平衡空气压力)。

1. 常见类型

硬盘，根据其数据接口类型的不同可以分为 IDE 接口、SATA 接口、SATA II 接口、SCSI 接口、光纤通道和 SAS 接口等几种，其各自的特点如下。

- IDE(ATA)接口：IDE(Integrated Drive Electronics，即：电子集成驱动器)，俗称 PATA 并口，如图 2-32 所示。
- SATA 接口：使用SATA(Serial ATA)接口的硬盘又称为串口硬盘，是目前计算机硬盘的发展趋势，如图 2-33 所示。

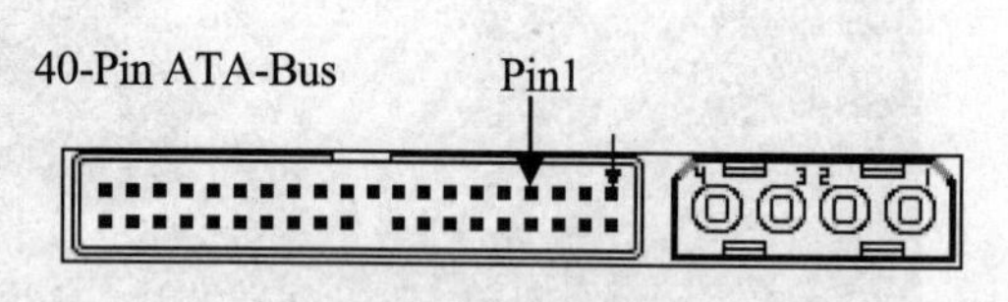

图 2-32　IDE 接口

图 2-33　SATA 接口

- SATA Ⅱ接口：SATA II 是芯片生产商Intel与硬盘生产商Seagate(希捷)在 SATA 的基础上发展起来的。其主要特征是外部传输率从 SATA 的 150MB/s 进一步提高到了 300MB/s。此外，还包括NCQ(Native Command Queuing，即：原生命令队列)、端口多路器(Port Multiplier)、交错启动(Staggered Spin-up)等一系列的技术特征。
- SCSI 接口：SCSI，是同 IDE(ATA)与 SATA 完全不同的接口，IDE 接口与 SATA 接口是普通计算机的标准接口，而 SCSI 并不是专门为硬盘设计的接口，它是一种广泛应用于小型机上的高速数据传输技术。
- 光纤通道：光纤通道(Fibre Channel)，和SCIS 接口一样光纤通道最初也不是为硬盘设

计开发的接口技术，是专门为网络系统设计的，但随着存储系统对速度的需求，才逐渐应用到硬盘系统中。光纤通道硬盘是为提高多硬盘存储系统的速度和灵活性才开发的，它的出现大大提高了多硬盘系统的通信速度。

- SAS 接口：是新一代的 SCSI 技术，和 SATA 硬盘相同，都是采取串行式技术以获得更高的传输速度，可达到 6GB/s。

知识点

目前，市场上主流的硬盘普遍采用 SATA 接口，常见硬盘的容量大都在 160GB、250GB、320GB、500GB、1TB 或 2TB 之间。

2. 性能指标

硬盘作为计算机最主要的外部存储设备，其性能也直接影响着计算机的整体性能。判断硬盘性能的主要标准有以下几个。

- 容量：容量是硬盘最基本、也是用户最关心的性能指标之一。硬盘容量越大，能存储的数据也就越多。对于现在动辄上 GB 安装大小的软件而言，选购一块大容量的硬盘是非常有必要的。目前，市场上主流硬盘的容量大于 500GB，并且随着更大容量硬盘价格的降低，TB 硬盘也开始被普通用户接受(1TB=1024GB)。
- 主轴转速：硬盘的主轴转速是决定硬盘内部数据传输率的决定因素之一，它在很大程度上决定了硬盘的速度，同时也是区别硬盘档次的重要标志。目前，主流硬盘的主轴转速为 7200rpm，建议用户不要购买更低转速的硬盘，如 5400rpm，否则该硬盘将成为整个计算机系统性能的瓶颈。
- 平均延迟(潜伏时间)：平均延迟是指当磁头移动到数据所在的磁道后，然后等待所要的数据块继续转动(半圈或多些、少些)到磁头下的时间。平均延迟越小代表硬盘读取数据的等待时间越短，相当于具有更高的硬盘数据传输率。7200rpm IDE 硬盘的平均延迟为 4.17ms。
- 单碟容量：单碟容量(Storage Per Disk)是硬盘相当重要的参数之一，一定程度上决定着硬盘的档次高低。硬盘是由多个存储碟片组合而成的，而单碟容量就是一个磁盘存储碟片所能存储片的最大数据量。目前单碟容量已经达到 2TB，这项技术不仅仅可以带来硬盘总容量的提升，还能在一定程度上节省产品成本。
- 外部数据传输率：外部数据传输率也称突发数据传输率，它是指从硬盘缓冲区读取数据的速率。在广告或硬盘特性表中常以数据接口速率代替，单位为 MB/s。目前逐鹿的硬盘已经全部采用 UDMA/100 技术，外部数据传输率可达 100MB/s。
- 最大内部数据传输率：最大内部数据传输率(Internal Data Transfer Rate)又称持续数据传输率(Sustained Transfer Rate)，单位为 MB/s。它指磁头与硬盘缓存间的最大数据传输率，取决于硬盘的盘片转速和盘片数据线密度(指同一磁道上的数据间隔度)。
- 连续无故障时间：连续无故障时间是指硬盘从开始运行到出现故障的最长时间，单位是小时(h)。一般的硬盘 MTBF 至少在 30 000 小时以上。这项指标在一般的产品广告或常见的技术特性表中并不提供，需要时可专门上网到具体生产该款硬盘的公司网站中查询。

- 硬盘表面温度：该指标表示在硬盘工作时查杀的温度使硬盘密封壳温度上升的情况。

2.4.2 硬盘的外部结构

硬盘由一个或多个铝制或者玻璃制的碟片组成。这些碟片外覆盖有铁磁性材料。绝大多数硬盘都是固定硬盘，被永久性地密封固定在硬盘驱动器中。从外部看，硬盘的外部结构包括表面和后侧两部分，其各自的结构特征如下。

- 硬盘表面是硬盘编号标签，上面记录着硬盘的序列号、型号等信息，反面裸露着硬盘的电路板，上面分布着硬盘背面的焊接点，如图 2-34 所示。
- 硬盘后侧则是电源、跳线和数据线的接口面板，目前主流的硬盘接口均为 SATA 接口，如图 2-35 所示。

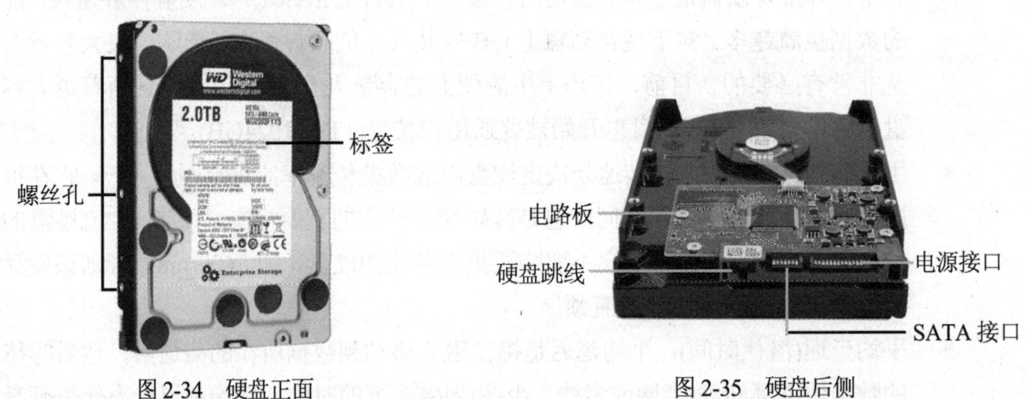

图 2-34 硬盘正面　　图 2-35 硬盘后侧

2.4.3 主流硬盘的品牌

目前，市场上主要的生产厂商有希捷、西部数据、三星、日立以及迈拓等。希捷内置式 3.5 英寸和 2.5 英寸硬盘可享有 5 年的质保，其余品牌盒装硬盘一般是提供 3 年售后服务(1 年包换，2 年保修)，散装硬盘则为 1 年。

1. 希捷(Seagate)

希捷硬盘是市场上占有率最大的硬盘，以其“物美价廉”的特性在消费者群中有很好的口碑。

市场上常见的希捷硬盘有如下几种：希捷 Barracuda 1TB 7200 转 64MB 单碟、希捷 Barracuda 500GB 7200 转 16MB SATA 3(ST500DM002)、希捷 Barracuda 2TB 7200 转 64MB SATA 3 (ST500DM001)，如图 2-36 所示。

2. 西部数据(Western Digtal)

西部数据硬盘凭借着大缓存的优势，在硬盘市场中有着不错的性能表现。市场上常见的西部数据硬盘：WD 500GB 7200 转 16MB SATA3 蓝盘(WD5000AAKX)、WD1TB 7200 转 64MB SATA 3(WD10EARX)、WD 鱼子酱 KS 640GB 7200 转 16MB SATA2(WD6400AAKS)，如图 2-37 所示。

图 2-36　希捷硬盘

图 2-37　西部数据硬盘

3. 三星(Samsung)

三星硬盘目前在国内主要由 HEDY 七喜计算机代言，七喜代理的三星硬盘均为盒装。其中三星“黑匣子”硬盘的出现，为三星硬盘在数据安全、稳定性、噪音控制等方面取得了突破性的进展，在噪音和温度等方面有着业界最先进的技术和独特的卖点。市场上常见的三星硬盘有：三星金宝 250GB 7200 转 8MB 串口(HD250HJ/CNG)、三星 SpinpointMB 500MB 5400 转 8MB 串口(HN- M500MBB)、三星 Spinpoint M8 500GB 5400 转 8MB 串口(HN-M500MBB)、三星 Spinpoint MB 1TB 5400 转 8MB 串口(HN-M101MBB)等，如图 2-38 所示。

图 2-38　三星硬盘

4. 日立(HITACHI)

日立环球存储科技公司创立于 2003 年，它是基于 IBM 和日立就存储科技业务进行传略性整合而创建的。市场上常见的日立硬盘有：日立 Z5K500 500GB 5400 转 8MB SATA2

(HTS545050A7E380)、日立 P7K500 500GB 7200 转 16MB SATA2(HDS72100CLA362)、日立 5K1000 1TB 5400 转 8MB SATA3(HTS541010A9E680)等，如图 2-39 所示。

5. 迈拓(Maxtor)

希捷虽然已经收购了迈拓，但是依旧保留了迈拓品牌的硬盘产品，在国内主要由讯宜和建达蓝德代理。常见的迈拓硬盘有转速 5400 转/分的低端星钻系列和中端 7200 转/分的金钻系列。如图 2-40 所示。

图 2-39　日立硬盘

图 2-40　迈拓硬盘

2.4.4　硬盘的选购常识

在介绍了硬盘的一些相关知识后，下面将介绍选购硬盘的一些技巧，帮助用户选购一块适合的硬盘。

- 选择尽可能大的容量：硬盘的容量是非常关键的，大多数被淘汰的硬盘都是因为其容量不足，不能适应日益增长的海量数据的存储需求。硬盘的容量再大也不为过，应尽量购买大容量硬盘，因为容量越大，硬盘上每兆存储介质的成本越低，也就降低了使用成本。
- 稳定性：硬盘的容量变大了，转速加快了，稳定性的问题越来越明显。所以在选购硬盘之前要多参考一些权威机构的测试数据，对那些不太稳定的硬盘还是不要选购。而在硬盘的数据和震动保护方面，各个公司都有一些相关的技术给予支持，常见的保护措施有希捷的 DST(Drive Self Test)、西部数据的 Data Life Guard 等。
- 缓存：大缓存的硬盘在存取零碎数据时具有非常大的优势，将一些零碎的数据暂存在缓存中，既可以减小系统的负荷、又能提高硬盘数据的传输速度。
- 注意观察硬盘配件与防伪标识：用户在购买硬盘时应注意不要购买水货，水货硬盘与行货硬盘最大的直观区别就是有无包装盒。此外，还可以通过国内代理商的包修标贴和硬盘顶部的防伪标识来确认。

2.5　选购显卡

显卡是主机与显示器之间连接的“桥梁”，作用是控制计算机的图形输出，负责将 CPU 送来的影像数据处理成显示器可以识别的格式，再送到显示器形成图像。本节将详细介绍选购显卡的相关知识。

2.5.1　显卡简介

显卡是计算机中处理和显示数据、图像信息的专门设备，是连接显示器和计算机主机的重要部件。显卡包括集成显卡和独立显卡，集成显卡是集成在主板上的显示元件，依靠主板和 CPU 进行工作，而独立显卡拥有独立处理图形的处理芯片和存储芯片，可以不依赖 CPU 工作。

1. 常见类型

显卡的发展速度极快，从 1981 年单色显卡的出现到现在各种图形加速卡的广泛应用，其类别多种多样，所采用的技术也各不相同。一般情况下，可以按照显卡构成形式和接口类型进行区别，将其划分为以下几种类型。

- 按照显卡的构成形式划分：按照显卡的构成形式的不同，可以将显卡分为独立显卡和集成显卡两种类型。独立显卡指的是以独立板卡形式出现的显卡，如图 2-41 所示。集成显卡则指的是主板在整合显卡芯片后，由主板承载的显卡，其又被称为板载显卡。
- 按照显卡的接口类型划分：按照显卡的接口类型可以将显卡划分为 AGP 接口显卡、PCI-E 接口显卡两种。其中，PCI-E 接口显卡为目前的主流显卡，如图 2-42 所示。AGP 接口的显卡已逐渐在市场中被淘汰。

图 2-41　独立显卡

图 2-42　PCI-E 接口显卡

2. 性能指标

衡量一个显卡的好坏有很多方法，除了使用测试软件测试比较外，还有很多性能指标可以供用户参考，具体如下。

- 显示芯片的类型：显卡所支持的各种3D特效由显示芯片的性能决定。显示芯片相当于CPU在计算机中的作用，一块显卡采用何种显示芯片大致决定了这块显卡的档次和基本性能。目前，主流显卡的显示芯片主要由nVIDIA和ATI两大厂商制造。
- 显存容量：显存容量指的就是显卡上显存的容量。现在主流显卡基本上具备的是512MB容量，一些中高端显卡配备了1GB的显存容量。显存与系统内存一样，其容量越多越好，因为显存越大，可以存储的图像数据就越多，支持的分辨率与颜色数也就越高，游戏运行起来就越流畅。
- 显存速度：显存速度以ns(纳秒)为计算单位，现在常见的显存多在1ns左右，数字越小说明显存的速度越快。
- 显存频率：常见显卡的显存类型多为DDR3，不过已经有不少显卡品牌推出DDR5类型的显卡(与DDR3相比，DDR5显卡拥有更高的频率，性能也更加强大)。

2.5.2 显卡的选购常识

显卡产品类似于CPU，其高中低端产品一应俱全，在选购显卡时，首先应该根据计算机的主要用途确定显卡的价位，然后结合显示芯片、显存、做工和用料等因素进行综合选择。

- 按需选购：对用户而言，最重要的是针对自己的实际预算和具体应用来决定购买何种显卡。用户一旦确定自己的具体需求，购买的时候就可以轻松做出正确的选择。一般来说，按需选购是配置计算机配件的一条基本法则，显卡也不例外。因此，在决定购买之前，一定要了解自己购买显卡的主要目的。高性能的显卡往往相对应的是高价格，而且显卡也是配件当中更新比较快的产品，所以在价格与性能两者之间寻找一个适于自己的平衡点才是显卡选购的关键所在。
- 查看显卡的字迹说明：质量好的显卡，其显存上的字迹即使已经磨损，但仍然可以看到刻痕。所以，在购买显卡时可以用橡皮擦擦拭显存上的字迹，看看字体擦过之后是否还存在刻痕。
- 观察显卡的外观：显卡采用PCB板的制造工艺及各种线路的分布。一款好的显卡用料足，焊点饱满，做工精细，其PCB板、线路、各种元件的分布比较规范。
- 软件测试：通过测试软件，可以大大降低购买到伪劣显卡的风险。通过安装正版的显卡驱动程序，然后观察显卡实际的数值是否和显卡标称的数值一致，如不一致就表示此显卡为伪劣产品。另外，通过一些专门的检测软件检测显卡的稳定性，劣质显卡显示的画面就有很大的停顿感，甚至造成死机。
- 不盲目追求显存大小：大容量显存对高分辨率、高画质游戏是十分重要的，但并不是显存容量越大越好，一块低端的显示芯片配备1GB的显存容量，除了大幅度提升显卡价格外，显卡的性能提升并不显著。
- 显卡所属系列：显卡所属系列直接关系显卡的性能，如NVIDIA Geforce9系列、ATI的X与HD系列等。越新系列，功能越强大，支持的特效也更多，如图2-43所示。

◉ 优质风扇与热管：显卡性能的提高，使得其发热量也越来越大，所以选购一块带有优质风扇与热管的显卡十分重要。显卡散热能力的好坏直接影响到显卡工作的稳定性与超频性能的高低，如图 2-44 所示。

图 2-43　显卡的系列

图 2-44　显卡风扇与热管

◉ 查看主芯片防假冒：在主芯片方面，有的杂牌利用其他公司的产品及同公司低档次芯片来冒充高档次芯片。这种方法比较隐蔽，较难分别，只有查看主芯片有无打磨痕迹，才能区分。

2.6　选购光驱

光驱的主要作用是读取光盘中的数据，而刻录光驱还可以将数据写入光盘中保存。目前，由于主流 DVD 刻录光驱的价格普遍已不到 200 元，与普通 DVD 光驱相比在价格上已经没有太大差别。因此，越来越多的用户在装机时首选 DVD 刻录光驱。

2.6.1　光驱简介

光驱也称为光盘驱动器，如图 2-45 所示，是一种读取光盘(如图 2-46 所示)信息的设备。

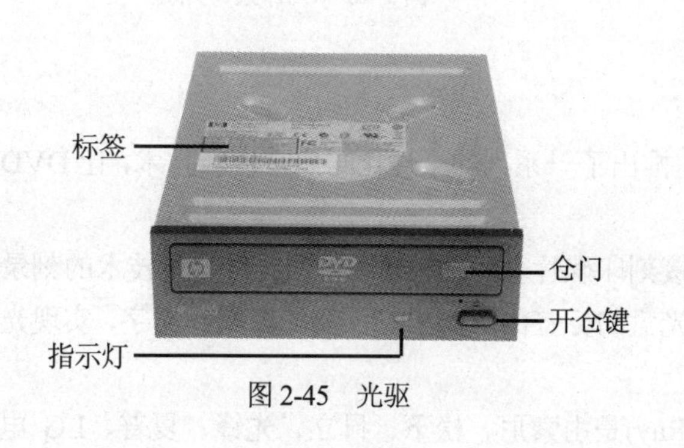

图 2-45　光驱

图 2-46　光盘

光盘存储容量大、价格便宜、保存时间长并且适宜保存大量的数据，如声音、图像、动画、视频信息等多媒体信息，所以光驱是计算机不可缺少的硬件配置。

1. 常见类型

光驱按其所能读取的光盘类型分为CD/光驱和DVD光驱两大类。

- CD光驱：CD光驱只能读取CD/VCD光盘，而不能读取DVD光盘。
- DVD光驱：DVD光驱既可以读取DVD光盘，也可以读取CD/VCD光盘。

光驱按读写方式又可分为只读光驱和可读写光驱。

- 只读光驱：只有读取光盘上数据的功能，而没有将数据写入光盘的功能。
- 可读写光驱：又称为刻录机，它既可以读取光盘上的数据也可以将数据写入光盘(这张光盘应该是一张可写入光盘)。

光驱按其接口方式不同分为ATA/ATAPI接口、SCSI接口、SATA接口、USB接口、IEEE 1394接口光驱等。

- ATA/ATAPI接口光驱：ATA/ATAPI接口也称为IDE接口，它和SCSI接口与SATA接口常作为内置式光驱所采用的接口。
- SCSI接口光驱：SCSI接口光驱因需要专用的SCSI卡与它相配套使用，所以一般计算机都采用IDE接口或SATA接口。
- SATA接口光驱：SATA接口光驱通过SATA数据线与主板相连，是目前常见的内置光驱类型，如图2-47所示。
- USB接口、IEEE 1394接口和并行接口光驱：USB接口、IEEE 1394接口和并行接口光驱一般为外置光驱，其中并行接口光驱因数据传输率慢，已被淘汰，如图2-48所示。

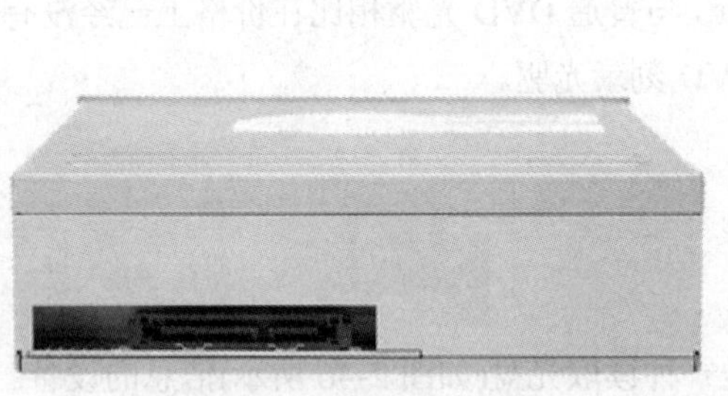

图2-47　SATA接口光驱

图2-48　USB接口光驱

2. 技术信息

为了能赢取更多用户的青睐，光驱厂商们推出了一系列的个性化与安全性新技术，让DVD刻录光驱拥有更强大的功能。

- 光雕技术：光雕技术是一项用于直接刻印碟片表面的技术，通过支持光雕技术的刻录光驱和配套软件，可以在光雕专用光盘的标签面上刻出高品质的图案和文字，实现光盘的个性化设计、制作、刻录。
- 第3代蓝光刻录技术：蓝光(Blue-Ray)是由索尼、松下、日立、先锋、夏普、LG电

子、三星等电子巨头共同推出的新一代 DVD 光盘标准。目前，第 3 代蓝光刻录光驱已经面世，其拥有 8 倍速大容量高速刻录，支持 25GB、50GB 蓝光格式光盘的刻录和读取，以及最新的 BD-R LTH 蓝光格式。

- 24X 刻录技术：目前主流内置 DVD 刻录光驱的速度为 20X 与 22X。不过 DVD 刻录的速度一直是各大光驱厂商竞争的指标之一。目前，最快的刻录速度已经达到 24X，刻满一张 DVD 光盘仅需要不到 4min 的时间。

2.6.2 光驱的性能指标

光驱的各项指标是判断光驱性能的标准，这些指标包括：光驱的数据传输率、平均寻道时间、数据传输模式、缓存容量、接口类型等。下面将介绍这些指标的作用。

- 数据传输率：数据传输率是光驱最基本的性能指标参数，表示光驱每秒能读取的最大数据量。数据传输率又可详细分为读取速度与刻录速度。目前，主流 DVD 光驱的读取速度为 16X，DVD 刻录光驱的刻录速度为 20X 与 22X。
- 平均寻道时间：平均寻道时间又称为平均访问时间，它是指光驱的激光头从初始位置移到指定数据扇区，并把该扇区上的第一块数据读入高速缓存所用的时间。平均寻道时间越短，光驱性能越好。
- CPU 占用时间：是指光驱在维持一定的转速和数据传输速率时所占用 CPU 的时间。该指标是衡量光驱性能的一个重要指标。CPU 的占用率可以反映光驱的 BIOS 编写能力。CPU 占用率越少光驱性能就越好。
- 数据传输模式：光驱的数据传输模式主要有早期的 PIO 和现在的 UDMA。对于 UDMA 模式，可以通过 Windows 中的设备管理器打开 DMA，以提高光驱性能。
- 缓存容量：缓存的作用是提供一个数据的缓冲区域，将读取的数据暂时保存，然后一次性进行传输和转换。对于光盘驱动器来说，缓存越大，光驱连续读取数据的性能越好。目前，DVD 刻录光驱的缓存多为 2MB。
- 接口类型：目前，市场上光驱的主要接口类型有 IDE 与 SATA 两种。此外，为了满足一些用户的特殊需要，市面上还有 SCSI、USB 等接口类型的光驱出售。
- 纠错能力：光驱的纠错能力指的是光驱读取质量不好或表面存在缺陷的光盘时的纠错能力。纠错能力越强的光驱，读取光盘的能力就越强。

2.6.3 光驱的选购常识

面对众多的光驱品牌，想要从中挑选出高品质的产品不是一件容易的事。本节将介绍一些选购光驱时需要注意的事项，作为准备装机的用户的参考。

- 不过度关注光驱的外观：一款光驱的外观跟光驱的实际使用没有太多直接的关系。

一款前置面板不好看的光驱，并不代表它的性能和功能不好，或者是代表它不好用。如果用户跟着厂商的引导去走，将选购光驱的重点放在面板上，而忽略关注产品的性能、功能和口碑，则可能会购买到不合适的光驱。

- 不必过度追求速度和功能：过高的刻录速度，会提升光驱刻盘失败的几率。对于普通用户来说，刻盘的成功率是很重要的，毕竟一张质量尚可的 DVD 光盘的价格都在 2 元左右，因此不用太在意刻录光驱的速度，毕竟现在主流的刻录光驱速度都在 20X 以上，完全能满足需要。
- 注重 DVD 刻录机的兼容性：很多用户在关注光驱的价格、功能、配置和外观的同时，却忽略了一个相当重要的因素，那就是光驱对光盘的兼容性问题。事实上，有很多用户都以为买了光驱和光盘，拿回去就可以正常使用，不会有什么问题出现。但是，在实际使用当中，却会发生一些光盘不能够被光驱读取、刻录，甚至是刻录失败等情况。以上这些情况，其实都可以归纳成光驱对光盘的兼容性不是太好。为了能更好地读取与刻录光盘，重视光驱的兼容性是十分必要的。

2.7 选购电源

在选购计算机时，人们往往只注重显卡、CPU、主板、显示器和声卡等产品，但常常忽视了电源的重要作用。一块强劲的 CPU 能使计算机飞速狂奔，一块高档的显卡能使计算机显示出五光十色的 3D 效果，一块高音效的声卡更能让计算机播放出美妙的音乐，在享受这一切的同时，都是离不开电源默默地工作。熟悉计算机的用户都知道，电源的好与坏直接关系着系统的稳定与硬件的使用寿命。尤其是在硬件升级换代的今天，虽然工艺上的改进可以降低 CPU 的功率，但是高速硬盘、高档显卡、高档声卡层出不穷地出现，使相当一部分电源不堪重负。

2.7.1 电源简介

ATX 电源是为计算机供电的设备，它的作用是把 220V 的交流电压转换成计算机内部使用的 3.3V、5V、12V、24V 的直流电压。从外观看，ATX 电源有一个方形的外壳，它的一端有很多输出线及接口，另一端有一个散热风扇，如图 2-49 所示。

知识点

ATX 电源主要有两个版本，一种是 ATX 1.01 版，另一种是 ATX 2.01 版。2.01 版与 1.01 版的 ATX 电源除散热风扇的位置不一样外，它们的激活电流也不同。1.01 版只有 100mA，2.01 版则有 500mA~720mA。这意味着 2.01 版的 ATX 电源不会像 1.01 版那样“过敏”，经常会受外界电压波动的影响而自行启动计算机。

图 2-49　电源

2.7.2 电源的接头

电源的接头是不同设备供电的接口，电源接头主要有主板电源接头、硬盘/光驱电源接头等。

1. 主板电源接头

主板电源接头如图 2-50、图 2-51 和图 2-52 所示。其中，图 2-50 所示为 24 针接头，图 2-51 所示为 20 针接头，图 2-52 所示为 20 针接头，其专为 CPU 供电而设。

图 2-50　24 针接口

图 2-51　20 针接头

图 2-52　CPU 供电接头

知识点

ATX 电源输出的电压有+12V、-12V、+5V、-5V、+3.3V 等几种不同的电压。在正常情况下，电压的输出变化范围允许误差一般在 5%之内，不能有太大范围的波动，否则容易出现死机和数据丢失的情况。

2. 硬盘/光驱电源接头

硬盘/光驱电源接头如图下图所示，其中图 2-53 所示为串行接口硬盘和光驱的电源接头。图 2-54 所示为 IDE 接口硬盘和光驱的电源接头，图 2-55 所示为 IDE 和串行电源的转接头。

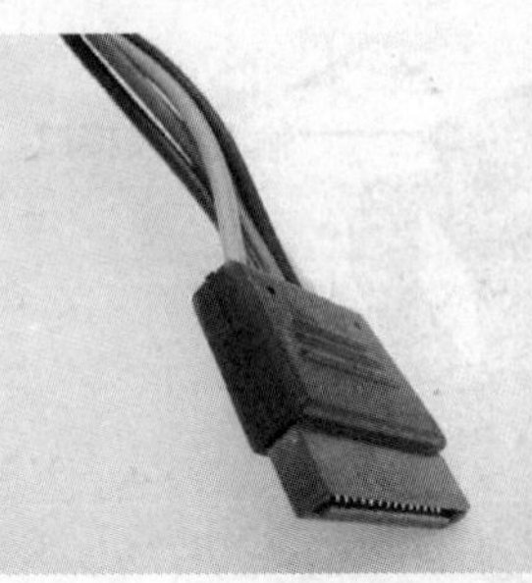
图 2-53 串行电源接头

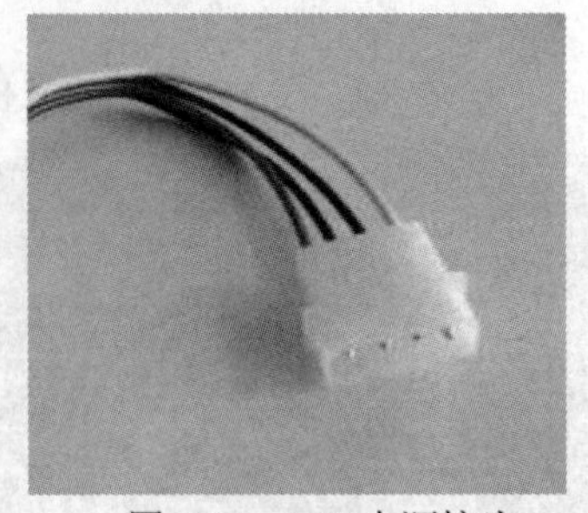
图 2-54 IDE 电源接头

图 2-55 软驱电源接头

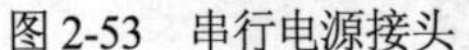

2.7.3 电源的选购常识

选购电源时，需要注意电源的品牌、输入技术指标、安全认证、功率的选择、电源重量、线材和散热孔等，具体如下。

- 品牌：目前市场上比较有名的品牌有：航嘉、游戏悍将(如图 2-56 所示)、金河田(如图 2-57 所示)、鑫谷、长城机电、百盛、世纪之星以及大水牛等，这些都通过了 3C 认证，用户可放心选购。

图 2-56 游戏悍将

图 2-57 金河田电源

- 输入技术指标：输入技术指标有输入电源相数、额定输入电压以及电压的变化范围、频率、输入电流等。一般这些参数及认证标准在电源的铭牌上都有明显的标注。
- 安全认证：电源认证也是一个非常重要的环节，因为它代表着电源达到的质量标准。电源比较有名的认证标准是 3C 认证，它是中国国家强制性产品认证的简称，将 CCEE(长城认证)、CCIB(中国进口电子产品安全认证)和 EMC(电磁兼容认证)三证合一。一般的电源都会符合这个标准，若不符合此标准最好不要选购。
- 功率的选择：虽然现在大功率的电源越来越多，但是并非电源的功率越大就越好，最常见的是 350W 的。一般要满足整台计算机的用电需求，最好有一定的功率余量，尽量不要选小功率电源。

- 电源重量：通过重量往往能检测出电源是否符合规格。一般来说，好的电源外壳一般都使用优质钢材，材质好、质厚，所以较重的电源，材质都比较好。电源内部的零件，如变压器、散热片等，同样是重的比较好。优质电源使用的应为铝制甚至铜制的散热片，而且体积越大散热效果越好。一般散热片都做成梳状，齿越深，分得越开，厚度越大，散热效果越好。基本上很难在不拆开电源的情况下看清楚散热片，所以直观的办法就是从重量上去判断了。优质的电源，一般会增加一些元件，以提高安全系数，所以重量自然会有所增加。劣质电源则会省掉一些电容和线圈，重量就比较轻。
- 线材和散热孔：电源所使用的线材粗细，与它的耐用度有很大的关系。较细的线材，长时间使用，常常会因为过热而烧毁。另外，电源外壳上面或多或少都有散热孔，电源在工作的过程中，温度会不断升高，除了通过电源内附的风扇散热外，散热孔也是加大空气对流的重要设施。原则上电源的散热孔面积越大越好，但是要注意散热孔的位置，位置放对才能使电源内部的热量及早排出。

2.8 选购机箱

机箱作为一个可以长期使用的计算机配件，用户一次性不妨投入更多资金，这样既能取得更好的使用品质，同时也不会因为产品更新换代而出现机箱贬值的情况。即使以后计算机升级换代了，以前的机箱仍可继续使用。

2.8.1 机箱简介

机箱作为计算机配件中的一部分，它的作用是防止计算机受损和固定各个计算机配件，起到一个承托和保护的作用。此外，计算机机箱还具有屏蔽电磁辐射的作用。计算机的机箱对于其他硬件设备而言，更多的技术体现在改进制作工艺、增加款式品种等方面。市场上大多数机箱厂商在技术方面的改进都体现在内部结构中的一些小地方，如电源、硬盘托架等。

目前，市场上流行的机箱的主要技术参数有以下几个。

- 电源下置技术：电源下置技术就是将电源安装在机箱的下方。现在越来越多的机箱开始采用电源下置的作法了，这样可以有效避免处理器附近的热量堆积，加强机箱的散热性能。
- 支持固态硬盘：随着固态硬盘技术的出现，一些高端机箱预留出能够安装固态硬盘的位置，方便用户以后对计算机进行升级，如图 2-58 所示。
- 无螺丝机箱技术：为了方便用户打开机箱盖，不少机箱厂家设计了无螺丝的机箱，无须使用工具便可完成硬件的拆卸和安装。机箱连接大部分采用锁扣镶嵌或手拧螺丝；驱动器的固定采用插卡式结构；而扩展槽位的板卡也使用塑料卡口和金属弹簧片来固定；打开机箱，装卸驱动器、板卡都可以不用螺丝刀，因而加快了操作速度，如图 2-59 所示。

图 2-58　预留安装固态硬盘位置

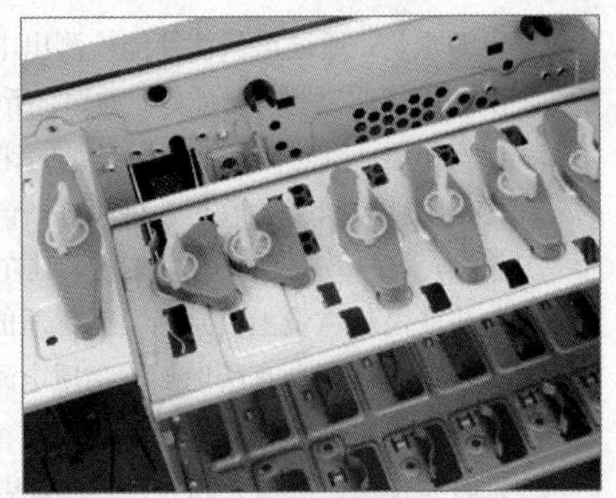
图 2-59　无螺丝机箱

2.8.2　机箱的作用

机箱的作用主要有以下 3 个方面。

- 机箱提供空间给电源、主板、各种扩展板卡、光盘驱动器、硬盘驱动器等设备，并通过机箱内部的支撑、支架、各种螺丝或卡子、夹子等连接件将这些配件固定在机箱内部，形成一个集约型的整体。
- 机箱坚实的外壳保护着板卡、电源及存储设备，能防压、防冲击、防尘，并且它还能起到防电磁干扰、防辐射的作用，起屏蔽电磁辐射的功能。
- 机箱还提供了许多便于使用的面板开光指示灯等，让用户更方便地操作计算机或观察计算机的运行情况。

2.8.3　机箱的种类

目前主流的机箱主要为 ATX 机箱，除此之外，还有一种 BTX 的机箱。

1. ATX 机箱

现在的机箱主流仍是 ATX 机箱，它不仅支持 ATX 主板，还可安装 AT 主板和 Micro ATX 主板。在 ATX 结构的机箱中，主板安装在机箱的左上方，并且是横向放置，而电源则安装在机箱的右上方，机箱前方的位置则预留给存储设备。但机箱内部散热器在封闭机箱后，散热效果大打折扣，如图 2-60 所示。

2. BTX 机箱

BTX 机箱就是基于 BTX(Balanced Technology Extended)标准的机箱产品。BTX 是 Intel 定义并引导的桌面计算平台新规范，BTX 机箱与 ATX 机箱最明显的区别就在于把以往只在左侧开启的侧面板，改到了右边。而其他 I/O 接口，也都相应地改到了相反的位置。另外，它支持

Low-profile(即窄板设计)。BTX 机箱最让人关注的设计点就在于对散热方面的改进。CPU、显卡和内存的位置相比 ATX 架构都完全不同，CPU 的位置完全被移到了机箱的前板，而不是 ATX 的后部位置，这是为了更有效地利用散热设备，提升对机箱内各个设备的散热功能。除了位置变换之外，在主板的安装上，BTX 规范也进行了重新规范，其中最重要的是 BTX 机箱拥有可选的 SRM(Support and Retention Module)支撑保护模块，它是机箱底部和主板之间的一个缓冲区，通常使用强度很高的低炭钢材来制造，能够抵抗较强的外来力而不易弯曲，因此可有效防止主板的变形，如图 2-61 所示。

图 2-60　ATX 机箱

图 2-61　BTX 机箱

2.8.4　机箱的选购常识

机箱是计算机的外衣，是计算机展示的外在硬件，是计算机其他硬件的保护伞。所以在选购机箱时应注意以下几点。

1. 机箱的主流外观

机箱的外观主要集中在两个方面，面板和箱体颜色。目前市场上出现很多彩色的机箱，面板更是五花八门，有采用铝合金的，也有采用有机玻璃的，使得机箱看起来非常鲜艳新颖。机箱从过去的单一色逐渐发展为彩色甚至个性色的，如图 2-62 所示。

图 2-62　机箱的主流外观

2. 机箱的材质

机箱的材质相对于外观，分量就重了许多，因为整个机箱的好坏由材质决定。目前的机箱材质也出现了多元化的趋势，除了传统的钢材，在高端机箱中出现了铝合金材质和有机玻璃材质。这些材质各有各的特色，钢材最大众化，而且散热强度非常不错；铝合金作为一种新型材料外观上更漂亮，而在性能上和钢材差别不大，而有机玻璃就属于时尚化的产品了，做出的全透明机箱确实很吸引人的眼球，但散热性能不佳是其最大的缺点。

做工是另外一个重要的问题，从机箱来讲，做工包括以下几个方面。

- 卷边处理：一般对于钢材机箱，由于钢板材质相对来说还是比较薄的，因此不作卷边处理就可能划伤手，给安装造成很多不便。
- 烤漆处理：对于一般钢材机箱烤漆是必需的，人们都不希望机箱用了很短的时间就出现锈斑，因此烤漆十分重要。
- 模具质量：即机箱尺寸是否规整。如果做得不好，用户安装主板、板卡、外置存储器等设备就会出现螺丝错位的现象，导致不能上螺丝或者不能上紧螺丝，这对于脆弱的主板或者板卡是非常致命的。
- 元件质量：机箱还有很多小的元件，典型的有：开关、导线和 LED 灯等，这些元件虽小却也非常重要。例如，开关不好，经过较长时间使用后可能出现短路或者断路的现象，严重影响计算机的正常使用。

3. 机箱的布局

布局设置包括很多方面的内容，布局与机箱的可扩展性、散热性能都有很大的关系。例如，风扇的布局位置合理性的设计会影响到机箱的散热性状况以及噪声的问题。再例如，硬盘的布局如果不合理，即使有很多扩展槽仍然不能安装很多硬盘，严重影响扩展能力。

4. 机箱的散热性能

散热性能对于现在机箱尤其重要，许多厂商都以此作为卖点。机箱的散热包括以下 3 个方面。

- 材料的可散热性能、机箱整体散热情况、散热装置的可扩充性。
- 材质的可扩充性：虽然机箱主要采用了金属材料制作，而这些材料是热的良导体。但是，也有很多机箱为了美观装饰在钢板外遮罩了一层其他材质，这样就严重影响了散热性能。
- 散热扩充能力：散热扩充能力指是否可以增加一些额外的散热器材。例如，在 3.5 英寸硬盘扩充槽处是否可以安装辅助散热风扇。这些会给机箱散热带来很大的影响。

5. 机箱的安全设计

机箱材料是否导电，是关系到机箱内部的电脑配件是否安全的重要因素。如果机箱材料是不导电的，那么产生的静电就不能由机箱底壳导到地下，严重的话会导致机箱内部的主板烧坏。冷镀锌电解板的机箱导电性较好。只涂了防锈漆甚至普通漆的机箱，导电性是不过关的。

2.9　选购显示器

显示器是用户与计算机交流的窗口，选购一台优质的显示器可以大大减少人们使用计算机时的疲劳感。显示器凭借其高清晰、高亮度、低功耗、占用空间小和影像显示稳定不闪烁等优势成为显示器市场上的主流产品。本节将详细介绍显示器的相关基础知识和选购技巧。

2.9.1　显示器简介

显示器是属于计算机的 I/O 设备，即输入/输出设备，是一种将一定的电子文件通过特定的传输设备显示到屏幕上再反射到人眼的显示工具。

1. 常见类型

显示器可以分为 CRT、LCD、LED 等多种类型，目前市场上常见的显示器大多为 LCD 显示器(液晶显示器)。

- LCD 显示器：LCD 显示器即液晶显示器，是目前市场上最常见的显示器类型，其优点是机身薄、占用面积小并且辐射小，如图 2-63 所示。
- LED 显示器：LED 是一种通过控制半导体发光二极管的显示方式，用来显示文字、图形、图像、动画、行情、视频、录像信号等各种信息的显示屏幕，如图 2-64 所示。

图 2-63　LCD 显示器

图 2-64　LED 显示器

- 3D 显示器：3D 显示器一直被公认为显示技术发展的终极梦想，经过多年的研究。现已开发出需佩戴立体眼镜和不需佩戴立体眼镜的两大立体显示技术体系。

2. 性能指标

显示器的性能指标包括尺寸、可视角度、亮度、对比度、分辨率、色彩数量和响应时间等。

- 尺寸：显示器的尺寸是指屏幕对角线的长度，单位为英寸。显示器的尺寸是用户最为关心的性能参数，也是用户可以直接从外表识别的参数。目前市场上主流显示器的尺寸包括 21.5 寸、23 寸、23.6 寸、24 寸(如图 2-65 所示)以及 27 寸。

- 可视角度：一般而言，液晶的可视角度都是左右对称的，但上下不一定对称，常常是垂直角度小于水平角度。可视角度越大越好，用户必须了解可视角度的定义。当可视角度是170°左右时，表示站在始于屏幕法线170°的位置时仍可清晰看见屏幕图像。但每个人的视力不同，因此以对比度为准。目前主流显示器的水平可视角度为170°；垂直可视角度为160°，如图2-66所示。

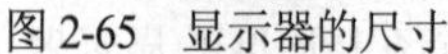
图2-65　显示器的尺寸　　图2-66　显示器的可视角度

- 亮度：显示器的亮度以流明为单位，并且亮度普遍在250流明到500流明之间。需要注意的一点是，市面上的低档显示器存在严重亮度不均匀的现象，中心的亮度和距离边框部分区域的亮度差别比较大。
- 对比度：对比度是直接体现显示器能够显示的色阶的参数，对比度越高，还原的画面层次感就越好，即使在观看亮度很高的照片时，黑暗部位的细节也可以清晰体现。
- 分辨率：显示器的分辨率一般不能任意调整，它由制造商设置和规定。例如，20寸显示器的分辨率为1600×900，23寸、23.5寸以及24寸液晶显示器的分辨率常为1920×1080等等，如图2-67和2-68所示。

图2-67　低分辨率显示器　　图2-68　高分辨率显示器

- 色彩数量：由于工艺上的显示，显示器的色彩数量要比CRT显示器少，目前大多数的显示器的色彩数量为18位色(即262144色)。现在的操作系统与显卡完全支持32位色，但用户在日常的应用中接触最多的依然是16位色，而且16位色对于现在常用的软件和游戏来说都可以满足用户需要。虽然显示器在硬件上还无法支持32位色，但可以通过技术手段来模拟色彩显示，达到增加色彩显示数量的目的。

◉　响应时间：响应时间是显示器的一个重要参数，它反映了显示器各像素点对输入信号反应的速度，即当像素点在接收到驱动信号后从最亮到最暗的转换时间。

2.9.2　显示器的选购常识

用户在选购显示器时，应首先询问该款显示器的质保时间，质保时间越长，用户得到的保障也就越多。此外，在选购显示器时，还需要注意以下几点。

◉　选择数字接口的显示器：用户在选购中还应该看看显示器是否具备了 DVI(如图 2-69 所示)或 HDMI(如图 2-70 所示)数字接口。在实际使用中，数字接口比 D-SUB(如图 2-71 所示)模拟接口的显示效果会更加出色。

图 2-69　DVI 接口

图 2-70　HDMI 接口

图 2-71　D-SUB 接口

◉　检查是否有坏点、暗点、亮点：亮点具体情况分为两种，第一是在黑屏情况下单纯地呈现红、绿、蓝色的点。第二种是在切换至红、绿、蓝三色显示模式下，只有在红、绿或蓝中的一种现实模式下有白色点，同时在另外两种模式下均有其他色点的情况，这种情况是在同一个像素中存在两个亮点。暗点是指在白屏的情况下出现非单纯红、绿、蓝的色点。坏点是比较常见也比较严重的情况，是指在白屏情况下为纯黑色的点或者在黑屏下为纯白色的点。

◉　选择响应时间：在选择同类产品的时候，一定要认真地阅读产品技术指标说明书，因为很多中小品牌的显示器产品在编写说明书的时候，采用了欺骗消费者的方法。其中最常见的，便是在液晶显示器响应时间这个重要参数上做手脚，这种产品指标说明往往不会明确地标出响应时间的指标是单程还是双程，而仅仅标出单程响应时间，使之看起来比其他的品牌的响应时间要短。因此，在选择的时候，一定要明确这些指标是单程还是双程。

◉　选择分辨率：液晶显示器只支持所谓的真实分辨率，只有在真实分辨率下，才能显现最佳影像。在选购液晶显示器时，一定要确保能支持所使用应用软硬件的原始分辨率。不要盲目追求高分辨率。日常使用时一般 22 英寸显示器最佳分辨率为 1680×1050，24 英寸显示器最佳分辨率为 1920×1080。

◉　选择显示器的另一个重要的标准就是外观。之所以放弃传统的 CRT 显示器而选择显示器，除了辐射之外，另一个主要的原因就是显示器的体积小，占用桌面的面积较小，产品的外观时尚、灵活。

2.10 选购键盘

键盘是最常见和最重要的计算机输入设备之一。虽然现如今，鼠标和手写输入的应用越来越广泛，但在文字输入领域，键盘依旧有着不可动摇的地位，是用户向计算机输入数据和控制计算机的基本工具。

2.10.1 键盘简介

键盘是最常见的计算机输入设备，广泛应用于计算机和各种终端的设备上。用户通过键盘向计算机输入各种指令、数据，指挥计算机的工作。计算机的运行情况输出到显示器，人们可以很方便地利用键盘和显示器与计算机对话，对程序进行修改、编辑，控制和观察计算机的运行。

键盘是用户直接接触使用的计算机硬件设备，为了能够让用户可以更加舒适、便捷地使用键盘，厂商推出了一系列键盘新技术。

- 人体工程学技术：人体工程学键盘就是设计成让用户的手无须扭转较大幅度的键盘，一般呈现中间突起的三角结构，或者在水平方向一定角度弯曲按键。这样的设计可以比传统设计的键盘使用起来更省力，而且长时间操作不易疲劳。
- USB HUB 技术：随着 USB 设备种类的不断增多，如网卡、移动硬盘、数码设备、打印机等，计算机主板上的 USB 接口越来越不能满足用户的需求。所以，目前有一些键盘集成了 USB HUB 技术，扩展了 USB 接口数量，方便用户连接更多的外部设备，如图 2-72 所示。
- 多功能键技术：现在一些键盘厂商在设计键盘时，在其中加入了一些计算机常用功能的快捷键，如视频播放控制键、音量开关与大小等。使用这些多功能键，用户可以方便地完成一些常用操作，如图 2-73 所示。

图 2-72　USB HUB 技术

图 2-73　多功能键技术

- 无线技术：无线键盘是指键盘盘体与计算机间没有直接的物理连线，一般通过红外或蓝牙设备进行数据传递。

2.10.2 键盘的分类

键盘是用户和计算机进行沟通的主要工具，用户通过键盘输入需要处理的数据和命令，使计算机完成相应的操作。键盘根据不同的分类有以下几种。

1. 按接口分类

键盘的接口有多种：PS/2 接口(如图 2-74 所示)、USB 接口(如图 2-75 所示)和无线接口(如图 2-76 所示)。这几种接口只是接口插槽不同，在功能上并无区别。其中，USB 接口支持热插拔。无线键盘主要是利用无线电传输信号的键盘，这种键盘的优点是没有信号线的干扰，不受地形的影响。

图 2-74 PS/2 接口

图 2-75 USB 接口

图 2-76 无线键盘

2. 按外形分类

键盘按外形分为传统矩形(如图 2-77 所示)和人体工程学键盘(如图 2-78 所示)两种。人体工程学键盘在造型上与传统的键盘有了很大的区别，其外形上设为弧形，并在传统的矩形键盘上增加了托，解决了长时间悬腕或塌腕的劳累。目前人体工程学键盘有固定式、分体式和可调角度式等。

图 2-77 矩形键盘

图 2-78 人体工程学键盘

3. 按内部构造分类

键盘按照内部构造的不同，可区分为机械式与电容式。

机械式键盘一般由印刷电路板触点和导电橡胶组成。当按下按键时，导电橡胶与触点接触，开关接通；按键抬起时，导电橡胶与触点分离，开关断开。这种键盘一般使用寿命有限。

电容式键盘无触点开关，开关内由固定电极和活动电极组成可变的电容器。按键按下或抬起将带动活动电极动作，引起电容的变化，设置开关的状态。这种键盘由于是借助非机械力量，所以按键声音小，手感较好，寿命较长。

2.10.3 键盘的选购常识

对于普通用户而言，应选择一款操作舒适的键盘。此外，在购买键盘时，还应注意键盘的以下几个性能指标。

- 可编程的快捷键：目前，键盘正朝着多功能的方向发展，许多键盘除了标准的 104 键外，还有几个甚至十几个附加功能键。这些不同的按键可以实现不同的功能。
- 按键灵敏度：如果用户使用计算机来完成一项精度要求很高的工作，往往需要频繁地将信息输入计算机中。如果键盘按键不灵敏，就会出现按键失效的情况。例如，按下按键后，对应的字符并没有出现在屏幕上；或者按下某一键，对应键周围的其他 3 个或 4 个键都被同时激活。
- 键盘的耐磨性：键盘的耐磨性也是十分重要的，这也是识别键盘好坏的一个参数。一些不知名品牌的键盘，按键上的字都是直接印上去的，这样用不了多久，上面的字符就会被磨掉。而高级的键盘是用激光将字刻上去的，耐磨性大大增强。

2.11 选购鼠标

鼠标是 Windows 操作系统中必不可少的外设之一，用户可以通过鼠标快速地对屏幕上的对象进行操作。本节将详细介绍鼠标的相关知识，帮助用户选购适合自己使用的优质鼠标。

2.11.1 鼠标简介

鼠标是最常用的计算机输入设备之一，可以简单分为有线和无线两种。其中有线鼠标根据其接口不同，又可分为 PS/2 接口鼠标和 USB 接口鼠标两种。

除此之外，根据鼠标工作原理和内部结构的不同又可将其分为机械式、机光式和光电式这 3 种。其中，光电式鼠标为目前常见的主流鼠标。光电鼠标已经能够在使用兼容性、指针定位等方面满足绝大部分计算机用户的基本需求，其最新的几个技术信息如下。

- 多键鼠标：多键鼠标是新一代的多功能鼠标，如有的鼠标上带有滚轮，大大方便了上下翻页，有的新型鼠标上除了有滚轮，还增加了拇指键等快速按键，进一步简化了操作程序，如图 2-79 所示。
- 人体工程学技术：和键盘一样，鼠标是用户直接接触使用的计算机设备，采用人体工程学设计的鼠标，可以让用户使用起来更加舒适，并且降低使用疲劳感。如图 2-80 所示。

图 2-79　多键鼠标

图 2-80　人体工程学鼠标

- 无线和 3D 鼠标：无线鼠标和 3D 振动鼠标都是比较新颖的鼠标。无线鼠标器是为了适应大屏幕显示器而生产的。所谓“无线”，即没有电线连接，而是采用两节七号电池无线遥控。这种鼠标有自动休眠功能，电池可用上一年，接收范围在 1.8m 以内。

2.11.2　鼠标的性能指标

鼠标是操作计算机必不可少的一个输入设备，是一种屏幕指定装置，不能直接输入字符和数字。在图形处理软件的支持下，在屏幕上使用鼠标处理图形比使用键盘方便。

鼠标的一个重要指标是反应速度，由它的扫描频率决定。目前，鼠标的扫描频率一般在 6000 次/秒左右，最高追踪速度可以达到 37 英寸/秒。扫描频率越高越能精确地反映出鼠标细微的移动。鼠标另一个重要的指标是分辨率，以 dpi 来表示。通常鼠标使用 800dpi 的指标，即鼠标每移动一英寸，屏幕上的指针可移动 800 个点。分辨率越高，鼠标所需要的最小移动距离就越小。因此，只有在使用大分辨率的显示器时高分辨率的鼠标才有用武之地，对于大多数用户来说 800dpi 已经绰绰有余了。

2.11.3　鼠标的选购常识

目前，市场上的主流鼠标为光电鼠标。用户在选购光电鼠标时应注意点击分辨率、光学扫描率、色盲问题等几项参数，具体如下。

- 点击分辨率：点击分辨率是指鼠标内部的解码装置所能辨认的每英寸长度内的点数，是一款鼠标性能高低的决定性因素。目前，一款优质的光电鼠标，其点击分辨率都达到 800dpi 以上。
- 光学扫描率：光学扫描率是指鼠标的光眼在每一秒所接收光反射信号并将其转化为数字电信号的次数。鼠标光眼每一秒所能接收的扫描次数越高，鼠标就越能精确地反映出光标移动的位置，其反应速度也就越灵敏，也就不会出现光标跟不上鼠标的实际移

动而上下飘移的现象。

- 色盲问题：对于鼠标的“光眼”来说，有些光电转换器只能对一些特定波长的色光形成感应并进行光电转化，而并不能适应所有的颜色。这就出现了光电鼠标在某些颜色的桌面上使用时会出现不响应或者指针遗失的现象，从而限制了光电鼠标的使用环境。而一款技术成熟的鼠标，则会对其光电转换器的色光感应技术进行改进，使其能够感知各种颜色的光，以保证在各种颜色的桌面和材质上都可以正常使用。

2.12 上机练习

本章的实验指导将完成选购主机散热设备和选购计算机声卡与音箱等两个项目。通过实验操作，将使用户进一步地认识计算机的硬件设备。

2.12.1 选购主机散热设备

散热器是计算机是必不可少的硬件设备，它对保证系统的性能好坏起着十分关键的作用。目前，市场上常见的散热设备包括风冷式散热器和液体散热器两种。其中，液体散热器包括水冷式散热器和油冷式散热器两种，这两种中更常见的是水冷式散热器。下面的实验，将引导用户了解风冷式散热器和水冷式散热器的相关知识和选购要点。

用户可以参考以下内容选购计算机主机散热设备。

1. 风冷式散热器

所谓风冷式散热器，就是在一块散热片上加装一个散热风扇。常见的风冷式散热器有 CPU 散热器、显卡散热器和内存散热器等几种。风冷式散热器及其安装后的外观如图 2-81 和图 2-82 所示。

图 2-81　风冷式散热器

图 2-82　安装后的散热器

风冷式散热器通常由散热片和散热风扇这两部分组成。很多用户将风冷式散热器称为风扇，认为风扇才是散热器性能好坏的关键；其实，散热片不可忽视，也起着非常重要的作用。

因为，热量的传递方式有三种，传导、对流和辐射，散热片紧贴 CPU，这种传递热量的方式是传导；散热风扇带来冷空气，带走热空气，这是对流；温度高于空气的散热片将附近的空气加热，其中有一部分就是辐射。从热量传递的过程可以看出，若想使风冷式散热器的散热效果突出就必须保证上面所介绍的三种热量传递方式迅速而有效。因此，用户在选购风冷式散热器时，应选择散热片材质佳、面积大传导性能好，并且散热风扇风量大对流效果强的。

2. 水冷式散热器

水冷式散热器一般由水冷头、散热排和水管等部分组成，其优点是散热效果突出。目前，很少有风冷式散热器的散热效果能与水冷式散热器的散热效果相媲美，如图 2-83 所示。但水冷式散热器也有缺陷，它的缺陷就是存在安全问题。由于水冷式散热器采用液体散热方式，一旦出现液体泄漏故障，就会对计算机硬件造成严重的破坏。

图 2-83 水冷式散热器

用户在选购水冷散热器时，首先应确定散热排的安装位置。如果将散热排安装在机箱外侧，可以选择大一些的散热排；如果将散热排安装在机箱上或机箱内，则需要注意其大小问题。其次，如果用户选择外置水冷散热，而机箱上没有配套预留水管管道，用户还需要使用工具在机箱上钻出相应的水管管道。最后，在确定购买一款水冷散热器前，应注意观察其产品质量和外观有无损坏。在安装水冷散热器时，应参照说明书上介绍的方法进行操作，避免发生液体泄漏的问题。

2.12.2 选购电脑声卡和音箱

本节实验将通过重点介绍声卡与音箱的特点与选购要点，使用户了解更多计算机硬件相关知识的同时，进一步掌握计算机硬件的选购方法。

用户可以参考以下内容选购计算机声卡和音箱。

1. 声卡

声卡(Sound Card)也叫音频卡，它是多媒体技术中最基本的组成部分，是实现声波/数字信

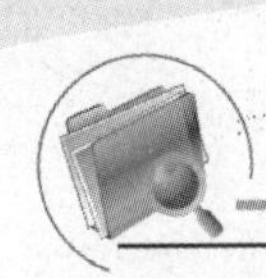

号相互转换的一种硬件，如图 2-84 所示。声卡与显卡一样，分为独立声卡与集成声卡两种。由于目前大部分主板都提供集成声卡功能，所以独立声卡已逐渐淡出普通计算机用户的视野。但独立声卡拥有更多的滤波电容和功放管，它通过数次级的信号放大，从而降噪电路，使得输出音频的信号精度提高，所以音质输出效果较集成声卡要好得多。

用户在选购一款独立声卡时，应综合声卡的声道数量(越多越好)、信噪比、频率响应、复音数量、采样位数、采样频率、多声道输出，以及波表合成方式与波表库容量等参数来进行选择。

2. 音箱

音箱(如图 2-85 所示)又称扬声器系统，它通过音频信号线与声卡相连，是整个计算机音响系统的最终发声部件，其作用类似于人类的嗓音。计算机所输出声音的效果，取决于声卡与音箱的质量。

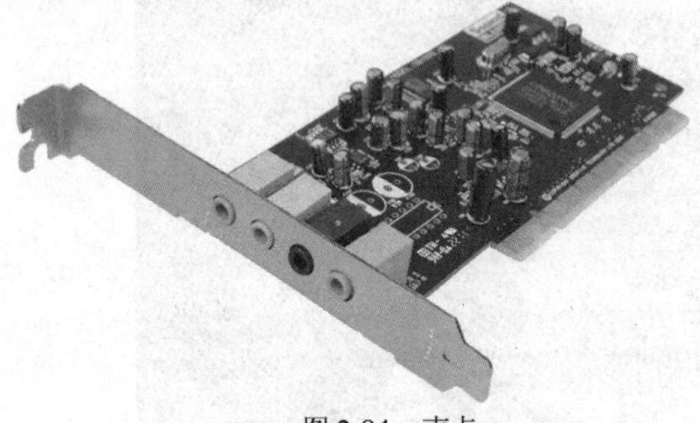

图 2-84　声卡

图 2-85　音箱

在如今的音箱市场中，成品音箱品牌众多，其质量参差不齐，价格也天差地别。用户在选购音箱时，应通过试听判断其效果是否能达到自己的需求，包括声音的特性、声染色和音调的自然平衡效果等。

2.13　习题

1. 主板的常见类型有哪些？
2. CPU 的主要性能指标有哪些？
3. 选购内存时应注意哪些问题？

计算机的组装

学习目标

在了解计算机各硬件设备的性能后，即可开始组装计算机。组装计算机的过程实际并不复杂，即使是计算机初学者也可以轻松完成，但要保证组装的计算机性能稳定、结构合理，用户还需要遵循一定的流程。本章将详细介绍组装一台计算机的具体操作步骤。

本章重点

- 组装计算机前的准备
- 主机配件组装步骤
- 组装配件的注意事项
- 各类接线的连接方法

3.1 组装计算机前的准备

在开始准备组装一台计算机之前，用户需要提前做一些准备工作，这样才能有效地处理在装机过程中可能出现的各种情况。一般来说，在组装计算机配件之前，需要进行硬件与软件两个方面的准备工作。

3.1.1 工具的准备

组装计算机前的硬件准备指的是在装机前准备包括螺丝刀、尖嘴钳、镊子、导热硅脂等装机必备的工具。这些工具在用户装机时，起到的具体作用如下。

- 工作台：平稳、干净的工作台是必不可少的。需要准备一张桌面平整的桌子，在桌面上铺上一张防静电桌布，即可作为简单的工作台。

- 螺丝刀：螺丝刀(又称螺丝起子)，是安装和拆卸螺丝钉的专用工具。常见的螺丝刀有一字螺丝刀(又称平口螺丝刀)和十字螺丝刀(又称梅花口螺丝刀)两种。其中，十字螺丝刀在组装计算机时，常被用于固定硬盘、主板或机箱等配件；而一字螺丝刀的主要作用则是拆卸计算机配件产品的包装盒或封条，一般不经常使用，如图 3-1 所示。
- 尖嘴钳：尖嘴钳又被称为尖头钳，是一种运用杠杆原理的常见钳形工具，如图 3-2 所示。在装机之前准备尖嘴钳的目的是拆卸机箱上的各种挡板或挡片。

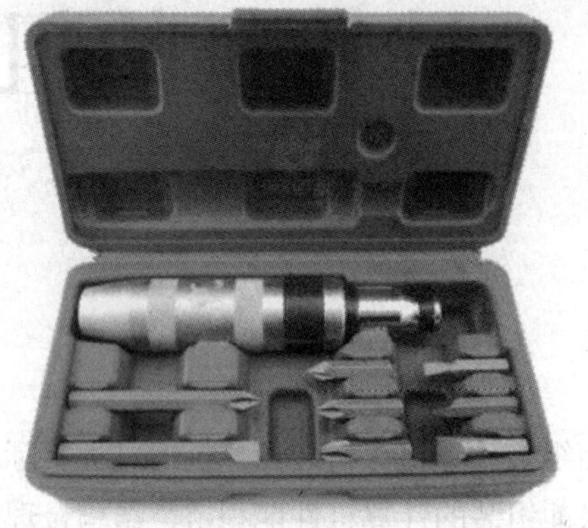

图 3-1　螺丝刀

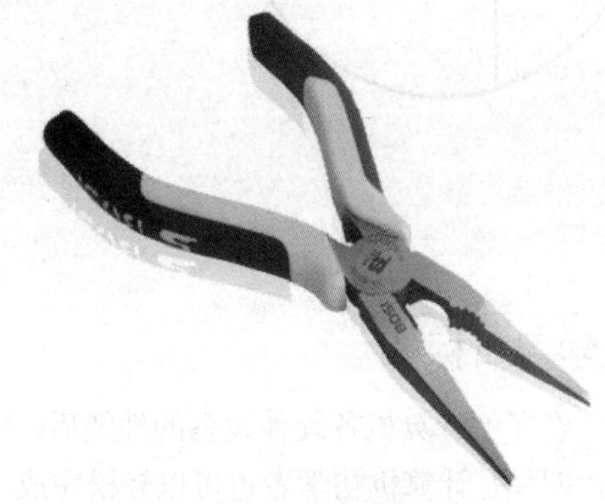

图 3-2　尖嘴钳

- 镊子：镊子在装机时的主要作用是夹取螺丝钉、线帽和各类跳线(如主板跳线、硬盘跳线等)。
- 导热硅脂：导热硅脂是安装风冷式散热器必不可少的用品，其功能是填充各类芯片(如 CPU 与显卡芯片等)与散热器之间的缝隙，协助芯片更好地进行散热，如图 3-3 所示。
- 绑扎带：绑扎带主要用来整理机箱内部各种数据线，使机箱更简洁、干净，如图 3-4 所示。

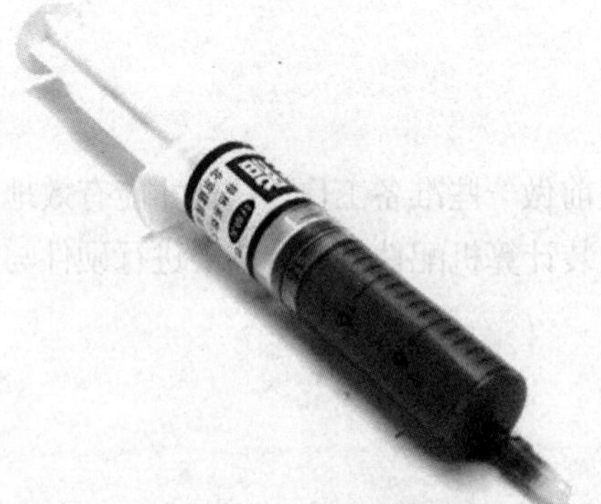

图 3-3　导热硅脂

图 3-4　绑扎带

- 排型电源插座：计算机的硬件中有多个设备需要与市电进行连接，因此，用户在装机前至少需要准备一个多孔万用型插座，以便在测试计算机时使用。
- 器皿：在组装计算机时，会用到许多螺丝和各类跳线，这些物件体积较小，用一个器皿将它们收集在一起可以有效提高装机的效率。

知识点

跳线实际就是连接电路板(PCB)两需求点的金属连接线，因产品设计不同；跳线使用材料，粗细都不一样。计算机主板、硬盘和光驱等设备上都设计有跳线，其体积较小，不易徒手拾取。

3.1.2 软件的准备

组装计算机前的软件准备，指的是在开始组装计算机前预备好计算机操作系统的安装光盘和各种装机必备的软件光盘(或移动存储设备)，如以下软件。

- 解压缩软件：此类软件用于压缩与解压缩文件，常见的解压缩软件有 WinRAR、ZIP 等。
- 视频播放软件：此类软件用于在计算机中播放视频文件，常见的视频播放软件有暴风影音、RealPlayer、KmPlayer 和 WMP9/10/11 等。
- 音频播放软件：此类软件用于在计算机中播放音频文件，常见的音频播放软件有酷狗音乐、千千静听、酷我音乐盒和 QQ 音乐播放器等。
- 输入法软件：常见的输入法软件有搜狗拼音、拼音加加、腾讯 QQ 拼音、王码五笔 86/98、搜狗五笔和万能五笔等。
- 系统优化软件：此类软件用于对 Windows 系统进行优化配置，使其效率更高。常见的系统优化软件有超级兔子、Windows 优化大师和鲁大师等。
- 图像编辑软件：此类软件用于编辑图形图像，常见的图形编辑软件有光影魔术手、Photoshop 和 ACDSee 等。
- 下载软件：常见的下载软件有迅雷、Vagaa、电驴 VeryCD、BitComet 和 QQ 超级旋风等。
- 杀毒软件：常见的杀毒软件有瑞星杀毒、卡巴斯基、金山毒霸、江民杀毒、诺顿杀毒和 360 杀毒等。
- 聊天软件：常见的聊天软件有 QQ/ TM、MSN、飞信、阿里旺旺、新浪 UT Game 和 Skype 网络电话等。
- 木马查杀软件：常见的木马查杀软件有金山清理专家、360 安全卫士和瑞星卡卡等。

知识点

除了上面介绍的各类软件以外，装机时用户还可能会需要为计算机安装文字处理软件(如 Office)、防火墙软件(如天网防火墙)以及光盘刻录软件(如 Nero)和虚拟光驱软件(如 Daemon Tools)。

3.1.3 组装过程中的注意事项

计算机组装是一个细活，安装过程中容易出错，因此需要格外细致，并注意以下问题。

- 检测硬件、工具是否齐全：将准备的硬件、工具检查一遍，看看是否齐全，可按安装流程对硬件进行有顺序的排放，并仔细阅读主板及相关部件的说明书，看看是否有特殊说明。另外，硬件一定要放在平稳、安全的地方，防止发生不小心造成的硬件划伤，或者从高处掉落等现象。
- 防止静电损坏电子元器件：在装机过程中，要防止人体所带静电对电子元器件造成损坏。在装机前需要消除人体所带的静电，可用流动的自来水洗手，双手可以触摸自来水管、暖气管等接地的金属物，当然也可以佩戴防静电腕带等。
- 防止液体浸入电路：将水杯、饮料等含有液体的器皿拿开，远离工作台，以免液体进入主板，造成短路，尤其在夏天工作室，防止汗水的掉落。另外，工作环境一定要找一个空气干燥、通风的地方，不可在潮湿的地方进行组装。
- 轻拿轻放各配件：计算机安装时，要轻拿轻放各配件，以免造成配件的变形或折断。

3.2 组装计算机主机配件

一台计算机分为主机与外设两大部分，组装计算机的主要工作实际上就是指组装计算机主机中的各个硬件配件。用户在组装计算机主机配件时，可以参考以下流程进行操作。

3.2.1 安装 CPU

组装计算机主机时，通常都会先将 CPU、内存等配件安装至主板上，并安装 CPU 风扇(在选购主板和 CPU 时，用户应确认 CPU 的接口类型与主板上的 CPU 接口类型一致，否则 CPU 将无法安装)。这样做，可以避免在主板安装在计算机机箱中后，由于机箱狭窄的空间而影响 CPU 和内存的安装。下面将详细介绍在计算机主板上安装 CPU 及 CPU 风扇的相关操作方法。

1. 将 CPU 安装在主板上

CPU 是计算机的核心部件，也是组成计算机的各个配件中较为脆弱的一个，在安装 CPU 时，用户必须格外小心，以免因用力过大或操作不当而损坏 CPU。因此，在正式将 CPU 安装在主板上之前，用户应首先了解主板上的 CPU 插座和 CPU 与主板相连的针脚。

- CPU 插座：虽然支持 Intel CPU 与支持 AMD CPU 的主板，其 CPU 插座在针脚和形状上稍有区别，并且彼此互不兼容。但常见的插座结构都大同小异，主要包括插座、固定拉杆和等部分，如图 3-5 所示。
- CPU 针脚：CPU 的针脚与支持 CPU 的主板插座相匹配，其边缘大都会设计有相应的

标记，与主板 CPU 插座上的标记相对应，如图 3-6 所示。

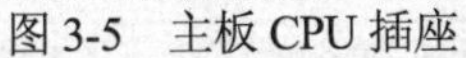

图 3-5　主板 CPU 插座

图 3-6　CPU 的针脚标记

虽然新型号的 CPU 不断推出，但安装 CPU 的方法却没有太大的变化。因此，无论用户使用何种类型的 CPU 与主板，都可以参考下面所介绍的步骤完成 CPU 的安装。

【例 3-1】在计算机主板上安装 CPU。

(1) 首先，从主板的包装袋(盒)中取出主板，将其水平放置在工作台上，并在其下方垫一块塑料布，如图 3-7 所示。

(2) 将主板上 CPU 插座上的固定拉杆拉起，掀开用于固定 CPU 的盖子。将 CPU 插入插槽中，要注意 CPU 针脚的方向问题(在将 CPU 插入插槽时，可以将 CPU 正面的三角标记对准主板 CPU 插座上三角标记后，再将 CPU 插入主板插座)，如图 3-8 所示。

图 3-7　取出主板

图 3-8　拉开固定拉杆

(3) 用手向下按住 CPU 插槽上的锁杆，锁紧 CPU，完成 CPU 的安装操作。

2. 安装 CPU 散热器

由于 CPU 的发热量较大，因此为其安装一款性能出色的散热器非常关键，但如果散热器安装不当，对散热的效果也会大打折扣。常见的 CPU 散热器有风冷式与水冷式两种，其各自的特点如下。

◉　风冷式散热器：风冷式散热器比较常见，其安装方法也相对水冷散热器较简单，体积

也较小，但散热效果却较水冷式散热器要差一些。

- 水冷式散热器：水冷式散热器由于较风冷式散热器出现在市场上的时间较晚，因此并不被大部分普通计算机用户所熟悉，但就散热效果而言，水冷式散热器要比风冷式散热器要强很多。

(1) 安装风冷式 CPU 散热器的方法

【例 3-2】在 CPU 表面安装风冷式 CPU 散热器。

① 在 CPU 上均匀涂抹一层预先准备好的硅脂，这样做有助于将热量由处理器传导至 CPU 风扇上，如图 3-9 所示。

② 在涂抹硅脂时，若发现有不均匀的地方，可以用手指将其抹平，如图 3-10 所示。

图 3-9　涂抹硅脂

图 3-10　将硅脂抹平

③ 将 CPU 风扇的四角对准主板上相应的位置后，用力压下其扣具即可。不同 CPU 风扇的扣具并不相同，有些 CPU 风扇的四角扣具采用螺丝设计，安装时还需要在主板的背面放置相应的螺母，如图 3-11 所示。

④ 在确认将 CPU 散热器固定在 CPU 上后，将 CPU 风扇的电源接头连接到主板的供电接口上。主板上供电接口的标志为 CPU_FAN，用户在连接 CPU 风扇电源时应注意的是：目前有三针和四针两种不同的风扇接口，并且主板上有防差错接口设计，如果发现无法将风扇电源接头插入主板供电接口，观察一下电源接口的正反和类型即可，如图 3-12 所示。

图 3-11　安装风扇

图 3-12　连接电源

(2) 安装水冷式CPU散热器的方法

在安装水冷式散热器的过程中，需要用户将主板固定在计算机机箱上后，才能开始安装散热器的散热排。

【例3-3】在CPU表面安装水冷式CPU散热器。

① 拆开水冷式CPU风扇的包装后，摆好全部设备和附件(如图3-13所示)。

② 在主板上安装水冷散热器的背板。用螺丝将背板固定在CPU插座四周预留的白色安装线内，如图3-14所示。

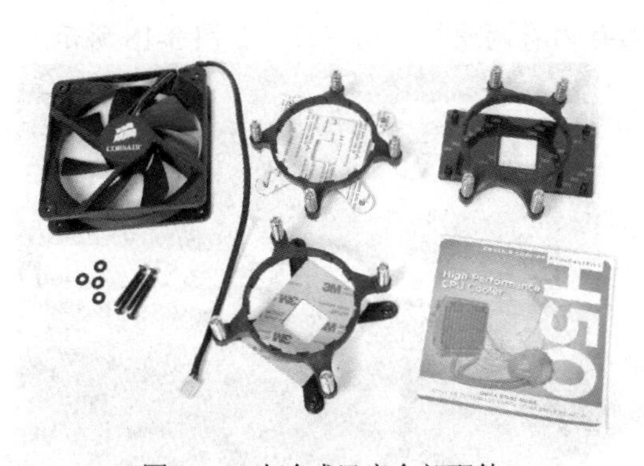

图3-13　水冷式风扇全部配件

图3-14　固定风扇背板

③ 接下来，将散热器的塑料扣具安装在主板上。此时，不要将固定螺丝拧紧，稍稍拧住即可，如图3-15所示。

④ 在CPU水冷头的周围和扣具的内部都有塑料的互相咬合的突起，将其放置到位后，稍微一转，CPU水冷头即可安装到位。这时，再将扣具四周的四个弹簧螺钉拧紧即可，如图3-16所示。

图3-15　安装散热器

图3-16　拧紧弹簧

⑤ 最后，使用水冷式散热器附件中的长螺丝先穿过风扇，再穿过散热排上的螺钉孔，将散热排固定在机箱上。

3.2.2 安装内存

完成CPU和CPU风扇的安装后，用户可以将内存一并安装在主板上，若用户购买了2根或3根内存想组成多通道系统，则在安装内存前，还需要查看主板说明书，并根据说明书中的介绍将内存插在同色或异色的内存插槽中。

【例3-4】在计算机主板上安装内存。

(1) 在安装内存时，先用手将内存插槽两端的扣具打开，如图3-17所示。

(2) 将内存平行放入内存插槽中，用两拇指按住内存两端轻微向下压，如图3-18所示。

图3-17 打开扣具

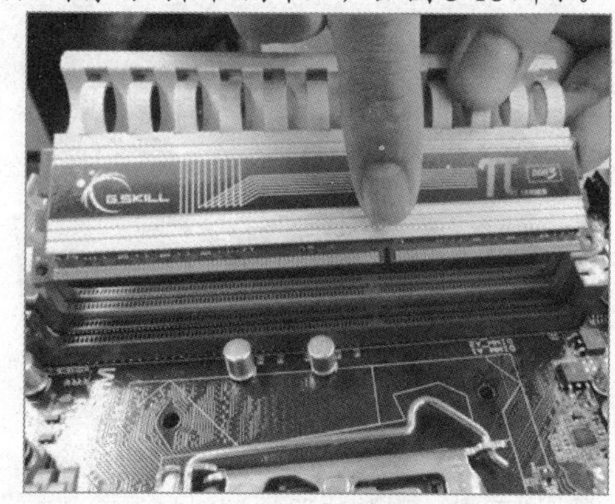

图3-18 放入内存

(3) 听到"啪"的一声响后，即说明内存安装到位，如图3-19所示。

(4) 在安装主板上内存时，注意双手要凌空操作，不可触碰到主板上的电容和其他芯片，如图3-20所示。

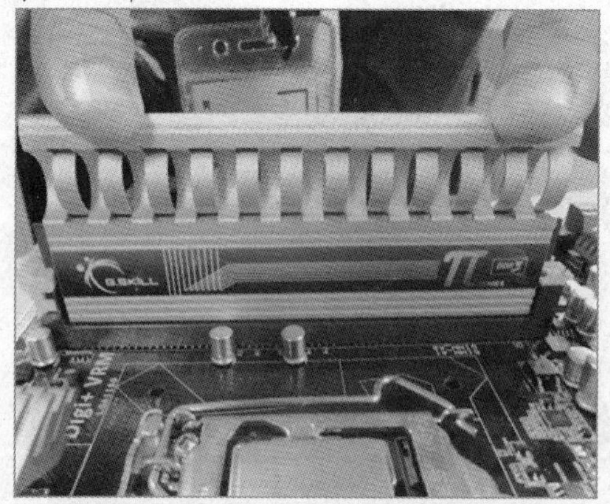

图3-19 安装到位

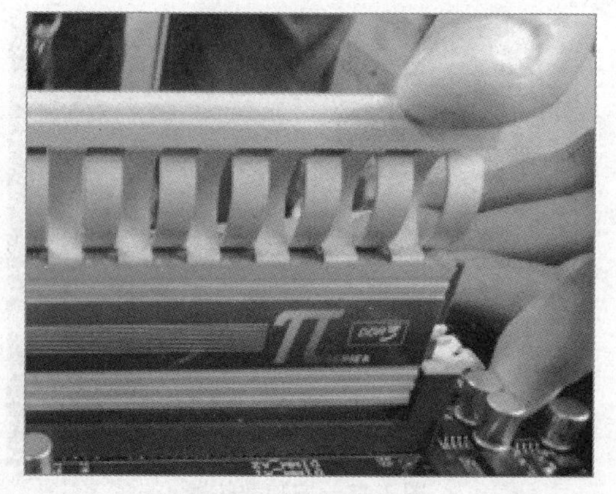

图3-20 注意操作方式

知识点

主板上的内存插槽一般采用两种不同颜色来区分双通道和单通道。将两条规格相同的内存插入到主板上相同颜色的内存插槽中，即可打开主板的双通道功能。

3.2.3 安装主板

在主板上安装完 CPU 和内存后，即可将主板装入机箱，因为在安装剩下的主机硬件设备时，都需要配合机箱进行安装。

【例 3-5】将主板放入并固定在机箱中。

(1) 在安装主板之前，应先将机箱提供的主板垫脚螺母安放到机箱主板托架的对应位置，如图 3-21 所示。

(2) 平托主板，将主板放入机箱，如图 3-22 所示。

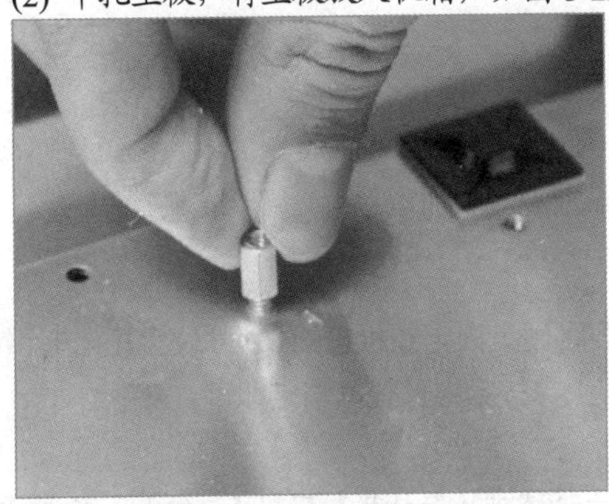

图 3-21　安放螺母

图 3-22　将主板放入机箱

(3) 确认主板的 I/O 接口安装到位，如图 3-23 所示。

(4) 拧紧机箱内部的主板螺丝，将主板固定在机箱上(在装螺丝时，注意每颗螺丝不要一次性地就拧紧，等全部螺丝安装到位后，再将每粒螺丝拧紧，这样做的好处是随时可以在安装主板的过程中，对主板的位置进行调整)，如图 3-24 所示。

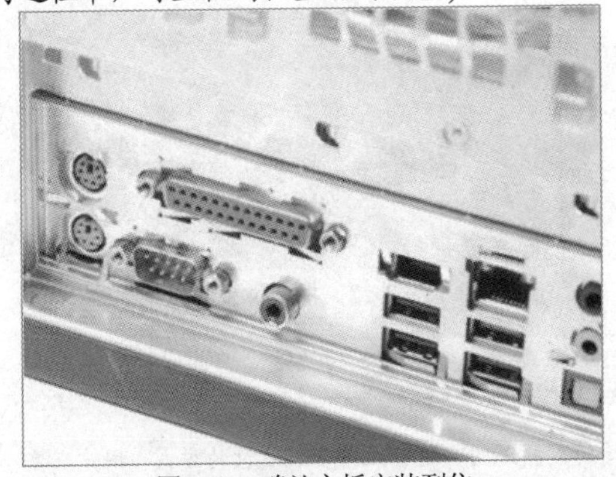

图 3-23　确认主板安装到位

图 3-24　拧紧螺丝

(5) 完成以上操作后，主板被牢固地固定在机箱中。至此，计算机的三大主要配件，主板、CPU 和内存，安装完毕，如图 3-25 所示。

图 3-25　安装完毕

提示

使用金属螺母将主板固定在机箱中时，用户应检查金属螺柱(或塑料钉)是否与机箱上的主板托架匹配，此类配件用户可以在随机箱的产品配件中找到。

3.2.4　安装硬盘

在完成 CPU、内存和主板的安装后，下面需要将硬盘固定在机箱的 3.5 寸硬盘托架上。对于普通的机箱，只需要将硬盘放入机箱的硬盘托架上，拧紧螺丝使其固定即可。

【例 3-6】将主板放入并固定在机箱中。

(1) 机箱硬盘托架设计有相应的扳手，拉动扳手将硬盘托架从机箱中取下，如图 3-26 所示。

(2) 在取出硬盘托架后，将硬盘装入托架，如图 3-27 所示。

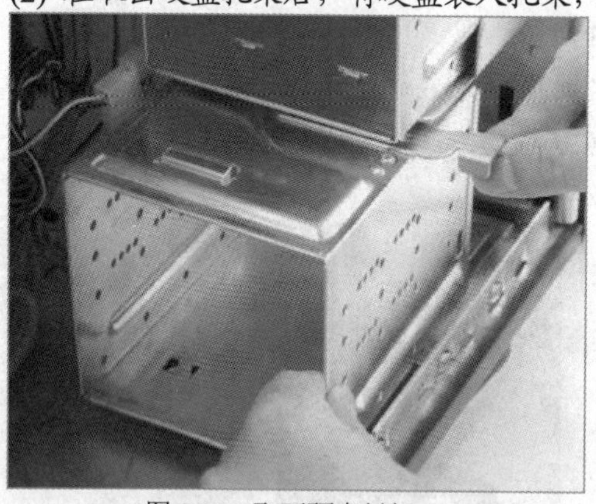

图 3-26　取下硬盘托架

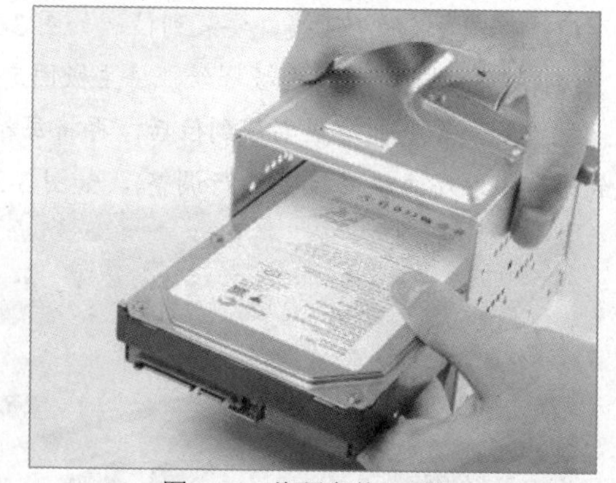

图 3-27　将硬盘装入托架

知识点

除了本例所介绍的硬盘安装方法以外，根据机箱的类型不同，还有几种安装硬盘的方式，用户在安装时可以参考随机箱附带的说明书，本书将不再逐一介绍。

(3) 接下来，使用螺丝将硬盘固定在硬盘托架上，如图 3-28 所示。

(4) 将硬盘托架重新装入机箱，并把固定扳手拉回原位固定好硬盘托架，如图 3-29 所示。

图 3-28　固定硬盘

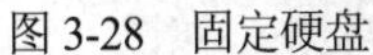

图 3-29　固定硬盘托架

(5) 最后，检查硬盘托架与其中的硬盘是否被牢固的固定在机箱中，完成硬盘的安装。

3.2.5　安装光驱

DVD 光驱与 DVD 刻录光驱的功能虽不一样，但其外形和安装方法都是一样的(类似于硬盘的安装方法)。用户可以参考下面所介绍的方法，在计算机中安装光驱。

【例 3-7】在计算机机箱上安装光驱。

(1) 在计算机中安装光驱的方法与安装硬盘类似，用户只要将机箱中的 4.25 寸托架的面板拆除，如图 3-30 所示。然后将光驱推入机箱并拧紧光驱侧面的螺丝即可，如图 3-31 所示。

图 3-30　拆除面板托架

图 3-31　固定硬盘托架

(2) 成功安装光驱后，用户只要检查光驱没有被装反即可。

3.2.6　安装电源

在安装完前面介绍的一些硬件设备后，用户接下来需要安装计算机电源。安装电源的方法十分简单，并且现在不少机箱会自带计算机电源，若购买了此类机箱，则无须再次动手安装电源。

【例 3-8】在计算机机箱上安装电源。

(1) 将计算机电源从包装中取出，如图 3-32 所示。

(2) 将电源放入机箱为电源预留的托架中。注意电源线所在的面应朝向机箱的内侧，如图 3-33 所示。

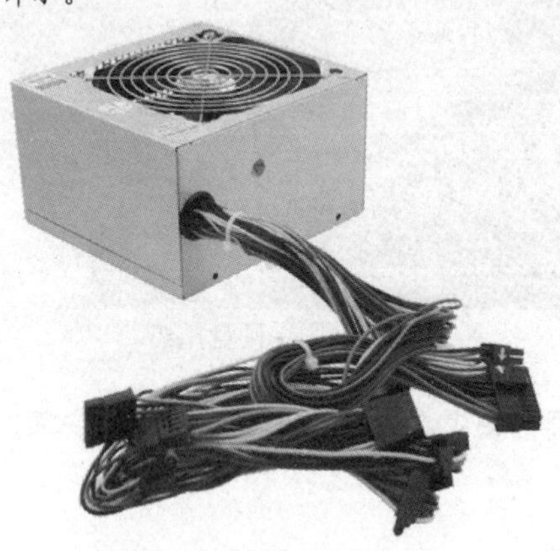

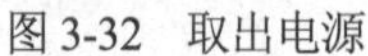
图 3-32　取出电源

图 3-33　将电源放入机箱

(3) 最后，使用螺丝将电源固定在机箱上即可。

3.2.7　安装显卡

目前，PCI-E 接口的显卡是市场上的主流显卡。在安装显卡之前，用户首先应在主板上找到 PCI-E 插槽的位置，如果主板有两个 PCI-E 插槽，则任意一个插槽均能使用。

【例 3-9】在计算机主板上安装显卡。

(1) 在主板上找到 PCI-E 插槽。用手轻握显卡两端，垂直对准主板上的显卡插槽，将其插入主板的 PCI-E 插槽中，如图 3-34 所示。

(2) 用螺丝将显卡固定在主板上，然后连接辅助电源即可，如图 3-35 所示。

图 3-34　插入插槽

图 3-35　连接辅助电源

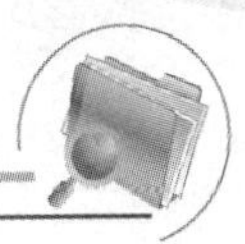

3.3　连接数据线

主机中的一些设备是通过数据线与主板进行连接的，如硬盘、光驱等。本节将详细介绍通过数据线，将机箱内的硬件组件和主板相连接的方法。

目前，常见的数据线有 SATA 数据线与 IDE 数据线两种，用户可以参考下面所介绍的方法，连接计算机内部的数据线。

【例 3-10】用数据线连接主板和光驱、主板和硬盘。

(1) 打开计算机机箱后，将 IDE 数据线的一头与主板上的 IDE 接口相连。IDE 数据线接口上有防插反凸块，在连接 IDE 数据线时，用户只需要将防插反凸块对准主板 IDE 接口上的凹槽，然后将 IDE 接口平推进凹槽即可，如图 3-36 所示。

(2) 将 IDE 数据线的另一头与光驱后的 IDE 接口相连，如图 3-37 所示。

图 3-36　连接 IDE 数据线

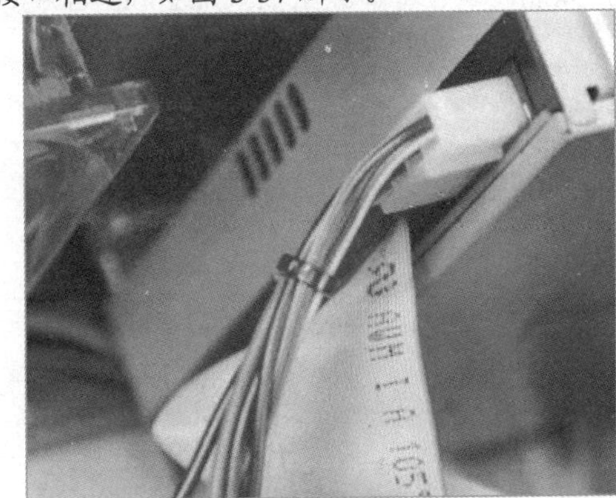

图 3-37　连接光驱

(3) 取出购买配件时附带的 SATA 数据线后，将 SATA 数据线的一头与主板上的 SATA 接口相连，如图 3-38 所示。

(4) 将 SATA 数据线的另一头与硬盘上的 SATA 接口相连，如图 3-39 所示。

图 3-38　插入 SATA 线

图 3-39　连接硬盘

(5) 完成以上操作后，将数据线用绑扎带捆绑在一起，以免其散落在机箱内。

知识点

随着 SATA 接口逐渐代替 IDE 接口，目前已经有相当一部分的光驱采用 SATA 数据线与主板连接。用户可以参考连接 SATA 硬盘的方法，将 SATA 光驱与主板相连。

3.4 连接电源线

在连接完数据线后，用户可以参考下面实例所介绍的方法，将机箱电源的电源线与主板以及其他硬件设备相连接。下面将通过一个简单的实例，详细介绍连接计算机电源线的方法。

【例 3-11】连接计算机的主板、硬盘、光驱的电源线。

(1) 将电源盒引出的 24pin 电源插头插入主板上的电源插槽中(目前，大部分的主板电源接口为 24pin，但也有部分主板采用 20pin 电源)，如图 3-40 和 3-41 所示。

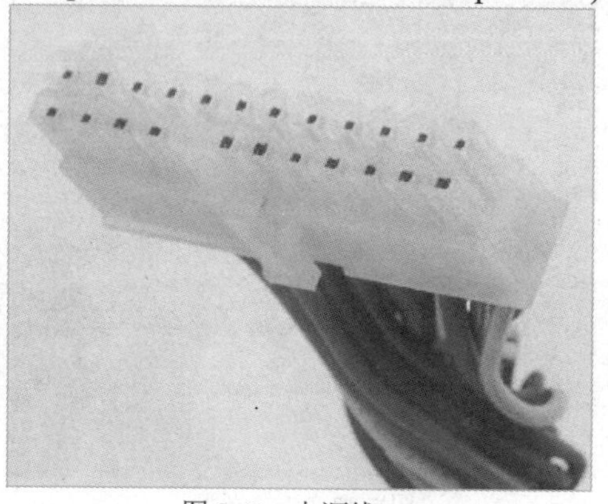

图 3-40 电源线

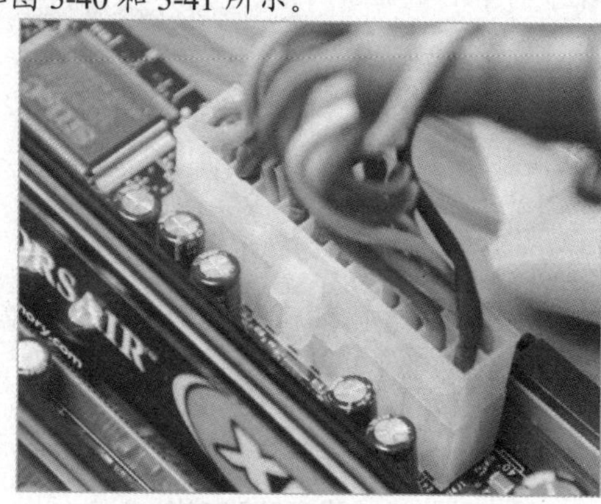

图 3-41 插入主板

(2) CPU 供电接口，在部分采用 4pin(或 6pin、8pin)的加强供电接口设计，将其与主板上相应的电源插槽相连即可，如图 3-42 所示。

(3) 将电源线上的普通四针梯形电源接口，插入光驱背后的电源插槽中，如图 3-43 所示。

图 3-42 连接 CPU 供电接口

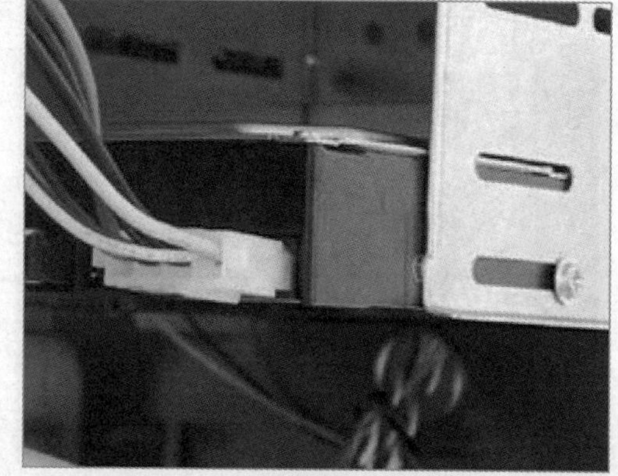

图 3-43 连接光驱供电接口

(4) 将 SATA 设备电源接口与计算机硬盘的电源插槽相连，如图 3-44 和 3-45 所示。

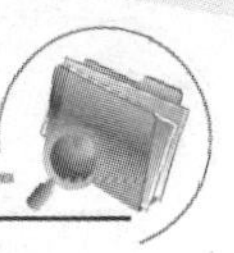

图 3-44　SATA 硬盘电源接口

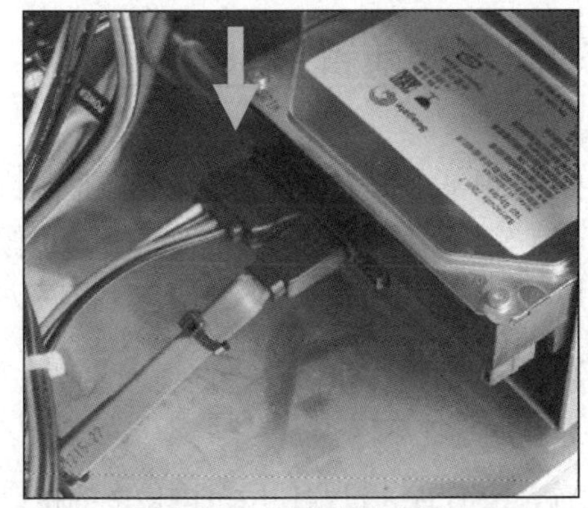

图 3-45　连接硬盘电源

3.5　连接控制线

在连接完数据线与电源线后，会发现机箱内还有好多细线插头(跳线)，如图 3-46 和 3-47 所示，将这些细线插头连接到主板对应位置的插槽(如图 3-48 和 3-49 所示)中后，即可使用机箱前置的 USB 接口以及其他控制按钮。

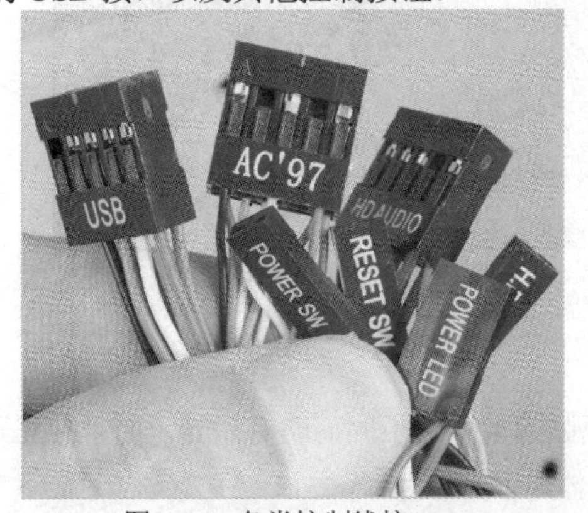

图 3-46　各类控制线接口

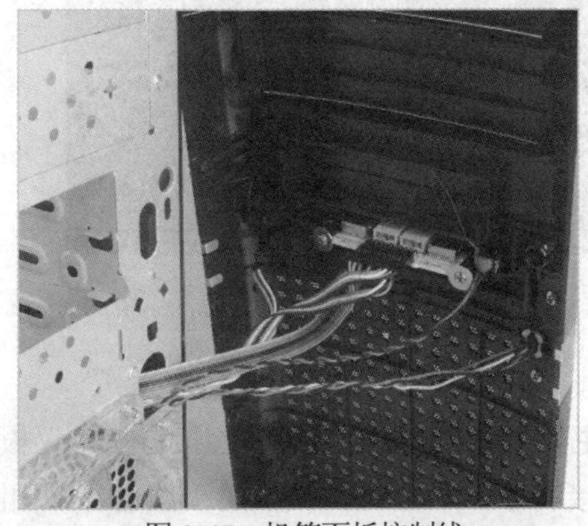

图 3-47　机箱面板控制线

图 3-48　控制线插槽的位置

图 3-49　连接控制线

3.5.1 连接前置 USB 接口线

由于 USB 设备具有安装方便、传输速度快的特点，目前市场上采用 USB 接口的设备也越来越多，如 USB 鼠标、键盘、读卡器、USB 摄像头等，主板面板后的 USB 接口已经无法满足用户的使用需求。现在主流主板都支持 USB 扩展功能，使用具有前置 USB 接口的机箱提供的扩展线，即可连接前置 USB 接口。

1. 前置 USB 接线

目前，USB 成为日常使用范围最多的接口，大部分主板提供了高达 8 个 USB 接口，但一般在背部的面板中仅提供 4 个，剩余的 4 个需要用户安装到机箱前置的 USB 接口上，以方便使用。常见机箱上的前置 USB 接线分为独立式接线(跳线)和一体式接线(跳线)两种，如图 3-50 和 3-51 所示。

图 3-50　独立式 USB 接线

图 3-51　一体式 USB 接线

2. 主板 USB 针脚

主板上前置 USB 针脚的连接方法不仅根据主板品牌型号的不同而略有差异，而且独立式 USB 接线与一体式 USB 接线的接法也各不相同，具体如下。

- 一体式 USB 接线：一体式 USB 接线上有防止插错设计，方向不对无法插入主板上针脚，如图 3-52 和 3-53 所示。

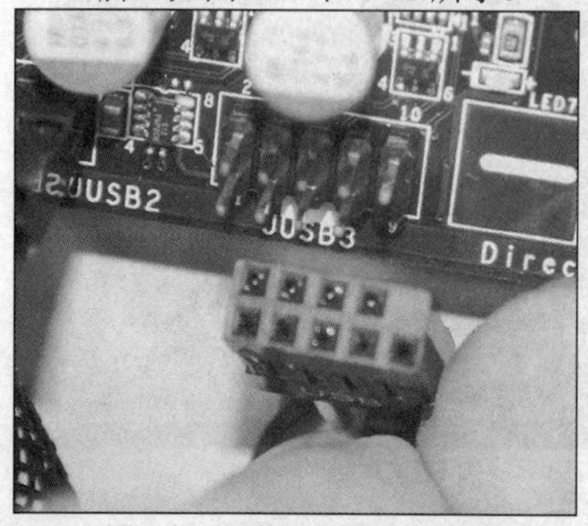

图 3-52　连接一体式 USB 针脚

图 3-53　一体式 USB 针脚

◉ 独立式USB接线：独立式USB接线由USB2+、USB2-、GND、VCC这4组插头组成，分别对应主板上不同的USB针脚。其中GND为接地线，VCC为USB的5V供电插头，USB2+为正电压数据线，USB2-为负电压数据线，如图3-54和3-55所示。

图3-54 分体式USB针脚

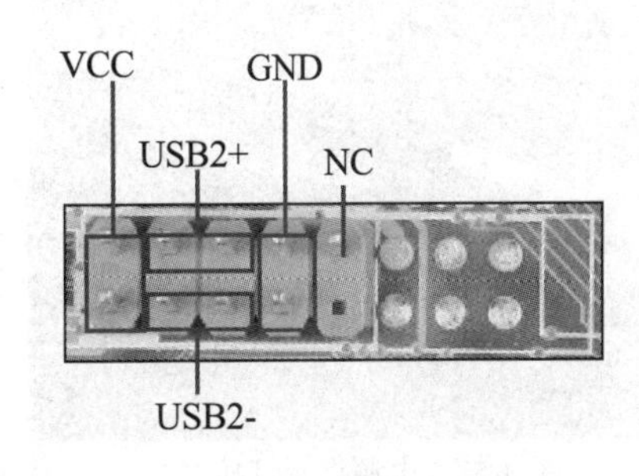

图3-55 独立式USB针脚连接示意图

3.5.2 连接机箱控制开关

在使用计算机时，用户常常会使用到机箱面板上的控制按钮，如启动计算机、重新启动计算机、查看电源与硬盘工作指示灯等。这些功能都是通过将机箱控制开关与主板对应插槽连线所实现的，用户可以参考下面所介绍的方法，连接各种机箱控制开关。

1. 连接开关、重启和LED灯接线

在所有机箱面板上的接线中，开关接线、重启接线和LED灯接线(跳线)是最重要的三条接线。

◉ 开关接线用于连接机箱前面板上的计算机POWER电源按钮，连接该接线后用户可以控制启动与关闭计算机，如图3-56所示。

◉ 重启接线用于连接机箱前面板上的Reset按钮，连接该接线后用户可以通过按下Reset按钮重启计算机，如图3-57所示。

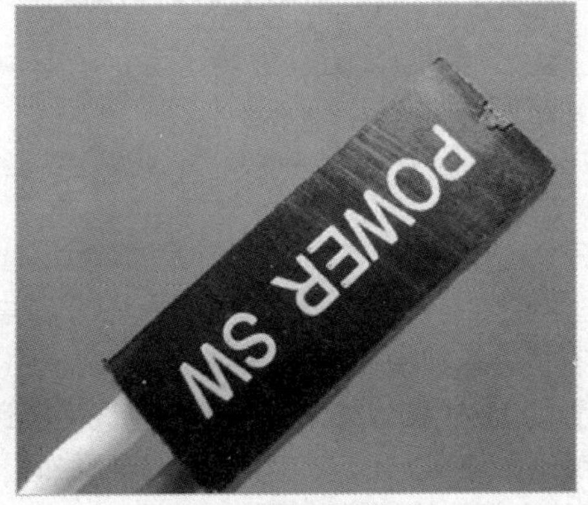

图3-56 电源开关接线

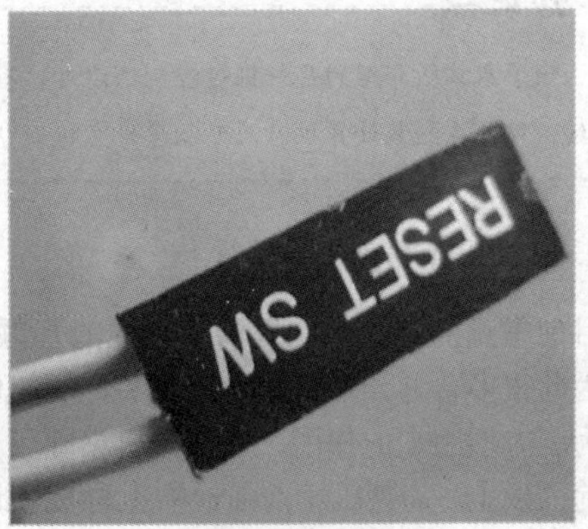

图3-57 重启接线

- LED 灯接线包括计算机的电源指示灯接线和硬盘状态灯接线两种接线，分别用于显示计算机电源和硬盘状态，如图 3-58 和 3-59 所示。

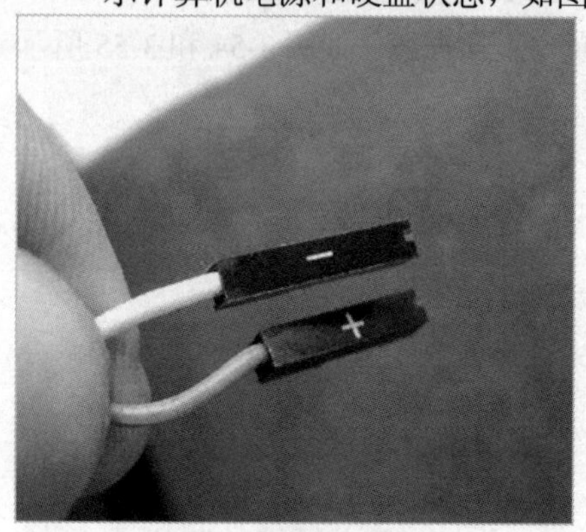

图 3-58　电源指示灯接线

图 3-59　硬盘状态灯接线

通常，在连接开关、重启和 LED 灯接线时，用户只须参考主板说明书中的介绍(如图 3-60 所示)或使用主板上的接线工具，将接线头插入主板相应的跳线插槽(如图 3-61 所示)中即可。

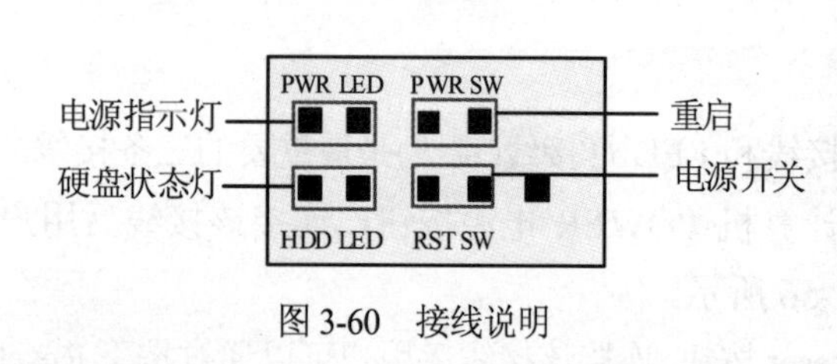

图 3-60　接线说明

图 3-61　主板上的控制线插槽

知识点

除了本章所介绍的几种机箱控制线以外，有些机箱上还设计有蜂鸣器接线、外接 IEEE 1394 接线等接线，用户在组装计算机时，可以参考主板说明书中的接线示意图完成这些控制线的连接。

2. 连接机箱前置音频接线

目前常见的主板上均提供了集成的音频芯片，并且性能上完全能够满足绝大部分用户的需求，因此很多普通计算机用户在组装计算机时，没有再去单独购买声卡。

为了方便用户的使用，大部分机箱除了具备前置的 USB 接口外，音频接口也被移植到了机箱的前面板上，为使机箱前面板的上耳机和话筒能够正常使用，用户在连接机箱控制线时，还应该将前置的音频接线(如图 3-62 所示)与主板上相应的音频接线插槽(如图 3-63 所示)正确地进行连接。

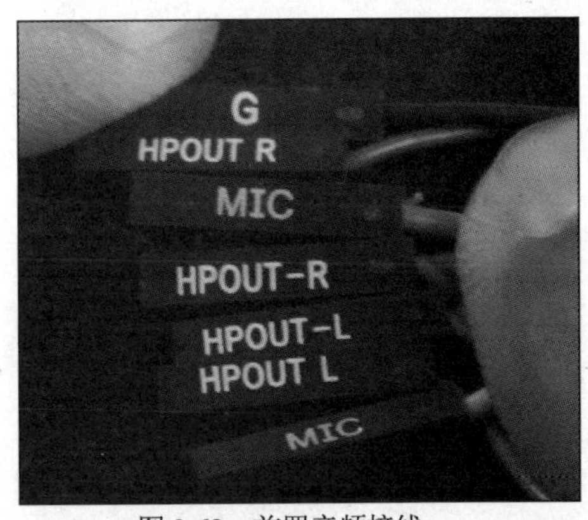

图 3-62　前置音频接线

图 3-63　前置音频接线插槽

在连接前置音频接线时，用户可以参考主板说明书上的接线图，完成接线的连接，其具体接线图一般如图 3-64 和 3-65 所示。

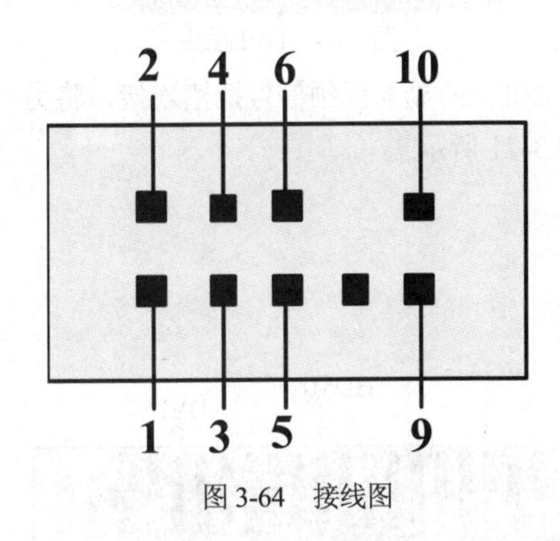

图 3-64　接线图

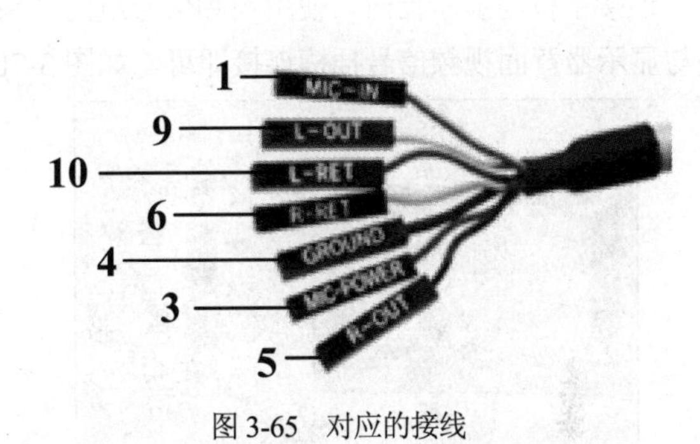

图 3-65　对应的接线

3.6　安装电脑外部设备

完成主机内部硬件设备的安装与连接后，用户需要将计算机主机与外部设备连接在一起。计算机外设主要包括显示器、鼠标、键盘和电源线等几种。连接外部设备时应做到“辨清接头，对准插上”，其具体方法下面将详细介绍。

3.6.1　连接显示器

显示器是计算机的主要 I/O 设备之一，它通过一条视频信号线与计算机主机上的显卡视频信号接口连接。常见的显卡视频信号接口有 VGA、DVI 与 HDMI 这 3 种，显示器与主机之间所使用的视频信号线一般为 VGA 视频信号线(如图 3-66 和 3-67 所示)和 DVI 视频信号线，如图 3-68 和 3-69 所示。

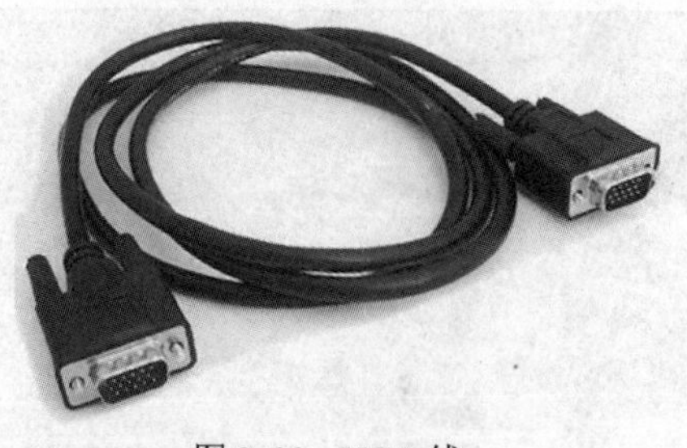

图 3-66　VGA 线

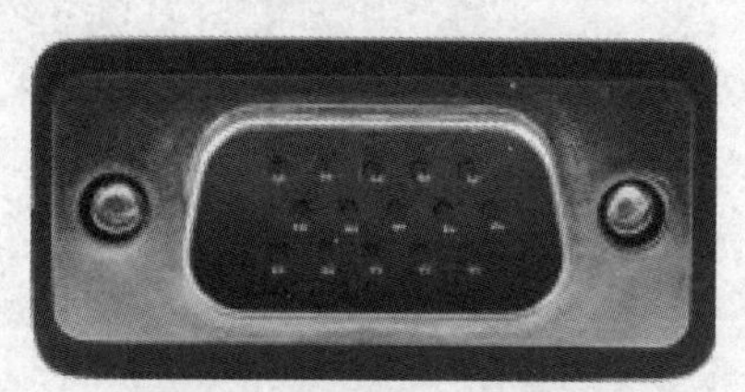

图 3-67　VGA 插头

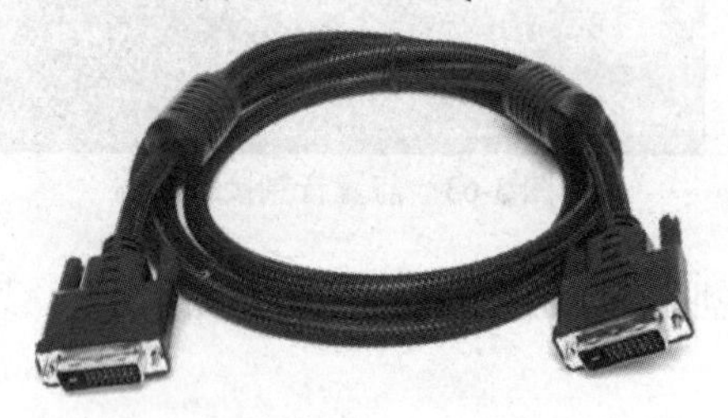

图 3-68　DVI 线

图 3-69　DVI 插头

连接主机与显示器时，使用视频信号线的一头与主机上的显卡视频信号插槽连接，将另一头与显示器背面视频信号插槽连接即可，如图 3-70 和 3-71 所示.

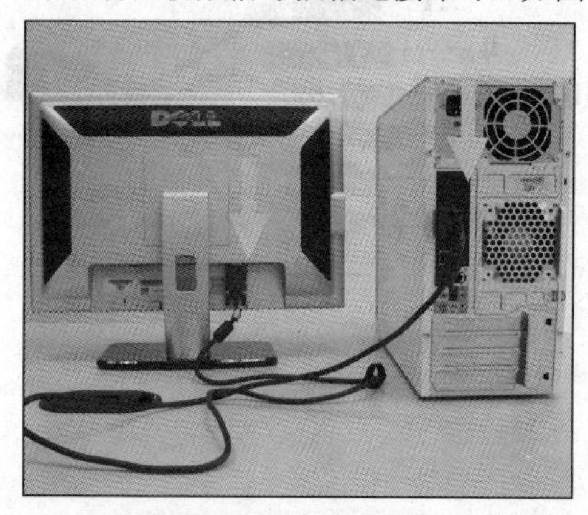

图 3-70　连接主机与显示器

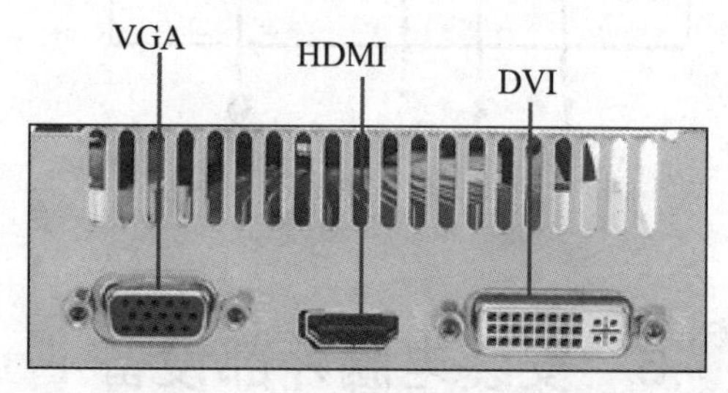

图 3-71　主机背面显卡视频信号接口

知识点

除了 VGA 接口和 DVI 接口以外，有些计算机显卡允许用户使用 HDMI 接口(高清晰度多媒体接口)与显示器相连，用户可以在显卡配件中找到相应的 HDMI 连接线。

3.6.2　连接鼠标和键盘

目前，台式计算机常用的鼠标和键盘有 USB 接口与 PS/2 接口两种。

- USB 接口的键盘、鼠标与计算机主机背面的 USB 接口相连，如图 3-72 所示。
- PS/2 接口的键盘、鼠标与主机背面的 PS/2 接口相连(一般情况下鼠标与主机上的绿色 PS/2 接口相连，键盘与主机上的紫色 PS/2 接口相连)，如图 3-73 所示。

图 3-72　USB 接口的鼠标

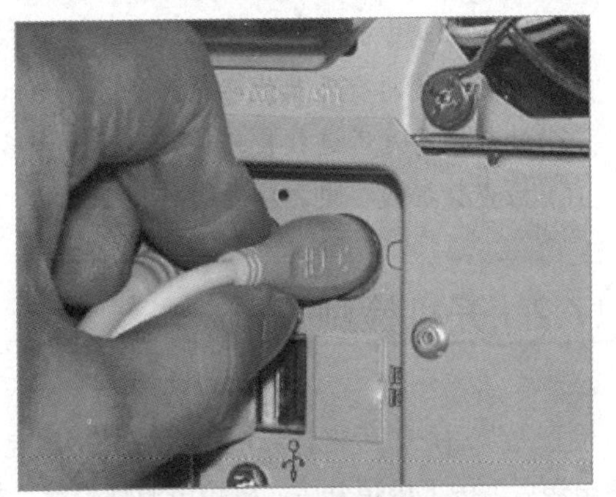

图 3-73　PS/2 接口

知识点

市场上有一部分计算机的主板上只提供一个 PS/2 接口，用户若在组装计算机时，选用了此类主板，在选购鼠标时，应选择购买 USB 鼠标。

3.7　开机检测电脑状态

在完成组装计算机硬件设备的操作后，下面可以通过开机检测来查看连接是否存在问题，若一切正常则可以整理机箱并合上机箱盖，完成组装计算机的操作。

3.7.1　启动电脑前的检查工作

装计算机完成后不要立刻通电开机，还要再仔细检查一遍，以防出现意外。检查步骤如下所示。

(1) 检查主板上的各个控制线(跳线)的连接是否正确，如图 3-74 所示。

(2) 检查各个硬件设备是否安装牢固，如 CPU、显卡、内存和硬盘等，如图 3-75 所示。

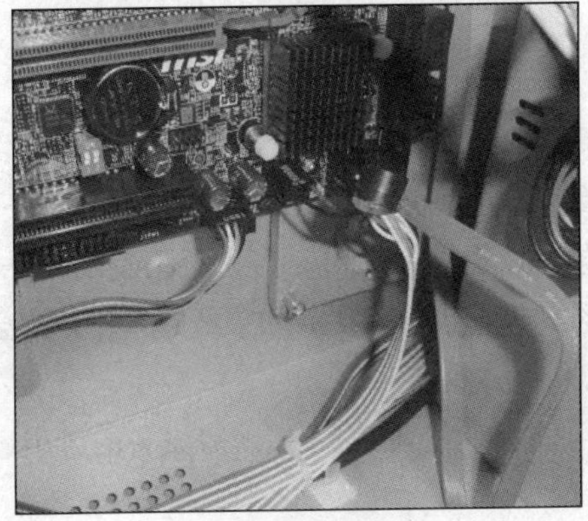

图 3-74　检查跳线

图 3-75　检查主机内部各配件

(3) 检查机箱中的连线是否搭在风扇上，以防影响风扇散热。

(4) 检查机箱内有无其他杂物。

(5) 外部设备是否连接良好，如显示器和音箱等。

(6) 检查数据线、电源线是否连接正确。

3.7.2 开机检测

检查无误后，即可将计算机主机和显示器电源与市电电源连接，如图3-76和图3-77所示。接通电源后，按下机箱开关，机箱电源灯亮起，并且机箱中的风扇开始工作。若用户听到“嘀”的一声，并且显示器出现自检画面，则表示计算机已经组装成功，用户可以正常使用。如果计算机未正常运行，则需要重新对计算机中的设备进行检查。

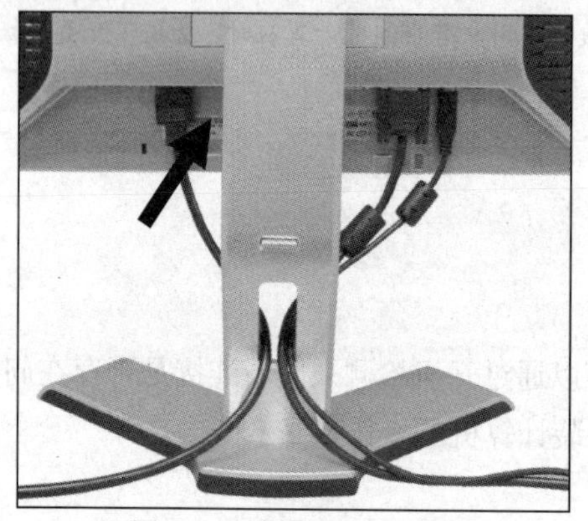

图3-76 连接显示器电源

图3-77 连接主机电源

提示

若计算机组装后未能正常运行，用户应首先检查内存与显卡的安装是否正确，包括内存是否与主板紧密连接，显卡视频信号线是否与显示器紧密连接。

3.7.3 整理机箱

开机检测无问题后，即可整理机箱内部的各种线缆。整理机箱内部线缆的主要原因有下几点。

- 计算机机箱内部线缆很多，如果不进行整理，会非常杂乱，显得很不美观。
- 计算机在正常工作时，机箱内部各设备的发热量也非常大，如果线路杂乱，就会影响机箱内的空气流通，降低整体散热效果。
- 机箱中的各种线缆，如果不整理整齐很可能会卡住 CPU、显卡等设备的风扇，影响其正常工作，从而导致各种故障的出现。

3.8　上机练习

本章的实验指导将通过几个具体的实例，引导用户进一步了解计算机的结构，并掌握组装计算机的必要知识。

3.8.1　安装 CPU 散热器

用户可以参考下面介绍的方法，为 CPU 安装大型散热设备。

【例 3-12】安装 CPU 散热器。

(1) 在安装散热器之前，首先拆开散热器的包装，整理并确认散热器各部分配件的是否齐全，如图 3-78 所示。

(2) 使用配件中的铁条将散热风扇固定在散热片上，如图 3-79 所示。

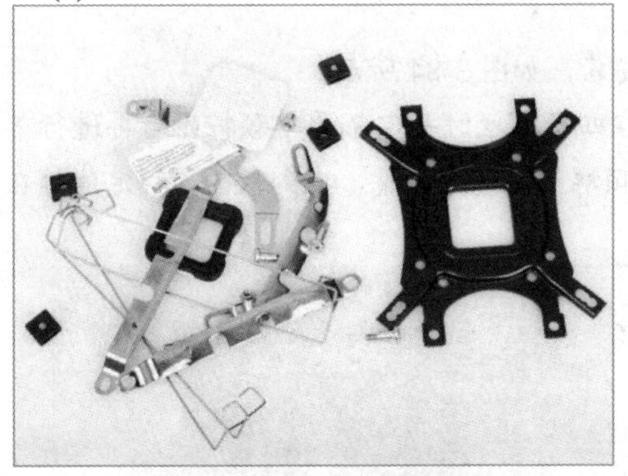

图 3-78　整理散热器配件

图 3-79　固定散热风扇

(3) 接下来，安装散热器底座上的橡胶片。大型散热器一般支持多种主板平台，在安装底座时，用户可以根据实际需求调整散热器底座螺丝孔的孔距，如图 3-80 所示。

(4) 安装散热器底部扣具接口，将散热器底部的螺丝松脱，然后将这些对应的扣具插入散热器与卡片之间，如图 3-81 所示。

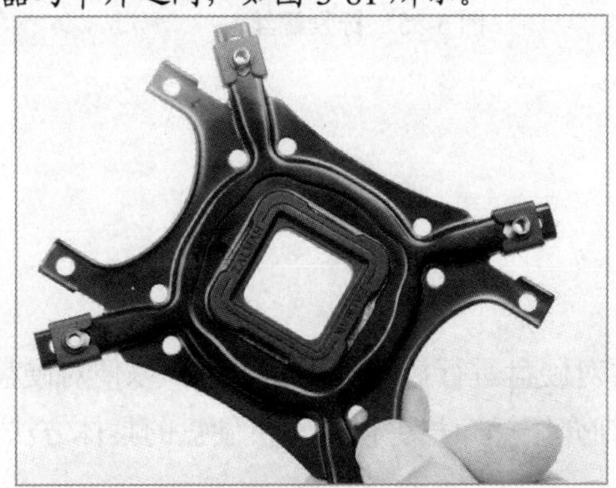

图 3-80　调整螺丝孔的孔距

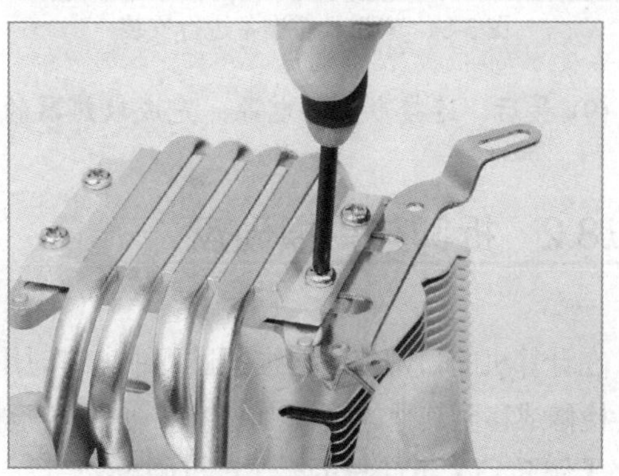

图 3-81　扣具插入散热器与卡片之间

(5) 将不锈钢条牢牢地固定在散热器底部后，用手摇晃一下，看看是否有松动，如图 3-82 所示。

(6) 将组装好的散热器底座扣到主板后面，这时要注意，一定要对正，并且仔细观察底座的金属部分是否会碰到主板上的焊点，如图 3-83 所示。

图 3-82　检查是否松动

图 3-83　将散热器底座扣到主板后

(7) 将散热器放到主板上，对准孔位准备进行安装，如图 3-84 所示。

(8) 使用螺丝将散热器固定在主板上。在固定在四颗螺丝时一定不要单颗拧死后再进行下一颗的操作，正确的方法应该是每一颗拧一点，四颗螺丝循环地调整，直到散热器稳定地锁在主板上，如图 3-85 所示。

图 3-84　对准孔位准备进行安装

图 3-85　拧紧螺丝

(9) 最后，连接散热器电源，完成散热器的安装。

3.8.2　拆卸与更换硬盘

在计算机的日常使用与维护过程中，有时用户要对硬盘进行拆卸与重新安装，以便对硬盘进行检修或移至其他计算机上使用。下面的实验将详细介绍拆卸与更换计算机硬盘的具体方法。

【例 3-13】拆卸与更换计算机硬盘。

(1) 断开计算机主机电源。

(2) 拆开机箱右侧的盖板和前面板，如图 3-86 和图 3-87 所示。

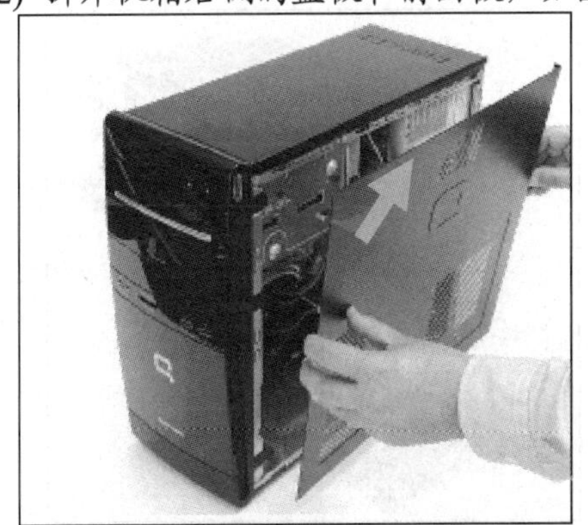

图 3-86　拆开右侧盖板

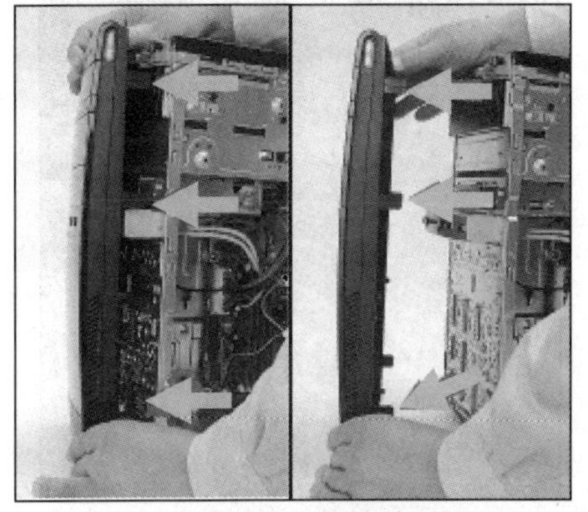

图 3-87　拆开前面板

(3) 使用螺丝刀拧下用于固定硬盘的螺丝钉，如图 3-88 所示。

(4) 将硬盘从硬盘托架中拽出后，首先拔下连接硬盘的电源线，如图 3-89 所示，然后再拔下连接硬盘的 SATA 数据线，如图 3-90 和 3-91 所示。

图 3-88　拧下固定硬盘的螺丝钉

图 3-89　拔下硬盘电源线

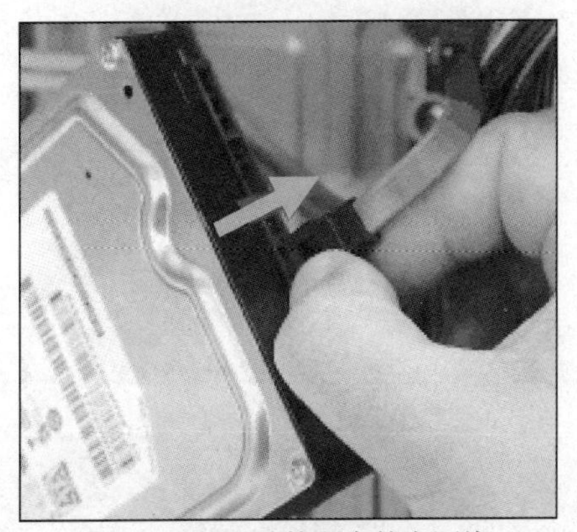

图 3-90　拔下连接硬盘的电源线

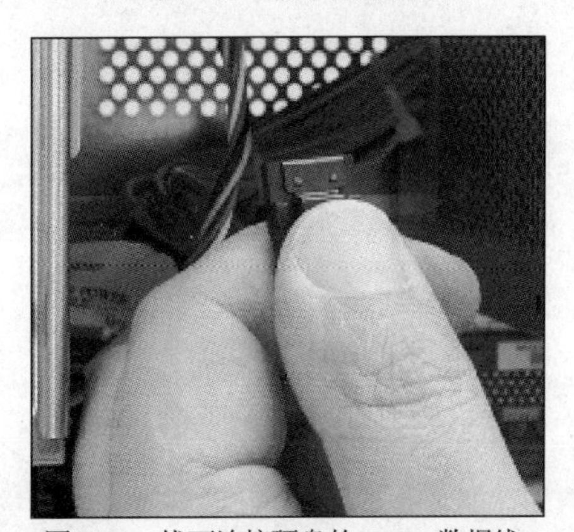

图 3-91　拔下连接硬盘的 SATA 数据线

(5) 至此，硬盘的拆卸工作就完成了。

(6) 更换硬盘后，连接新硬盘的数据线和电源线(如图 3-92 所示)，完成后用螺丝刀将硬盘

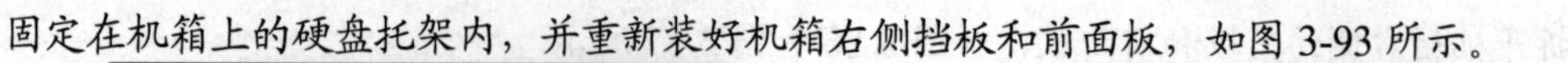

固定在机箱上的硬盘托架内，并重新装好机箱右侧挡板和前面板，如图 3-93 所示。

图 3-92　连接数据线和电源线

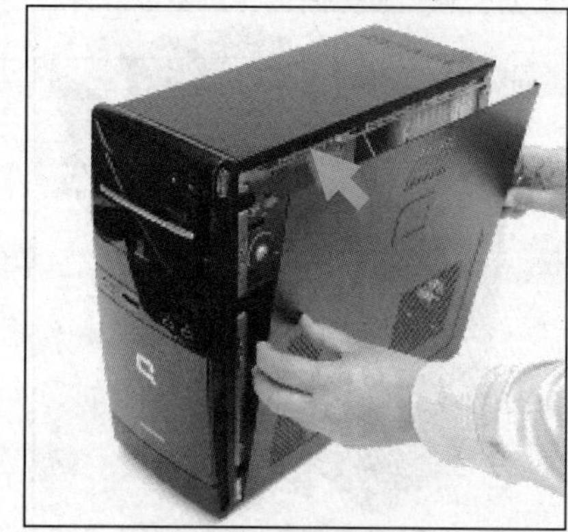

图 3-93　装上机箱挡板

3.9　习题

1. 简述在主板上安装 CPU 与内存的方法。
2. 简述如何连接机箱前置 USB 接口控制线。
3. 简述启动计算机前的准备工作。

安装操作系统

学习目标

操作系统是人们操作计算机的平台，计算机只有在安装了操作系统之后才能发挥其功能。目前，绝大部分用户使用 Windows 系列操作，而在该系列操作系统中 Windows 7 与 Windows 8 系统更是被广泛应用。本章将通过实例，详细介绍在计算机中安装 Windows 7 与 Windows 8 系统的步骤，帮助用户掌握安装计算机操作系统的方法与技巧。

本章重点

- 安装系统前的准备工作
- 硬盘的格式化
- 全新安装 Windows 7
- 全新安装 Windows 8

4.1 安装系统前的准备工作

用户在准备安装操作系统之前，首先要对操作系统和计算机的基本设置有所了解，在对计算机进行正确的设置(主要指对 BIOS 的设置)后，才能够顺利地安装操作系统。

4.1.1 认识 BIOS

在安装操作系统前，先要对计算机进行正确的 BIOS 设置，那么什么是 BIOS 呢？BIOS (Basic Input/Output System，即：基本输入/输出系统)是厂家事先烧录在主板上只读存储器中的程序，主要负责管理或规划主板与附加卡上的相关参数的设定，并且此程序中保存的数据不会因计算机关机而丢失。

BIOS 是计算机中最基础而又最重要的程序。这一段程序存放在一个不需要电源的、可重复编程的、可擦写的只读存储器中(BIOS 芯片)。该存储器也被称作 EEPROM(电可擦除可编程只读存储器)。它为计算机提供最低级的、但却最直接的硬件控制并存储一些基本信息，计算机的初始化操作都是按照固化在 BIOS 里的内容来完成的，如图 4-1 所示。

图 4-1　BIOS

知识点

准确地说，BIOS 是硬件与软件程序之间的一个“转换器”，或者说是人机交流的接口。它负责解决硬件的即时要求，并按软件对硬件的操作具体执行。用户在使用计算机的过程中都会接触到 BIOS，它在计算机系统中起着非常重要的作用。

4.1.2　BIOS 与 CMOS 的区别

在日常操作与维护计算机的过程中，用户经常会接触到 BIOS 设置与 CMOS 设置的说法，一些计算机用户会把 BIOS 和 CMOS 的概念混淆起来。下面将详细介绍 BIOS 与 COMS 的区别。

- CMOS(complementary metal oxide semiconductor，即：互补金属氧化物半导体)是计算机主板上的一块可读写的 RAM 芯片，并由主板电池供电。
- BIOS 是设置硬件的一组计算机程序，该程序保存在主板上的 CMOS RAM 芯片中，通过 BIOS 可以修改 CMOS 的参数。

由此可见，BIOS 是用来完成系统参数设置与修改的工具，CMOS 是设定系统参数的存放场所。CMOS RAM 芯片可由主板的电池供电，这样即使系统断电，CMOS 中的信息也不会丢失。目前，计算机的 CMOS 芯片多采用 Flash ROM，可以通过主板跳线开关或专用软件对其实现重写，以实现对 BIOS 的升级。

知识点

目前，许多主板的 CMOS 芯片旁边都设置有“放电”按钮，按下该按钮，可对 BIOS 参数进行重置。

4.1.3　BIOS 的基本功能

BIOS 用于保存计算机最重要的基本输入/输出程序、系统设置信息、开机上电自检程序和系统自检及初始化程序。虽然 BIOS 设置程序目前存在各种不同版本，功能和设置方法也各自

相异，但主要的设置项基本是相同的，一般包括如下几项。

- 设置 CPU：大多数主板采用软跳线的方式来设置 CPU 的工作频率。设置的主要内容包括外频、位频系数等 CPU 参数。
- 设置基本参数：包括系统时钟、显示器类型和启动时对自检错误处理的方式。
- 设置磁盘驱动器：包括自动检测 IDE 接口、启动顺序和软盘硬盘的型号等。
- 设置键盘：包括接电时是否检测硬盘、键盘类型和键盘参数等。
- 设置存储器：包括存储器容量、读写时序、奇偶校验和内存测试等。
- 设置缓存：包括内/外缓存、缓存地址/尺寸和显卡缓存设置等。
- 设置安全：包括病毒防护、开机密码和 Setup 密码等。
- 设置总线周期参数：包括 AT 总线时钟(AT BUS CLOCK)、AT 周期等待状态(AT Cycle Wait State)、内存读写定时、缓存读写等待、缓存读写定时、DRAM 刷新周期和刷新方式等。
- 管理电源：是关于系统的绿色环保节能设置，包括进入节能状态的等待延时时间、唤醒功能、IDE 设备断电方式、显示器断电方式等。
- 监控系统状态：包括检测 CPU 工作温度，检测 CPU 风扇以及电源风扇转速等设置。
- 设置板上集成接口：包括板上 FDC 软驱接口、串行并行接口、IDE 接口允许/禁止状态、I/O 地址、IRQ 及 DMA 设置、USB 接口和 IRDA 接口等。

4.1.4 BIOS 的常见类型

目前市场上，台式计算机使用较多的 BIOS 类型主要有 Award BIOS 与 AMI BIOS 两种，下面分别对这两类 BIOS 进行介绍。

- Award BIOS 是由 Award Software 公司开发的 BIOS 产品，是目前主板使用最多的 BIOS 类型。Award BIOS 功能较为齐全，支持许多新硬件，其界面如图 4-2 所示。
- AMI BIOS 是 AMI 公司出品的 BIOS 系统软件，它对各种软、硬件的适应性好，能保证系统性能的稳定，AMI BIOS 的界面如图 4-3 所示。

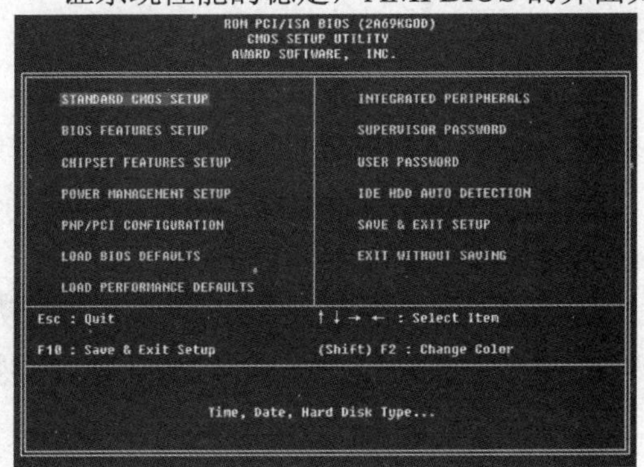

图 4-2 Award BIOS

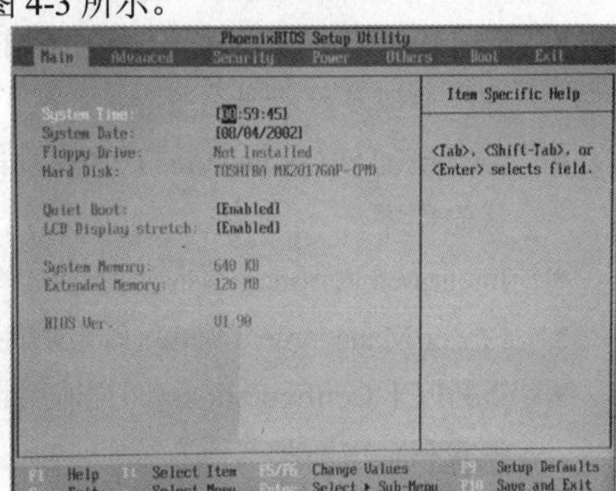

图 4-3 AMI BIOS

除此之外，有些主板还提供专门的图形化 BIOS 设置界面，如图 4-4 和 4-5 所示。

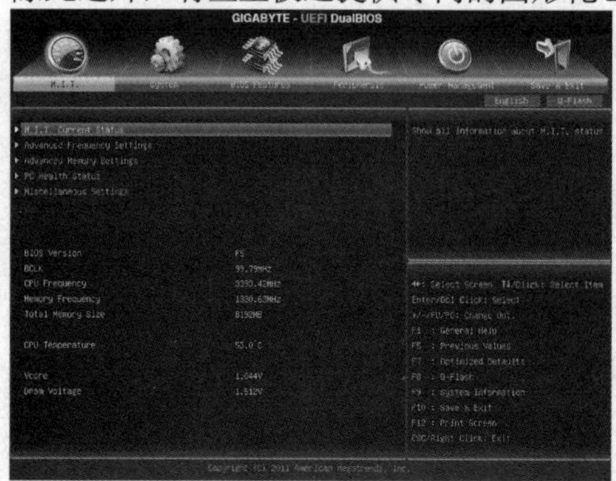

图 4-4　技嘉图形化 BIOS 界面

图 4-5　华硕图形化 BIOS 界面

4.1.5　进入 BIOS 设置界面

在启动计算机时按下特定的热键即可进入 BIOS 设置程序，不同类型的计算机进入 BIOS 设置程序的按键不同，有的计算机会在屏幕上给出提示。BIOS 设置程序的进入方式如下。

- Award BIOS：启动计算机时按 Del 键进入。
- AMI BIOS：启动计算机时，按 Del 键或 Esc 键进入。

Award BIOS 设置界面如图 4-6 所示，按方向键←、↑、→、↓来移动光标选择界面上的选项，然后按 Enter 键进入子菜单，用 Esc 键来返回父菜单，用 Page Up 和 Page Down 键来选择具体选项。

4.1.6　认识 BIOS 设置界面

在 Award BIOS 设置主界面中(如图 4-6 所示)，各选项的功能如下所示。

- Standard CMOS Features(标准 CMOS 设定)：用来设定日期、时间、软硬盘规格、工作类型以及显示器类型。
- Advanced BIOS Features (BIOS 功能设定)：用来设定 BIOS 的特殊功能，如开机磁盘优先程序。
- Integrated Peripherals(内建整合设备周边设定)：这是主板整合设备设定。
- Power Management Setup(省电功能设定)：设定 CPU、硬盘、显示器等设备省电功能。
- PnP/PCI Configurations(即插即用设备与 PCI 组态设定)：用来设置 ISA、其他即插即用设备的中断和其他差数。
- Load Fail-Safe Defaults(载入 BIOS 预设值)：用于载入 BIOS 初始设置值。
- Load Optimized Defaults (载入主板 BIOS 出厂设置)：这是 BIOS 的最基本设置，用来

确定故障范围。

- Set Supervisor Password(管理者密码)：计算机管理员设置进入 BIOS 修改设置密码。
- Set User Password (用户密码)：用于设置开机密码。
- Save & Exit Setup(保存并退出设置)：用于保存已经更改的设置并退出 BIOS 设置。
- Exit Without Saving：用于不保存已经修改的设置，并退出设置。

4.1.7　常用 BIOS 参数设置

下面将以 Award BIOS 为例来介绍常用 BIOS 设置。

1. 设置设备启动顺序

计算机要正常启动，需要通过硬盘、光驱以及软驱等设备的引导。掌握设置计算机启动设备顺序的方法十分重要。例如，要使用光盘安装操作系统，就需要将光驱设置为第一启动设备。

【例 4-1】设置计算机从光盘启动。

(1) 开机启动计算机后，打开 BIOS 设置界面后，使用方向键选择 Advanced BIOS Features 选项，然后按下 Enter 键。打开 Advanced BIOS Features 选项的设置界面，如图 4-6 所示。

(2) 使用方向键选择 First Boot Device 选项，如图 4-7 所示。

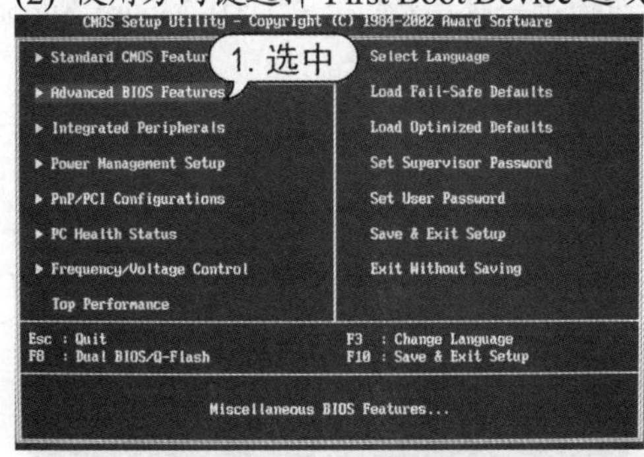

图 4-6　BIOS 界面

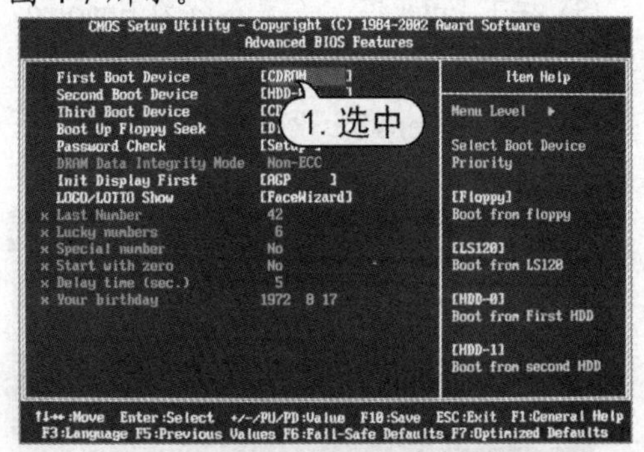

图 4-7 【First Boot Device】选项

(3) 按 Enter 键，打开 First Boot Device 选项的设置界面，选择 CD-ROM 选项，如图 4-8 所示。按 Enter 键确认即可设置光驱为第一启动设备，然后按 F10 键保存 BIOS 设置。

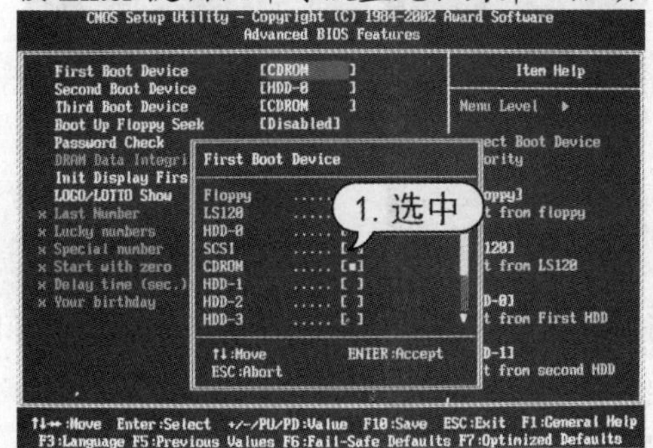

图 4-8　CD-ROM 选项

提示

操作系统安装完成后，用户应将 First Boot Device 选项的设置修改为 HDD-0，以便系统直接从硬盘启动。

2. 启动 USB 接口

在如果用户的计算机使用的是 USB 键盘与 USB 鼠标，在使用时应打开计算机 BIOS 中的 USB 键盘与鼠标支持，否则 USB 键盘与鼠标将不能使用。

【例 4-2】设置启用 USB 接口。

(1) 进入 BIOS 设置界面后，使用方向键选择 Integrated Peripherals 选项，如图 4-9 所示。

(2) 按下 Enter 键进入 Integrated Peripherals 选项界面，选中 USB Keyboard Support 选项，如图 4-10 所示。

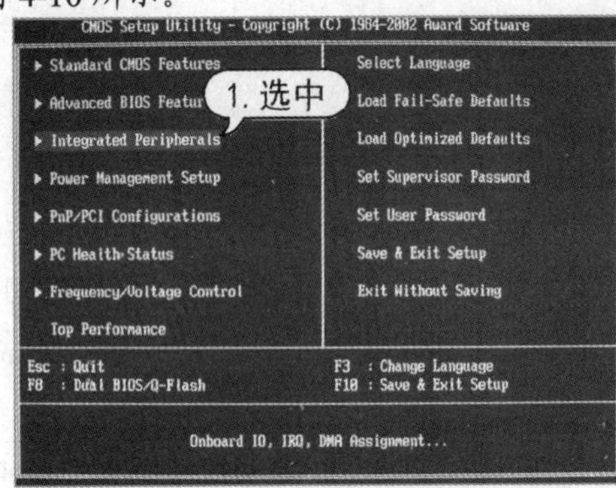

图 4-9　Integrated Peripherals 选项

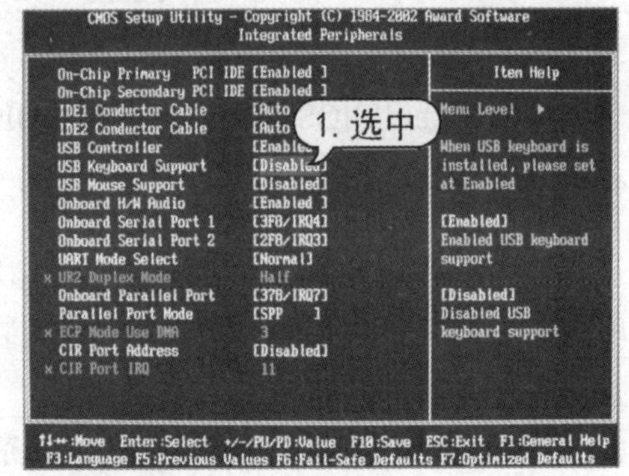

图 4-10　USB Keyboard Support 选项

(3) 按下 Enter 键，设置参数为 Enabled，然后返回上一级界面，选中 USB Mouse Support 选项，如图 4-11 所示。

(4) 按下 Enter 键，设置参数为 Enabled，然后按下 Enter 键，返回 Integrated Peripherals 选项界面，如图 4-12 所示。

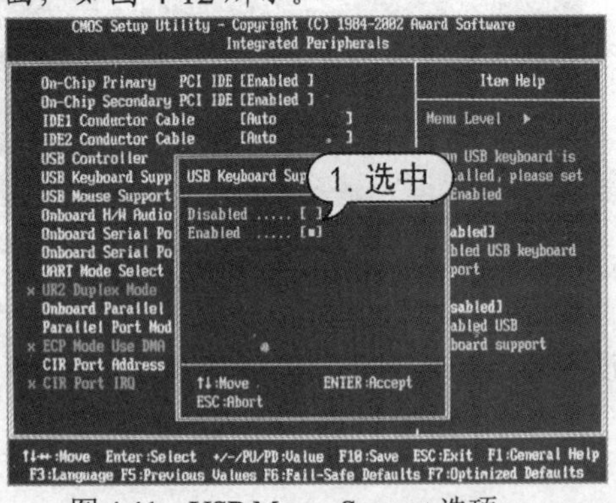

图 4-11　USB Mouse Support 选项

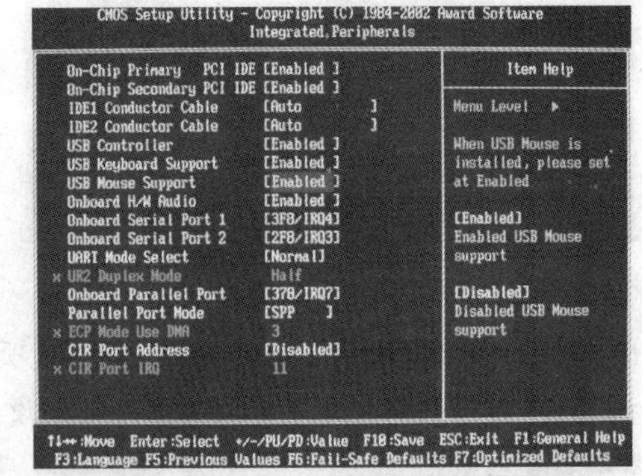

图 4-12　Integrated Peripherals 选项界面

(5) 按下 F10 键，保存并退出 BIOS。

3. 保存并退出 BIOS

在进行了一系列的 BIOS 设置操作后，需要将设置保存并重新启动计算机，才能使所做的修改生效。

【例 4-3】保存 BIOS 设置并退出 BIOS 的设置界面。

(1) BIOS设置完成后，返回BIOS主界面，使用方向键选择Save & Exit Setup选项，然后按Enter键，如图4-13所示。

(2) 打开保存提示框，在其中输入Y，然后按Enter键确认保存，如图4-14所示。

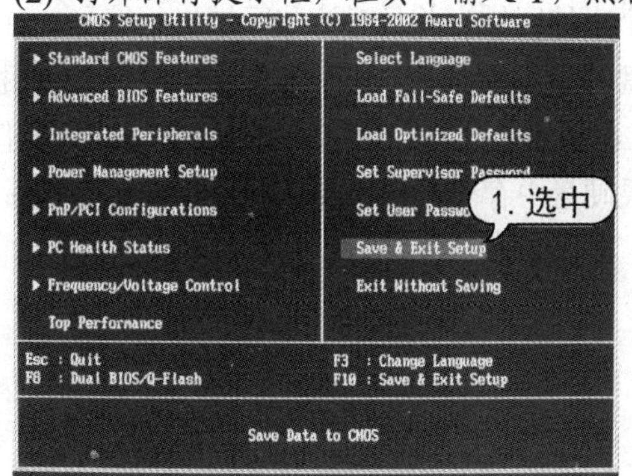

图4-13　Save & Exit Setup选项

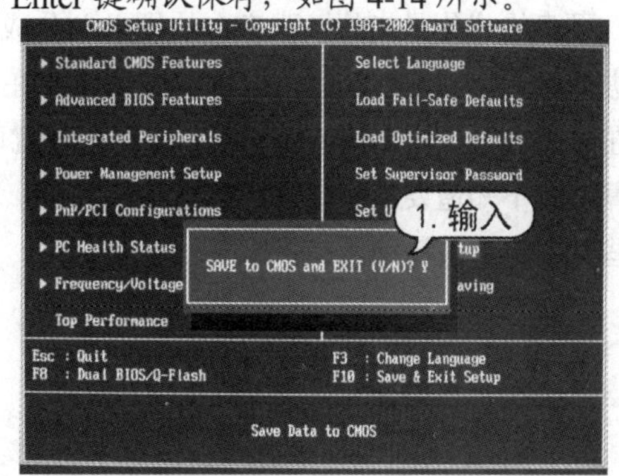

图4-14　保存设置

4.2　认识硬盘分区与格式化

简单地说，硬盘分区就是将硬盘内部的空间划分为多个区域，以便在不同的区域中存储不同的数据；而格式化硬盘则是将分区好的硬盘，根据操作系统的安装格式需求进行格式化处理，以便在系统安装时，安装程序可以对硬盘进行访问。

4.2.1　认识硬盘的分区

硬盘分区是指将硬盘分割为多个区域，以方便数据的存储与管理。对硬盘进行分区主要包括创建主分区、扩展分区和逻辑分区3部分。主分区一般用来安装操作系统，然后将剩余的空间作为扩展空间，在扩展空间中再划分一个或多个逻辑分区，如图4-15所示。

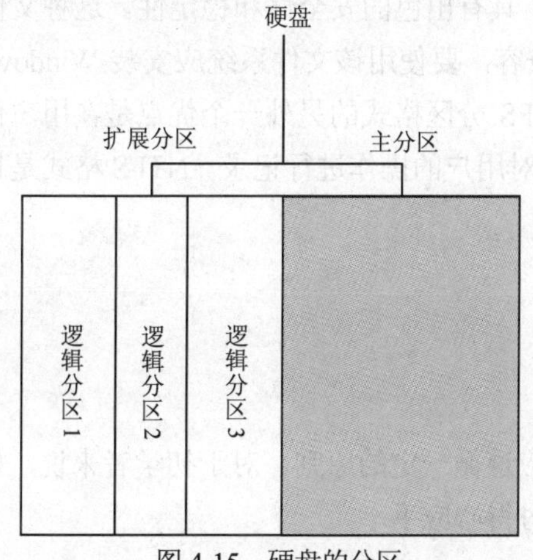

图4-15　硬盘的分区

提示

一块硬盘上只能有一个扩展分区，而且扩展分区不能被直接使用，必须将扩展分区划分为逻辑分区才能使用。在Windows 7、Linux等操作系统中逻辑分区的划分数量没有上限。但分区数量过多会造成系统启动的速度变慢，而单个分区的容量过大也会影响到系统读取硬盘的速度。

4.2.2 硬盘的格式化

硬盘格式化是指将一张空白的硬盘划分成多个小的区域，并且对这些区域进行编号。对硬盘进行格式化后，系统就可以读取硬盘，并在硬盘中写入数据了。作个形象比喻，格式化相当于在一张白纸上用铅笔打上格子，这样系统就可以在格子中读写数据了。如果没有格式化操作，计算机就不知道要从哪里写、哪里读。另外，如果硬盘中存有数据，那么经过格式化操作后，这些数据将会被清除。

4.2.3 常见文件系统简介

文件系统是基于一个存储设备而言的，通过格式化操作可以将硬盘分区格式化为不同的文件系统。文件系统是有组织地存储文件或数据的方法，目的是便于数据的查询和存取。

在DOS/Windows系列操作系统中，常使用的文件系统为FAT 16、FAT 32、NTFS等。

- FAT 16：FAT 16是早期DOS操作系统下的格式，它使用16位的空间来表示每个扇区配置文件的情形，故称为FAT 16。由于设计上的原因， FAT 16不支持长文件名，受到8个字符的文件名加3个字符的扩展名的限制。另外，FAT 16所支持的单个分区的最大容量为2GB，单个硬盘的最大容量一般不能超过8GB。如果硬盘容量超过8GB。8GB以上的空间将会因无法利用而被浪费，因此该类文件系统对磁盘的利用率较低。此外，此系统的安全性比较差，易受病毒的攻击。
- FAT 32：FAT 32是继FAT 16后推出的文件系统，它采用32位的文件分配表，并且突破了FAT 16分区格式中每个分区容量只有2GB的限制，大大减少了对磁盘的浪费，提高了磁盘的利用率。FAT 32是目前被普遍使用的文件系统分区格式。FAT 32分区格式也有缺点，由于这种分区格式支持的磁盘分区文件表比较大，因此其运行速度略低于FAT 16分区格式的磁盘。
- NTFS：NTFS是Windows NT的专用格式，具有出色的安全性和稳定性。这种文件系统与DOS以及Windows 98/Me系统不兼容，要使用该文件系统应安装Windows 2000操作系统以上的版本。另外，使用NTFS分区格式的另外一个优点是在用户使用的过程中不易产生文件碎片，并且还可以对用户的操作进行记录。NTFS格式是目前最常用的文件格式。

4.2.4 硬盘的分区原则

对硬盘分区并不难，但要将硬盘合理地分区，则应遵循一定的原则。对于初学者来说，如果能掌握一些硬盘分区的原则，就可以在对硬盘分区时得心应手。

总的来说，在对硬盘进行分区时可参考以下原则。

- 分区实用性：对硬盘进行分区时，应根据硬盘的大小和实际的需求对硬盘分区的容量和数量进行合理地划分。
- 分区合理性：分区合理性是指对硬盘的分区应便于日常管理，过多或过细的分区会降低系统启动和访问资源管理器的速度，同时也不便于管理。
- 最好使用NTFS文件系统：NTFS文件系统是一个基于安全性及可靠性的文件系统，除兼容性之外，在其他方面远远优于FAT 32文件系统。NTFS文件系统不但可以支持多达2TB大小的分区，而且支持对分区、文件夹和文件的压缩，可以更有效地管理磁盘空间。对于局域网用户来说，在NTFS分区上允许用户对共享资源、文件夹以及文件设置访问许可权限，安全性要比FAT 32高很多。
- C盘分区不宜过大：一般来说，C盘是系统盘，硬盘的读写操作比较多，产生磁盘碎片和错误的几率也比较大。如果C盘分得过大，会导致扫描磁盘和整理碎片这两项日常工作变得很慢，影响工作效率。
- 双系统或多系统优于单一系统：如今，病毒、木马、广告软件、流氓软件无时无刻不在危害着用户的计算机，轻则导致系统运行速度变慢，重则导致计算机无法启动甚至损坏硬件。一旦出现这种情况，重装、杀毒要消耗很多时间，往往令人头疼不已。并且有些顽固的开机即加载的木马和病毒甚至无法在原系统中删除。而此时，如果用户的计算机中安装了双操作系统，事情就会简单得多。用户可以启动到其中一个系统，然后进行杀毒和删除木马来修复另一个系统，甚至可以用镜像把原系统恢复。另外，即使不作任何处理，也同样可以用另外一个系统展开工作，而不会因为计算机故障而耽误正常的工作。

4.3 对硬盘进行分区与格式化

Windows 7操作系统自身集成了一个硬盘分区功能，用户可以使用该功能，轻松地对硬盘进行分区。使用该功能可分两个步骤进行，首先在安装系统的过程中建立主分区，然后在系统安装完成后，使用磁盘管理工具对剩下的硬盘空间进行分区。

4.3.1 安装系统时建立主分区

对于一块全新的没有进行过分区的硬盘，用户可在安装Windows 7的过程中，使用安装光盘轻松地对硬盘进行分区。

【例4-4】使用Windows 7安装光盘为硬盘创建主分区。

(1) 在安装操作系统的过程中，当安装进行到如图4-16所示步骤时，选择【驱动器选项(高级)】选项。

(2) 在打开的新界面中，选中列表中的磁盘，然后选择【新建】选项，如图 4-17 所示。

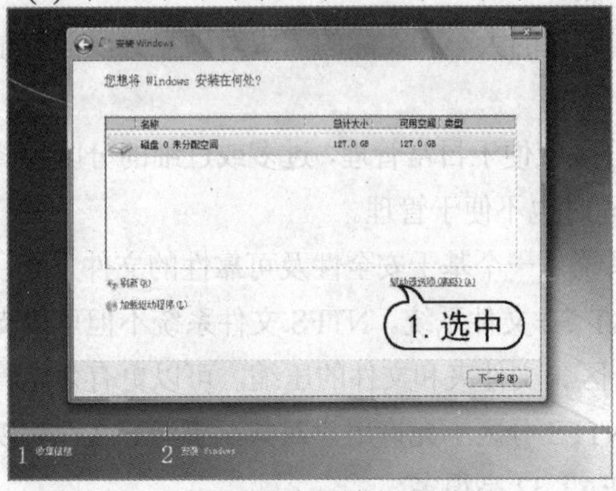

图 4-16 【驱动器选项(高级)】选项

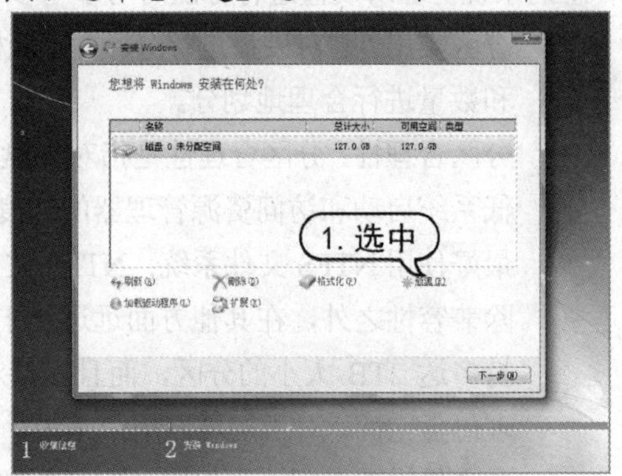

图 4-17 新建磁盘

(3) 打开【大小】微调框，在其中输入要设置的主分区的大小(该分区会默认为 C 盘)，设置完成后，单击【应用】按钮，如图 4-18 所示。

(4) 在弹出的提示对话框中单击【确定】按钮，如图 4-19 所示。

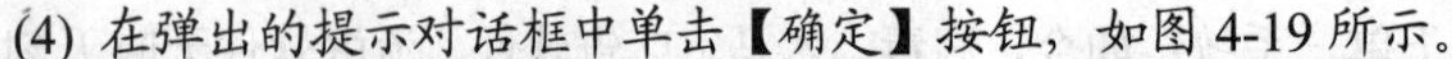

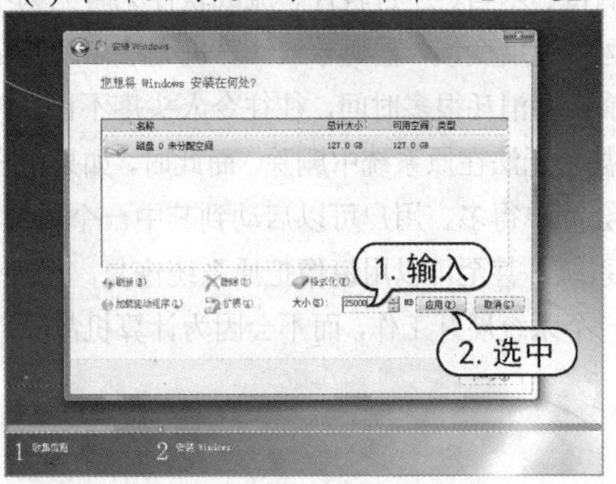

图 4-18 输入主分区的大小

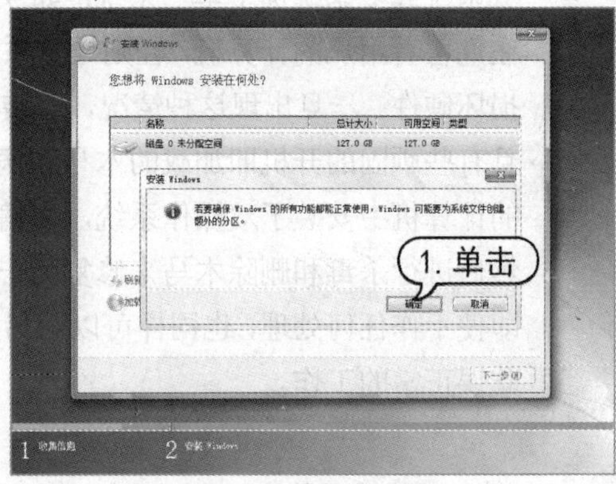

图 4-19 提示对话框

知识点

为了方便实例的编写，本章以一个小硬盘(130GB)为例，讲解对硬盘分区和格式化的方法。用户在操作时，分区大小应以实际使用情况作为参考。

4.3.2 格式化硬盘主分区

对硬盘划分主分区后，在安装操作系统前，还应对该主分区进行格式化。下面通过实例来介绍如何进行格式化。

【例 4-5】使用 Windows 7 安装光盘对主分区进行格式化。

(1) 选中刚刚创建的主分区，然后选择【格式化】选项，如图 4-20 所示。

(2) 打开提示对话框，直接单击【确定】按钮，即可进行格式化操作，如图 4-21 所示。

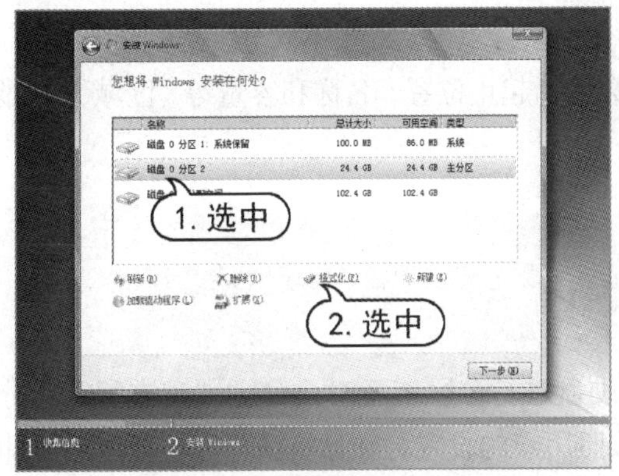

图 4-20 格式化磁盘分区

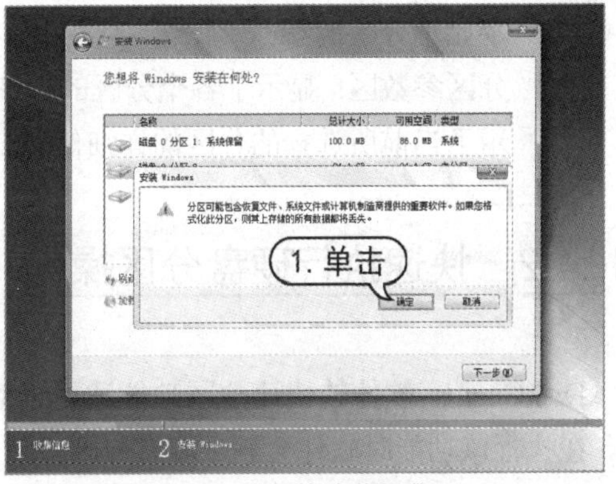

图 4-21 进行格式化操作

(3) 主分区划分完成后，选中主分区，然后单击【下一步】按钮，之后开始安装操作系统。

4.4 使用 DiskGenius 为硬盘分区和格式化

在为计算机安装与重装操作系统时，除了可以使用系统自带的功能对硬盘进行分区格式化以外，还可以使用第三方软件对硬盘进行分区，并进行格式化操作。本节将通过实例介绍几款常用硬盘分区格式化软件的使用方法。

4.4.1 DiskGenius 简介

DiskGenius 是一款常用的硬盘分区工具，它支持快速分区、新建分区、删除分区和隐藏分区等多项功能，是对硬盘进行分区的好帮手。DiskGenius 启动后，其主界面如图 4-22 所示。

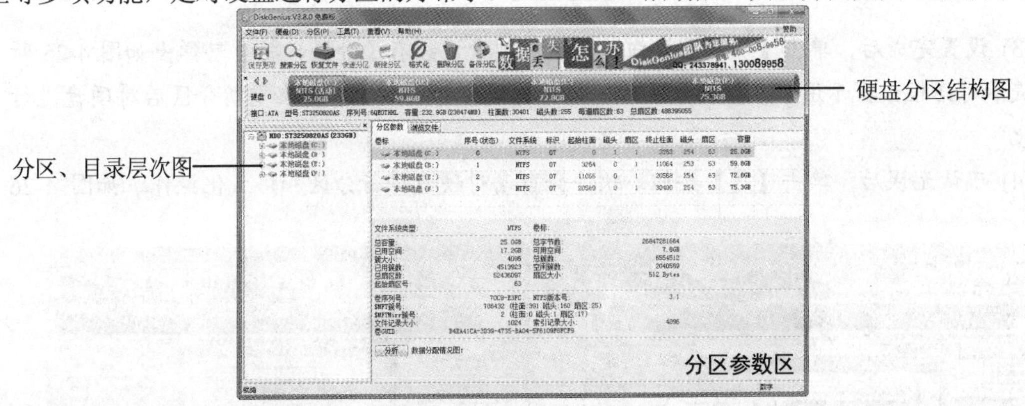

图 4-22 DiskGenius 软件界面

- 分区、目录层次图：该区域显示了分区的层次和分区内文件夹的树形结构，通过单击可切换当前硬盘、当前分区。
- 硬盘分区结构图：在硬盘分区结构图中，软件会用不同颜色来区别不同的分区，用文字显示分区的卷标、盘符、类型、大小。使用鼠标单击，可在不同分区之间进行切换。

- 分区参数区：显示了各个分区的详细参数包括起止位置、名称和容量等。区域下方显示了当前所选择的分区的详细信息。

4.4.2 快速执行硬盘分区操作

DiskGenius 软件的快速分区功能适用于对新硬盘进行分区或者对已分区硬盘进行重新分区。在执行该功能时软件会删除现有分区，然后按照用户的设置对硬盘重新分区，分区后立即快速格式化所有分区。

【例 4-6】使用 DiskGenius 快速为硬盘分区。

(1) 双击 DiskGenius 程序启动软件，在左侧列表中选中要进行快速分区的硬盘，如图 4-23 所示。

(2) 单击【快速分区】按钮，打开【快速分区】对话框。在【分区数目】区域中选择想要为硬盘分区的数目，在【高级设置】区域中设置硬盘分区存储量，如图 4-24 所示。

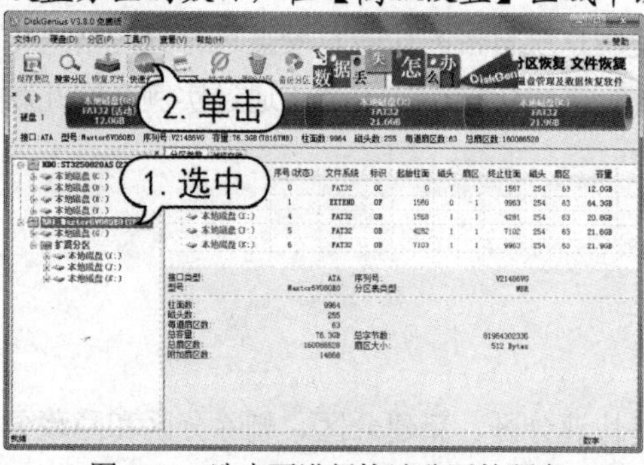

图 4-23 选中要进行快速分区的硬盘

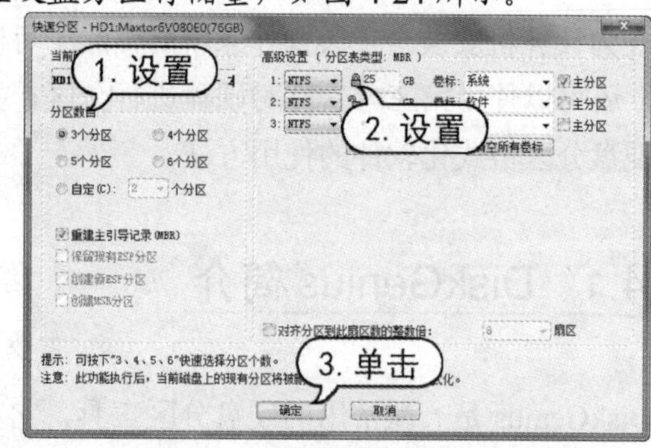

图 4-24 设置硬盘分区数量

(3) 设置完成后，单击【确定】按钮，如果该硬盘已经有了分区，将自动弹出如图 4-25 所示的提示对话框，提示用户“重新分区后，将会把现有分区删除并会在重新分区后对硬盘进行格式化”。

(4) 确认无误后，单击【是】按钮，软件会自动对硬盘进行分区和格式化操作，如图 4-26 所示。

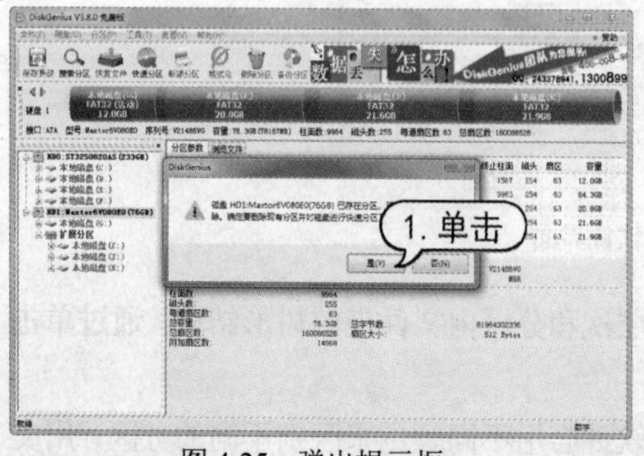

图 4-25 弹出提示框

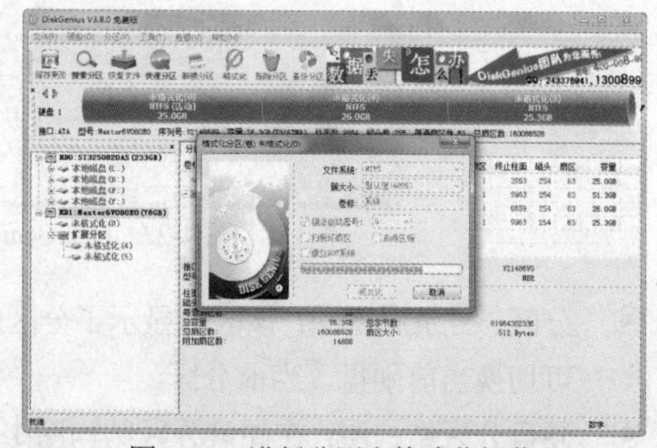

图 4-26 进行分区和格式化操作

(5) 分区完成后，效果如图 4-27 所示。

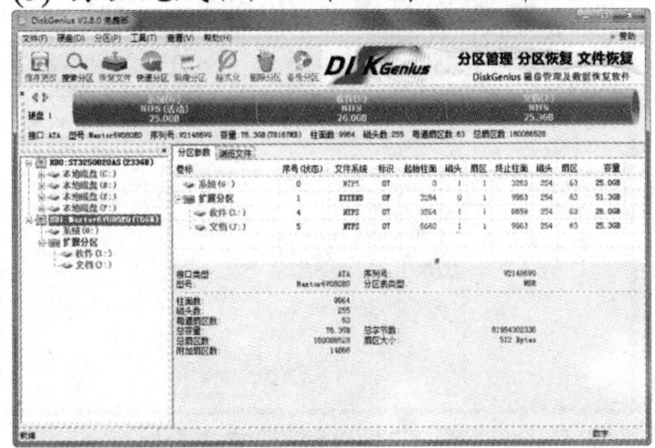

图 4-27　完成分区

> **提示**
>
> 快速分区功能不能对正在使用的硬盘进行分区，因为系统盘正在运行系统。

4.4.3　手动执行硬盘分区操作

除了使用快速分区功能为硬盘分区外，用户还可以手动为硬盘进行分区。

使用 DiskGenius 为硬盘新建分区时，不仅能够设置分区类型和文件系统类型等参数，还可以进行更加详细的参数设置，如起止柱面、磁头和扇区等。

【例 4-7】使用 DiskGenius 手动为硬盘分区和格式化。

(1) 双击 DiskGenius 程序启动软件，在左侧列表中，选中需要手动进行分区的硬盘，如图 4-28 所示。

(2) 单击【新建分区】按钮，打开【建立新分区】对话框。在【请选择分区类型】区域选中【主磁盘分区】单选按钮，在【请选择文件系统类型】下拉列表中选择 NTFS 选项，然后在【新分区大小】微调框中设置数值为 25GB，如图 4-29 所示。

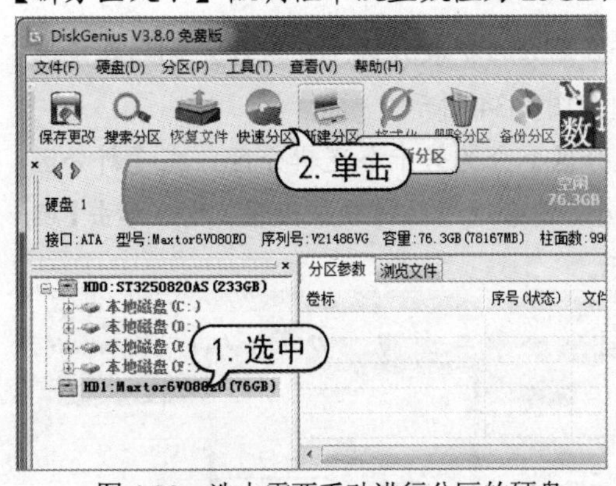

图 4-28　选中需要手动进行分区的硬盘

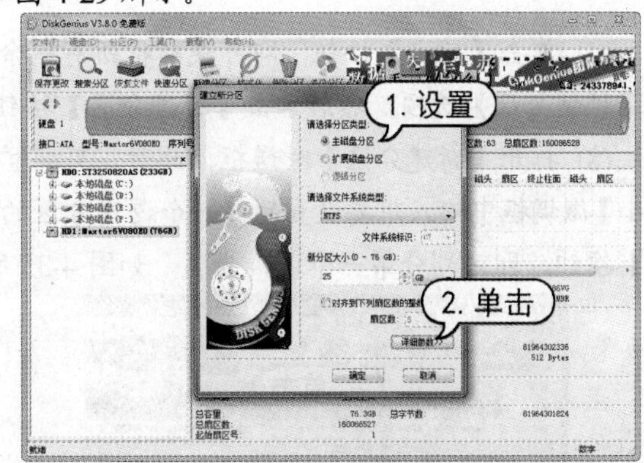

图 4-29　设置参数

(3) 单击【详细参数】按钮，可设置起止柱面、起始扇区号等更加详细的参数，如果用户对这些参数不了解，保持默认设置即可，如图 4-30 所示。

(4) 设置完成后，单击【确定】按钮，即可成功建立第一个主分区，如图 4-31 所示。

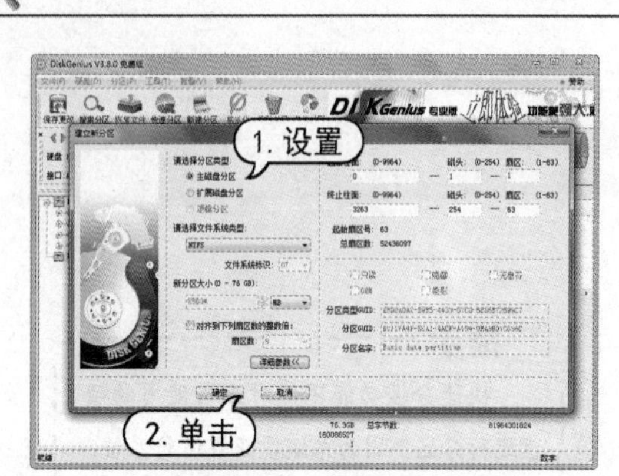

图 4-30 设置参数

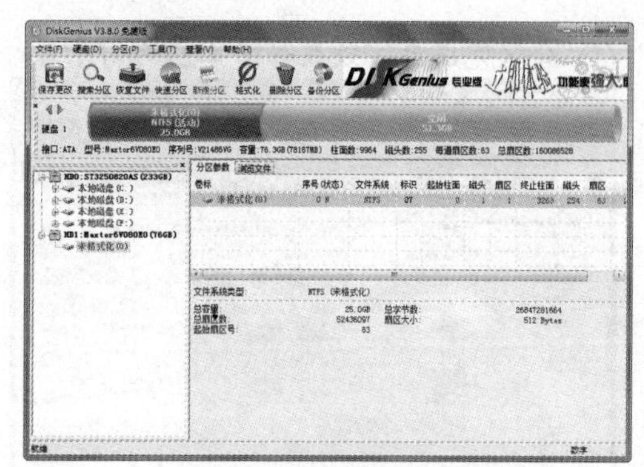

图 4-31 成功建立主分区

(5) 在【硬盘分区结构图】中选中【空闲】分区，单击【新建分区】按钮，如图 4-32 所示。

(6) 打开【新建分区】对话框，在【请选择分区类型】区域选中【扩展磁盘分区】单选按钮，在【新分区大小】微调框中设保持默认数值(扩展分区大小保持默认的含义是：把除主分区以外的所有剩余分区划分为扩展分区)，如图 4-33 所示。

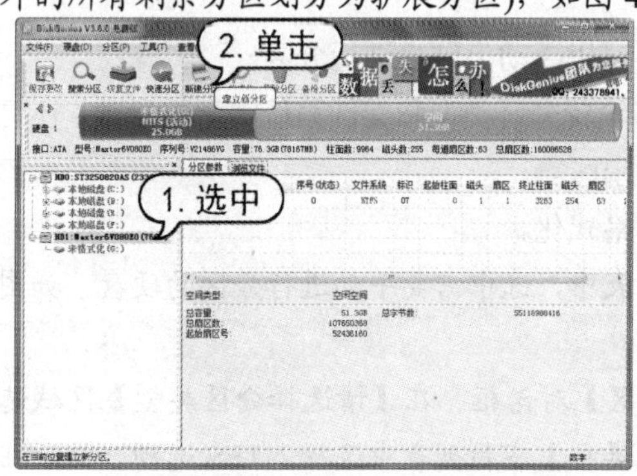

图 4-32 单击【新建分区】按钮

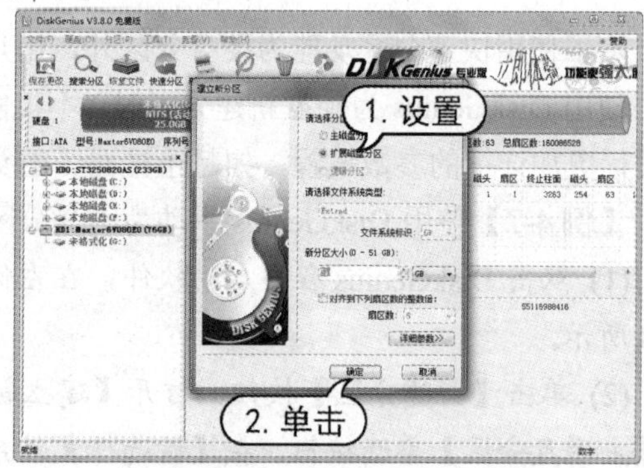

图 4-33 【新建分区】对话框

(7) 单击【确定】按钮，即可成功把所有剩余分区划分为扩展分区。在软件左侧列表中选中【扩展分区】选项，然后单击【新建分区】按钮，如图 4-34 所示。

(8) 打开【新建分区】对话框，此时，可将扩展分区划分为若干个逻辑分区。在【新分区大小】微调框中输入想要设置的第一个逻辑分区的大小，其余选项保持默认设置，然后单击【确定】按钮，即可划分第一个逻辑分区，如图 4-35 所示。

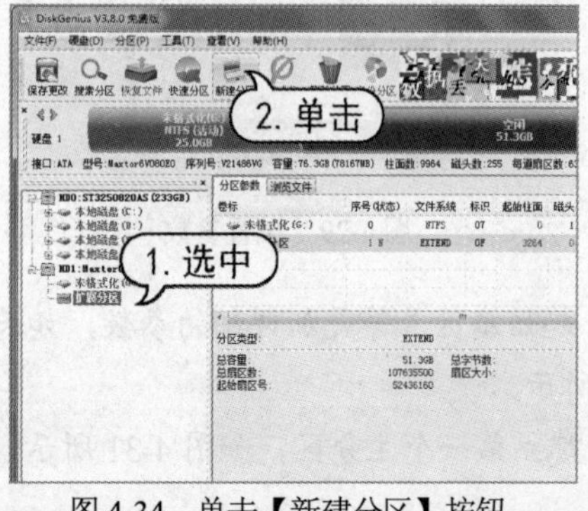

图 4-34 单击【新建分区】按钮

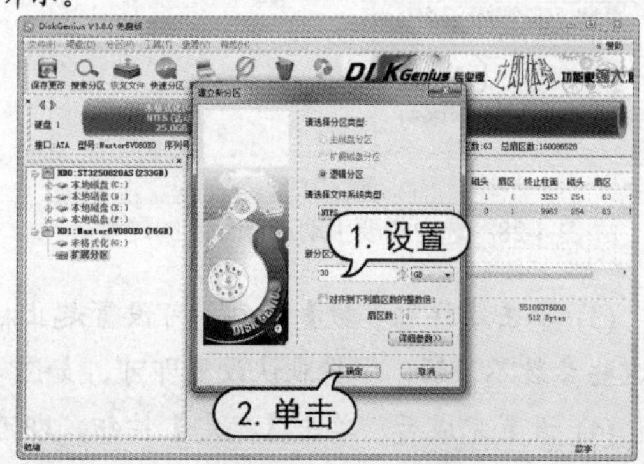

图 4-35 设置参数

(9) 使用同样的方法将剩余空闲分区根据需求划分为逻辑分区。分区划分完成后，在软件主界面左侧列表中选中刚刚进行分区的硬盘，然后单击【保存更改】按钮，如图 4-36 所示。

(10) 在打开软件提示对话框中，单击【是】按钮，如图 4-37 所示。

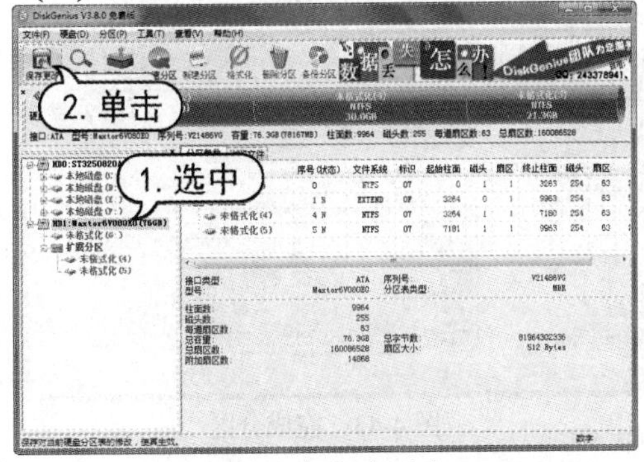

图 4-36　保存更改

图 4-37　提示对话框

(11) 打开提示对话框，单击【是】按钮，如图 4-38 所示。

(12) 开始对新分区进行格式化，如图 4-39 所示。

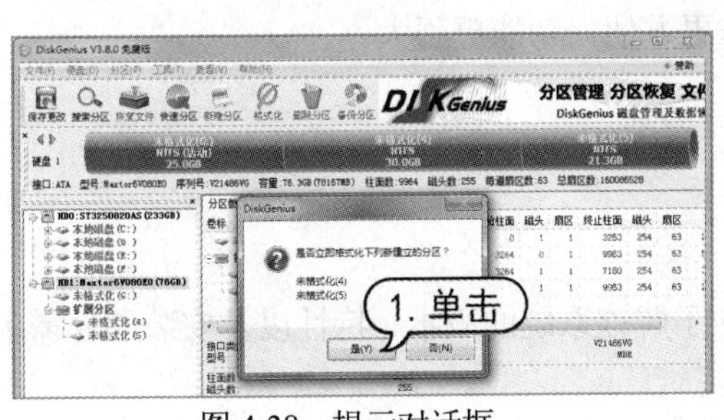

图 4-38　提示对话框

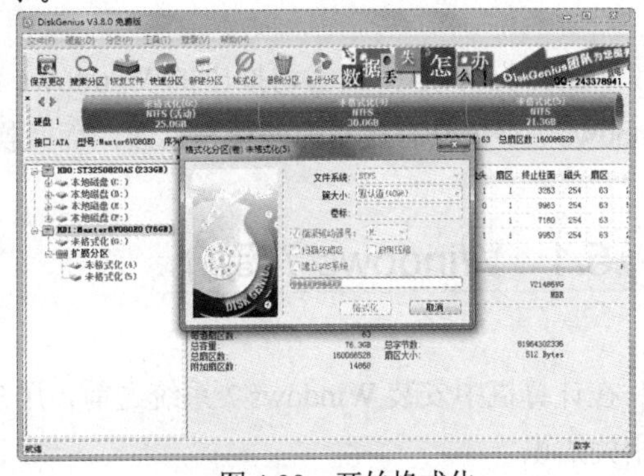

图 4-39　开始格式化

(13) 格式化完成后，在软件主界面左侧的列表中选中主分区，然后单击【格式化】按钮。如图 4-40 所示。

(14) 打开【格式化分区(卷)未格式化(G:)】对话框，保持默认设置，然后单击【格式化】按钮，如图 4-41 所示。

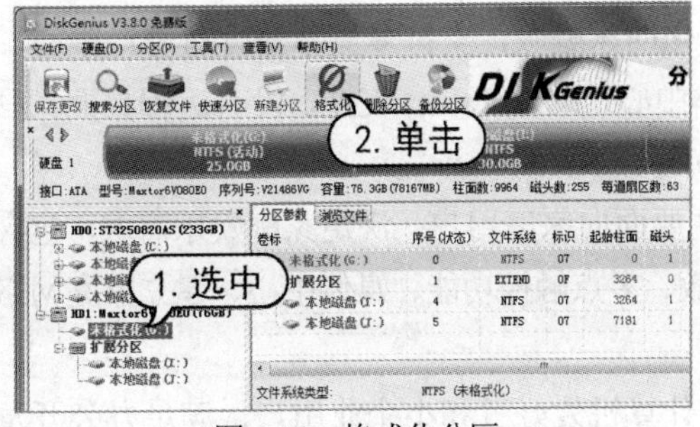

图 4-40　格式化分区

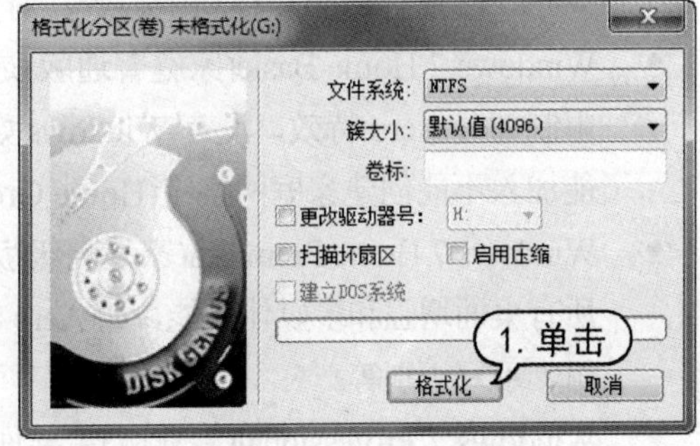

图 4-41　保持默认设置

(15) 在打开提示对话框中单击【是】按钮，如图 4-42 所示。

(16) 开始格式化主分区，格式化完成后，完成对硬盘的分区操作，如图 4-43 所示。

图 4-42　提示对话框

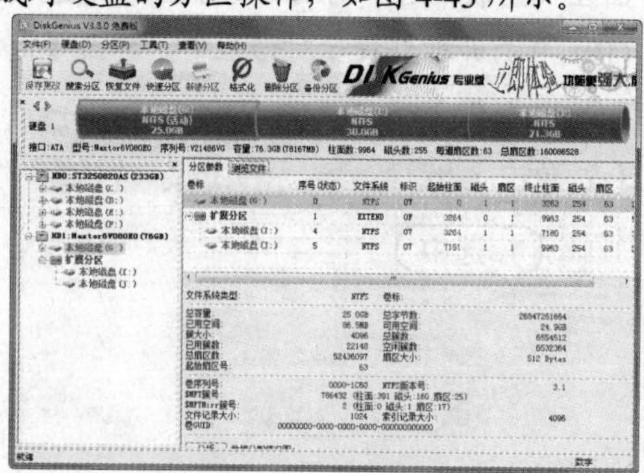

图 4-43　完成分区

4.5　安装 Windows 7 操作系统

Windows 7 是微软公司推出的 Windows 系列操作系统的新版本。与之前的版本相比，Windows 7 不仅具有靓丽的外观和桌面，而且操作更方便，功能更强大。

4.5.1　Windows 7 简介

在计算机中安装 Windows 7 系统之前，用户应了解该系统的版本、特性以及安装硬件需求的相关知识。

1. Windows 7 版本介绍

Windows 7 系统共包含 Windows 7 Starter(初级版)、Windows 7 Home Basic(家庭普通版)等 6 个版本。

- Windows 7 Starter(初级版)的功能较少，缺乏 Aero 特效功能，没有 64 位支持，没有 Windows 媒体中心和移动中心等，对更换桌面背景有限制。
- Windows 7 Home Basic(家庭普通版)是简化的家庭版，支持多显示器，有移动中心，限制部分 Aero 特效，没有 Windows 媒体中心，缺乏 Tablet 支持，没有远程桌面，只能加入不能创建家庭网络组(Home Group)等。
- Windows 7 Home Premium(家庭高级版)主要面向家庭用户，满足家庭娱乐需求，包含所有桌面增强和多媒体功能，如 Aero 特效、多点触控功能、媒体中心、建立家庭网络组、手写识别等。
- Windows 7 Professional(专业版)主要面向计算机爱好者和小企业用户，满足办公开发需求，包含加强的网络功能，如对活动目录和域的支持、远程桌面等；另外，还包括

网络备份、位置感知打印、加密文件系统、演示模式、Windows XP 模式等功能。64 位可支持更大内存(192GB)。

◉ Windows 7 Ultimate(旗舰版)拥有新操作系统的所有功能，与企业版基本上是相同的产品，仅仅在授权方式和相关应用及服务上有区别，面向高端用户和软件爱好者。

◉ Windows 7 Enterprise(企业版)主要面向企业市场的高级版本，满足企业数据共享、管理、安全等需求。包含多语言包、UNIX 应用支持、BitLocker 驱动器加密、分支缓存(Branch Cache)等。

知识点

在以上 6 个版本中，Windows 7 家庭高级版和 Windows 7 专业版是两大主力版本。前者面向家庭用户，后者针对商业用户。此外，32 位版本和 64 位版本没有外观或者功能上的区别，但 64 位版本支持 16GB(最高至 192GB)内存，而 32 位版本只能支持最大 4GB 内存。

2. Windows 7 系统特性

Windows 7 具有以往 Windows 操作系统所不可比拟的特性，可以为用户带来全新体验，具体如下。

◉ 任务栏：Windows 7 全新设计的任务栏，可以将来自同一个程序的多个窗口集中在一起并使用同一个图标来显示，使有限的任务栏空间发挥更大的作用，如图 4-44 所示。

◉ 文件预览：使用 Windows 7 的资源管理器，用户可以通过文件图标的外观预览文件的内容，从而可以在不打开文件的情况下直接通过预览窗格来快速查看各种文件的详细内容，如图 4-45 所示。

图 4-44　任务栏

图 4-45　文件预览

◉ 窗口智能缩放：Windows 7 系统中加入了窗口的智能缩放功能，当用户使用鼠标将窗口拖动到显示器的边缘时，窗口即可最大化或平行排列。

◉ 自定义通知区域图标：在 Windows 7 操作系统中，用户可以对通知区域的图标进行自由管理。可以将一些不常用的图标隐藏起来，通过简单的拖动来改变图标的位置，通过设置面板对所有的图标进行集中的管理，如图 4-46 所示。

- Jump List 功能：Jump List 是 Windows 7 的一个新功能，用户可以通过【开始】菜单和任务栏的右键快捷菜单使用该功能，如图 4-47 所示。

图 4-46　自定义通知区域图标

图 4-47　Jump List 功能

- 常用操作更加方便：在 Windows 7 中，一些常用操作设计地更加方便快捷。例如，单击任务栏右下角的【网络连接】按钮，即可显示当前环境中的可用网络和信号强度，单击即可进行连接。

3. Windows 7 安装需求

要在计算机中正常使用 Windows 7 需满足以下最低配置需求。

- CPU：1GHz 或更快的 32 位(×86)或 64 位(×64)CPU。
- 内存：1GB 物理内存(基于 32 位)或 2GB 物理内存(基于 64 位)。
- 硬盘：16GB 可用硬盘空间(基于 32 位)或 20GB 可用硬盘空间(基于 64 位)。
- 显卡：带有 WDDM 1.0 或更高版本的驱动程序的 DirectX 9 图形设备。
- 显示设备：显示器屏幕纵向分辨率不低于 768 像素。

知识点

如果要使用 Windows 7 的一些高级功能，则需要额外的硬件标准。例如，要使用 Windows 7 的触控功能和 Tablet PC，就需要使用支持触摸功能的屏幕。要完整地体验 Windows 媒体中心，则需要电视卡和 Windows 媒体中心遥控器。

4.5.2　全新安装 Windows 7

要全新安装 Windows 7，应先将计算机的启动顺序设置为光盘启动，然后将 Windows 7 的安装光盘放入到光驱中，重新启动计算机，再按照提示逐步操作即可。

【例 4-8】在计算机中全新安装 Windows 7 操作系统。

(1) 将计算机的启动方式设置为光盘启动，然后将光盘放入光驱中。重新启动计算机后，系统将开始加载文件，如图 4-48 所示。

(2) 文件加载完成后，系统将打开如图 4-49 所示的界面，在该界面中，用户可选择要安装的语言、时间和货币格式以及键盘和输入方法等。选择完成后，单击【下一步】按钮。

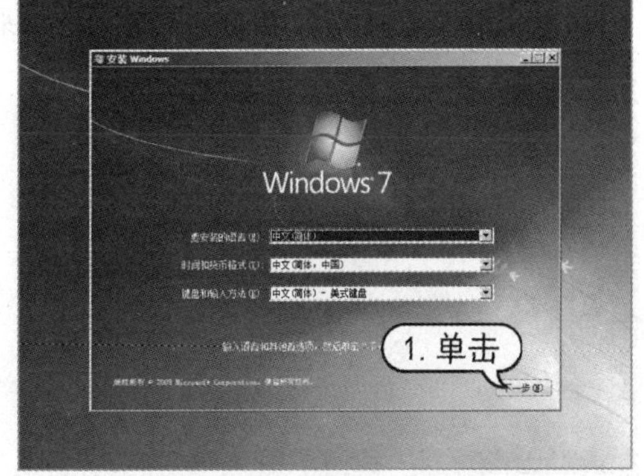

Windows is loading files...

图 4-48　加载文件

图 4-49　设置属性

(3) 打开如图 4-50 所示的界面，单击【现在安装】按钮。

(4) 打开【请阅读许可条款】界面，在该界面中必须选中【我接受许可条款】复选框，继续安装系统，并单击【下一步】按钮，如图 4-51 所示。

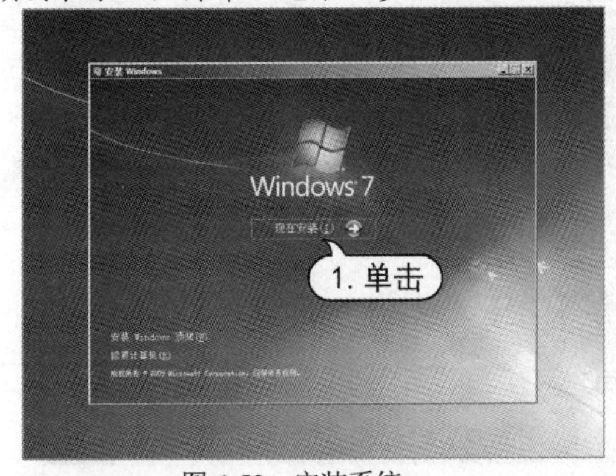

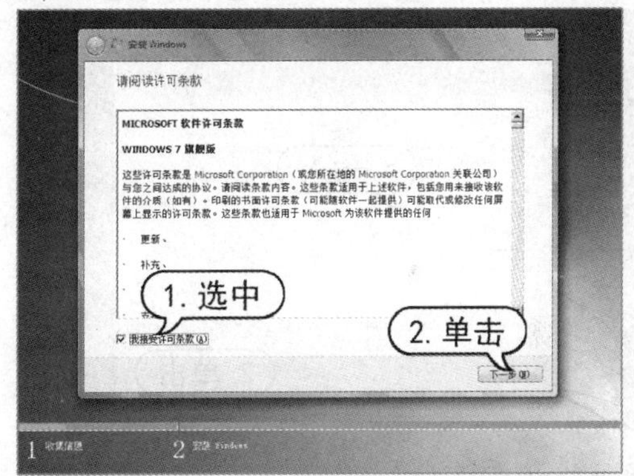

图 4-50　安装系统

图 4-51　【请阅读许可条款】界面

(5) 打开【您想进行何种类型的安装】界面，单击【自定义(高级)】选项，如图 4-52 所示。

(6) 选择要安装的目标分区，单击【下一步】按钮，如图 4-53 所示。

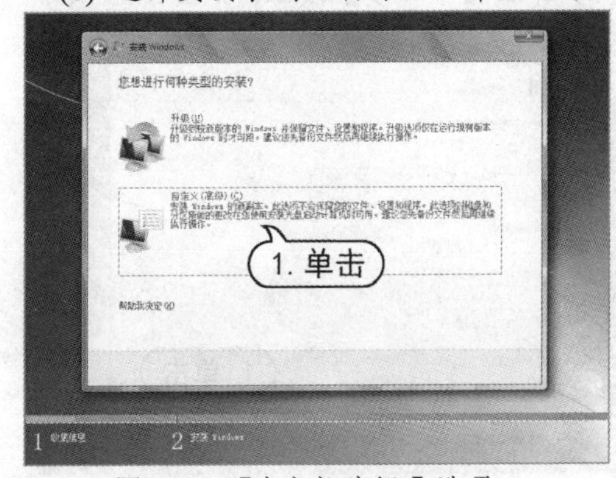

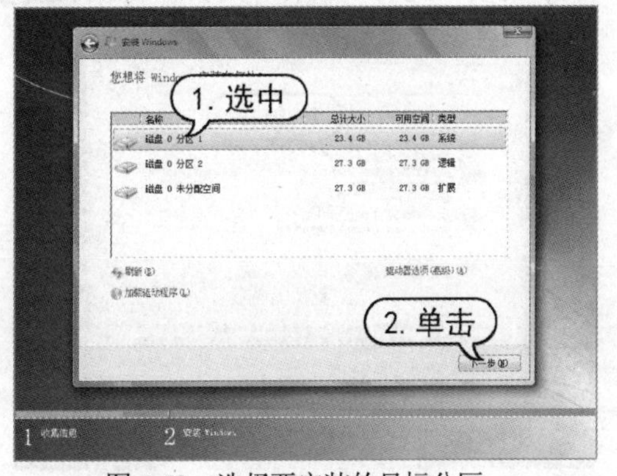

图 4-52　【自定义(高级)】选项

图 4-53　选择要安装的目标分区

(7) 开始复制文件并安装 Windows 7，该过程大概需要 15~25min。在安装的过程中，系统会多次重新启动，用户无须参与，如图 4-54 所示。

(8) 打开如图 4-55 所示界面，设置用户名和计算机名称，然后单击【下一步】按钮。

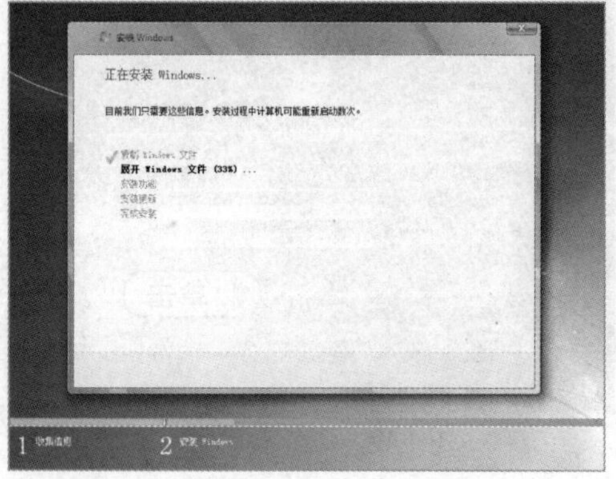

图 4-54　复制文件并安装 Windows 7

图 4-55　设置用户名和计算机名称

(9) 打开设置账户密码界面，也可不设置，直接单击【下一步】按钮，如图 4-58 所示。

(10) 输入产品密钥，单击【下一步】按钮，如图 4-57 所示。

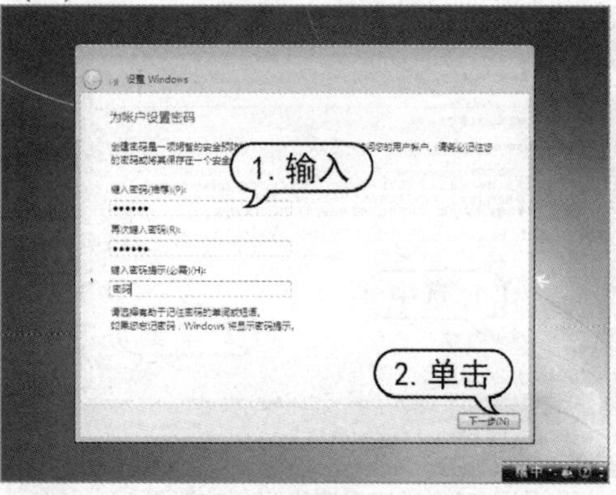

图 4-56　设置用户密码

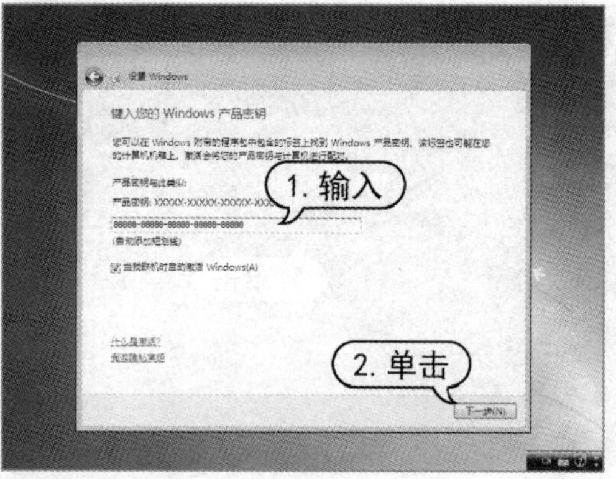

图 4-57　输入产品密钥

(11) 设置 Windows 更新，单击【使用推荐设置】选项，如图 4-58 所示。

(12) 设置系统的日期和时间，保持默认设置即可，单击【下一步】按钮，如图 4-59 所示。

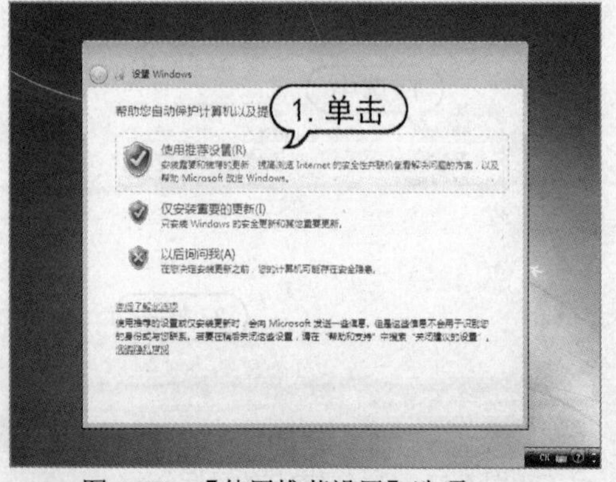

图 4-58　【使用推荐设置】选项

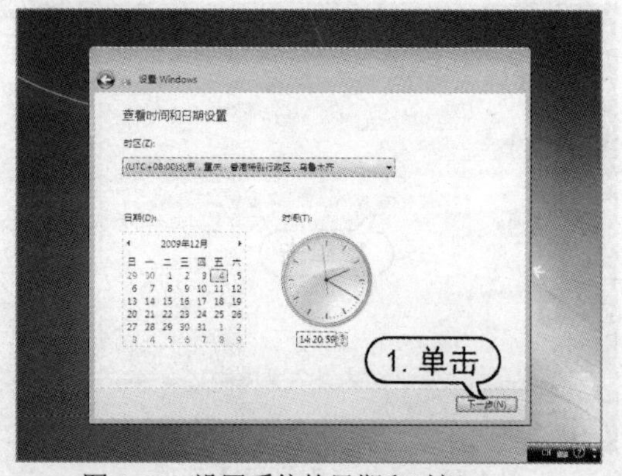

图 4-59　设置系统的日期和时间

(13) 设置计算机的网络位置，其中共有【家庭网络】、【工作网络】和【公用网络】3 种选择，单击【家庭网络】选项，如图 4-60 所示。

(14) 接下来，Windows 7 会启用刚刚的设置，并显示如图 4-61 所示的界面。

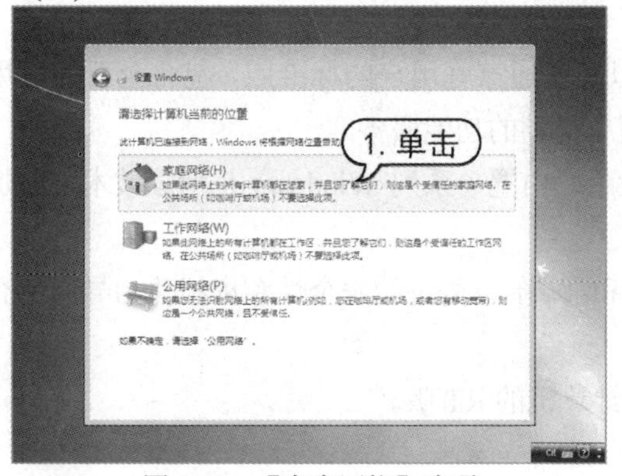

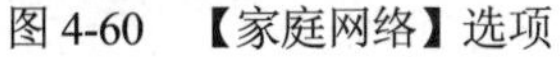

图 4-60　【家庭网络】选项

图 4-61　启动设置

(15) 稍等片刻后，系统打开 Windows 7 的登录界面，输入正确的登录密码后，按下 Enter 键，如图 4-62 所示。

(16) 此时，将进入 Windows 7 操作系统的桌面，如图 4-63 所示。

图 4-62　输入密码

图 4-63　进入系统

4.6　安装 Windows 8 操作系统

作为 Windows 7 的“接任者”，Windows 8 操作系统在视觉效果、操作体验以及应用功能上的突破与创新都是革命性的，该系统大幅度地改变了以往操作的逻辑，提供了超炫的触摸体验。

4.6.1　Windows 8 简介

Windows 8 全新的系统画面和操作方式与传统 Windows 相比变化极大，采用了全新的 Metro 风

格用户界面，各种应用程序、快捷方式等能够以动态方块的样式呈现在屏幕上。

1. Windows 8 版本介绍

目前，Windows 8 操作系统有以下 4 种版本。

- 适用于台式计算机和笔记本电脑用户以及普通家庭用户的标准版，包含全新的应用商店、资源管理器以及之前仅在企业版中提供的功能服务。
- 针对技术爱好者、企业技术人员的专业版，内置一系列 Windows 8 增强技术，如加密、虚拟、域名连接等。
- 为全面满足企业需求，增加计算机管理和部署，以先进的安全性和虚拟化为导向的企业版。
- 针对 ARM 架构处理器的计算机和平板计算机的 RT 版。

2. Windows 8 系统特性

Windows 8 具有一些独特的新特新，可以为用户带来与以往所有 Windows 系列操作系统不同体验，具体如下。

- Metro UI 用户界面：Metro UI 是一种卡片式交互界面，它在主屏幕上提供邮件、天气、消息、应用程序和浏览器等功能。Metro UI 界面效果炫丽、时尚，并且当程序较多时滑动方便、快捷，和系统桌面之间的切换只须一键即可完成，如图 4-64 所示。
- 全新的 Internet Explorer 10 浏览器：Windows 8 系统提供全新的 Internet Explorer 10 浏览器(以下简称 IE 10)，该浏览器以提高浏览速度和提供更快捷的 Web 浏览体验为目的，同时支持 CSS 和 CSS 3D 两种动画编程技术，【全页动画】的加入可以提供用户更加方便的性能与体验。IE10 支持更多 Web 标准，完全针对触控操作进行优化并且支持硬件加速，如图 4-65 所示。

图 4-64　Metro UI 用户界面

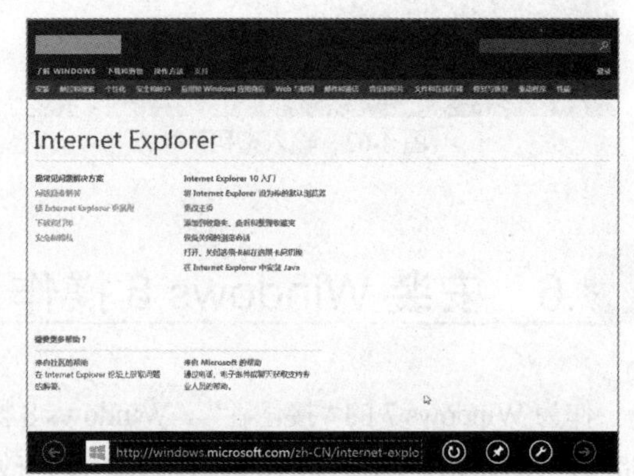

图 4-65　Internet Explorer 10 浏览器

- 可触控的用户界面：Windows 8 可在多点触屏显示器上强化多点触屏技术，使其成为正常的触屏操作系统。触屏操作系统的更新完善，是平板计算机触控体验流畅的保证，同时触屏功能也成为 Windows 8 系统的显著特征，如图 4-66 所示。
- 支持智能手机与平板计算机：目前，所有的智能手机 CPU 和大部分平板计算机 CPU

都是 ARM 架构，而计算机的 CPU 则均为 X86 架构。Windows 8 能够同时支持 ARM 和 X86 架构，在智能手机与平板计算机运行。用户可以通过 Windows 8 在智能手机或平板计算机中运行海量的计算机程序，如图 4-67 所示。

图 4-66　可触控的用户界面

图 4-67　支持智能手机与平板计算机

3. Windows 8 安装需求

在安装 Windows 8 操作系统之前，用户应先了解该系统对硬件的配置要求，以判断当前设备是否能够安装。Windows 8 系统的安装运行环境需求如下。

- 1GHz(或以上)的处理器。
- 1GB RAM(32 位)或 2GB RAM(64 位)。
- 16GB 硬盘空间(32 位)或 20GB(64 位)。
- 一个带有 Windows 显示驱动 1.0 的 DirectX9 图形设备。

在确认本机可以安装 Windows 8 系统后，即可开始直接安装该系统。下面将通过实例详细介绍在普通计算机中安装 Windows 8 的方法(包括全新安装和升级安装)。

4.6.2　全新安装 Windows 8

若需要通过光盘启动安装 Windows 8，应重新启动计算机并将光驱设置为第一启动盘，然后使用 Windows 8 安装光盘引导完成系统的安装操作。

【例 4-9】使用安装光盘在计算机中安装 Windows 8 系统。

(1) 在 BIOS 设置中将光驱设置为第一启动盘后，将 Windows 8 安装光盘放入光驱，然后启动计算机，并在启动提示 Press any key to boot from CD or DVD 时，按下键盘上的任意键进入 Windows 8 安装程序。

(2) 在打开的【Windows 安装程序】窗口中，单击【现在安装】按钮，如图 4-68 所示。然后在打开的【输入产品密钥以激活 Windows】窗口中，输入 Windows 8 的产品密钥后，单击【下一步】按钮，如图 4-69 所示。

(3) 接下来，在打开的对话框中选择 Windows 8 的安装路径后，单击【下一步】按钮，如图 4-70 所示。

(4) 在打开的提示对话框中单击【确定】按钮，然后单击【下一步】按钮。Windows 8 操作系统将完成系统安装信息的收集，开始系统的安装阶段，如图 4-71 所示。

图 4-68　安装系统

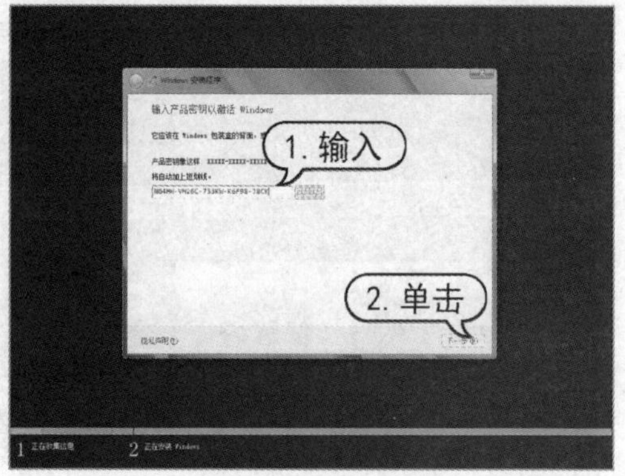

图 4-69　输入产品密钥

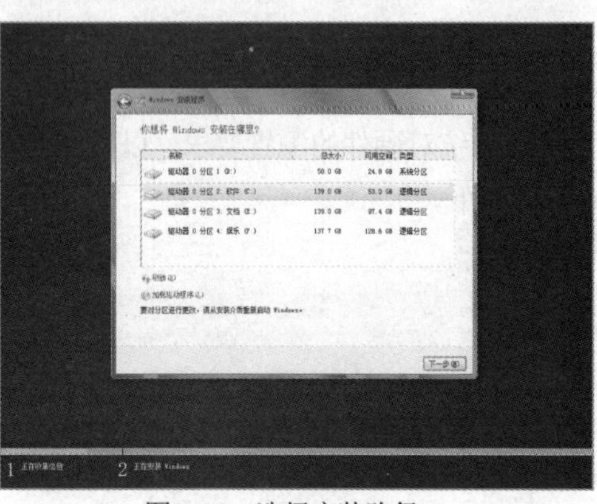
图 4-70　选择安装路径

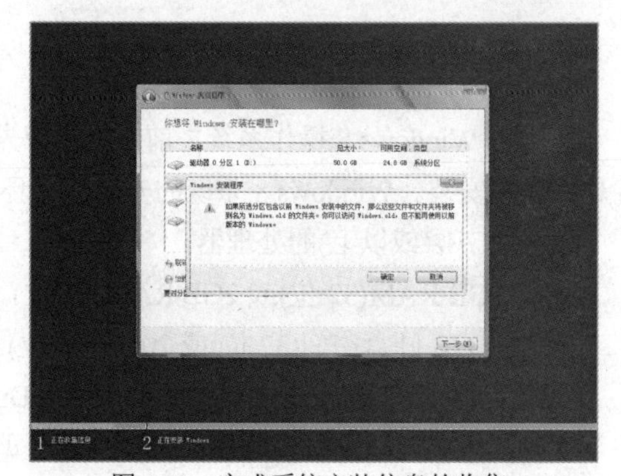
图 4-71　完成系统安装信息的收集

(5) 在系统的安装提示下，单击【立即重启】按钮，重新启动计算机，如图 4-72 所示。

(6) 在打开的【个性化】设置界面中输入计算机名称(如 home-PC)后，单击【下一步】按钮，如图 4-73 所示。

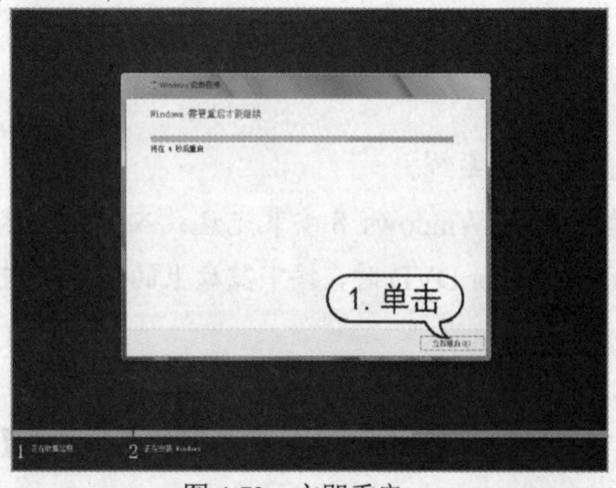

图 4-72　立即重启

图 4-73　输入计算机名称

(7) 在打开的【设置】界面中，单击【使用快速设置】按钮，如图 4-74 所示。

(8) 在打开的【登录到电脑】界面中，输入电子邮箱，单击【下一步】按钮，如图 4-75 所示。

图 4-74 【使用快速设置】按钮

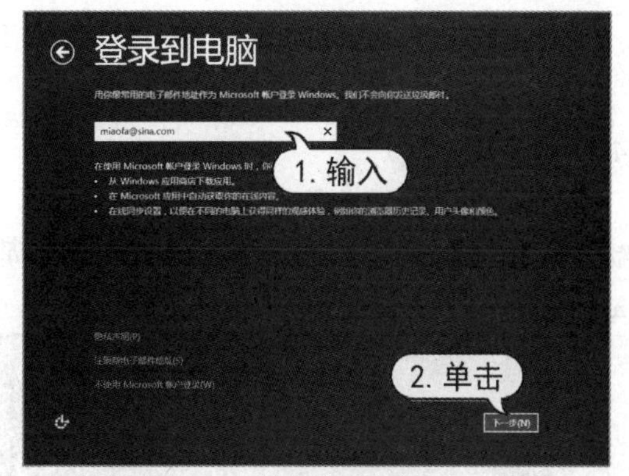

图 4-75 输入电子邮箱

(9) 完成以上操作后，根据安装程序的提示完成相应的操作，即可开始安装系统应用与桌面，并进入 Metro UI 界面，如图 4-76 所示。

(10) 单击 Metro UI 界面左下角的【桌面】图标，可以打开 Windows 8 的系统桌面，如图 4-77 所示。

图 4-76 进入 Metro UI 界面

图 4-77 打开系统桌面

4.7 Windows 8 的基本操作

Windows 8 系统大幅改变了以往的操作模式，提供了更好的屏幕触控支持。该系统全新的画面与操作方式采用 Metro 风格用户界面，可以使各类应用程序、快捷方式能够以动态块的方式呈现在设备屏幕上，使用户操作更加快捷方便。本节将重点介绍 Windows 8 系统的基本操作，帮助用户初步掌握该软件的使用方法。

4.7.1 启用屏幕转换功能

当计算机外接其他显示设备时(如显示器或投影仪)，用户可以在 Windows 8 系统所提供的多种显示模式中进行切换，具体方法如下。

【例 4-10】在 Windows 8 系统中启用平面转换功能。

(1) 将鼠标指针移动至系统桌面的右上角，在弹出的 Charm 菜单中单击【设备】按钮，如图 4-78 所示。

(2) 在打开的【设备】选项区域中单击【第二屏幕】选项。在打开的选项区域中提供了【仅电脑屏幕】、【复制】、【扩展】和【仅第二屏幕】这 4 种模式，可以根据需要进行选择，如图 4-79 所示。

图 4-78 【设备】按钮

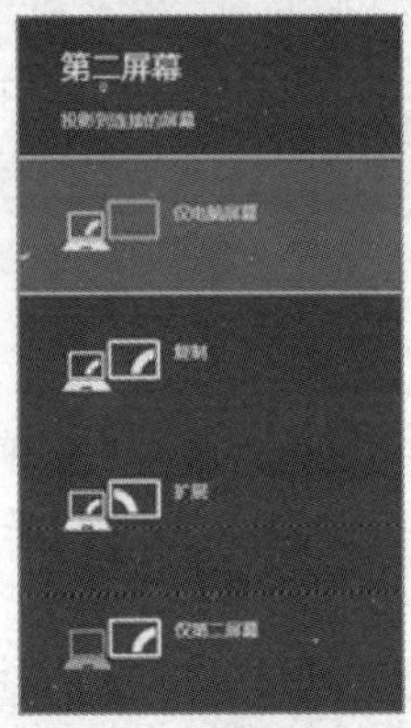

图 4-79 【第二屏幕】

4.7.2 激活 Windows 8

当用户完成 Windows 8 系统的安装操作后，需要通过网络或电话激活系统，才能够正常使用。下面将详细介绍通过网络在线激活 Windows 8 的具体操作方法。

【例 4-11】通过网络在线激活 Windows 8 操作系统。

(1) 在确认当前计算机能够接入 Internet 后，将鼠标指针悬停于系统界面的右下角，然后在弹出的 Charm 菜单中单击【设置】按钮，如图 4-80 所示。

(2) 在打开的选项区域中单击【控制面板】按钮，如图 4-81 所示。

图 4-80 Charm 菜单

图 4-81 【控制面板】按钮

(3) 在打开的【控制面板】窗口单击【系统和安全】选项，打开【系统和安全】|【操作中心】

选项，如图 4-82 所示。

(4) 在【操作中心】窗口中，单击【转至 Windows 激活】按钮，(在激活 Windows 8 之前，用户需要提前获得产品密钥，产品密钥位于装有 Windows DVD 的包装盒上)，如图 4-83 所示。

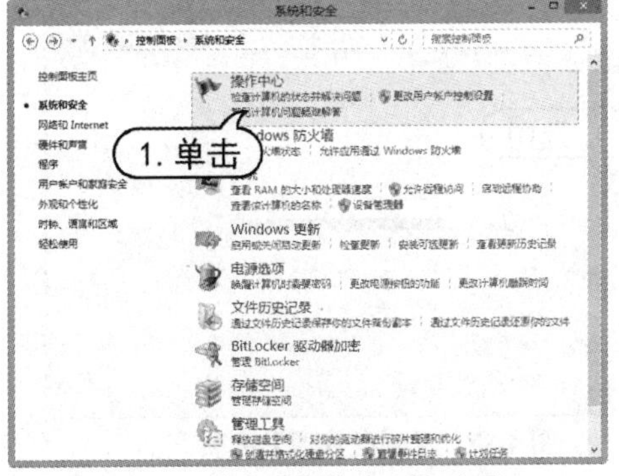

图 4-82　单击【操作中心】选项

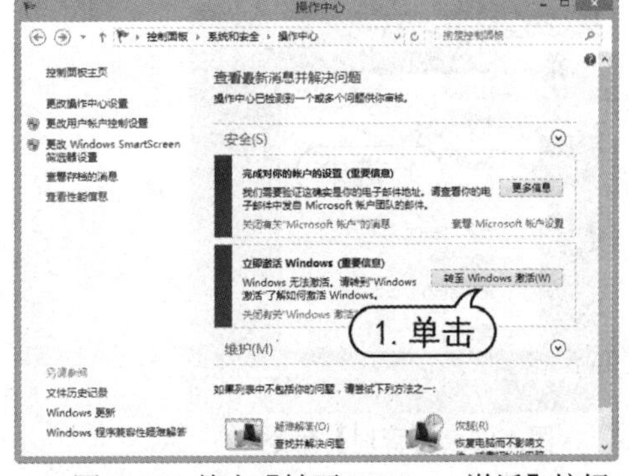

图 4-83　单击【转至 Windows 激活】按钮

(5) 在【Windows 激活】窗口中，单击【使用新密钥激活】按钮，如图 4-84 所示。

(6) 在打开的窗口的【产品密钥】文本框中，输入购买 Windows 8 时获取的产品密钥后，单击【激活】按钮即可，如图 4-85 所示。

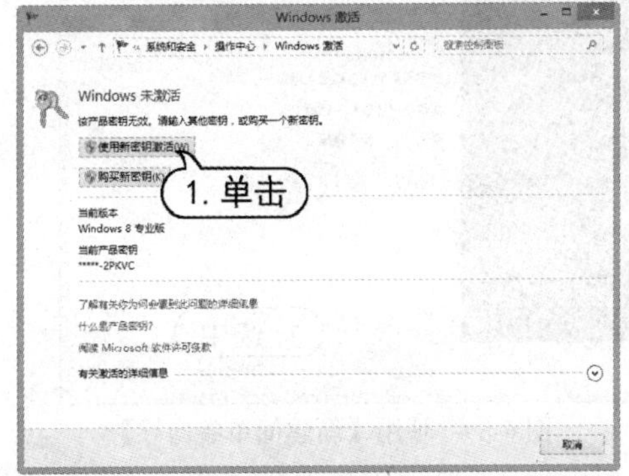

图 4-84　单击【使用新密钥激活】按钮

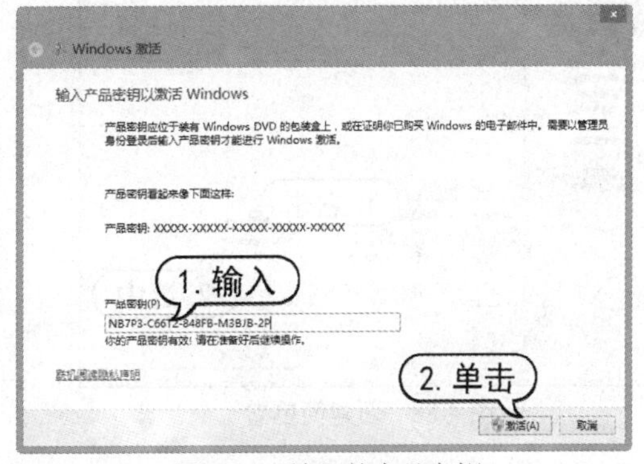

图 4-85　输入的产品密钥

4.8　上机练习

本章的上机实验主要介绍安装操作系统后创建其他分区和格式化硬盘其他分区，通过实例操作进一步巩固所学的知识。

4.8.1　安装操作系统后创建其他分区

操作系统安装完成后，用户可使用 Windows 7 自带的磁盘管理功能，对剩下的没有分区的硬盘进行分区。

【例 4-12】使用 Windows 7 的磁盘管理功能对硬盘进行分区。

(1) 在桌面右击【计算机】图标，在弹出的快捷菜单中选择【管理】命令，如图 4-86 所示。

(2) 打开【计算机管理】窗口，选择左侧【磁盘管理】选项，如图 4-87 所示。

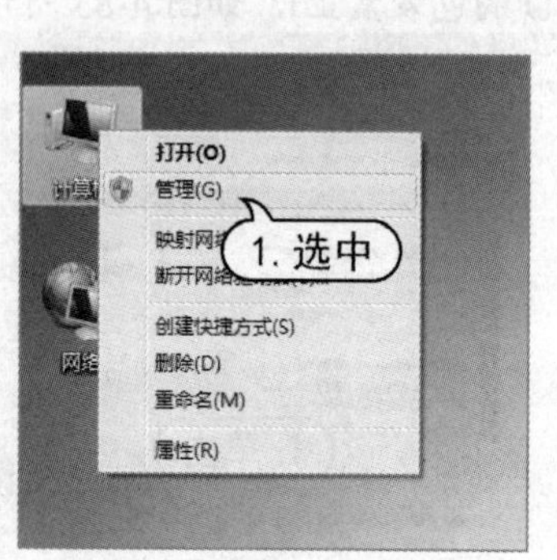

图 4-86 【管理】命令

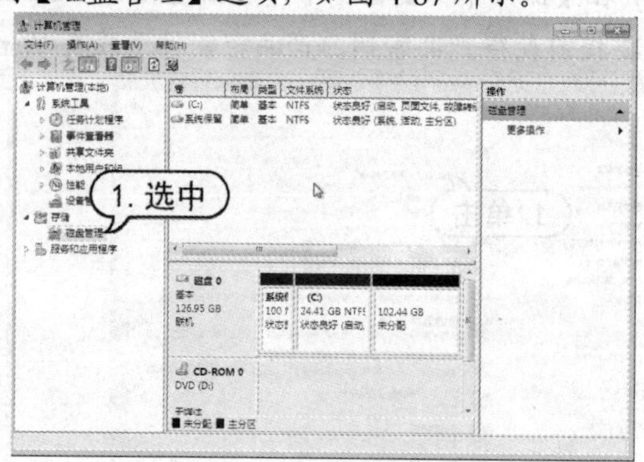

图 4-87 【磁盘管理】选项

(3) 打开【磁盘管理】窗口，在【未分配】卷标上右击，选择【新建简单卷】命令，如图 4-88 所示。

(4) 打开【新建简单卷向导】对话框，单击【下一步】按钮，如图 4-89 所示。

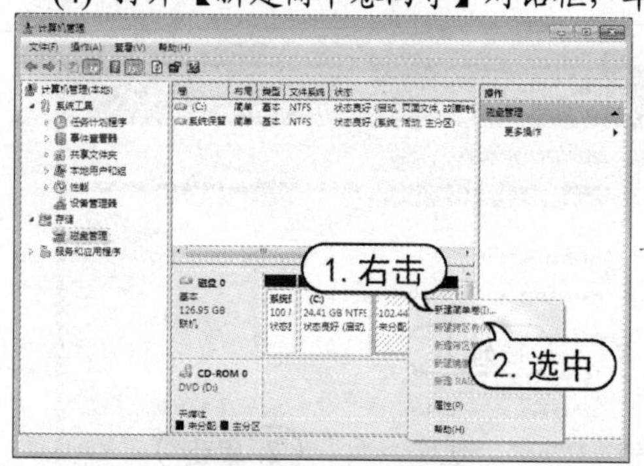

图 4-88 新建简单卷

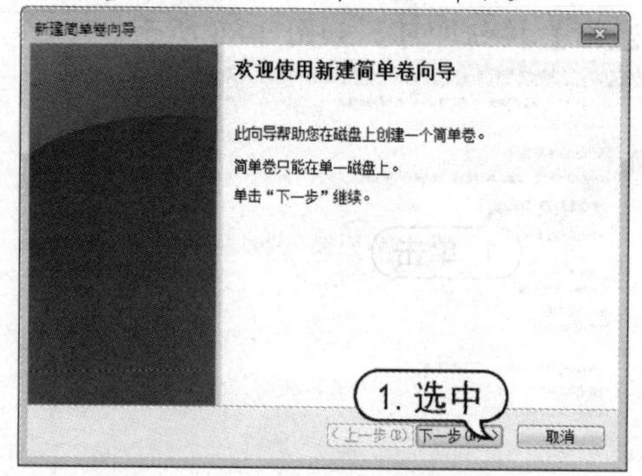

图 4-89 使用【新建简单卷向导】

(5) 打开【指定卷大小】对话框，为新建的卷指定大小，此处的单位是 MB，其中 1GB=1024MB，如图 4-90 所示。

(6) 设置完成后，单击【下一步】按钮，打开【分配驱动器号和路径】对话框，可为驱动器指定编号，保持默认设置，单击【下一步】按钮，如图 4-91 所示。

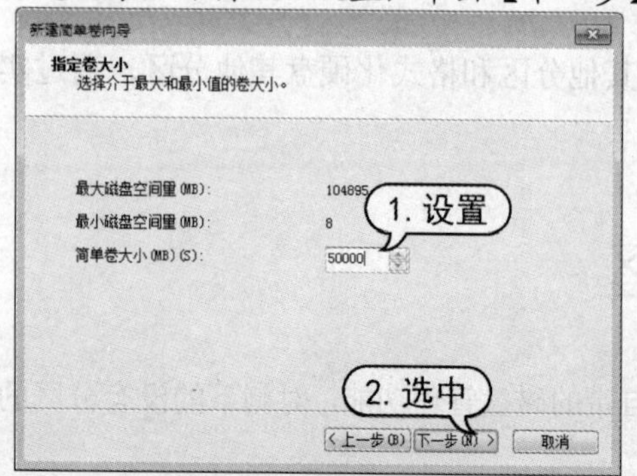

图 4-90 设置卷大小

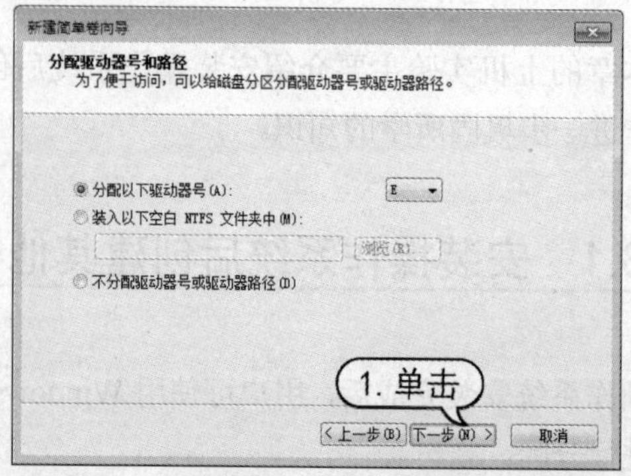

图 4-91 【分配驱动器号和路径】对话框

(7) 打开【格式化分区】对话框，在该对话框中，【文件系统】选择NTFS格式、【分配单元大小】保持默认、【卷标】可为该分区起一个名字，然后选中【执行快速格式化】复选框。单击【下一步】按钮，如图4-92所示。

(8) 单击【完成】按钮，将自动进行格式化，等格式化完成后即可成功创建分区，如图4-93所示。

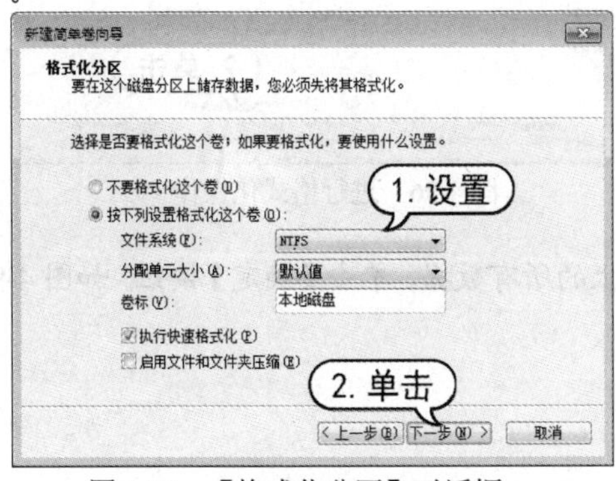

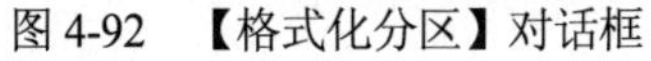
图4-92 【格式化分区】对话框

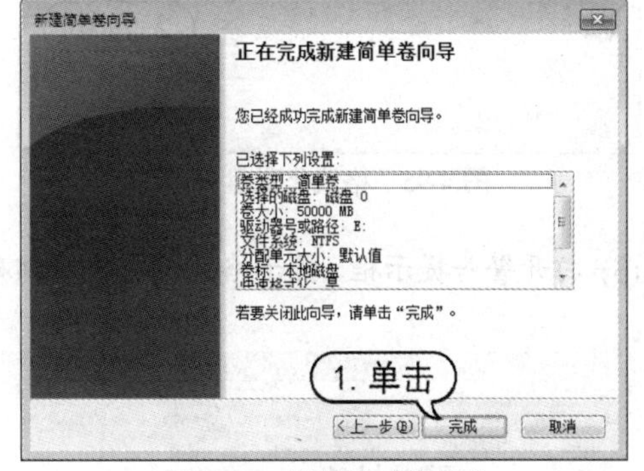

图4-93 进行格式化操作

(9) 使用同样的操作方法，可以为其余未分配的磁盘空间进行创建分区，最终效果如图4-94所示。

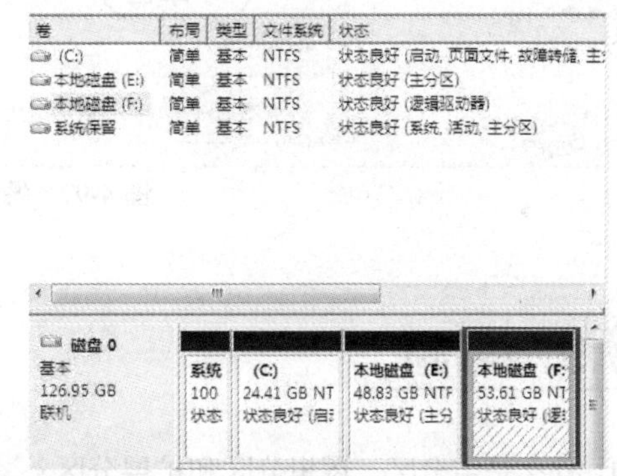

图4-94 完成格式化操作

4.8.2 格式化硬盘其他分区

硬盘的剩余分区划分完成后，应先对这些分区进行格式化，然后再使用。

【例4-13】Windows操作系统中格式化硬盘分区。

(1) 打开【计算机】窗口，右击要格式化的硬盘分区盘符，在弹出的快捷菜单中，选择【格式化】命令，如图4-95所示。

(2) 打开【格式化】对话框后，在该对话框中设置以何种文件格式来格式化硬盘，然后单击【开始】按钮，如图4-96所示。

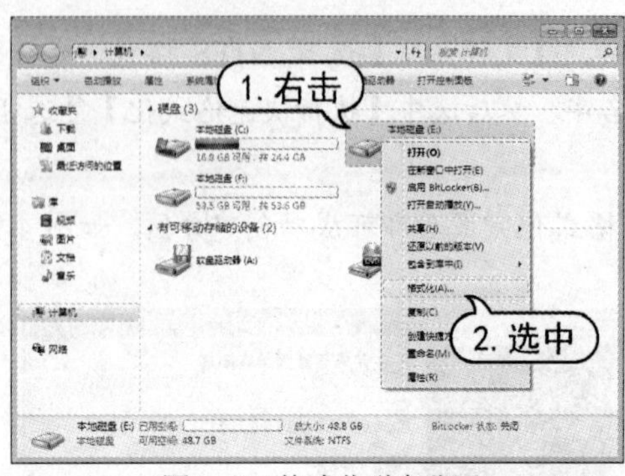

图 4-95　格式化磁盘分区

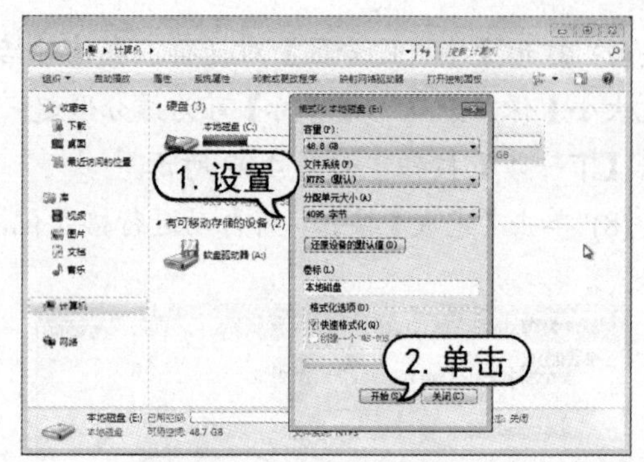

图 4-96　进行格式化操作

(3) 打开警告提示框，提示格式化将删除该磁盘上的所有数据，单击【确定】按钮。如图 4-97 所示。

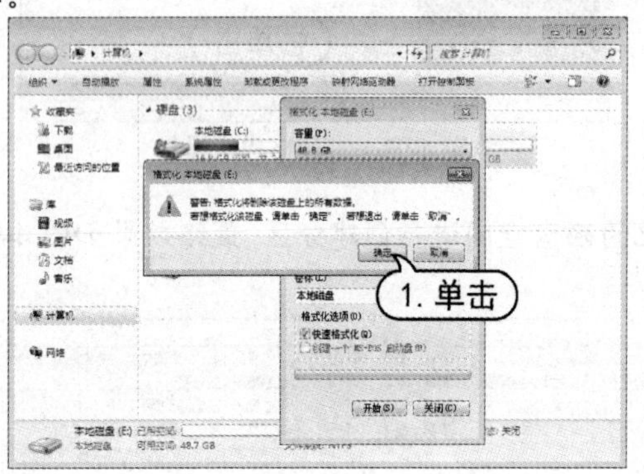

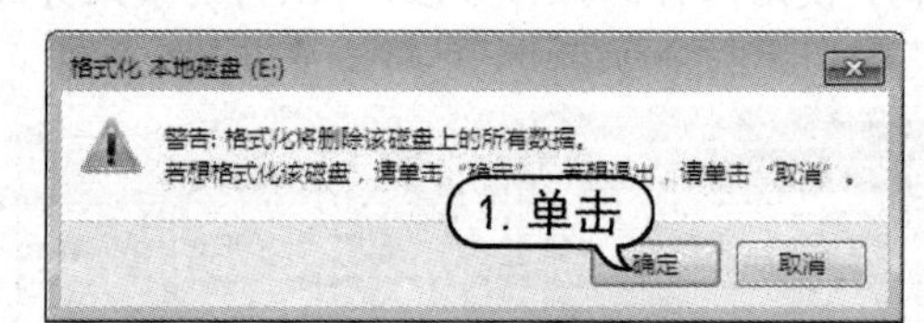

图 4-97　警告提示框

4.9　习题

1. 什么是主分区、逻辑分区和扩展分区？
2. 除了 DiskGenius、EPM 外，还有什么常用的硬盘分区工具？

第5章 硬件管理与检测计算机

学习目标

安装完操作系统后，还要为硬件安装驱动程序，这样才能使计算机中的各个硬件有条不紊地进行工作。另外用户还可以使用工具软件对计算机硬件的性能进行检测，了解自己的硬件配置，方便进行升级和优化。

本章重点

- 认识硬件的驱动
- 安装驱动程序
- 检测计算机性能

5.1 认识硬件驱动程序

在安装完操作系统后，计算机仍不能正常使用。此时计算机的屏幕还不是很清晰、分辨率还不是很高，甚至可能没有声音，因为计算机还没有安装驱动程序。那什么是驱动程序呢？本节将介绍驱动程序的概念，使用户了解驱动程序的相关知识。

5.1.1 认识驱动程序

驱动程序的全称是设备驱动程序，是一种可以使操作系统和硬件设备进行通信的特殊程序。其中包含了硬件设备的相关信息，可以说驱动程序为操作系统访问和使用硬件提供了一个程序接口，操作系统只有通过该接口，才能控制硬件设备有条不紊地进行工作。

如果计算机中某个设备的驱动程序未能正确安装，该设备便不能正常工作。因此，驱动程序在系统中所占有重要地位。一般来说操作系统安装完毕后，首先要安装硬件设备的驱动程序。

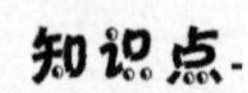

知识点

常见的驱动程序的文件扩展名有以下几种：.dll、.drv、.exe、.sys、.vxd、.dat、.ini、.386、.cpl、.inf和.cat等。其中核心文件有.dll、.drv、.vxd和.inf。

5.1.2 驱动程序的功能

驱动程序是硬件不可缺少的组成部分。一般来说，驱动程序具有以下几项功能。

- 初始化硬件设备功能：实现对硬件的识别和硬件端口的读写操作，并进行中断设置，实现硬件的基本功能。
- 完善硬件功能：驱动程序可对硬件所存在的缺陷进行消除，并在一定程度上提升硬件的性能。
- 扩展辅助功能：目前驱动程序的功能不仅仅局限于对硬件进行驱动，还增加了许多辅助的功能，以帮助用户更好地使用计算机。驱动程序的多功能化已经成为未来发展的一个趋势。

5.1.3 驱动程序的分类

驱动程序按照其支持的硬件来分，可分为主板驱动程序、显卡驱动程序、声卡驱动程序、网络设备驱动程序和外设驱动程序(如打印机和扫描仪驱动程序)等。

另外，按照驱动程序的版本分，一般可分为以下几类。

- 扩展辅助功能：目前驱动程序的功能不仅仅局限于对硬件进行驱动，还增加了许多辅助的功能，以帮助用户更好地使用计算机。驱动程序的多功能化已经成为未来发展的一个趋势。
- 官方正式版：官方正式版驱动程序是指按照芯片厂商的设计研发出来的、并经过反复测试和修正、最终通过官方渠道发布出来的正式版驱动程序，又称公版驱动程序。在运行时正式版本的驱动程序可保证硬件的稳定性和安全性，因此，建议用户在安装驱动程序时，尽量选择官方正式版本。
- 微软WHQL认证版：该版本是微软对各硬件厂商驱动程序的一个认证，是为了测试驱动程序与操作系统的兼容性和稳定性而制定的。凡是通过了WHQL认证的驱动程序，都能很好地和Windows操作系统相匹配，并具有非常好的稳定性和兼容性。
- Beta测试版：测试版是指尚处于测试阶段、尚未正式发布的驱动程序，该版本驱动程序的稳定性和安全性没有足够的保障，建议用户最好不要安装该版本的驱动程序。
- 第三方驱动：第三方驱动是指硬件厂商发布的，在官方驱动程序的基础上优化而成的驱动程序。与官方驱动程序相比，它具有更高的安全性和稳定性，并且拥有更加完善

的功能和更加强劲的整体性能。因此，推荐品牌机用户使用第三方驱动；但对于组装机用户来说官方正式版驱动仍是首选。

5.1.4　需要安装驱动的硬件

驱动程序在系统中占有举足轻重的地位，一般来说安装完操作系统后的首要工作就是安装硬件驱动程序。但并不是计算机中所有的硬件都需要安装驱动程序，如硬盘、光驱、显示器、键盘和鼠标等就不需要安装驱动程序。

一般来说，计算机中需要安装驱动程序的硬件主要有主板、显卡、声卡和网卡等。如果用户需要在计算机中安装其他外设，就需要为其安装专门的驱动程序。例如，外接游戏硬件，就需要安装手柄、摇杆、方向盘等驱动程序；外接打印机和扫描仪，就需要安装打印机和扫描仪驱动程序等。

知识点

以上所提到的需要或不需要安装驱动程序的硬件并不是绝对的，因为不同版本的操作系统对硬件的支持也是不同的，一般来说越是高级的操作系统，所支持的硬件设备就越多。

5.1.5　安装驱动的顺序

在安装驱动程序时，为了避免安装后造成资源的冲突，应按照正确的顺序进行安装。一般来说，正确的驱动安装顺序，如图 5-1 所示。

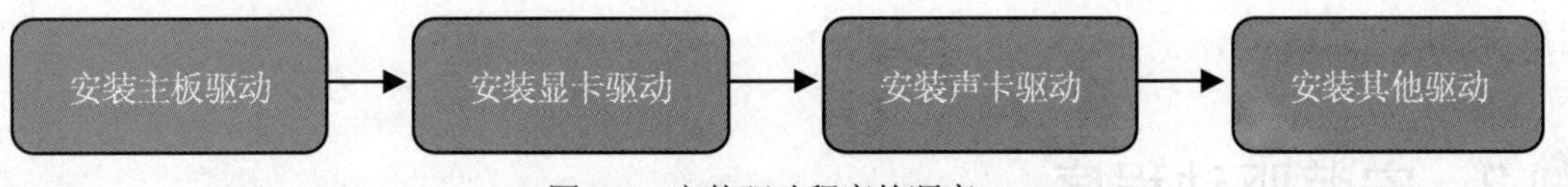

图 5-1　安装驱动程序的顺序

5.1.6　获得驱动的途径

在安装硬件设备的驱动程序前，首先需要了解该设备的产品型号，然后找到其对应的驱动程序。通常用户可以通过以下 4 种方法来获得硬件的驱动程序。

1. 操作系统自带驱动

现在的操作系统对硬件的支持越来越好，操作系统本身就自带有大量的驱动程序，这些驱动程序可随着操作系统的安装而自动安装。因此，无须单独安装，便可使相应的硬件设备正常运行，如图 5-2 所示。

2. 产品自带驱动光盘

一般情况下，硬件生产厂商都会针对自己产品的特点，开发出专门的驱动程序，并在销售硬件时将这些驱动程序以光盘的形式免费附赠给购买者。由于这些驱动程序针对性比较强，因此其性能优于 Windows 自带的驱动程序，能更好地发挥硬件的性能，如图 5-3 所示。

图 5-2　自带与非自带驱动的硬件

图 5-3　驱动光盘

3. 网络下载驱动程序

用户可以通过访问相关硬件设备的官方网站，来下载相应的驱动程序。这些驱动程序大多是最新推出的新版本，比购买硬件时赠送的驱动程序具有更高的稳定性和安全性，用户可及时地对旧版的驱动程序进行升级更新。

4. 使用万能驱动程序

如果用户通过以上方法仍不能获得驱动程序，可以通过网站下载该类硬件的万能驱动，以暂时解决燃眉之急。

5.2　安装驱动程序

通过本章前面各节对驱动程序的介绍，用户对驱动程序已经有了一定的了解。一般来说，需要手动安装的驱动程序主要有主板驱动、显卡驱动、声卡驱动、网卡驱动和一些外设的驱动等。本节就向读者介绍这些驱动程序的安装方法。

5.2.1　安装主板驱动

主板是计算机的核心部件之一，主板的工作性能将直接影响计算机中其他设备的性能。为主板安装驱动程序，可以提高主板的稳定性和兼容性，同时也可提高其他硬件的运行速度。

用户在购买主板或计算机时，一般都会附赠有主板驱动程序的安装光盘，在完成操作系统的安装后，用户可使用光盘来安装主板驱动程序。

【例 5-1】安装主板驱动。

(1) 首先将驱动光盘放入光驱，稍后光盘将自动运行，如图 5-4 所示。

(2) 如果光盘没有自动运行，可打开【计算机】窗口，然后双击光盘驱动器盘符，如图 5-5 所示。

图 5-4　放入光盘

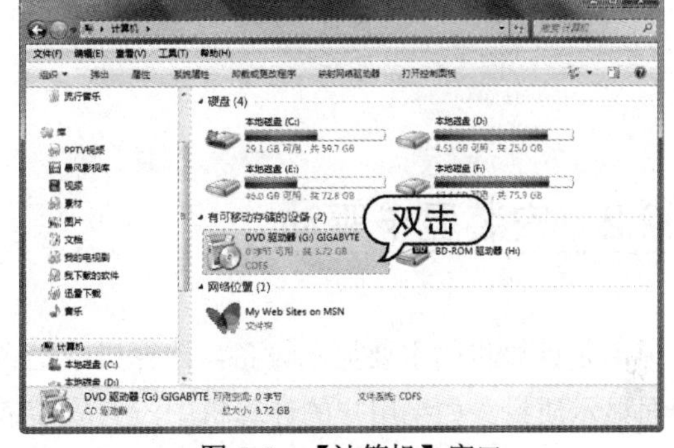

图 5-5　【计算机】窗口

(3) 打开查看光盘内容，找到并双击其中的 run.exe 文件，如图 5-6 所示。

(4) 此时，可打开驱动程序安装的主界面，如图 5-7 所示。

图 5-6　启动 run.exe 文件

图 5-7　安装界面

知识点

用驱动程序安装完成后，系统都会提示用户重新启动计算机。为了避免每安装一种驱动都要重启计算机的麻烦，用户可选择【稍后重启计算机】选项，等驱动程序全部安装完成后再重启计算机。

(5) 接下来，默认打开【芯片组驱动】选项卡。在界面右侧，有【一键安装】和【安装单项驱动】两种选择。如果用户想要一键安装所有芯片组驱动，可在 Xpress Install 标签中单击 Xpress Install total install 按钮，即可开始自动安装，如图 5-8 所示。

(6) 如果用户想要单独安装某项芯片组驱动，可切换至【安装单项驱动】标签，然后单击相应选项后面的 Install 按钮即可，如图 5-9 所示。

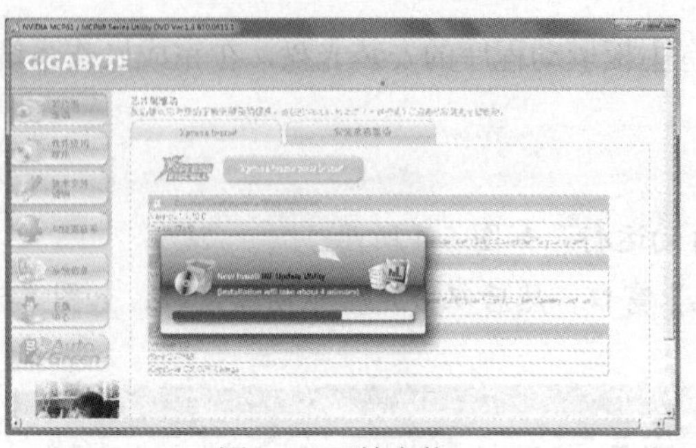

图 5-8　开始安装

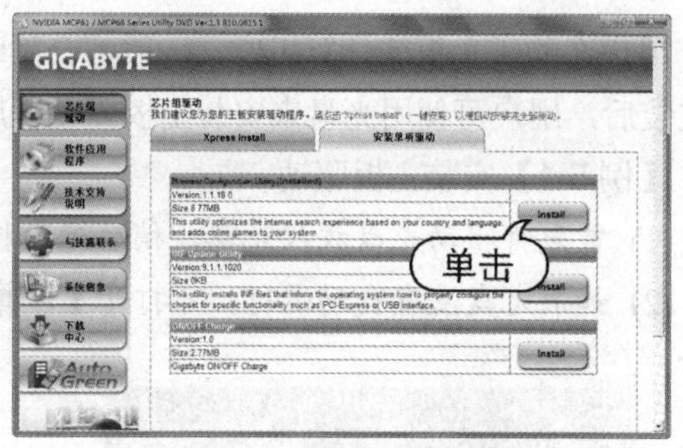

图 5-9　单击 Install 按钮

5.2.2　安装显卡驱动

显卡是计算机的主要显示设备，计算机中是否安装有显卡驱动程序将直接影响显示器屏幕的画面显示质量。如果用户的计算机中没有安装或者错误安装了显卡驱动程序将会导致计算机出现显示画面效果低劣，显示屏幕闪烁等问题。

【例 5-2】安装显卡驱动程序。

(1) 首先将显卡驱动程序的安装光盘放入光驱中，此时系统会自动开始初始化安装程序，并打开如图 5-10 所示的选择安装目录界面。

(2) 保持默认设置，然后单击 OK 按钮，安装程序开始提取文件，如图 5-11 所示。

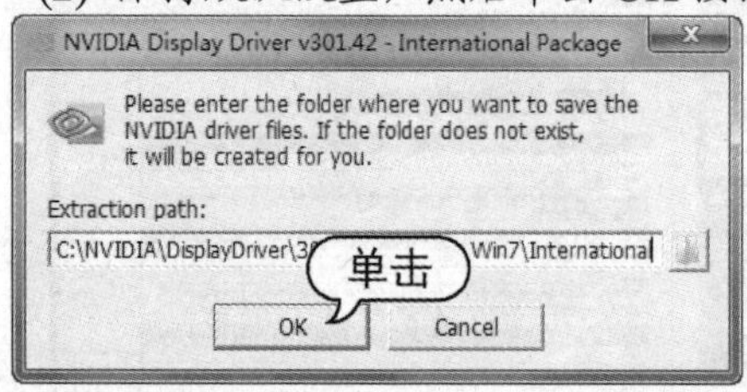

图 5-10　安装目录

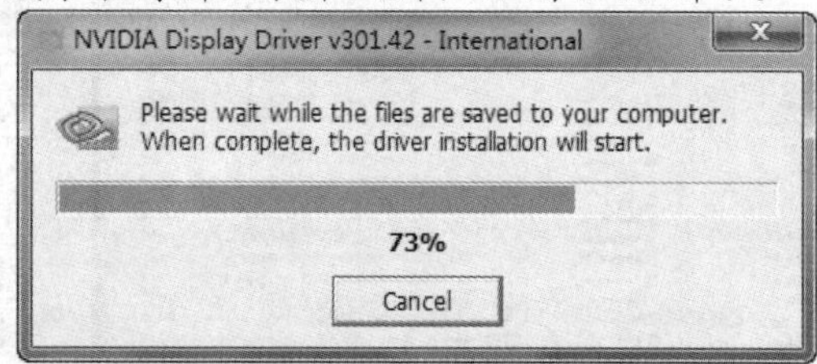

图 5-11　安装程序提取文件

(3) 打开初始化界面，如图 5-12 所示。初始化完成后打开安装界面，单击【同意并继续】按钮，如图 5-13 所示，打开【安装选项】对话框。

图 5-12　初始化界面

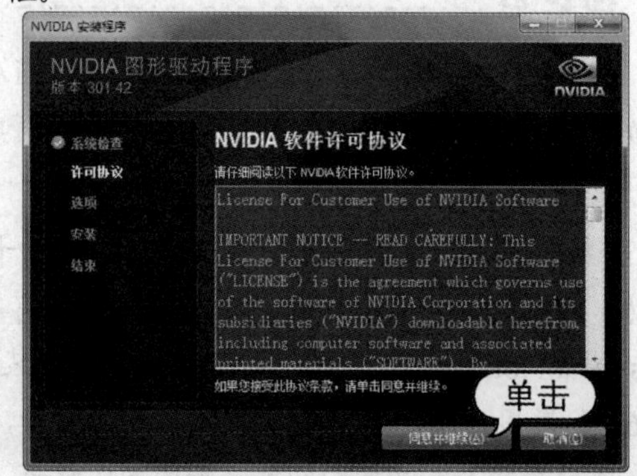

图 5-13　安装界面

(4) 用户可选择【精简】和【自定义】两种模式，本例选择【精简】单选按钮，如图 5-14 所示，然后单击【下一步】按钮。

(5) 弹出【安装选项】窗口，选择【安装 NVIDIA 更新】复选框，然后单击【下一步】按钮，如图 5-15 所示。

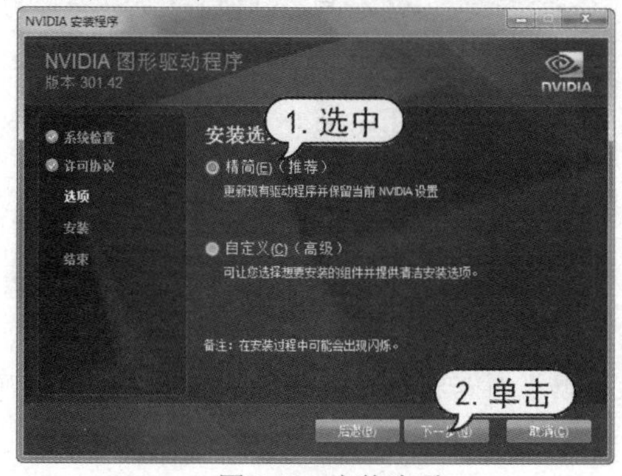

图 5-14　安装选项

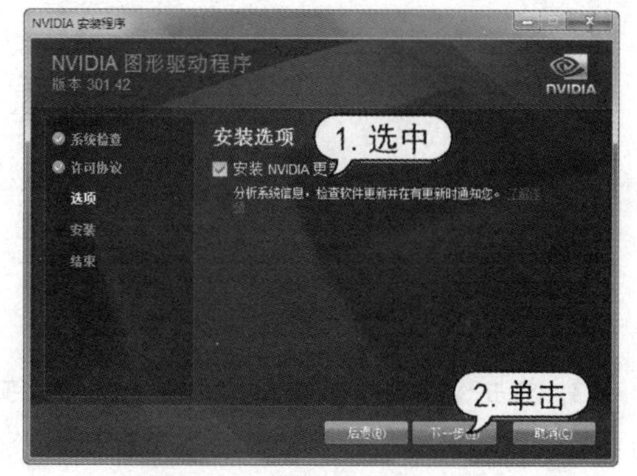

图 5-15　安装 NVIDIA 更新

(6) 接下来，系统将开始自动安装显卡驱动程序，并在当前窗口中显示安装进度，如图 5-16 所示。

(7) 驱动程序安装完成后，打开【NVIDIA 安装程序已完成】对话框，单击【关闭】按钮，完成显卡驱动程序的安装，如图 5-17 所示。

图 5-16　安装进度

图 5-17　完成驱动安装

5.2.3　安装声卡驱动

声卡是计算机播放音乐和电影声音的必要设备，用户要使计算机能够发出声音，除了要在计算机主板上安装声卡，在声卡上连接音箱以外，还需要在操作系统中安装声卡驱动程序。

下面将以安装 Realtek 瑞昱 HD Audio 音频驱动为例，来介绍声卡驱动程序的安装方法。

【例 5-3】 在计算机中安装声卡驱动程序。

(1) 双击声卡驱动的安装程序，开始初始化安装过程，如图 5-18 所示。

(2) 初始化完成后，打开如图 5-19 所示的驱动程序安装界面。

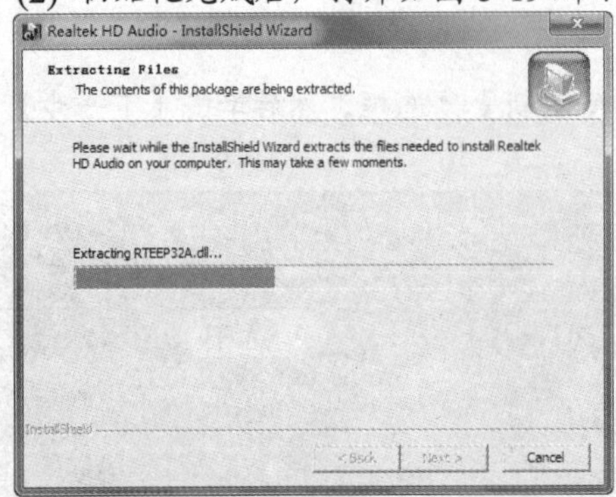

图 5-18　初始化安装

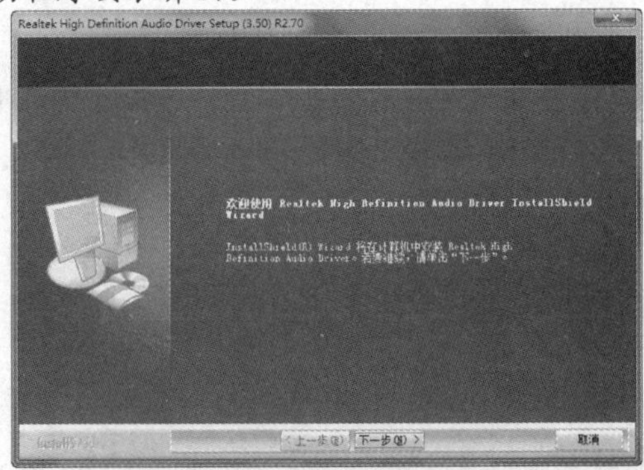

图 5-19　驱动程序安装界面

(3) 单击【下一步】按钮，打开【自定义安装帮助】对话框，该对话框中显示了驱动程序的安装步骤，如图 5-20 所示。

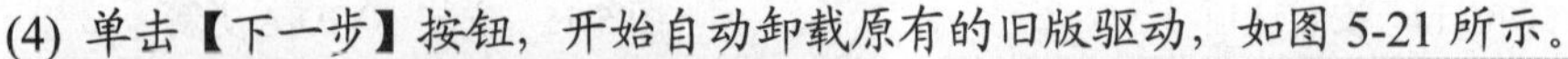

(4) 单击【下一步】按钮，开始自动卸载原有的旧版驱动，如图 5-21 所示。

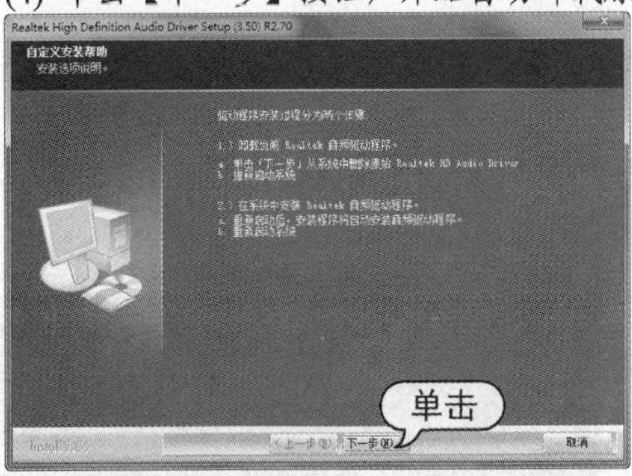

图 5-20　显示驱动安装步骤

图 5-21　自动卸载旧版驱动

(5) 卸载完成后，打开【卸载完成】对话框，然后选中【是，立即重新启动计算机】单选按钮，单击【完成】按钮，如图 5-22 所示。

(6) 计算机重启后，驱动程序会继续未完成的安装，单击【下一步】按钮，如图 5-23 所示。

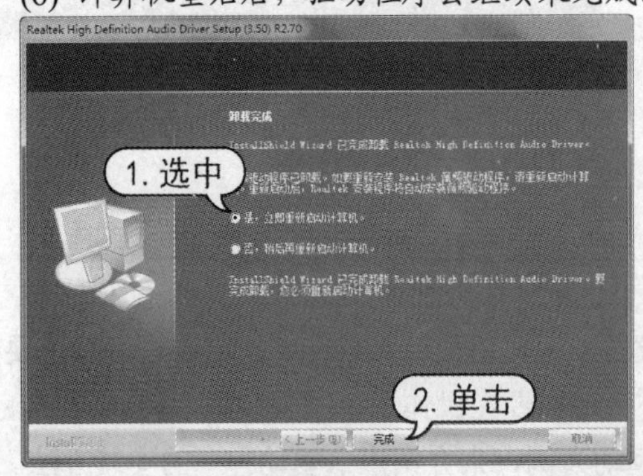

图 5-22　重启计算机

图 5-23　继续为完成的安装

(7) 开始安装新的声卡驱动(当显示【正在安装】界面时，用户需要稍等片刻)。驱动程序安

装完成后打开完成安装的对话框，选中【是，立即重新启动计算机】单选按钮，然后单击【完成】按钮，重新启动计算机后，即可完成声卡驱动程序的安装。

5.2.4　安装网卡驱动

网络如今已进入了千家万户，要想使计算机上网，就必须为计算机安装网卡，同时还要为网卡安装驱动程序，以保证网卡的正常运行。

【例 5-4】在计算机中安装网卡驱动程序。

(1) 双击网卡驱动程序的安装文件，如图 5-24 所示，启动网卡安装程序。

(2) 稍等片刻，系统将自动打开【欢迎使用】对话框，单击【下一步】按钮，如图 5-25 所示。

图 5-24　双击网卡驱动程序

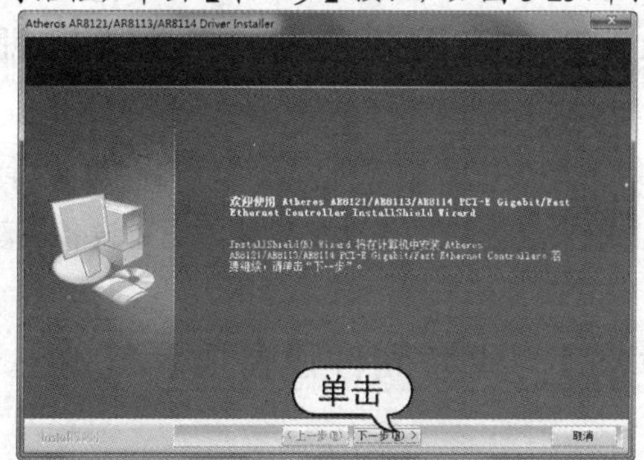

图 5-25　【欢迎使用】对话框

(3) 打开【许可证协议】对话框，选中【我接受许可协议中的条款】单选按钮，单击【下一步】按钮，如图 5-26 所示。

(4) 打开【可以安装该程序了】对话框，单击【安装】按钮，如图 5-27 所示。

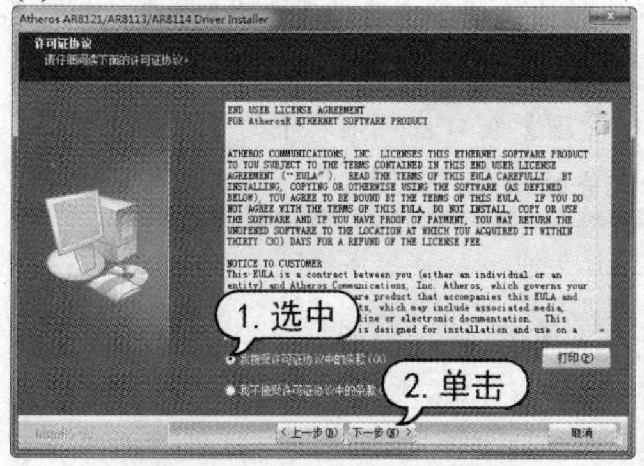

图 5-26　【许可证协议】对话框

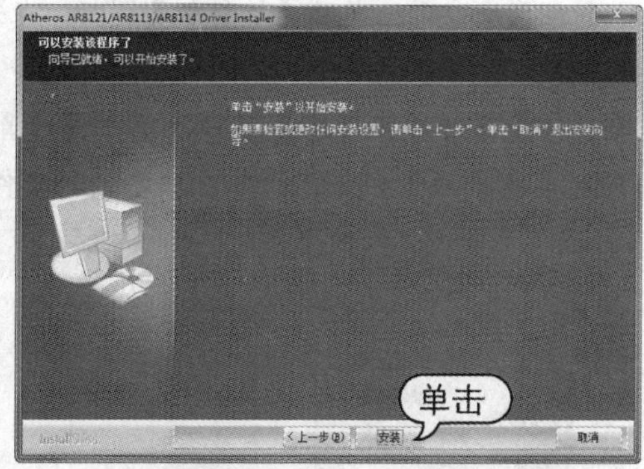

图 5-27　【安装】按钮

(5) 系统开始安装网卡驱动程序，并显示安装进度，如图 5-28 所示。

(6) 网卡驱动程序安装完成后，在弹出的对话框中单击【完成】按钮，系统会自动检测计算机的网络连接状态。最好单击【完成】按钮即可，如图 5-29 所示。

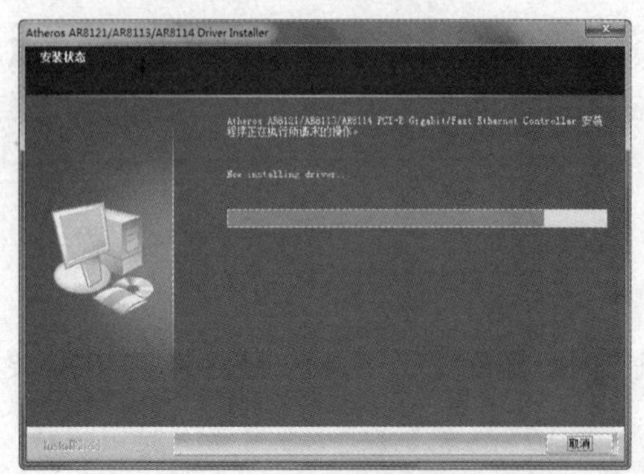

图 5-28　开始安装网卡驱动

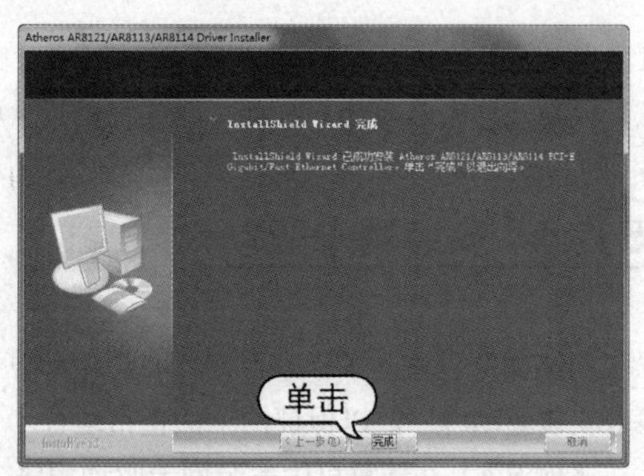

图 5-29　完成安装

5.3　使用设备管理器管理驱动

设备管理器是 Windows 的一种管理工具，使用它可以来管理计算机上的硬件设备。可以用来查看和更改设备属性、更新设备驱动程序、配置设备设置和卸载设备等。

5.3.1　查看硬件设备信息

通过设备管理器，用户可查看硬件的相关信息。例如，哪些硬件没有安装驱动程序、哪些设备或端口被禁用等。网络如今已进入了千家万户，要想使计算机上网，就必须为计算机安装网卡，同时还要为网卡安装驱动程序，以保证网卡的正常运行。

【例 5-5】查看计算机中网卡的相关信息。

(1) 在系统桌面上右击【计算机】图标，在弹出的快捷菜单中选择【管理】命令，如图 5-30 所示。

(2) 打开【计算机管理】窗口，单击【计算机管理】窗口左侧列表中的【设备管理器】选项，即可在窗口的右侧显示计算机中安装的硬件设备的信息，如图 5-31 所示。

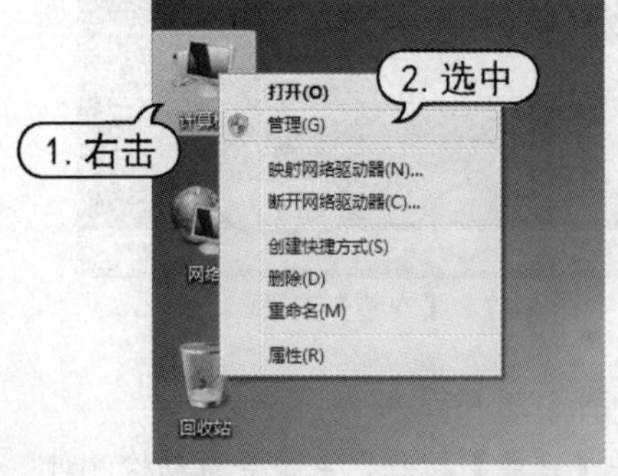

图 5-30　选择【管理】命令

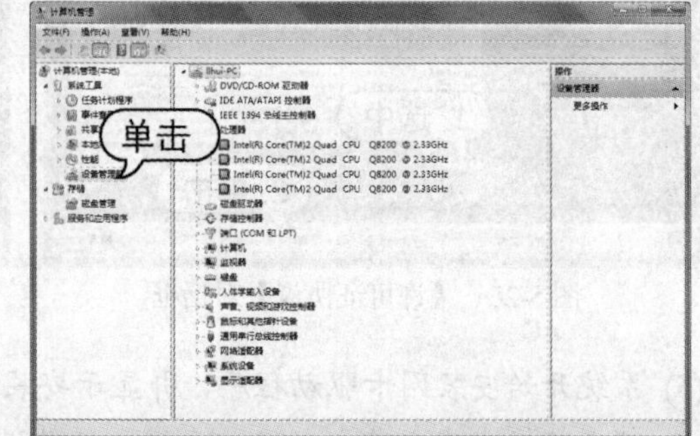

图 5-31　硬件设备的信息

在【计算机管理】窗口中，当某个设备不正常时，通常会出现以下 3 种提示。

- 红色叉号：表示该设备已被禁用，这些通常是用户不常用的一些设备或端口，禁用后可节省系统资源，提高启动速度。要想启用这些设备，可在该设备上右击，在弹出的快捷菜单中选择【启用】命令即可。
- 黄色的问号：表示该硬件设备未能被操作系统识别。
- 黄色的感叹号：表示该硬件设备没有安装驱动程序或驱动安装不正确。

知识点

出现黄色的问号或黄色的感叹号时，用户只须重新为硬件安装正确的驱动程序即可。

5.3.2　更新硬件驱动程序

用户可通过设备管理器窗口可查看或更新驱动程序。

【例 5-6】在计算机中更新驱动程序。

(1) 用户要查看显卡驱动程序，可在桌面上右击【计算机】图标，在弹出的快捷菜单中选择【管理】命令。在打开的【计算机管理】窗口中，单击其左侧列表中的【设备管理器】命令，打开设备管理器界面。单击【显示适配器】选项前面的 ▷ 号，如图 5-32 所示。

(2) 在展开的列表中，右击 NVIDIA GeForce 9600 GT 选项，在弹出的快捷菜单中选择【属性】命令。打开【NVIDIA GeForce 9600 GT 属性】对话框，在该对话框中，用户可查看显卡驱动程序的版本等信息，如图 5-33 所示。

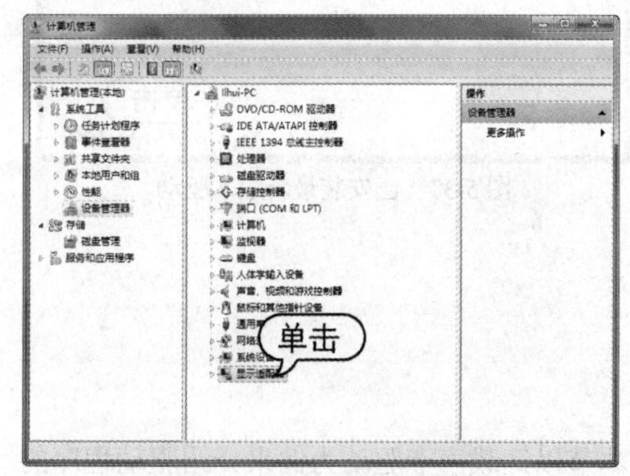

图 5-32　打开设备管理器

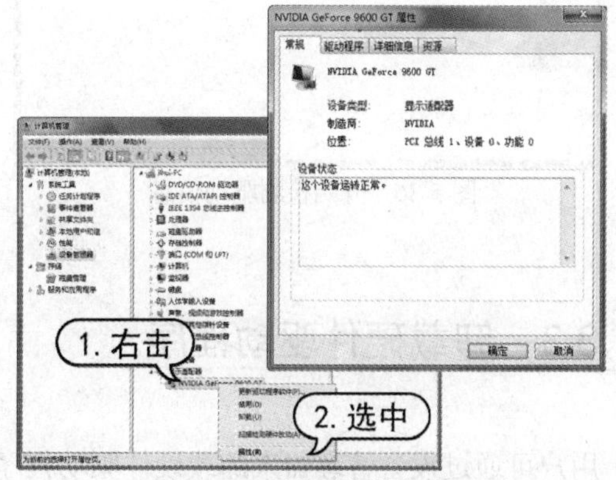

图 5-33　硬件设备的信息

知识点

如果用户已经准备好了新版本的驱动，可选择【浏览计算机以查找驱动程序软件】选项，手动更新驱动程序。

(3) 在【设备管理器】窗口中右击 NVIDIA GeForce 9600 GT 选项，选择【更新驱动程序软

件】命令，可打开更新向导，如图 5-34 所示。

(4) 在更新向导对话框中，选中【自动搜索更新的驱动程序软件】选项，如图 5-35 所示。

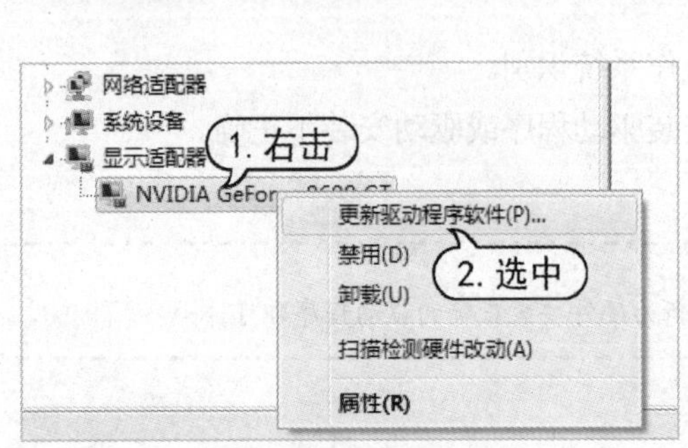

图 5-34　选中【更新】驱动程序软件命令

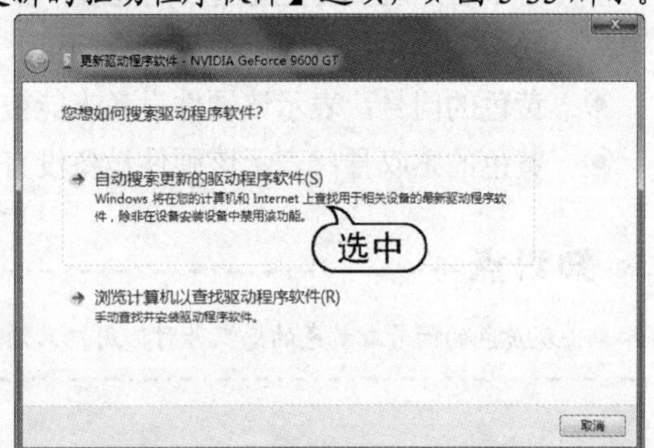

图 5-35　选中【自动搜索更新的驱动程序软件】选项

(5) 系统开始自动检测已安装的驱动信息，并搜索可以更新的驱动程序信息，如图 5-36 所示。

(6) 如果用户已经安装了最新版本的驱动，将显示如图 5-37 所示的对话框，提示用户无须更新，单击【关闭】按钮。

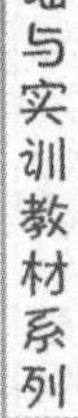

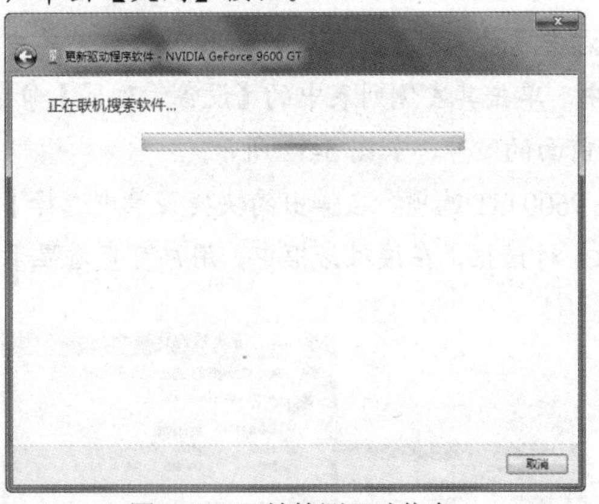

图 5-36　开始检测驱动信息

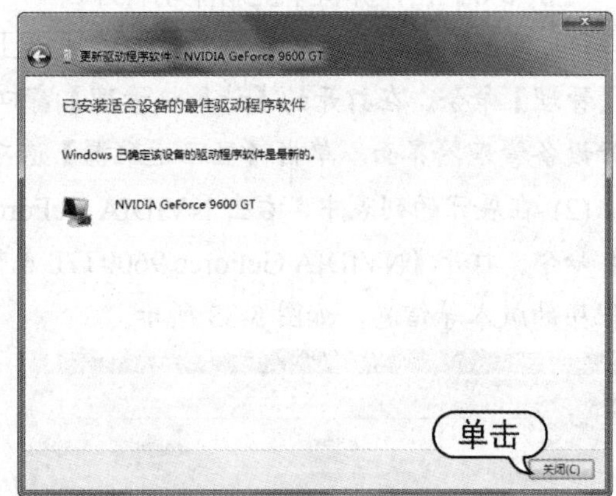

图 5-37　已安装最新版本驱动

5.3.3　卸载硬件驱动程序

用户可通过设备管理器来卸载硬件驱动程序，本节以卸载声卡驱动为例来介绍驱动程序的卸载方法。

【例 5-7】在 Windows 7 操作系统中，使用设备管理器卸载声卡驱动程序。

(1) 打开【设备管理器】窗口，然后单击【声音、视频和游戏控制器】选项前方的 ▷ 号，在展开的列表中右击要卸载的选项，在弹出的快捷菜单中选择【卸载】命令，如图 5-38 所示。

(2) 弹出【确认设备卸载】对话框，选中【删除此设备的驱动程序软件】复选框，如图 5-39 所示。

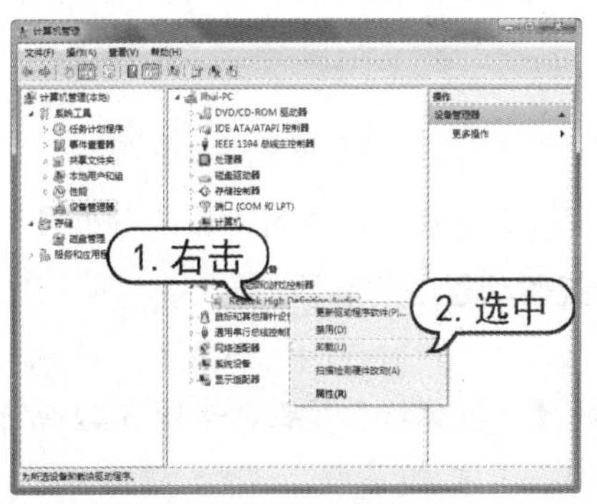

图 5-38　卸载驱动

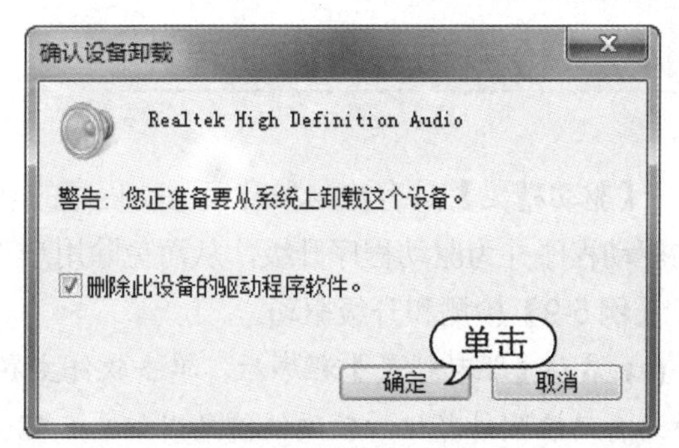

图 5-39　打开提示框

(3) 在打开的提示对话框中单击【确定】按钮，即可开始卸载驱动程序。稍后打开【系统设置改变】对话框。单击【是】按钮，重新启动计算机后，完成声卡驱动程序的卸载。

5.4　使用驱动精灵管理驱动

驱动精灵是一款优秀的驱动程序管理专家，它不仅能够快速而准确地检测计算机中的硬件设备，为硬件寻找最佳匹配的驱动程序，而且还可以通过在线更新，及时地升级硬件驱动程序。另外，它还可以快速地提取、备份以及还原硬件设备的驱动程序，在简化了原本繁琐操作的同时也极大地提高了工作效率，是用户解决系统驱动程序问题的好帮手。

5.4.1　安装【驱动精灵】软件

要使用【驱动精灵】软件来管理驱动程序，首先要安装【驱动精灵】。用户可通过网络来下载【驱动精灵】，参考下载地址为http://www.drivergenius.com。

【例 5-8】安装【驱动精灵】软件。

(1) 下载【驱动精灵】程序后，双击安装程序，打开安装向导。单击【一键安装】按钮，如图 5-40 所示。

(2) 此时，将开始安装【驱动精灵】软件，完成后打开该软件的主界面，如图 5-41 所示。

图 5-40　安装向导

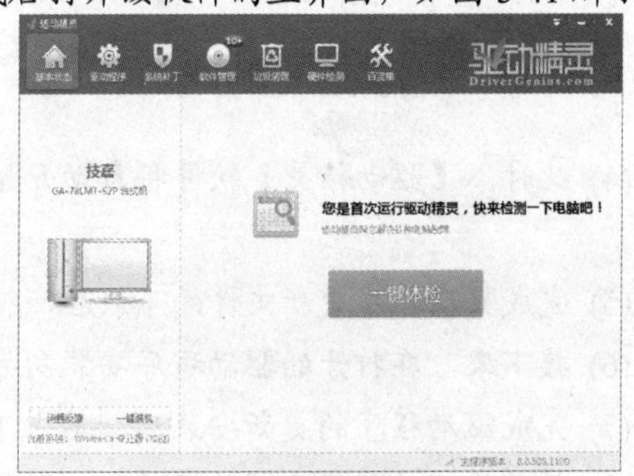

图 5-41　【驱动精灵】主界面

5.4.2 检测和升级驱动程序

【驱动精灵】具有检测和升级驱动程序的功能，可以方便快捷地通过网络为硬件找到匹配的驱动程序并为驱动程序升级，从而免除用户手动查找驱动程序的麻烦。

【例 5-9】检测和升级驱动。

(1) 启动【驱动精灵】程序后，单击软件主界面中的【一键体检】按钮，如图 5-42 所示。将开始自动检测计算机的软硬件信息，如图 5-43 所示。

图 5-42 【一键体检】

图 5-43 自动检测计算机的软硬件信息

(2) 检测完成后，会进入到软件的主界面，并显示需要升级的驱动程序。单击界面中驱动程序名称后的【立即升级】按钮，如图 5-44 所示。

(3) 在打开的界面中选择需要更新的驱动程序，并单击【安装】按钮，如图 5-45 所示。

图 5-44 立即升级

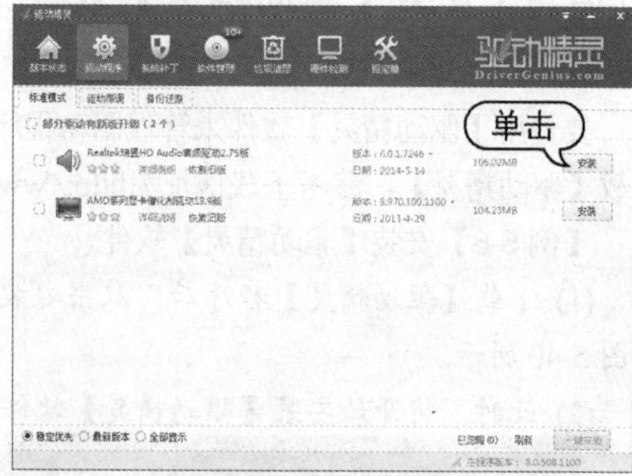

图 5-45 安装驱动

(4) 此时，【驱动精灵】软件将自动开始下载用户所选中的驱动程序更新文件，如图 5-46 所示。

(5) 完成驱动程序更新文件的下载后，将自动安装驱动程序，如图 5-47 所示。

(6) 接下来，在打开的驱动程序安装向导中单击【下一步】按钮，如图 5-48 所示。

(7) 完成驱动程序的更新安装后，单击【完成】按钮即可，如图 5-49 所示。

(8) 最后，驱动程序安装程序将自动引导计算机重新启动。

图 5-46　自动下载驱动程序更新文件

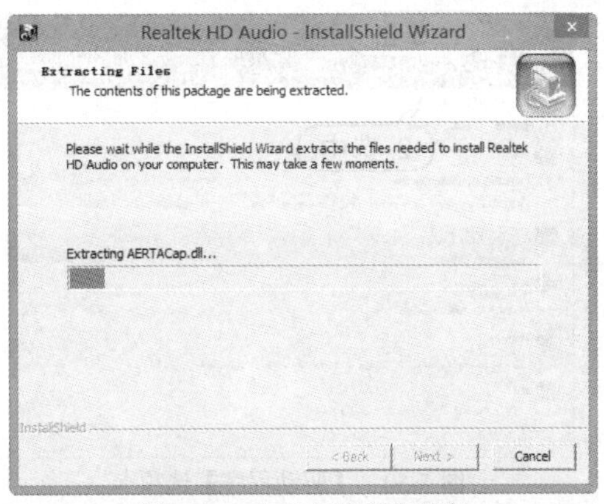

图 5-47　自动安装驱动程序

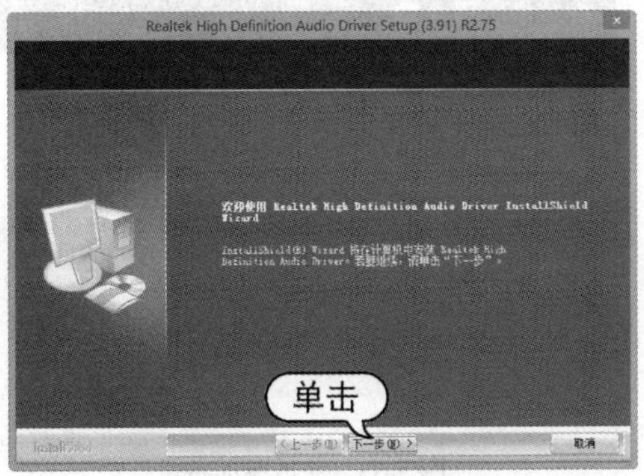

图 5-48　【欢迎使用】界面

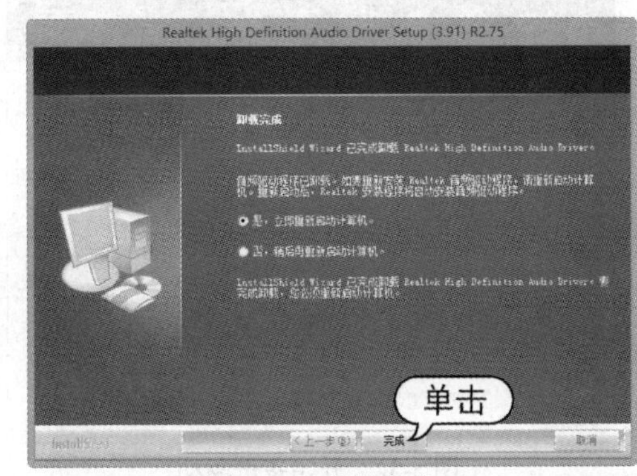

图 5-49　安装完成

5.4.3　备份与恢复驱动程序

【驱动精灵】还具有备份驱动程序的功能，用户可使用【驱动精灵】方便地备份硬件驱动程序，以保证在驱动丢失或更新失败时，可以通过备份方便地进行还原。

1. 备份驱动程序

用户可以参考下面介绍的方法，使用【驱动精灵】软件备份驱动程序。

【例 5-10】检测和升级驱动。

(1) 启动【驱动精灵】程序后，在其主界面中单击【驱动程序】选项卡，然后在打开的界面中选中【备份还原】选项卡，如图 5-50 所示。

(2) 在【备份还原】选项卡中，选中要备份的驱动程序前对应的复选框。单击【一键备份】按钮，如图 5-51 所示。

(3) 开始备份选中的驱动程序，并显示备份进度，如图 5-52 所示。

(4) 驱动程序备份完成后，【驱动精灵】程序将显示如图 5-53 所示界面，提示已完成指定驱动程序的备份。

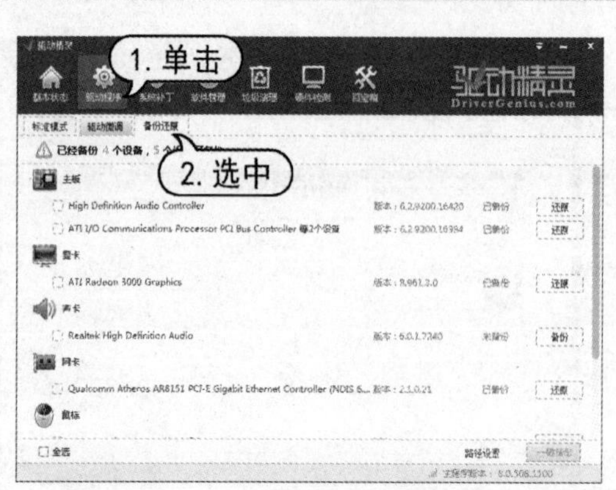

图 5-50　【驱动程序】选项卡

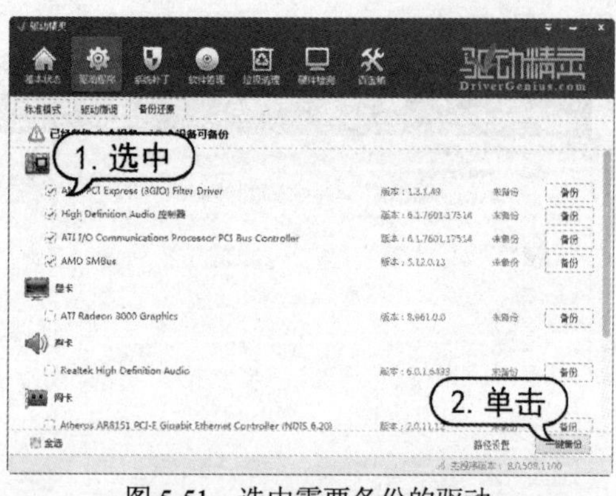

图 5-51　选中需要备份的驱动

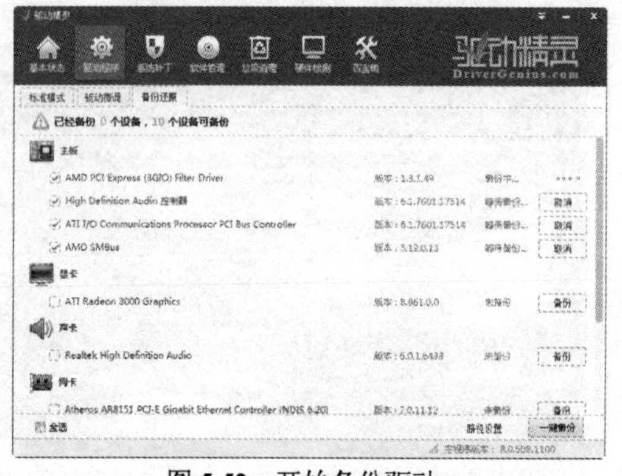

图 5-52　开始备份驱动

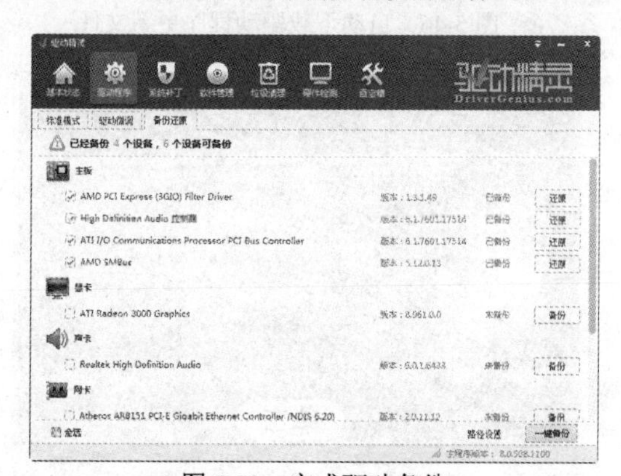

图 5-53　完成驱动备份

2. 还原驱动程序

如果用户备份了驱动程序，那么当驱动程序出错或更新失败而导致硬件不能正常运行时，就可以使用【驱动精灵】的还原功能来还原驱动程序。

【例 5-11】使用【驱动精灵】还原驱动程序。

(1) 启动【驱动精灵】，单击【驱动程序】按钮，在打开的界面中选中【备份还原】选项卡，然后单击驱动程序后的【还原】按钮，如图 5-54 所示。

(2) 此时，将开始还原选中的驱动程序，并显示还原进度，如图 5-55 所示。

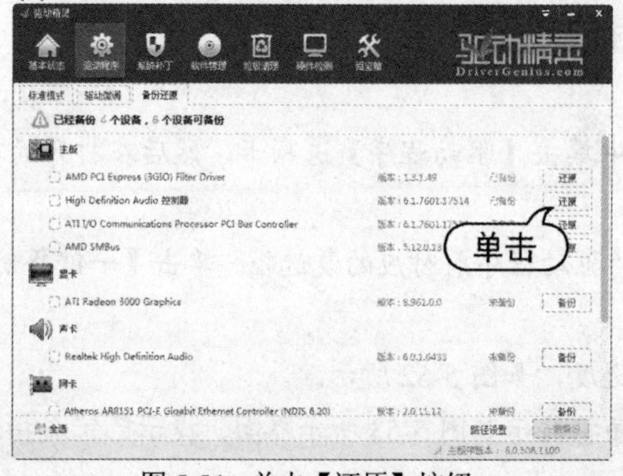

图 5-54　单击【还原】按钮

图 5-55　开始还原驱动

(3) 还原完成后，在打开的对话框中单击【是】按钮，重新启动计算机。

5.5 查看计算机硬件参数

系统装好了，用户可以对计算机的各项硬件参数进行查看，以更好地了解自己计算机的性能。查看硬件参数包括查看 CPU 主频、内存的大小和硬盘的大小等。

5.5.1 查看 CPU 主频

CPU 的主频即 CPU 内核工作的时钟频率。用户可通过【设备管理器】窗口来查看 CPU 的主频。

【例 5-12】通过【设备管理】窗口查看 CPU 主频。

(1) 在系统桌面上右击【计算机】图标，在弹出的快捷菜单中选择【管理】命令，如图 5-56 所示。

(2) 打开【计算机管理】窗口，选择【计算机管理】窗口左侧列表中的【设备管理器】选项，即可在窗口的右侧显示计算机中安装的硬件设备的信息。展开【处理器】前方的选项，即可查看 CPU 的主频，如图 5-57 所示。

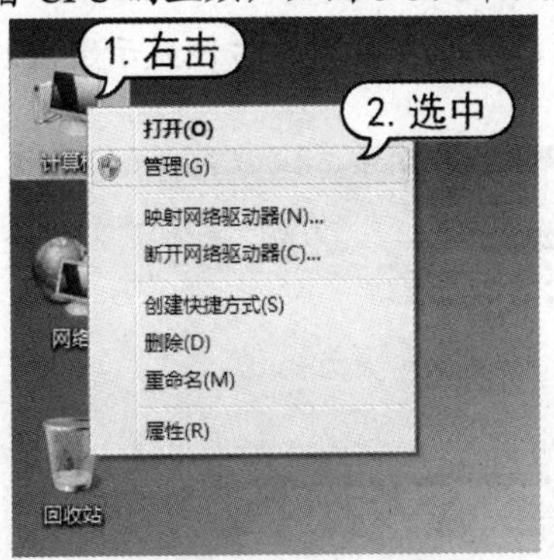

图 5-56 选择【管理】命令

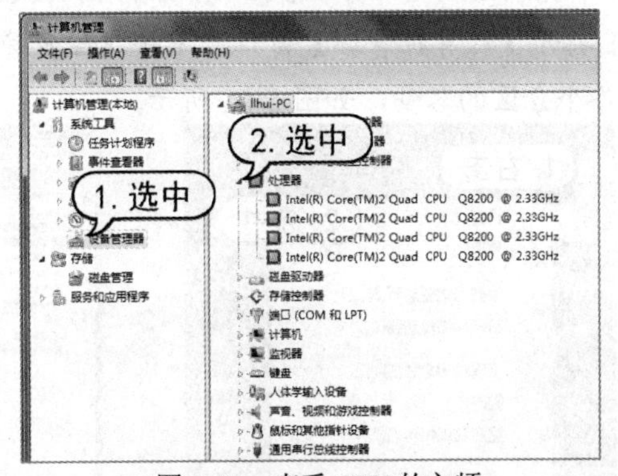

图 5-57 查看 CPU 的主频

5.5.2 查看内存容量

内存容量是指内存条的存储容量，是内存条的关键性参数，用户可通过【系统】窗口来查看内存的容量。

【例 5-13】通过【系统】窗口查看内存容量。

(1) 在桌面右击【计算机】图标，在弹出的快捷菜单中选择【属性】命令，如图 5-58 所示。

(2) 打开【系统】窗口，在该窗口的【系统】区域用户可看到本机安装的内存的容量，以

及可用容量，如图 5-59 方框所示。

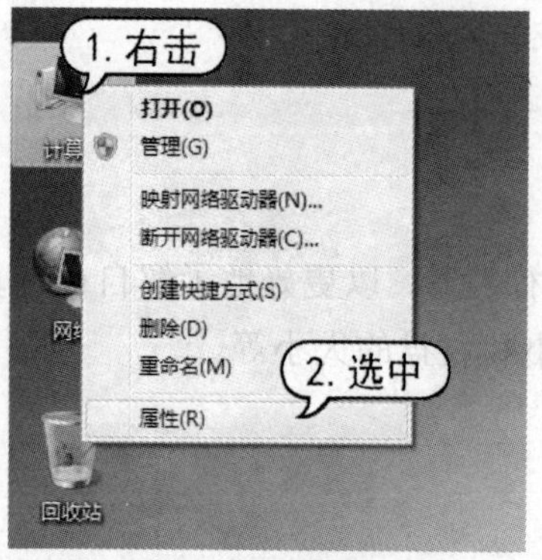

图 5-58　选择【属性】命令

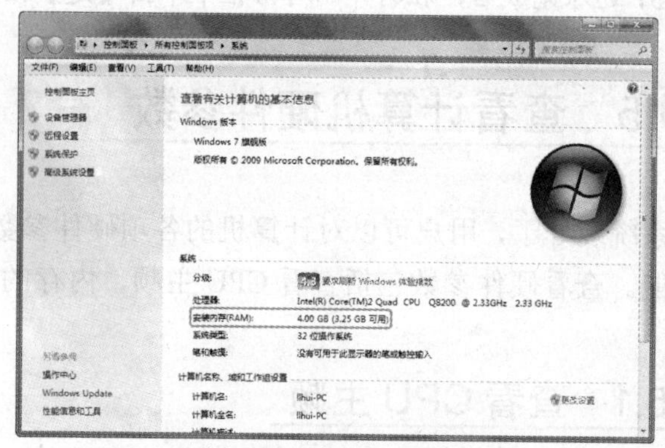

图 5-59　查看内存容量

5.5.3　查看硬盘容量

硬盘是计算机的主要数据存储设备，硬盘的容量决定着个人计算机的数据存储能力。用户可通过【设备管理器窗口】来查看硬盘的总容量和各个分区的容量。

【例 5-14】通过【磁盘管理】窗口查看硬盘容量。

(1) 在桌面右击【计算机】图标，在弹出的快捷菜单中选择【管理】命令，如图 5-60 所示。

(2) 打开【计算机管理】窗口，单击【磁盘管理】选项，即可在窗口的右侧显示硬盘的总容量和各个分区的容量，如图 5-61 所示。

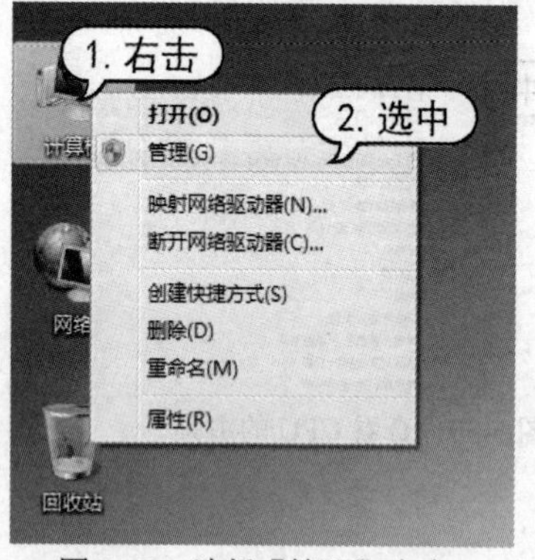

图 5-60　选择【管理】命令

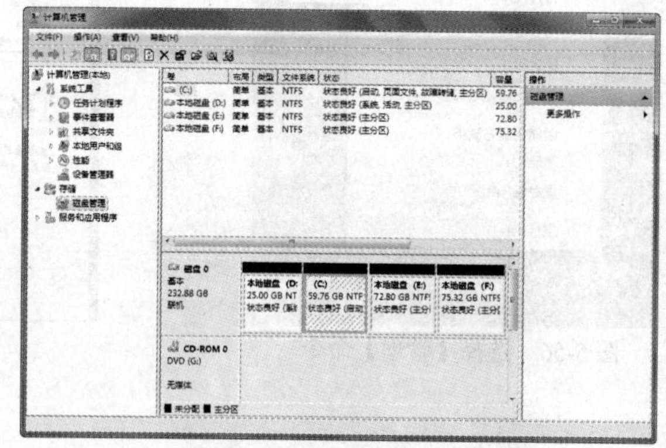

图 5-61　查看硬盘容量

5.5.4　查看键盘属性

键盘是重要的输入设备，了解键盘的型号和接口等属性，有助于用户可以更好地组装和使用键盘。

【例 5-15】通过【控制面板】窗口查看键盘属性。

(1) 选择【开始】|【控制面板】命令，打开【控制面板】窗口，单击【键盘】图标，如图5-62所示。

(2) 打开【键盘 属性】对话框，在【速度】选项卡中，用户可对键盘的各项参数进行设置，如【重复延迟】、【重复速度】和【光标闪烁速度】等，如图5-63所示。

图5-62 单击【键盘】图标

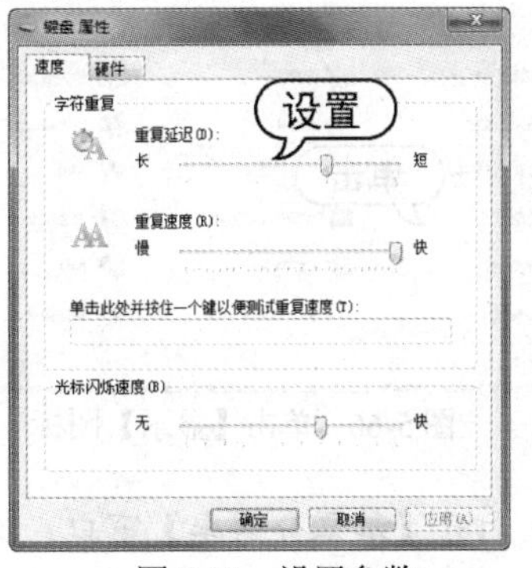

图5-63 设置参数

(3) 选择【硬件】选项卡，查看键盘型号和接口属性，单击【属性】按钮，如图5-64所示。

(4) 查看键盘的驱动程序信息，如图5-65所示。

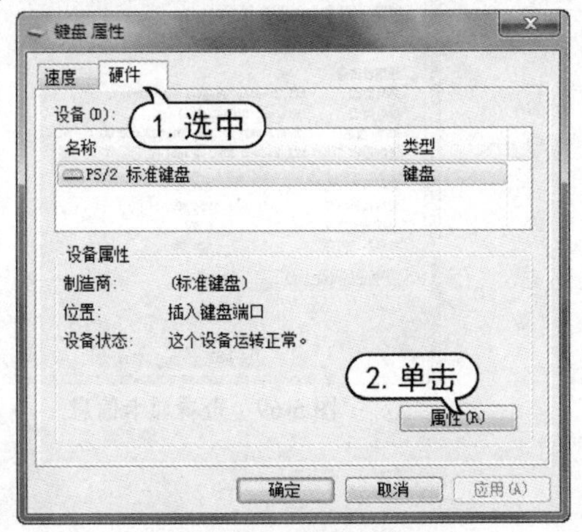

图5-64 查看属性

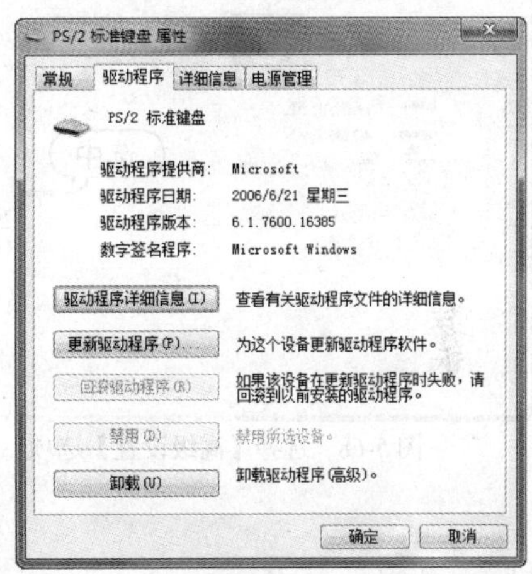

图5-65 查看驱动信息

5.5.5 查看显卡属性

显卡是组成计算机的重要硬件设备之一，显卡性能的好坏直接影响着显示器的显示效果。查看显卡的相关信息可以帮助用户了解显卡的型号和显存等信息，方便以后维修或排除故障。

【例5-16】通过【控制面板】窗口查看显卡属性。

(1) 选择【开始】|【控制面板】命令，打开【控制面板】窗口，单击【显示】图标，如图5-66所示。

(2) 打开【显示】窗口，然后在窗口的左侧选择【调整分辨率】选项，如图5-67所示。

图 5-66　单击【显示】图标

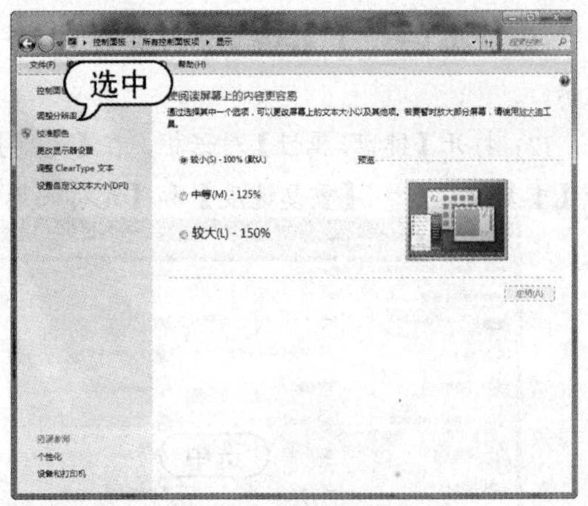

图 5-67　调整分辨率

(3) 打开【屏幕分辨率】窗口，选择【高级设置】选项，如图 5-68 所示。

(4) 打开如图 5-69 所示对话框，在其中可以查看显卡的型号以及驱动等信息。

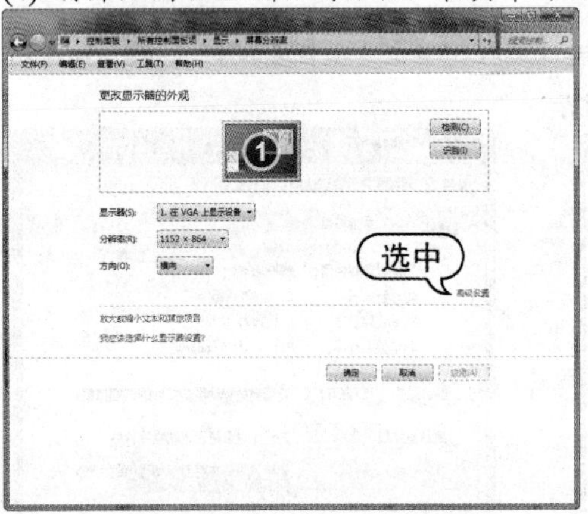

图 5-68　选择【高级设置】选项

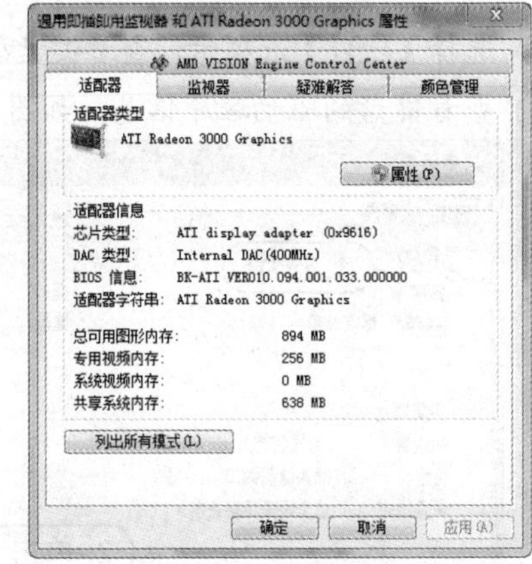

图 5-69　查看显卡信息

5.6　检测计算机硬件性能

了解了计算机硬件的参数以后，还可以通过性能检测软件来检测硬件的实际性能。这些硬件测试软件会将测试结果以数字的形式展现给用户，方便用户更直观地了解设备性能。

5.6.1　检测 CPU 性能

CPU-Z 是一款常见的 CPU 测试软件，除了使用 Intel 或 AMD 推出的检测软件之外，人们平时使用最多的此类软件就数它了。CPU-Z 支持的 CPU 种类相当全面，软件的启动速度及检测速度都很快。另外，它还能检测主板和内存的相关信息。

下面将通过实例，介绍使用 CPU-Z 软件检测计算机 CPU 性能的方法。

【例 5-17】使用 CPU-Z 检测计算机中 CPU 的具体参数。

(1) 在计算机中安装并启动 CPU-Z 程序后，该软件将自动检测当前计算机 CPU 的参数(包括名字、工艺、型号等)，并显示在其主界面中，如图 5-70 所示。

(2) 在 CPU-Z 界面中，可以选择【缓存】、【主板】、【内存】等选项卡，查看 CPU 的具体参数指标，如图 5-71 所示。

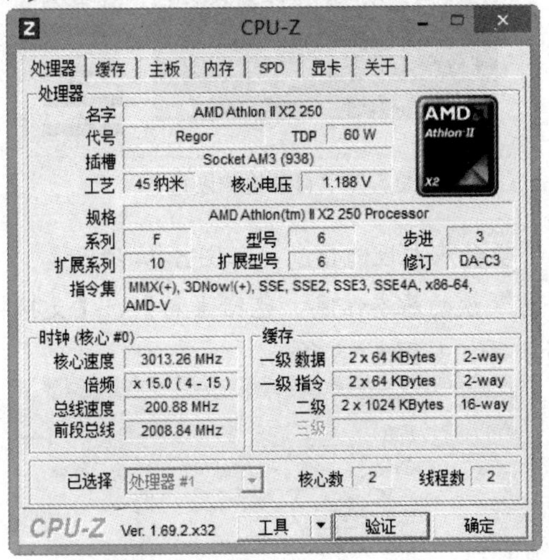

图 5-70　自动检测 CPU 参数

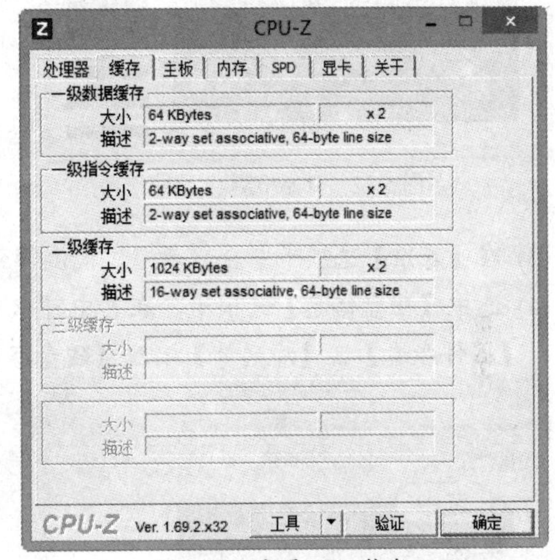

图 5-71　查看 CPU 信息

(3) 单击【工具】下拉列表按钮，在弹出的下拉列表中选中【保存报告】命令，可以将获取的 CPU 参数报告保存。

5.6.2　检测硬盘性能

HD Tune 是一款小巧易用的硬盘工具软件，其主要功能包括检测硬盘传输速率，检测健康状态，检测硬盘温度和磁盘表面扫描等。

另外，HD Tune 还能检测出硬盘的固件版本、序列号、容量、缓存大小以及当前的 Ultra DMA 模式等。

【例 5-18】在当前计算机中使用 HD Tune 软件测试硬盘性能。

(1) 启动 HD Tune 程序，然后在软件界面中单击【开始】按钮，如图 5-72 所示。

(2) HD Tune 将开始自动检测硬盘的基本性能，如图 5-73 所示。

知识点

如果用户计算机安装了 1 块以上的硬盘，则可以在 HD Tune 主界面左上方的下拉列表框中选择要检测的硬盘。

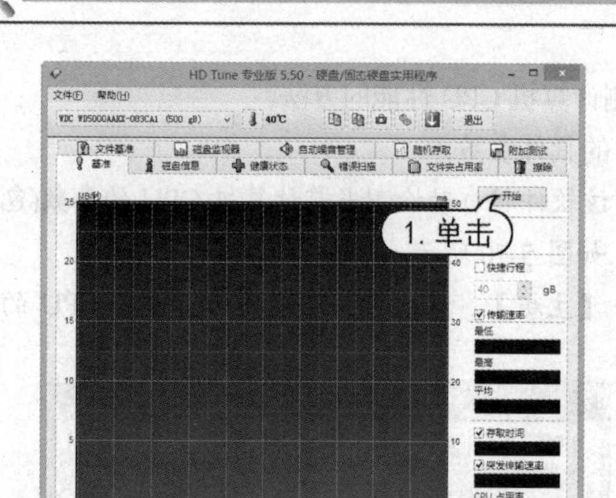

图 5-72　开始检测

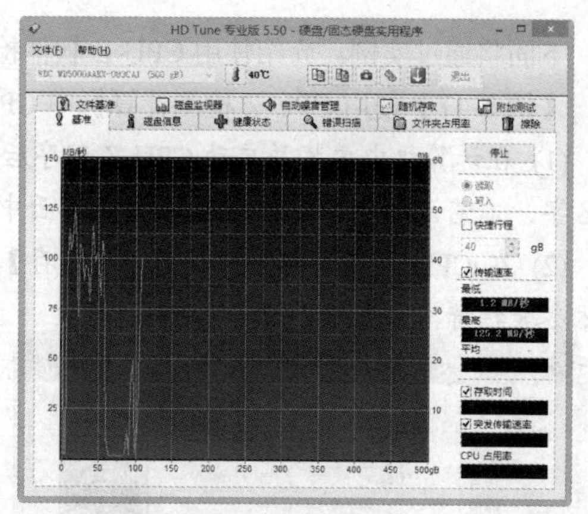

图 5-73　自动检测硬盘

(3) 在【基准】选项卡中会显示通过检测得到的硬盘基本性能信息，如图 5-74 所示。

(4) 选中【磁盘信息】选项卡，在其中可以查看硬盘的基本信息，包括【卷】、【支持特性】、【固件版本】、【序列号】以及【硬盘容量】等，如图 5-75 所示。

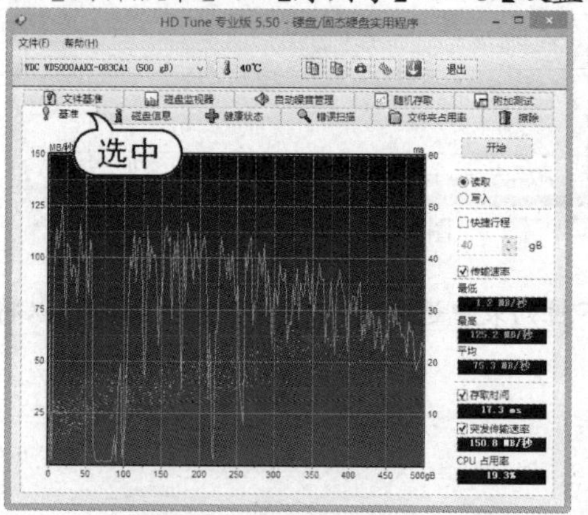

图 5-74　硬盘性能信息

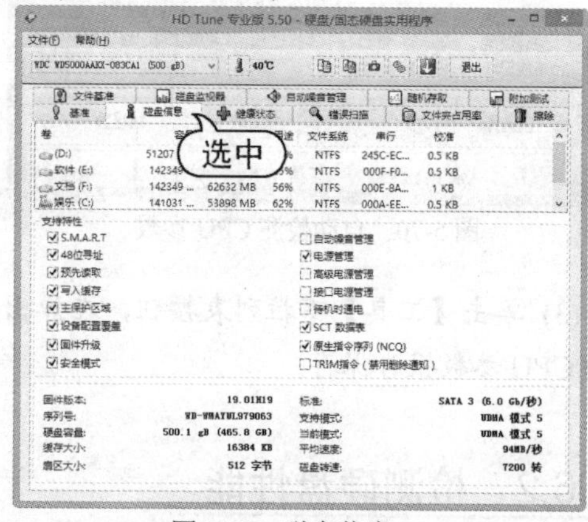

图 5-75　磁盘信息

(5) 选中【健康状态】选项卡，可以查阅硬盘内部存储的运作记录，如图 5-76 所示。

(6) 打开【错误扫描】选项卡，单击【开始】按钮，检查硬盘坏道。如图 5-77 所示。

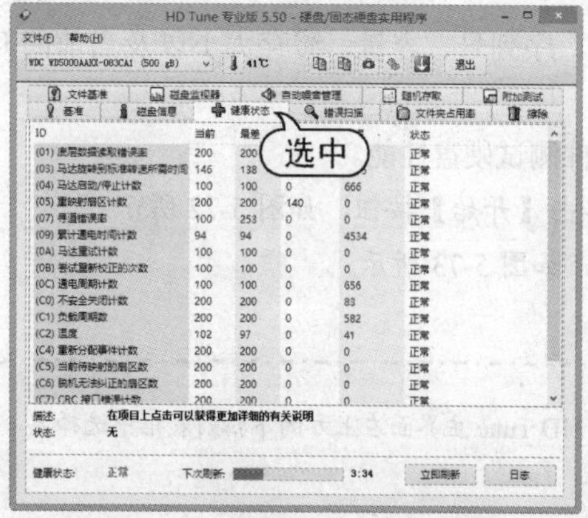

图 5-76　查阅硬盘内部运作记录

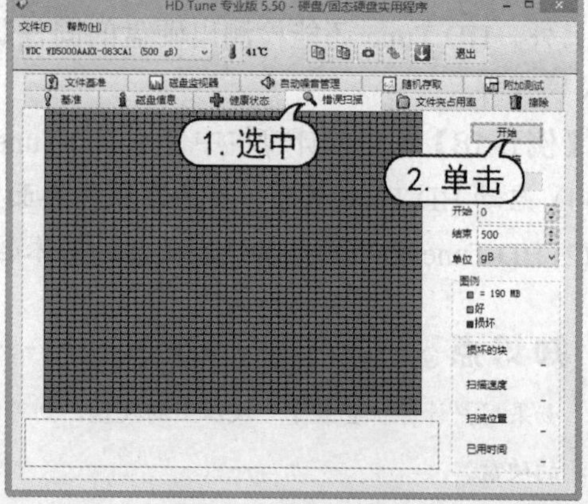

图 5-77　检查硬盘坏道

(7) 打开【擦除】选项卡，单击【开始】按钮，即可安全擦除硬盘中的数据。如图 5-78 所示。

(8) 选择【文件基准】选项卡，单击【开始】按钮，可以检测硬盘的缓存性能，如图 5-79 所示。

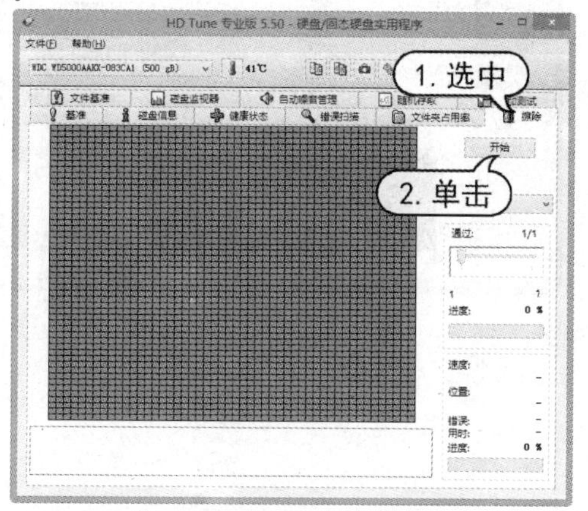

图 5-78　擦除硬盘中数据

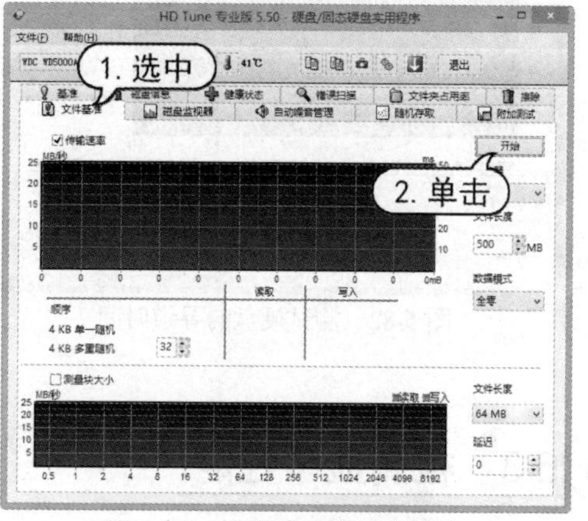

图 5-79　检测硬盘的缓存性能

(9) 打开【磁盘监视器】选项卡，单击【开始】按钮，可监视硬盘的实时读写状况。如图 5-80 所示。

(10) 打开【自动噪音管理】选项卡，在其中拖动滑块可以管理硬盘的运行噪音。如图 5-81 所示。

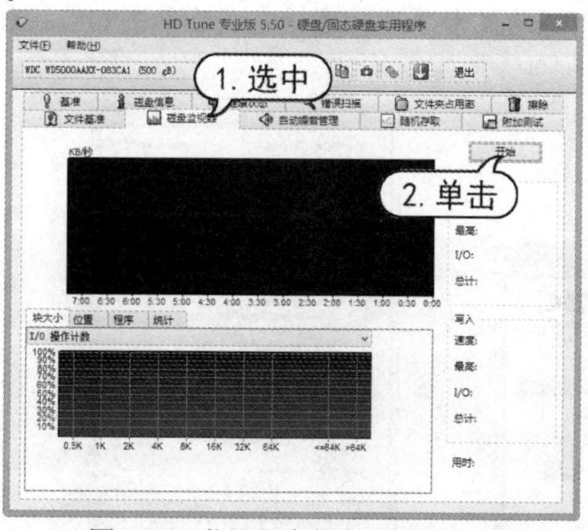

图 5-80　监视硬盘的实时读写状况

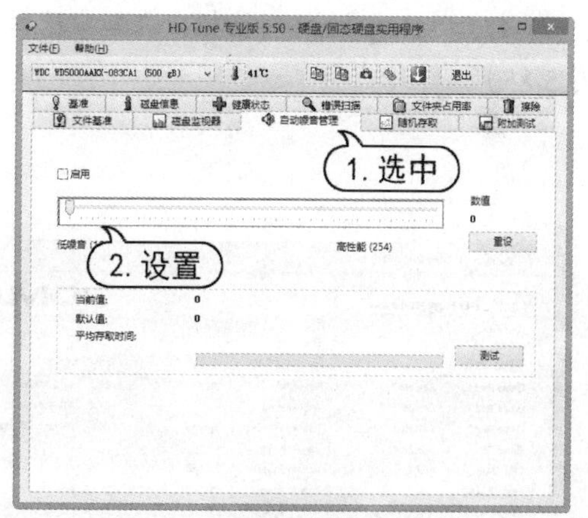

图 5-81　降低硬盘的运行噪音

(11) 打开【随机存取】选项卡，单击【开始】按钮，即可测试硬盘的寻道时间，如图 5-82 所示。

(12) 打开【附加测试】选项卡，在【测试】列表框中，可以选择更多的一些硬盘性能测试，单击【开始】按钮开始测试，如图 5-83 所示。

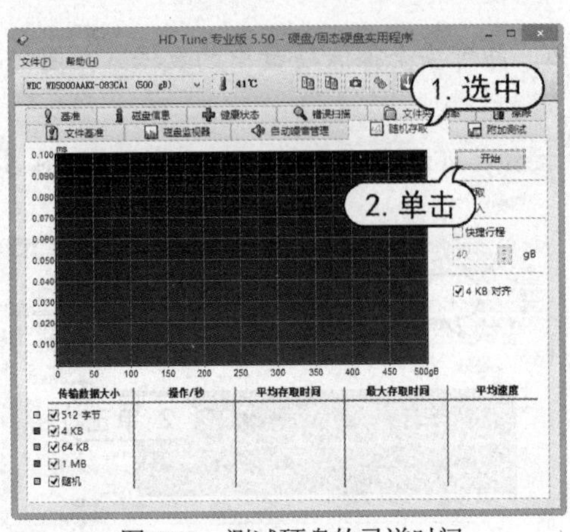

图 5-82　测试硬盘的寻道时间

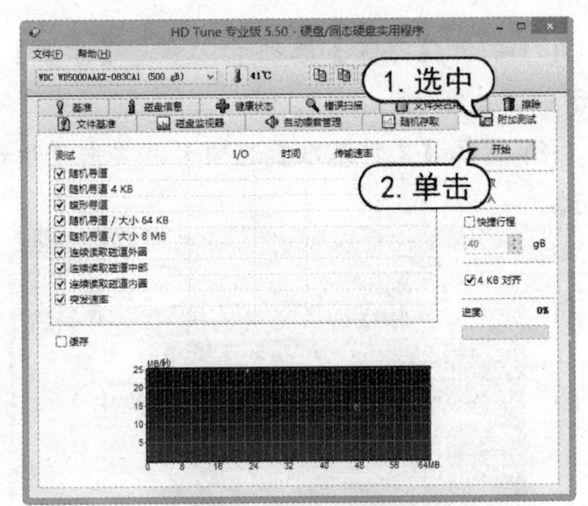

图 5-83　性能测试

5.6.3　检测显卡性能

3DMark 是一款常用的显卡性能测试软件，其简单清晰的操作界面和公正准确的测试功能受到广大用户的好评。本节就将通过一个实例介绍使用 3DMark 检测显卡性能的方法。

【例 5-19】在当前计算机中使用 3DMark 软件检测显卡性能。

(1) 启动 3DMark 主界面，在软件主界面中单击 Select 按钮，如图 5-84 所示。

(2) 打开 Select Tests 对话框，在其中选择要测试的显卡项目，选择完成后单击 OK 按钮，如图 5-85 所示。

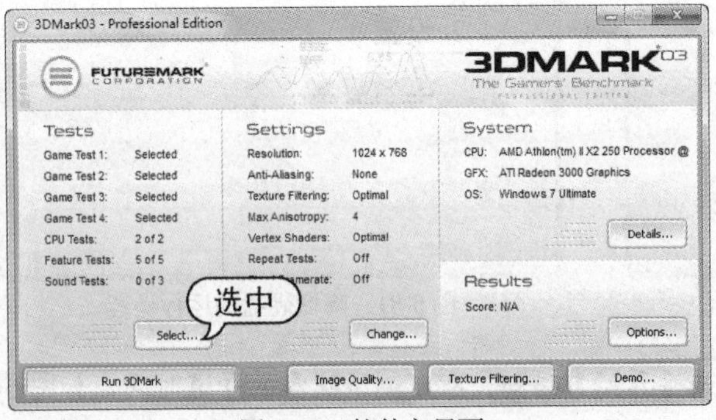

图 5-84　软件主界面

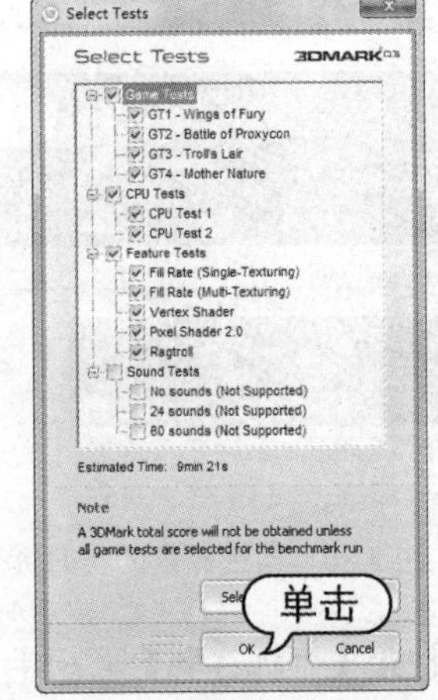

图 5-85　选择要测试的显卡项目

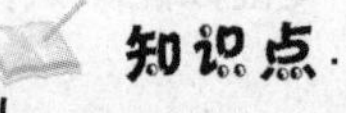

知识点

3DMark 的版本越高，对显卡以及其他计算机硬件设备的要求也就越高。在相同计算机配置的情况下，3DMark 的版本越高，则测试得分越低。

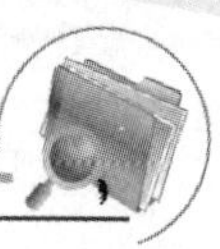

(3) 返回 3DMark 主界面，然后单击 Change 按钮，如图 5-86 所示。

(4) 打开 Benchmark Settings 对话框，在其中可以设置测试参数。例如，在 Resolution 下拉列表中选择测试时使用的分辨率，设置完成后单击 OK 按钮，如图 5-87 所示。

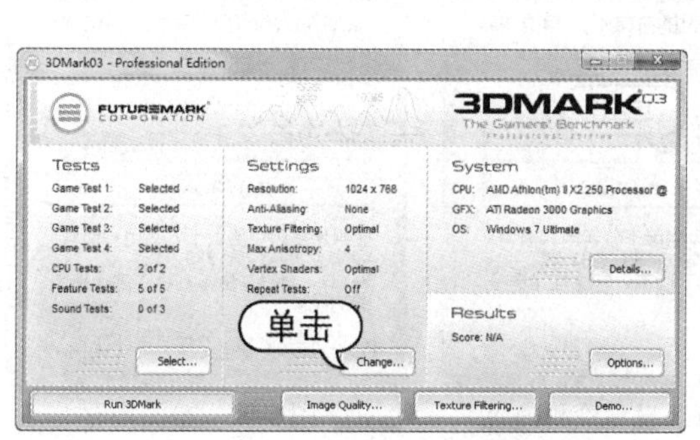

图 5-86 单击 Change 按钮

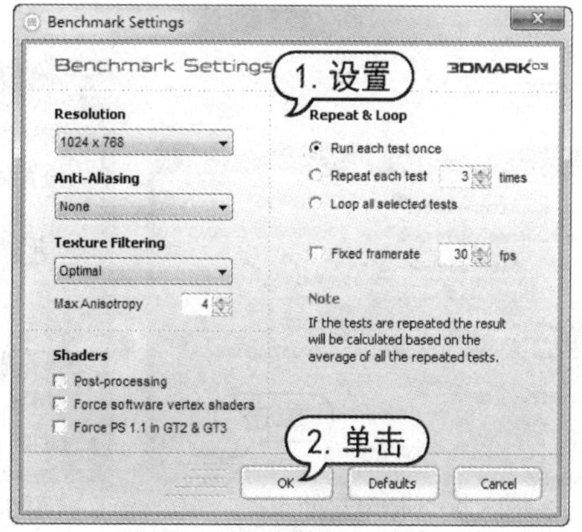

图 5-87 设置测试参数

(5) 在设置完测试内容与测试参数后，返回 3DMark 主界面，然后单击 Run 3DMARK 按钮。3DMark 开始自动测试显卡性能，如图 5-88 所示。

(6) 测试完成后，3DMark 会打开对话框显示测试得分，得分越高代表测试显卡的性能越强，如图 5-89 所示。

图 5-88 测试显卡性能

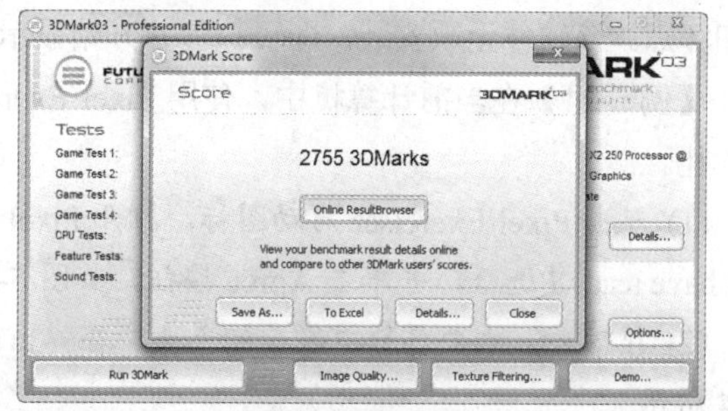

图 5-89 完成测试

5.6.4 检测内存性能

Mem Test 是目前常用的一款内存检测功能，它不但可以通过长时间运行以彻底检测内存的稳定度，还可同时测试内存的储存与检索数据的能力。

【例 5-20】在当前计算机中使用 MemTest 检测内存性能。

(1) 在开始检测前应先关闭其他所有应用程序，然后双击 MemTest 的启动图标，打开欢迎界面。该界面中给出了 MemTest 的一些使用帮助，阅读完毕后，单击【确定】按钮，如图 5-90 所示。

(2) 启动 MemTest 的主界面，单击【开始测试】按钮。Mem Test 默认将检测【所有未用的内存】，用户也可以在主界面的文本框中输入要检测内存的大小，如图 5-91 所示。

(3) MemTest 开始检测内存性能，并在主界面下方显示实时的检测结果。单击【停止检测】按钮即可结束内存测试操作，在检测过程中出现错误的个数越少，内存的性能越稳定，如图 5-92 所示。

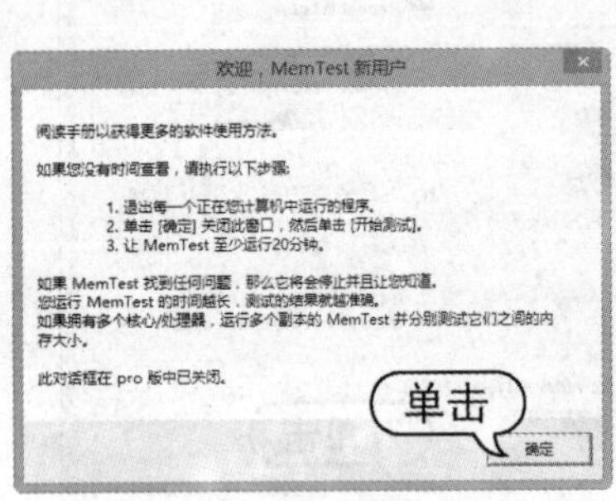

图 5-90　使用帮助

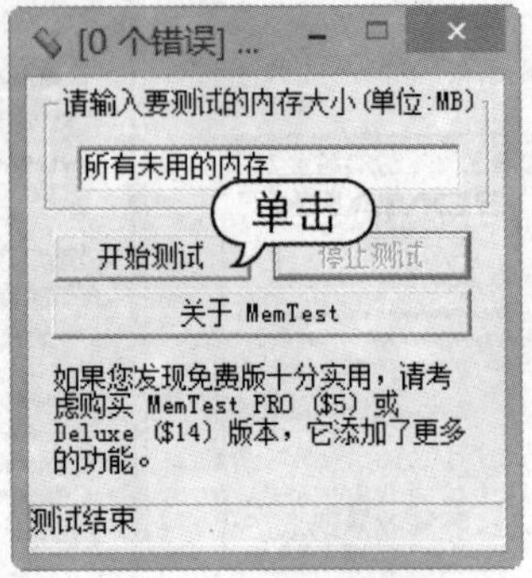

图 5-91　设置检测内容

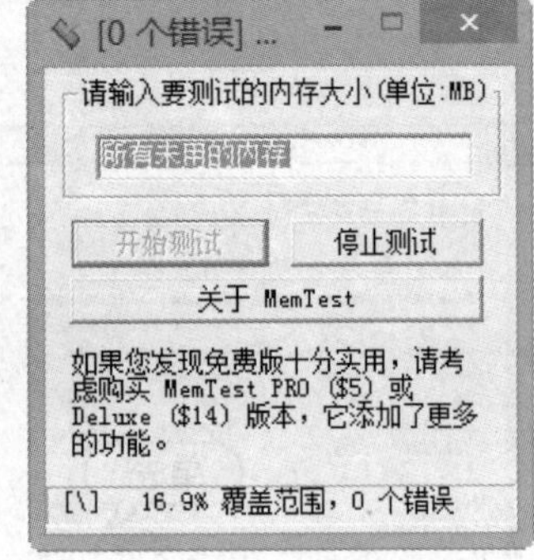

图 5-92　检测内存

5.6.5 检测显示器

Pixel Exerciser 是一款专业的液晶显示器测试软件，该软件可以快速检测显示可以存在的亮点和坏点。该软件无须安装，即可执行并开始显示器检测。

【例 5-21】在当前计算机中，使用 Pixel Exerciser 显示器性能检测软件，检测液晶显示器的性能。

(1) 双击 Pixel Exerciser 启动图标，打开 Pixel Exerciser 软件的主界面，然后在该界面中选中 I have read 复选框，并单击 Agree 按钮，如图 5-93 所示。

(2) 接下来，右击屏幕中显示的色块，在弹出的菜单中选中 Set Size / Location 命令，如图 5-94 所示。

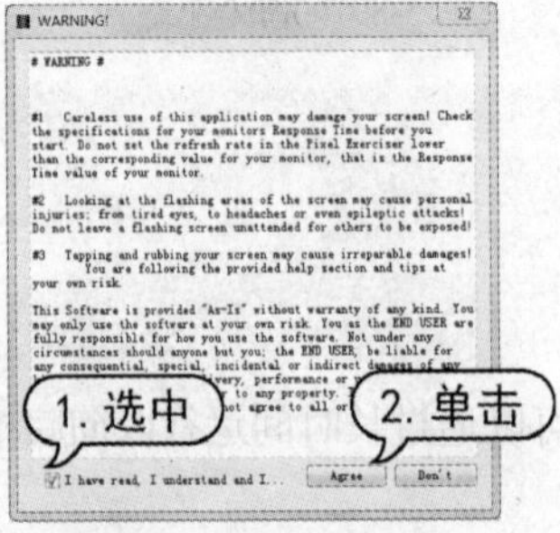

图 5-93　软件主界面

图 5-94　选中 Set Size/Location 命令

(3) 打开 Set Size & Location 对话框，在 Set Size 对话框中设置显示器的检测参数后，单击 OK 按钮，如图 5-95 所示。

(4) 打右击屏幕中显示的色块，在弹出的菜单中选中 Set Refresh Rate 命令，打开 Settings 对话框。在对话框中输入显示器测试速率后，单击 OK 按钮，如图 5-96 所示。

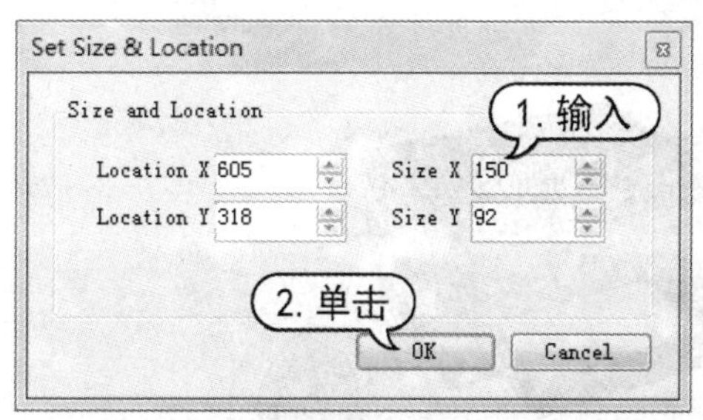

图 5-95　设置显示器的检测参数

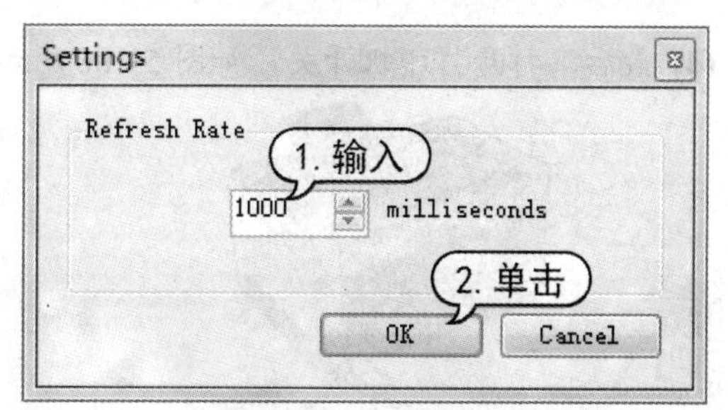

图 5-96　输入显示器测试速率

(5) 接下来，右击屏幕中显示的色块，在弹出的菜单中选中 Start Exercising 命令，开始检测显示器性能。

5.7 使用计算机外设

常用的计算机外设主要包括打印机、摄像头、数码相机和一些移动存储设备(如 U 盘和移动硬盘等)。本节将详细介绍将这些设备连接到计算机的方法。

5.7.1 使用打印机

打印机是计算机的输出设备之一，用户可以利用打印机将计算机中的文档、表格以及图片、照片等打印到相关介质上。目前，家庭常用的打印机类型为彩色喷墨打印机与照片打印。

1. 连接打印机

在安装打印机前，应先将打印机连接到计算机上并装上打印纸。目前，常见的打印机一般都为 USB 接口，只需连接到计算机主机的 USB 接口中，然后接好电源，并打开打印机开关即可。

【例 5-22】将打印机与计算机相连，并在打印机中装入打印纸。

(1) 使用 USB 连接线将打印机与计算机 USB 接口相连，并装入打印纸，如图 5-97 所示。

(2) 调整打印机中的打印纸的位置，使其位于打印机如纸屉的中央，如图 5-98 所示。

图 5-97　连接打印机

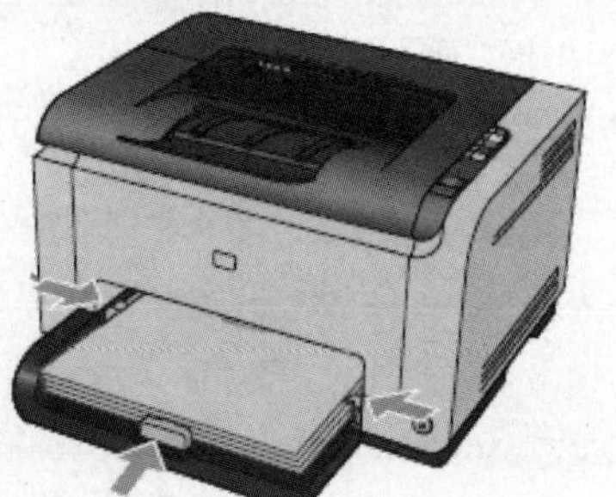

图 5-98　调整打印纸

(3) 接下来，连接打印机电源，如图 5-99 所示。

(4) 最后，打开打印机开关，如图 5-100 所示。

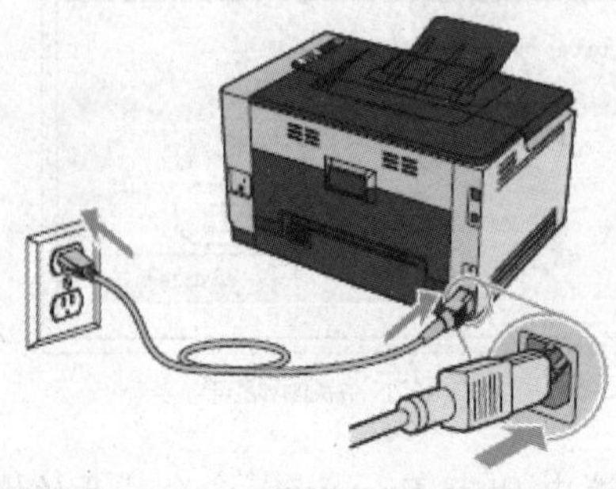

图 5-99　连接电源

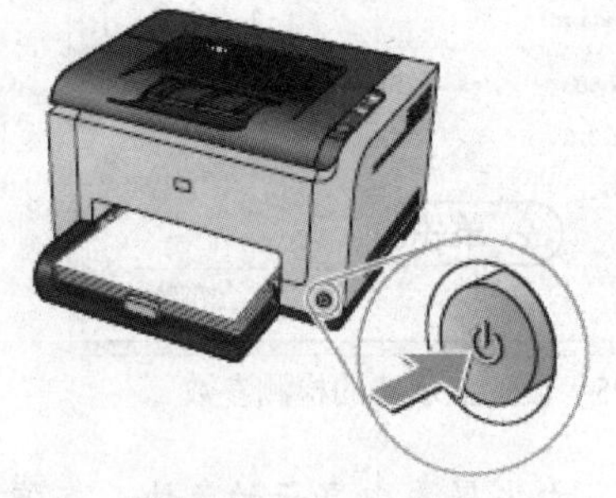

图 5-100　打开开关

2. 安装打印机

完成打印机的连接后，可以参考下例所介绍的方法，在计算机中安装并测试打印机。

【例 5-23】在 Windows 7 操作系统中安装打印机。

(1) 单击【开始】按钮，在弹出的菜单中选中【设备和打印机】命令，如图 5-101 所示。

(2) 打开【设备和打印机】窗口，单击【添加打印机】按钮，如图 5-102 所示。

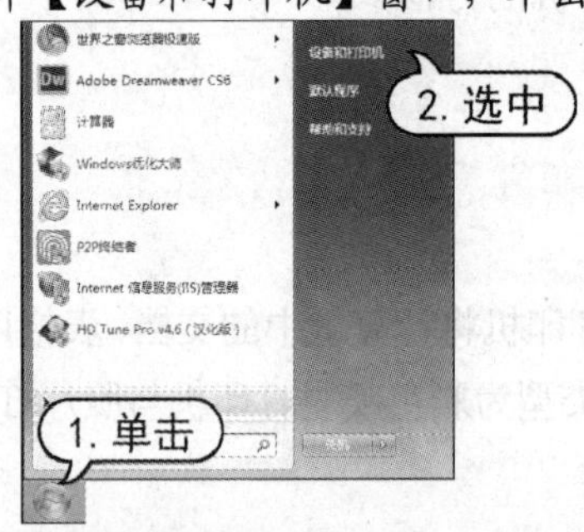

图 5-101　设备和打印机

图 5-102　添加打印机

(3) 打开【添加打印机】对话框，单击【添加本地打印机】按钮，如图 5-103 所示。

(4) 打开【选择打印机端口】对话框，设置打印机端口，单击【下一步】按钮，如图 5-104 所示。

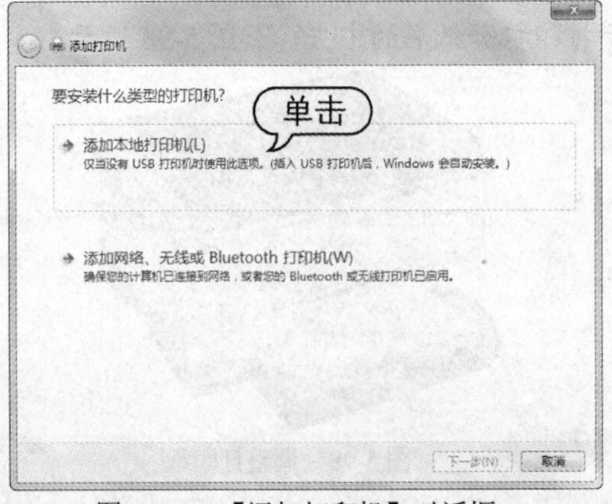

图 5-103　【添加打印机】对话框

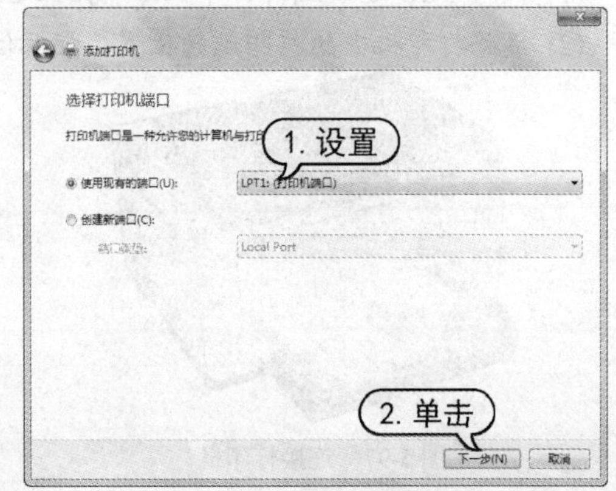

图 5-104　设置打印机端口

(5) 打开【安装打印机驱动程序】对话框，单击下方的【从磁盘安装】按钮，如图 5-105 所示。

(6) 打开【从磁盘安装】对话框，单击【浏览】按钮，如图 5-106 所示。

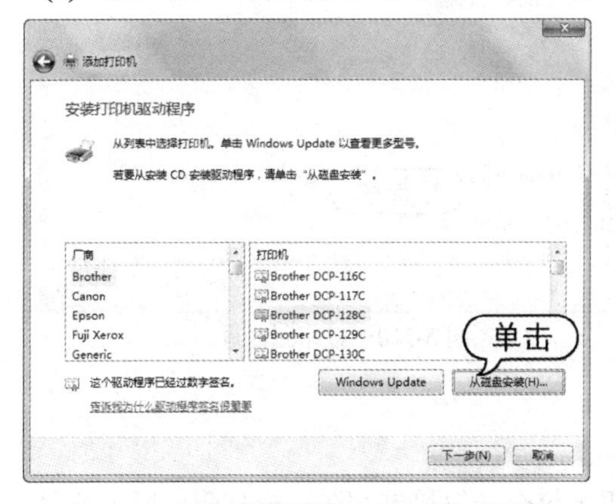

图 5-105　【安装打印机驱动程序】对话框

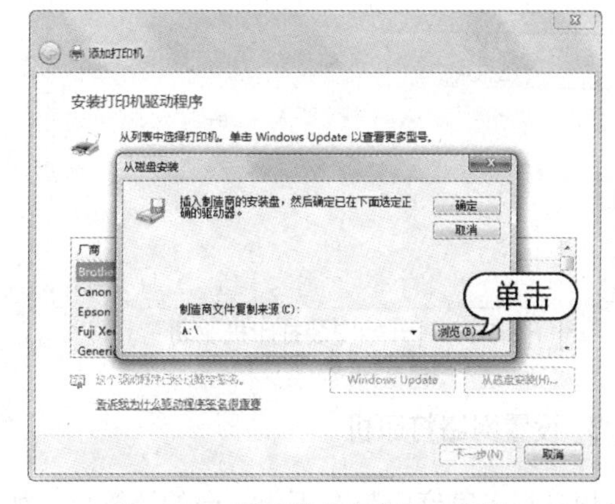

图 5-106　【从磁盘安装】对话框

(7) 打开【查找文件】对话框，选中打印机的驱动文件后，单击【打开】按钮，返回【从磁盘安装】对话框。

(8) 在【从磁盘安装】对话框中，单击【确定】按钮，返回到【安装打印机驱动程序】对话框。在对话框中的列表框内，选中对应的打印机驱动程序后，单击【下一步】按钮，如图 5-107 所示。

(9) 打开【键入打印机名称】对话框，在【打印机名称】文本框中，输入打印机的名称后，单击【下一步】按钮，如图 5-108 所示。

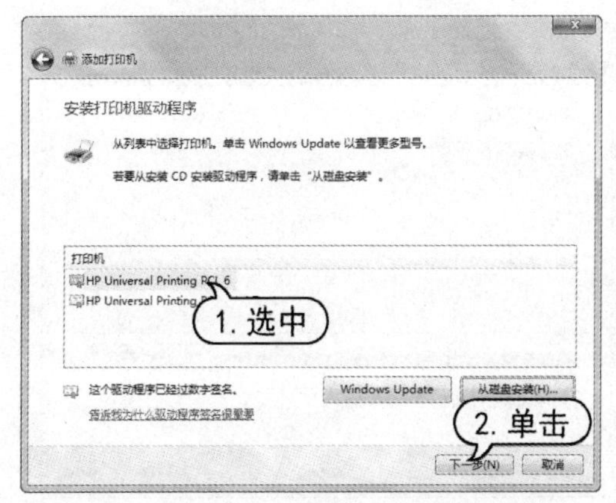

图 5-107　选中对应的打印机驱动程序

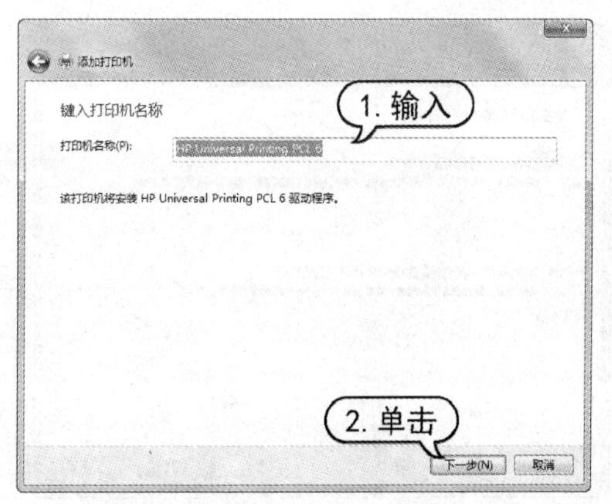

图 5-108　输入打印机的名称

(10) 程序开始安装打印机驱动，如图 5-109 所示。

(11) 完成以上操作后，系统将打开如图 5-110 所示的对话框，完成打印机驱动程序的安装。用户可以在该对话框中，单击【打印测试页】按钮，测试打印机的打印效果是否正常。

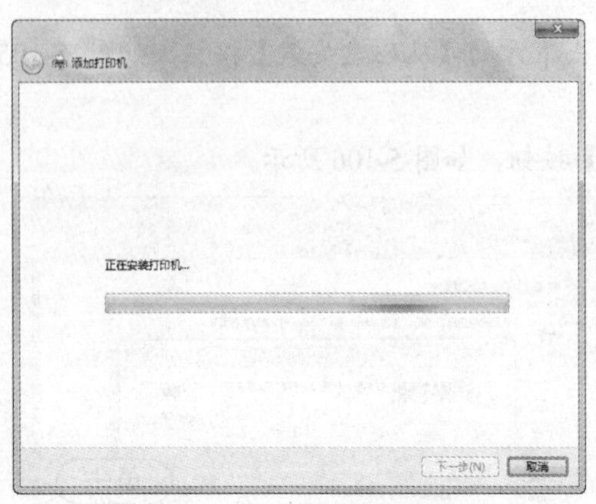

图 5-109 开始安装打印机驱动

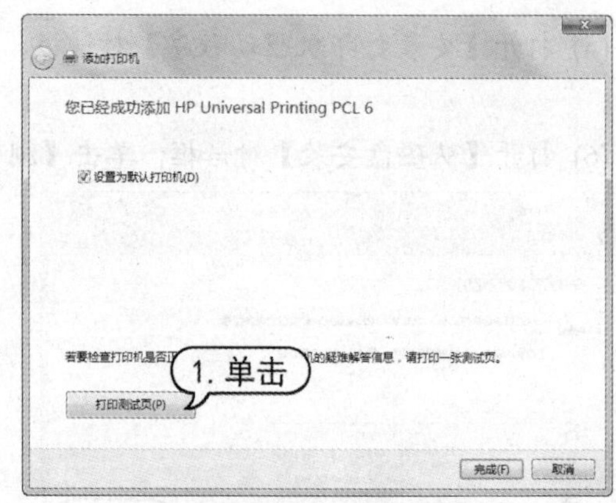

图 5-110 打印测试页

3. 设置网络打印机

现在很多家庭中都有不止一台的计算机，如果为每台计算机都配备一台打印机过于浪费，可以让多台计算机共用一台打印机。

【例 5-24】在 Windows 7 操作系统中配置网络打印机。

(1) 单击【开始】按钮，在弹出的菜单中选中【设备和打印机】命令，打开【设备和打印机】窗口。

(2) 单击【添加打印机】按钮，打开【添加打印机】对话框，单击【添加网络、无线或 Bluetooth 打印机】按钮，如图 5-111 所示。

(3) 打开【正在搜索可用打印机】对话框，开始自动搜索网络中的可用打印机，如图 5-112 所示。

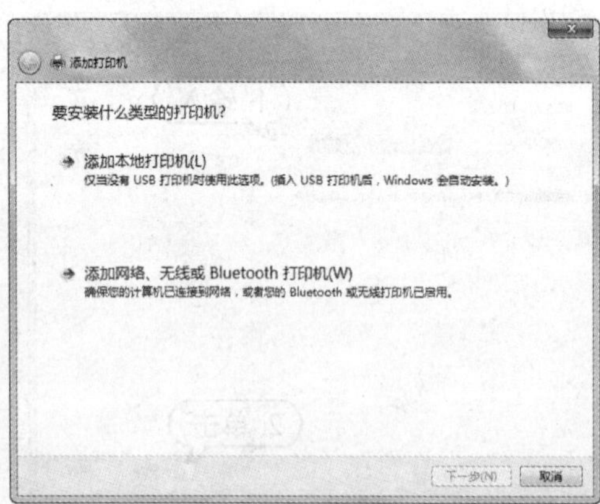

图 5-111 添加网络、无线或 Bluetooth 打印机

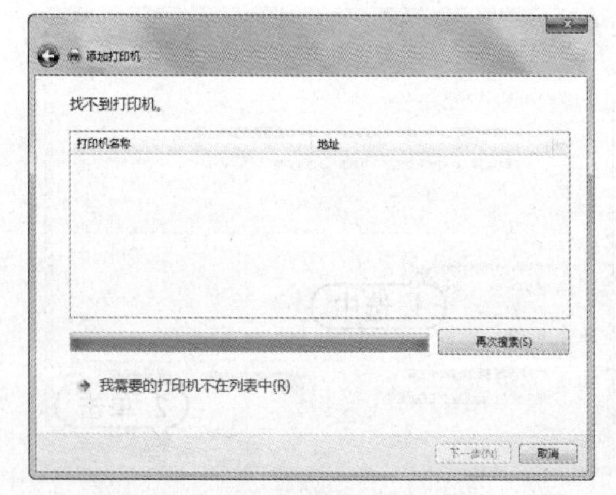

图 5-112 搜索网络中的可用打印机

(4) 在打开的对话框中选中【按名称选择共享打印机】单选按钮后，单击【浏览】按钮，如图 5-113 所示。

(5) 在打开的对话框中选中网络中其他计算机上的打印机，然后单击【选择】按钮，返回【按名称或 TCP/IP 地址查找打印机】对话框，如图 5-114 所示。

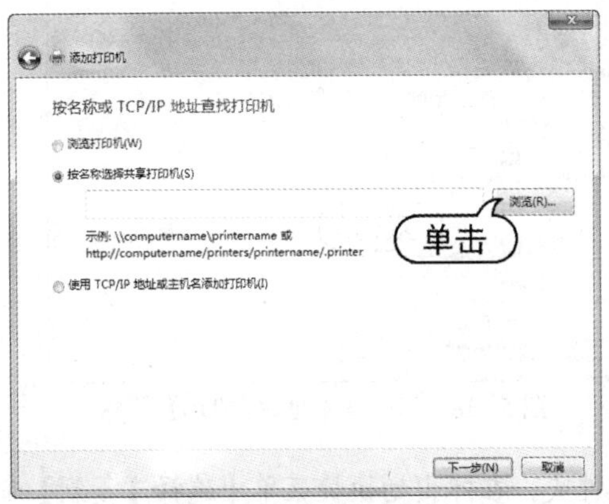

图 5-113　查找打印机

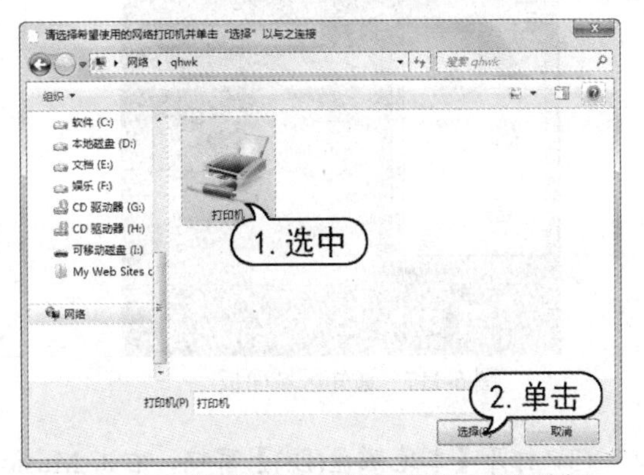

图 5-114　选择网络中其他计算机上的打印机

(6) 在【按名称或 TCP/IP 地址查找打印机】对话框中，单击【下一步】按钮，系统将连接网络打印机，如图 5-115 所示。

(7) 成功连接打印机后，在打开的对话框中单击【下一步】按钮，如图 5- 116 所示。

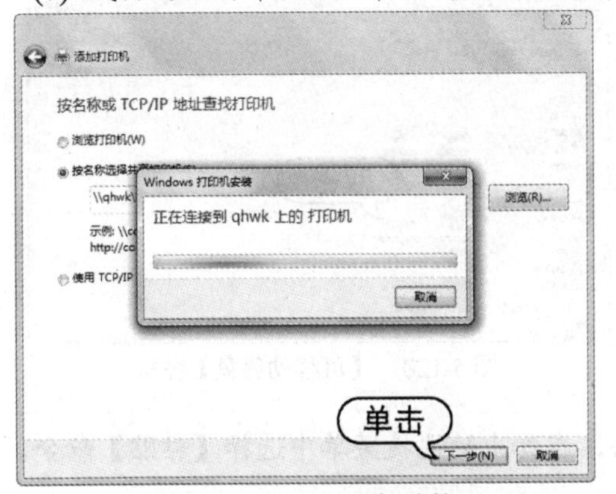

图 5-115　进行打印机连接

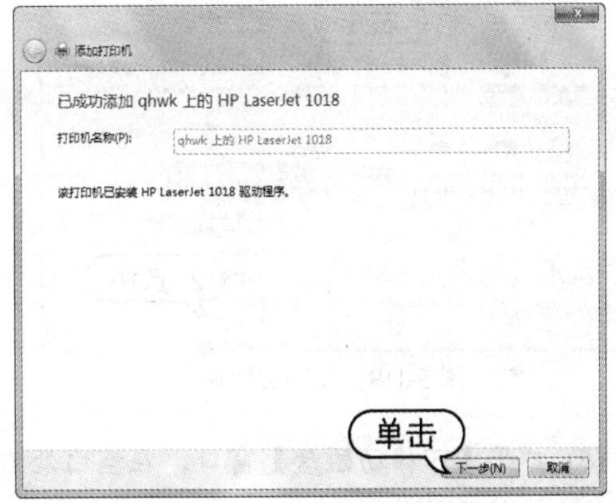

图 5-116　成功连接打印机

(8) 最后，在打开的对话框中单击【完成】按钮，完成网络打印机的设置。

5.7.2　使用移动存储设备

U 盘、移动硬盘是目前最为常用的移动存储设备，用户可以使用它们将计算机中的数据与资料随身携带。用户可以参考下例所介绍的方法，在计算机中使用 U 盘与移动硬盘。

【例 5-25】 操作移动硬盘，将当前计算机 D 盘中的 Music 文件夹拷贝到 U 盘中。

(1) 将 U 盘插入到计算机机箱上的 USB 插槽中，连接成功后，在桌面任务栏的通知区域面板中会显示图标，如图 5-117 所示。

(2) 此时，双击【计算机】图标，打开【计算机】窗口，在【有可移动存储的设备】区域会出现一个【可移动磁盘】图标。双击【本地磁盘(D:)】图标，如图 5-118 所示。

图 5-117 通知区域面板

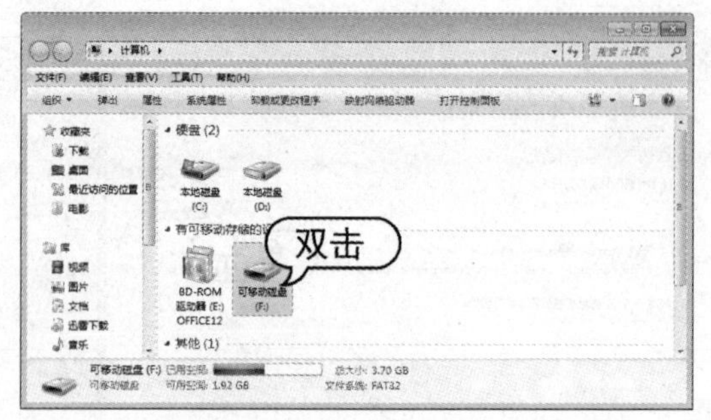

图 5-118 双击【本地磁盘(D:)】图标

(3) 打开【本地磁盘(D:)】窗口，右击 Music 文件夹，在弹出的快捷菜单中选择【复制】命令，如图 5-119 所示。

(4) 返回【计算机】窗口，双击【可移动磁盘】图标，如图 5-120 所示。

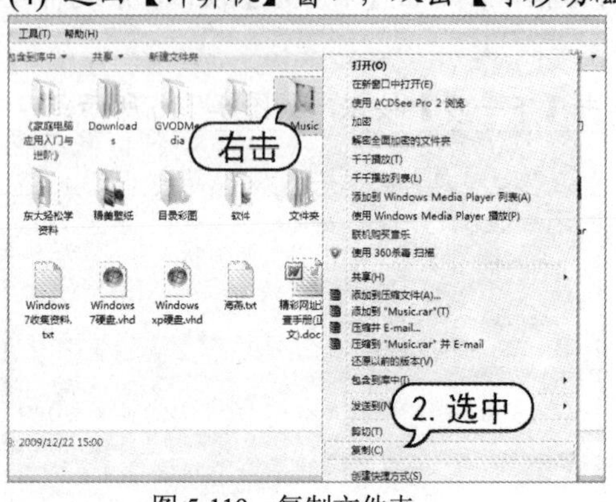

图 5-119 复制文件夹

图 5-120 【可移动磁盘】图标

(5) 打开【可移动磁盘】窗口，在空白处右击，在弹出的快捷菜单中选择【粘贴】命令，如图 5-121 所示。

(6) 系统即可开始复制文件到 U 盘中并显示文件复制的进度，如图 5-122 所示。

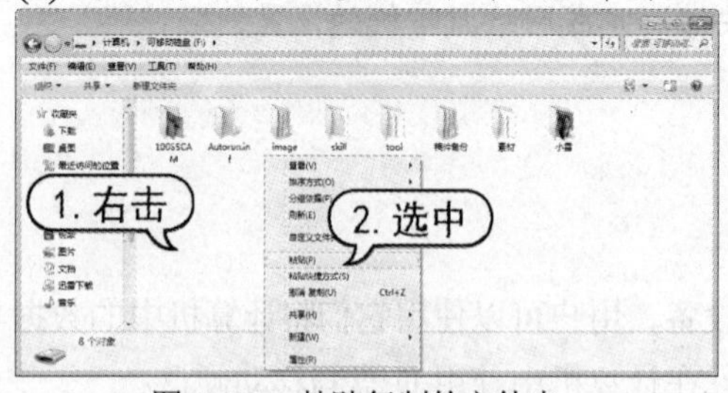

图 5-121 粘贴复制的文件夹

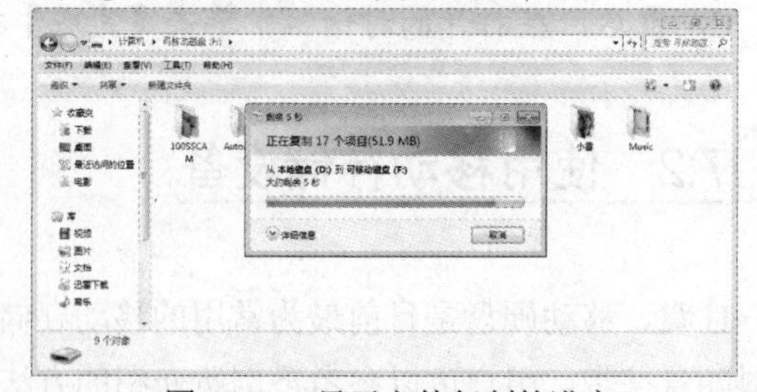

图 5-122 显示文件复制的进度

(7) 此时，观察 U 盘的指示灯，会发现指示灯在不停地闪烁，说明在 U 盘和计算机之间有转移文件的操作。

(8) 文件复制完成后，如图 5-123 所示。U 盘不能直接拔下，应先将目前打开的关于 U 盘的文件和文件夹全部关闭，然后单击通知区域面板中的图标，并选择【弹出 Mass Storage】命令，如图 5-124 所示。

(9) 当桌面的右下角出现【安全地移除硬件】提示并且 U 盘的指示灯熄灭时，再将 U 盘从计算机上拔出，如图 5-125 所示。

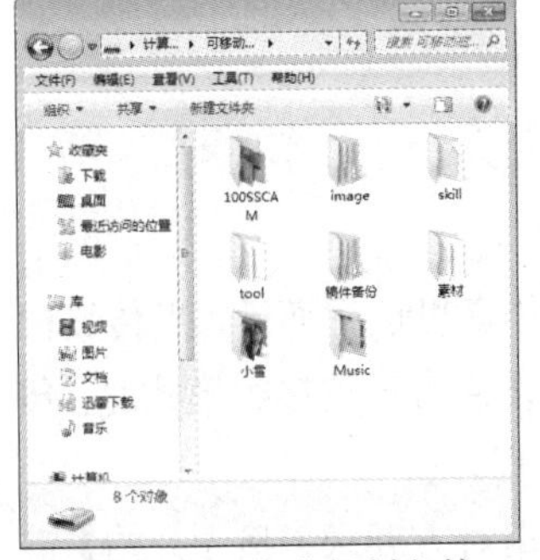
图 5-123　完成复制文件

图 5-124　弹出 Mass Storage

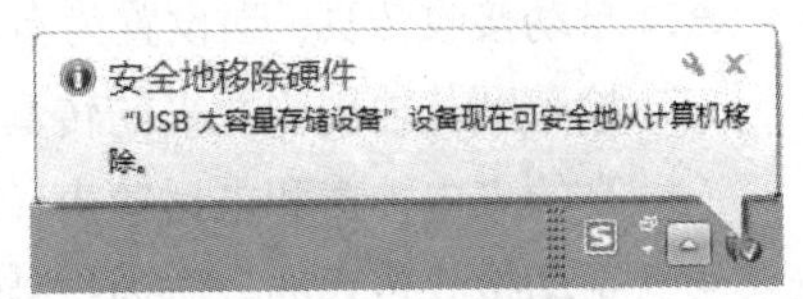

图 5-125　安全地移除硬件

5.7.3　使用传真机

传真机在日常办公事务中发挥着非常重要的作用，它因其可以不受地域限制发送信号，且传送速度快、接收的副本质量好、准确性高等特点已成为众多企业传递信息的重要工具之一，如图 5-126 所示。

图 5-126　传真机

传真机通常具有普通电话的功能，但其操作比电话机复杂一些。传真机的外观与结构各不相同，但一般都包括操作面板、显示屏、话筒、纸张入口和纸张出口等部分。其中，操作面板是传真机最为重要的部分，它包括数字键、【免提】键、【应答】键和【重拨/暂停】键等，另外还包括【自动/手动】键、【功能】键、【设置】键等按键和一些工作状态指示灯。

1. 发送传真

在连接好传真机之后，按下传真机的电源开关，就可以使用传真机传递信息了。

发送传真的方法很简单，先将传真机的导纸器调整到需要发送的文件的宽度，再将要发送的文件的正面朝下放入纸张入口中。在发送时，应把先发送的文件放置在最下面。然后拨打接收方的传真号码，要求对方传输一个信号，当听到从接收方传真机传来的传输信号(一般是“嘟”声)时，按【开始】键即可进行文件的传输。

2. 接收传真

使用传真机接收传真的方式有自动接收和手动接收两种。

- 自动接收传真：当设置为自动接收模式时，用户无法通过传真机进行通话，当传真机检查到其他用户发来的传真信号后便会开始自动接收；当设置为手动接收模式时，传真的来电铃声和电话铃声一样，用户需手动操作来接收传真。
- 手动接收传真的方法为：当听到传真响起时拿起话筒，根据对方要求，按【开始】键接收信号。当对方发送传真数据后，传真机将自动接收传真文件。

5.8 上机练习

本章主要介绍了安装硬件驱动程序和检测计算机硬件性能的相关常识。本次上机练习向用户介绍一款比较常用的硬件检测软件——鲁大师，使读者进一步掌握查看和维护计算机硬件的方法。

【例 5-26】使用【鲁大师】硬件检测工具，检测并查看当前计算机硬件的详细信息。

(1) 下载并安装【鲁大师】软件，然后启动该软件，将自动检测计算机硬件信息，如图 5-127 所示。

(2) 在【鲁大师】软件的界面左侧，单击【硬件健康】按钮，在打开的界面中将显示硬件的制造信息，如图 5-128 所示。

图 5-127 自动检测计算机硬件信息

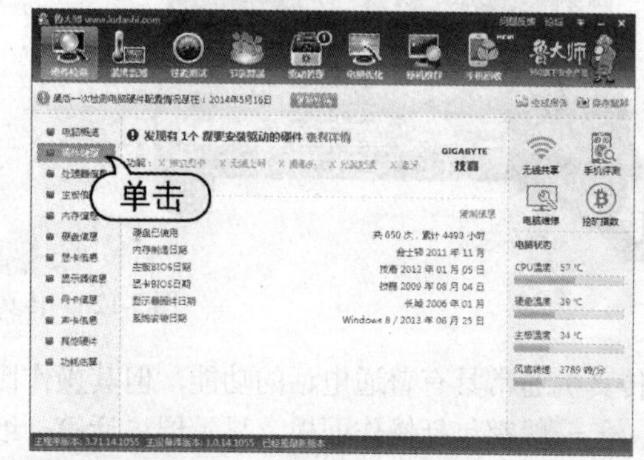

图 5-128 显示硬件的制造信息

(3) 单击【鲁大师】软件界面左侧的【处理器信息】按钮，在打开的界面中可以查看 CPU 的详细信息，如处理器类型、速度、生产工艺、插槽类型、缓存以及处理器特征等，如图 5-129 所示。

(4) 单击【鲁大师】软件左侧的【主板信息】按钮，显示计算机主板的详细信息，包括型号、芯片组、BIOS 版本和制造日期，如图 5-130 所示。

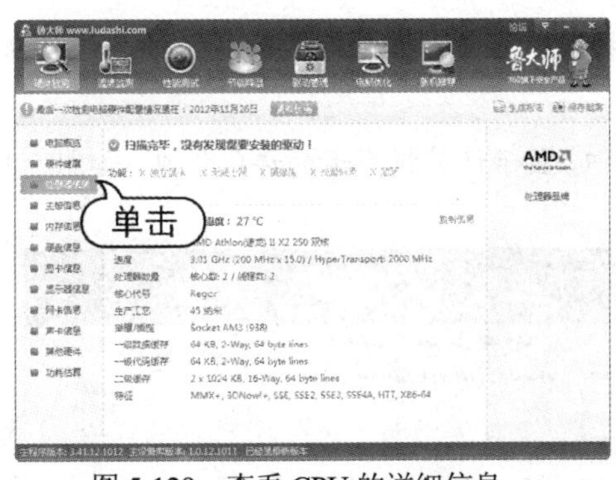

图 5-129　查看 CPU 的详细信息

图 5-130　显示计算机主板的详细信息

(5) 单击【鲁大师】软件左侧的【内存信息】按钮，显示计算机内存的详细信息，包括制造日期、型号和序列号等，如图 5-131 所示。

(6) 单击【鲁大师】软件左侧的【硬盘信息】按钮，显示计算机硬盘的详细信息，包括产品型号、容量大小、转速、缓存、使用次数、数据传输率等，如图 5-132 所示。

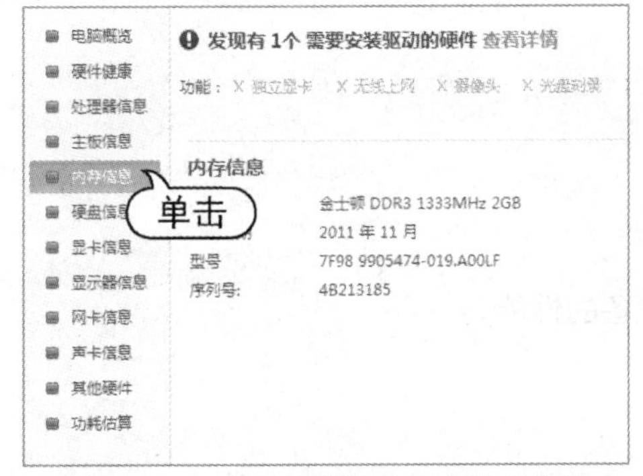

图 5-131　显示计算机内存的详细信息

图 5-132　显示计算机硬盘的详细信息

(7) 单击【鲁大师】软件左侧的【显卡信息】按钮，显示计算机显卡的详细信息，包括显卡型号、显存大小、制造商等，如图 5-133 所示。

(8) 单击【鲁大师】软件左侧的【显示器信息】按钮，显示显示器的详细信息，包括产品型号、显示器屏幕尺寸等，如图 5-134 所示。

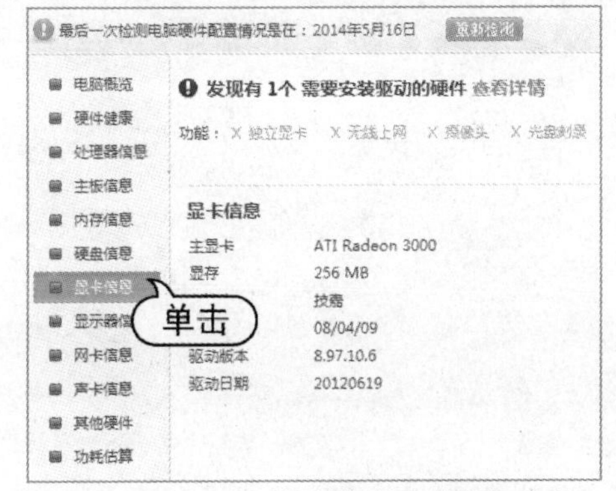

图 5-133　显示计算机显卡的详细信息

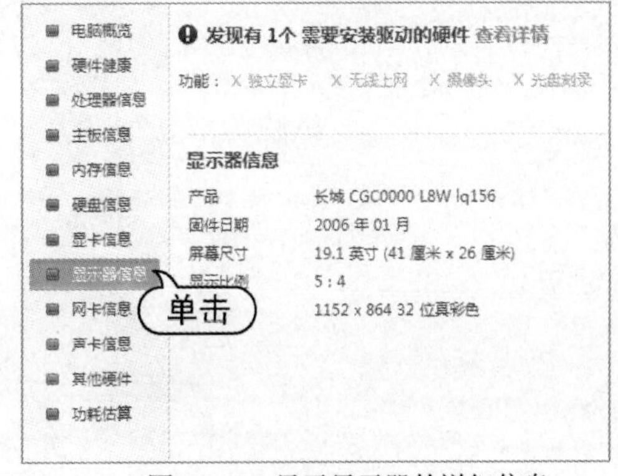

图 5-134　显示显示器的详细信息

(9) 单击【鲁大师】软件左侧的【网卡信息】按钮，显示计算机网卡的详细信息，包括网卡型号和制造商，如图 5-135 所示。

(10) 单击【鲁大师】软件左侧的【声卡信息】按钮，显示计算机声卡的详细信息，如图 5-136 所示。

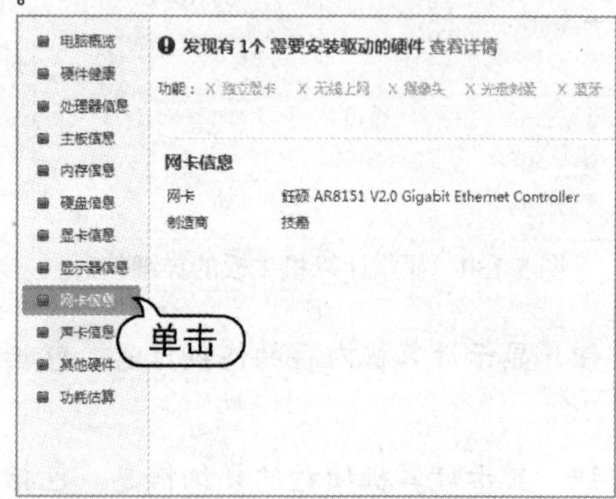

图 5-135　显示计算机网卡的详细信息

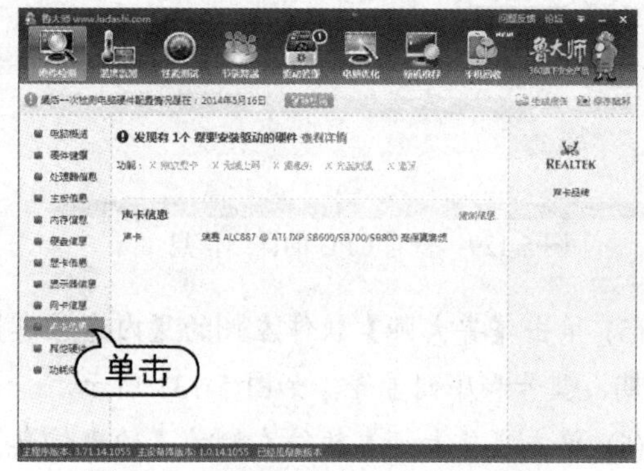

图 5-136　显示计算机声卡的详细信息

5.9 习题

1. 简述如何安装显卡驱动程序。
2. 如何使用 Windows 7 自带的功能检测硬件设备的性能？
3. 如何使用DirectX诊断工具查看硬件信息？

第6章 系统的应用与常用软件

学习目标

安装好 Windows 7 操作系统之后，就可以开始体验该操作系统了。计算机在日常办公使用中，需要很多软件加以辅助。常用的软件有 Office 办公软件、WinRAR 压缩软件、图片浏览软件 ACDSee 等。本章将详细介绍在计算机中如何操作 Windows 7 系统和一些常用软件的使用方法。

本章重点

- Windows 7 系统操作技巧
- 常用软件的操作

6.1 Windows 7 的桌面

在 Windows 7 操作系统中，“桌面”是一个重要的概念，它指的是当用户启动并登录操作系统后，用户所看到的一个主屏幕区域。桌面是用户进行工作的一个平面，它由桌面图标、【开始】按钮、任务栏等几个部分组成。

6.1.1 认识系统桌面

启动登录 Windows 7 后，出现在整个屏幕的区域称为“桌面”，如图 6-1 所示。在 Windows 7 系统下，大部分的操作都是通过桌面完成的。桌面主要由桌面图标、任务栏、开始菜单等组成。

- 桌面图标：桌面图标就是整齐排列在桌面上的一系列图片，图片由图标和图标名称两部分组成。有的图标左下角有一个箭头，这些图标被称为“快捷方式”，双击此类图标可以快速启动相应的程序，如图 6-2 所示。

图 6-1　桌面

图 6-2　桌面图标

- 任务栏：任务栏是位于桌面下方的一个条形区域，它显示了系统正在运行的程序、打开的窗口和当前时间等内容，如图 6-3 所示。
- 【开始】菜单：【开始】按钮位于桌面的左下角，单击该按钮将弹出【开始】菜单。【开始】菜单是 Windows 7 操作系统中的重要元素，其中存放了操作系统或系统设置的绝大多数命令，而且还可以使用当前操作系统中安装的所有程序，如图 6-4 所示。

图 6-3　任务栏

图 6-4　【开始】菜单

6.1.2　使用桌面图标

常用的桌面系统图标有【计算机】、【网络】、【回收站】和【控制面板】等。除了添加系统图标之外，用户还可以添加快捷方式图标。并且可以进行排列图标和重命名操作。

1. 添加系统图标

用户第一次进入 Windows 7 操作系统的时候，发现桌面上只有一个回收站图标。而计算机、网络、用户的文件和控制面板这些常用的系统图标都没有显示在桌面上，因此需要在桌面上添加这些系统图标。

【例 6-1】在桌面上添加【用户的文件】桌面图标。

(1) 右击桌面空白处，在弹出的快捷菜单中选择【个性化】命令，如图 6-5 所示。

(2) 在打开的【个性化】对话框中，选择【更改桌面图标】选项，如图 6-6 所示。

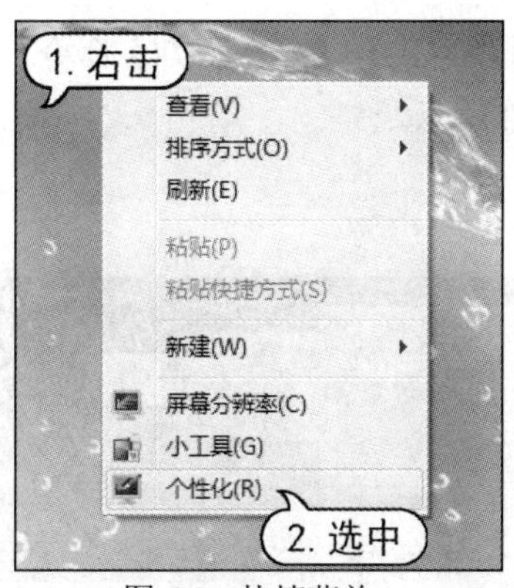

图 6-5　快捷菜单

图 6-6　【个性化】对话框

(3) 弹出【桌面图标设置】对话框。选中【用户的文件】复选框，单击【确定】按钮，如图 6-7 所示。

(4) 此时，即可在桌面上添加【用户的文件】图标，效果如图 6-8 所示。

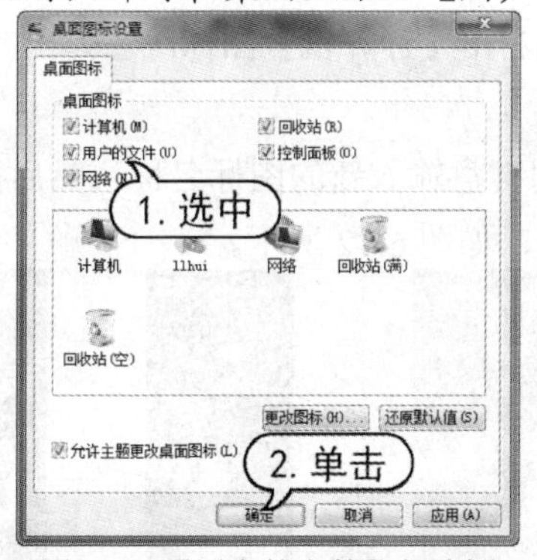

图 6-7　【用户的文件】复选框

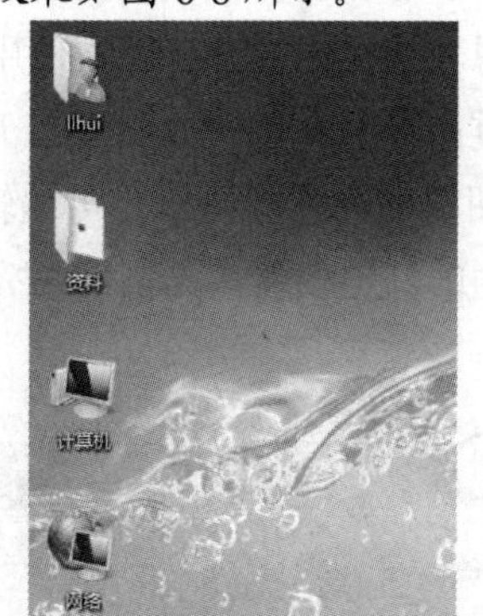

图 6-8　添加【用户的文件】图标

知识点

【用户的文件】图标通常以当前登录的系统账户名命名。另外，用户若要删除系统图标，可在【桌面图标设置】对话框中取消选中相应图标前面的复选框即可。

2. 添加快捷方式图标

除了系统图标，还可以添加其他应用程序或文件夹的快捷方式图标。

一般情况下，安装了一个新的应用程序后，都会自动在桌面上建立相应的快捷方式图标，如果该程序没有自动建立快捷方式图标，可采用以下方法来添加。

在程序的启动图标上右击，选择【发送到】|【桌面快捷方式】命令，即可创建一个快捷方式，如图 6-9 所示，并将其显示在桌面上。

3. 排列桌面图标

用户可以按照名称、大小、项目类型和修改日期来排列桌面图标。

首先右击桌面空白处，在弹出的快捷菜单中选择【排序方式】|【修改日期】命令。此时桌面图标即可按照修改日期的先后顺序进行排列，如图 6-10 所示。

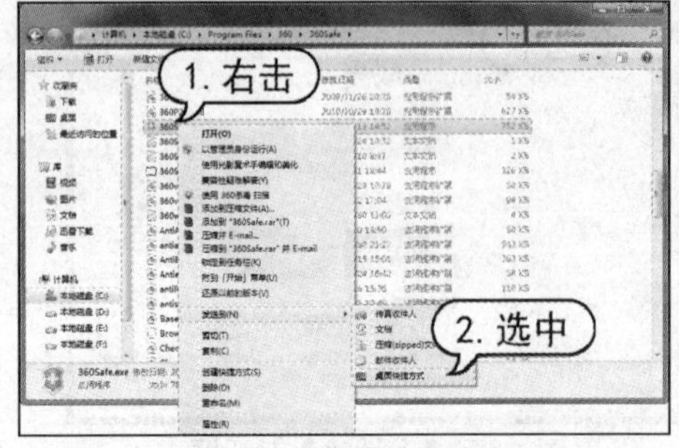

图 6-9　创建快捷方式

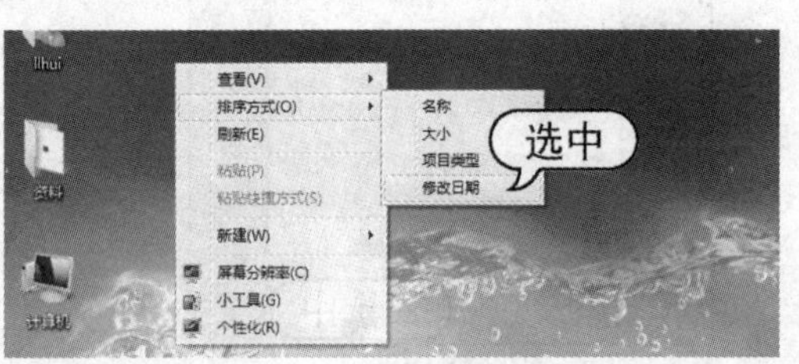

图 6-10　设置排列方式

4. 重命名图标

用户还可以根据自己的需要和喜好为桌面图标重新命名。一般来说，重命名的目的是为了让图标的意思表达得更明确，以方便用户使用。例如，右击【计算机】图标，在弹出的快捷菜单中选择【重命名】命令，如图 6-11 所示。

此时，图标的名称会显示为可编辑状态，直接使用键盘输入新的图标名称，然后按 Enter 键或者在桌面的其他位置单击，即可完成图标的重命名，如图 6-12 所示。

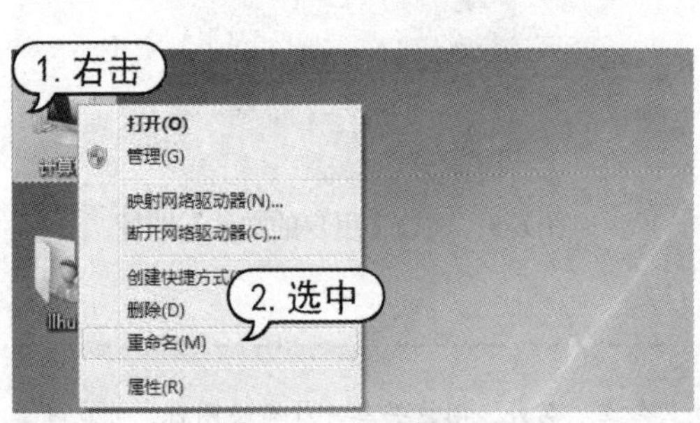

图 6-11　快捷菜单

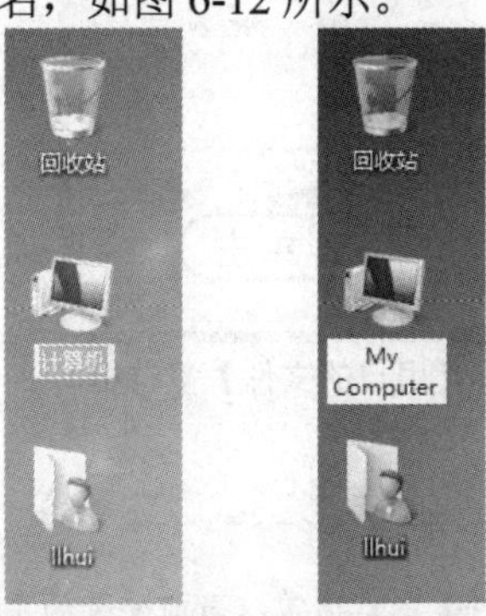

图 6-12　重命名图标

6.1.3　使用【开始】菜单

在 Windows 7 操作系统中，【开始】菜单主要由搜索文本框、所有程序列表等组成。

1. 搜索文本框

搜索文本框是 Windows 7 新增的功能，它不仅可以搜索系统中的程序，还可以搜索系统中的任意文件。用户只要在文本框中输入关键词，单击右侧的按钮即可进行搜索，搜索结果将显示在【开始】菜单上方的列表中。

【例 6-2】使用搜索文本框搜索计算机中的启动迅雷下载程序。

(1) 单击【开始】按钮，在【开始】菜单最下方的搜索文本框中输入“迅雷”。

(2) 系统会搜索出与关键字【迅雷】相匹配的内容，并将结果显示在【开始】菜单中，选中【启动迅雷 7】选项，如图 6-13 所示。

(3) 即可启动迅雷应用程序，显示该程序主界面，如图 6-14 所示。

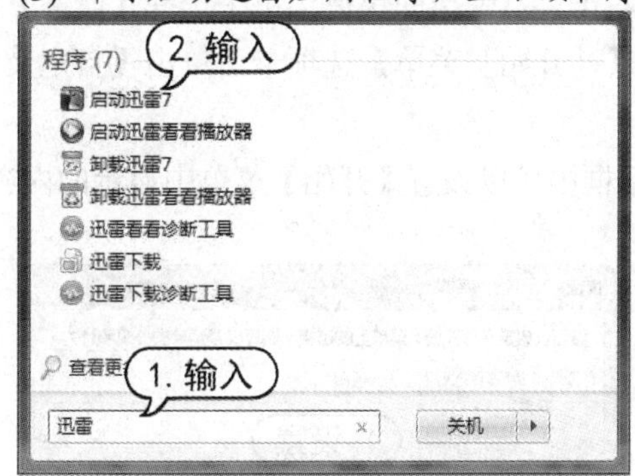

图 6-13　选中【启动迅雷 7】选项

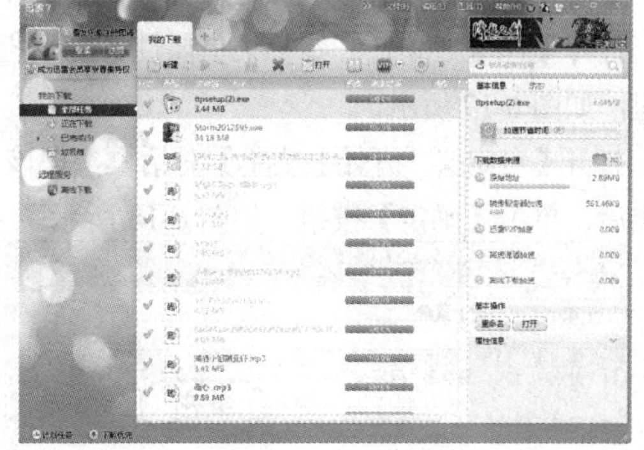

图 6-14　程序主界面

2. 所有程序列表

Windows 7 中的所有程序列表将以树形文件夹结构来呈现程序选项，无论有多少快捷方式，都不会超过当前【开始】菜单所占的面积，可以使用户查找程序更加方便和快捷。

【例 6-3】通过【开始】菜单，启动腾讯 QQ 程序。

(1) 单击【开始】按钮，在弹出的菜单中选择【所有程序】选项，如图 6-15 所示。

(2) 展开【所有程序】列表后，选中其中的【腾讯软件】|【腾讯 QQ】选项，即可启动该程序，如图 6-16 所示。

图 6-15　选中【所有程序】选项

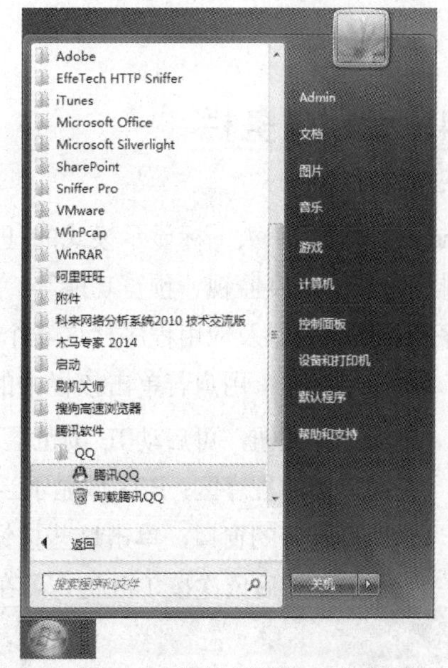

图 6-16　选择【腾讯 QQ】程序

3. 自定义【开始】菜单

用户可通过自定义的方式更改【开始】菜单中显示的内容。例如，用户可更改【开始】菜单中程序图标的大小和显示程序的数目等。

要自定义【开始】菜单，可在【开始】菜单上右击，从弹出的快捷菜单中选择【属性】命令，打开【任务栏和「开始」菜单属性】对话框的【「开始」菜单】选项卡，单击【自定义】按钮，如图 6-17 所示。

打开【自定义「开始」菜单】对话框，在该对话框中可以设置【开始】菜单中显示的内容。完成后，单击【确定】按钮，如图 6-18 所示。

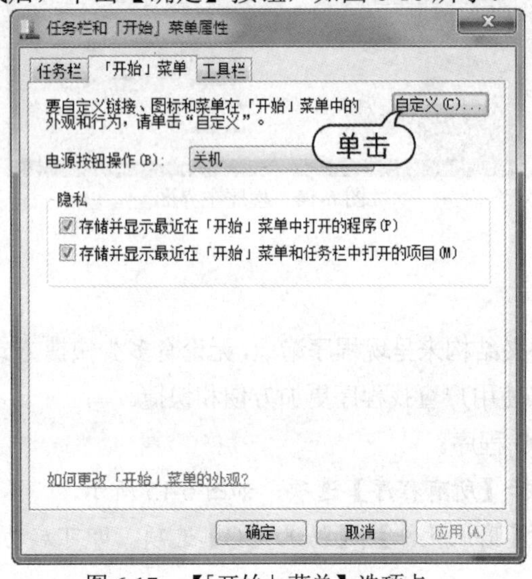

图 6-17 【「开始」菜单】选项卡

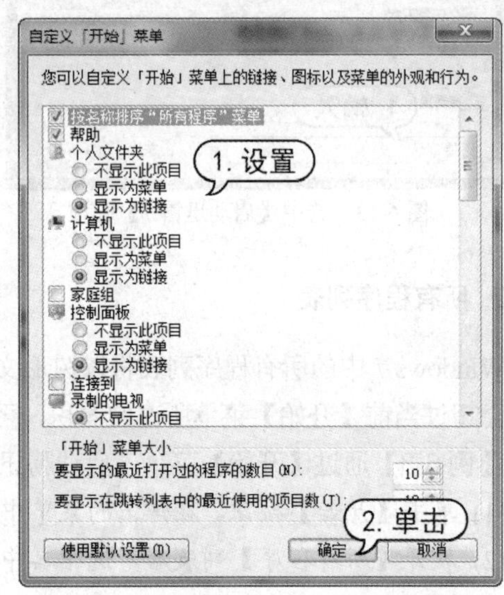

图 6-18 【自定义「开始」菜单】对话框

6.1.4 使用任务栏

Windows 7 采用了大图标显示模式的任务栏，并且还增强了任务栏的功能，如任务栏图标的灵活排序、任务进度监视、预览功能等。Windows 7 的任务栏主要包括快速启动栏、正在启动的程序区、语言栏以及应用程序栏这 4 个部分，其各自的功能如下。

- 快速启动栏：用户若单击该栏中的某个图标，可快速地启动相应的应用程序。例如，单击 按钮，可启动 IE 浏览器，如图 6-19 所示。
- 正在启动的程序区：该区域显示当前正在运行的所有程序，其中的每个按钮都代表一个已经打开的窗口，单击这些按钮即可在不同的窗口之间进行切换。另外，按住 Alt 键不放，然后依次按 Tab 键，可在不同的窗口之间进行快速地切换，如图 6-20 所示。

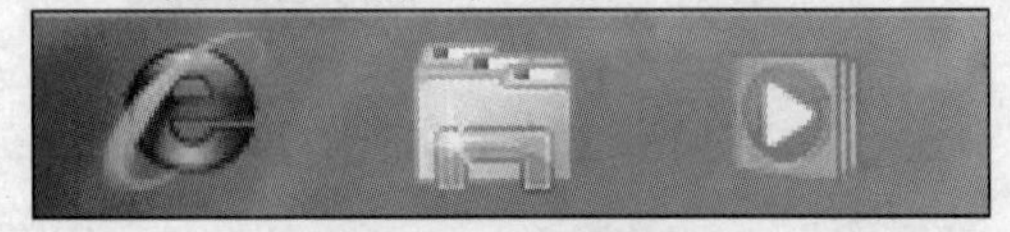

图 6-19 快速启动栏

图 6-20 正在启动的程序区

- 语言栏：该栏用来显示系统中当前正在使用的输入法和语言，如图 6-21 所示。
- 应用程序区：该区域显示系统当前的时间和在后台运行的某些程序。单击【显示隐藏的图标】按钮，可查看当前正在运行的程序，如图 6-22 所示。

图 6-21　输入法和语言

图 6-22　查看当前正在运行的程序

1. 任务栏图标排序

在 Windows 7 系统中，任务栏中图标的位置不再是固定不变的，用户可根据需要使用鼠标拖动的方式，任意拖动改变图标的位置，如图 6-23 所示。

Windows 7 将快速启动栏的功能和传统程序窗口对应的按钮进行了整合，单击这些图标即可打开对应的应用程序，并由图标转化为按钮的外观，用户可根据按钮的外观来分辨未运行的程序图标和已运行程序窗口按钮的区别，如图 6-24 所示。

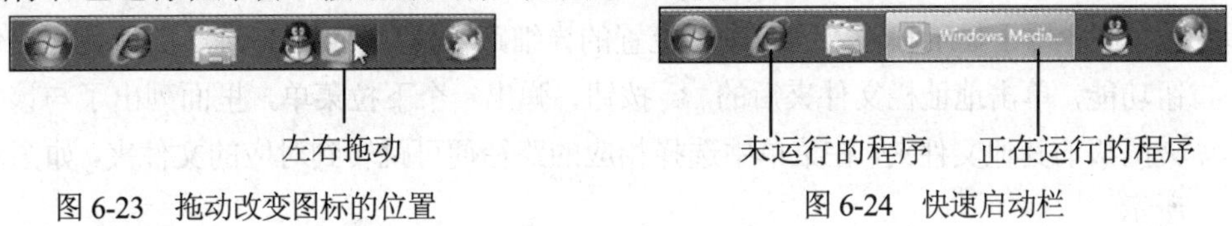

图 6-23　拖动改变图标的位置　　图 6-24　快速启动栏

2. 任务栏进度监视

在 Windows 7 操作系统中，任务栏中的按钮具有任务进度监视的功能。例如，用户在复制某个文件时，在任务栏的按钮中同样会显示复制的进度，如图 6-25 所示。

3. 显示桌面按钮

当桌面上打开的窗口比较多时，用户若要返回桌面，则要将这些窗口一一关闭或者最小化，这样不但麻烦而且浪费时间。

Windows 7 操作系统在任务栏的右侧设置了一个矩形按钮，当用户单击该按钮时，即可快速返回桌面，如图 6-26 所示。

图 6-25　任务栏进度监视

图 6-26　显示桌面按钮

6.2 Windows 7 的窗口和对话框

窗口是 Windows 操作系统中的重要组成部分，很多操作都是通过窗口来完成的。对话框是用户在操作计算机的过程中系统弹出的一个特殊窗口，在对话框中用户通过对选项的选择和设置，可以对相应的对象进行某项特定的操作。

6.2.1 窗口的组成

在 Windows 7 中最为常用的就是【计算机】窗口和一些应用程序的窗口，这些窗口的组成元素基本相同。

以【计算机】窗口为例，窗口的组成元素主要由标题栏、地址栏、搜索栏、工具栏、窗口工作区等元素组成，如图 6-27 所示。

- 普通安装：普通安装是指通过安装程序将软件安装到计算机中，目前绝大多数软件都采用该方法进行安装。使用该方法来安装软件，会在系统注册表与系统文件夹中写入软件相关信息与数据。
- 地址栏：用于显示和输入当前浏览位置的详细路径信息，Windows 7 的地址栏提供按钮功能，单击地址栏文件夹后的 ▸ 按钮，弹出一个下拉菜单，里面列出了与该文件夹同级的其他文件夹，在菜单中选择相应的路径便可跳转到对应的文件夹，如图 6-28 所示。

图 6-27 【计算机】窗口

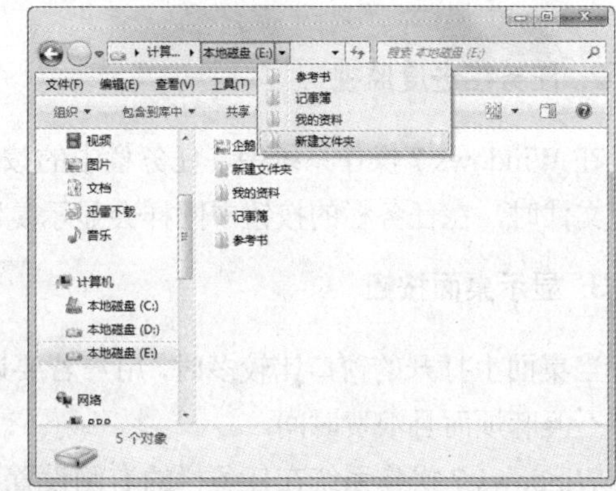

图 6-28 地址栏

- 搜索栏：Windows 7 窗口右上角的搜索栏与【开始】菜单中的【搜索框】作用和用法相同，都具有在计算机中搜索各种文件的功能。搜索时，地址栏中会显示搜索进度情况，如图 6-29 所示。
- 工具栏：工具栏位于地址栏下方，提供了一些基本工具和菜单任务，如图 6-30 所示。

图 6-29 搜索栏

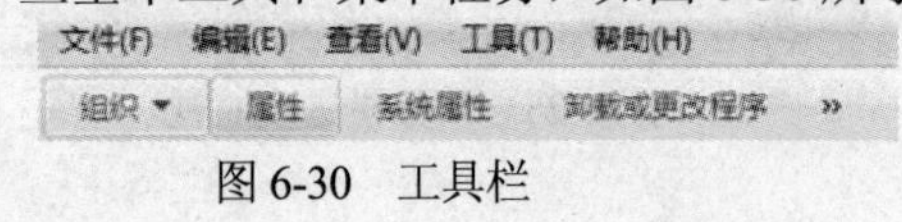

图 6-30 工具栏

- 窗口工作区：用于显示主要的内容，如多个不同的文件夹、磁盘驱动等。它是窗口中最主要的部分。
- 导航窗格：导航窗格位于窗口左侧的位置，它给用户提供了树状结构文件夹列表，从而方便用户迅速地定位所需的目标。窗格从上到下分为不同的类别，通过单击每个类别前的箭头，可以展开或者合并。
- 状态栏：位于窗口的最底部，用于显示当前操作的状态及提示信息，或当前用户选定对象的详细信息。

6.2.2　窗口的预览和切换

用户打开多个窗口并可以在这些窗口之间进行切换预览，Windows 7 操作系统提供了多种方式让用户快捷方便地切换预览窗口。

1. Alt+Tab 键预览窗口

当用户使用了 Aero 主题时，在按下 Alt+Tab 键后，用户会发现切换面板中会显示当前打开的窗口的缩略图，并且除了当前选定的窗口外，其余的窗口都呈现透明状态。按住 Alt 键不放，再按 Tab 键或滚动鼠标滚轮就可以在现有窗口缩略图中切换，如图 6-31 所示。

2. Win+Tab 键的 3D 切换效果

当用户按下 Win+Tab 键切换窗口时，可以看到立体 3D 切换效果。按住 Win 键不放，再按 Tab 或鼠标滚轮来切换各个窗口，如图 6-31 所示。

3. 通过任务栏图标预览窗口

当鼠标指针移至任务栏中的某个程序的按钮上时，在该按钮的上方会显示与该程序相关的所有打开的窗口的预览缩略图，单击其中的某一个缩略图，即可切换至该窗口如图 6-33 所示。

图 6-31　预览窗口

图 6-32　3D 切换效果

图 6-33　通过任务栏图标预览窗口

6.2.3　调整窗口大小

在 Windows 7 系统中用户可以通过 Windows 窗口右上角的最小化、最大化和还原按钮来调整窗口的形状。

【例 6-4】使用最大化、还原和最小化操作，调整【计算机】窗口大小。

(1) 在桌面上双击【计算机】图标打开【计算机】窗口后，单击该窗口右上角的【最大化】按钮，设置窗口最大化，如图 6-34 所示。

(2) 设置窗口最大化后，【计算机】窗口将占满屏幕显示，此时再次单击的最大化按钮，将还原窗口大小。单击【最大化】按钮左侧的【最小化】按钮，可以将【最小化】按钮隐藏在任务栏中，如图 6-35 所示。

图 6-34　单击【最大化】按钮

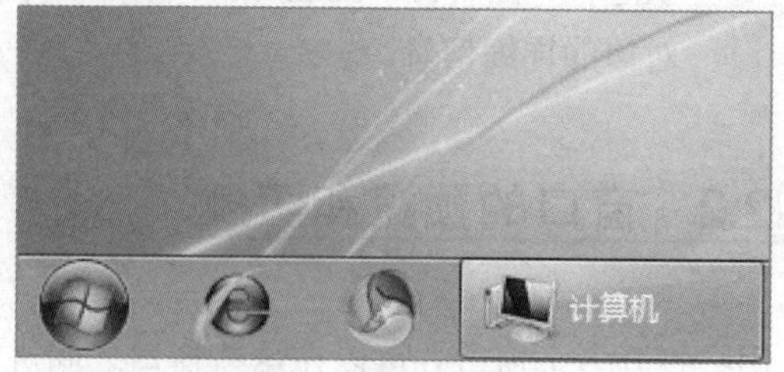

图 6-35　隐藏在任务栏中

(3) 单击【最大化】按钮右侧的【关闭】按钮，则可以关闭【计算机】窗口。

6.2.4　窗口的排列

在 Windows 7 操作系统中，提供了层叠窗口、堆叠显示窗口和并排显示窗口这 3 种窗口排列方法，通过多窗口排列可以使窗口排列更加整齐，方便用户进行各种操作。

【例 6-5】将打开的多个应用程序窗口按照层叠方式排列。

(1) 打开多个应用程序的窗口，然后在任务栏的空白处右击，在弹出的快捷菜单中选择【层叠窗口】命令，如图 6-36 所示。

(2) 此时，打开的所有窗口(最小化的窗口除外)将会以层叠的方式在桌面上显示，如图 6-37 所示。

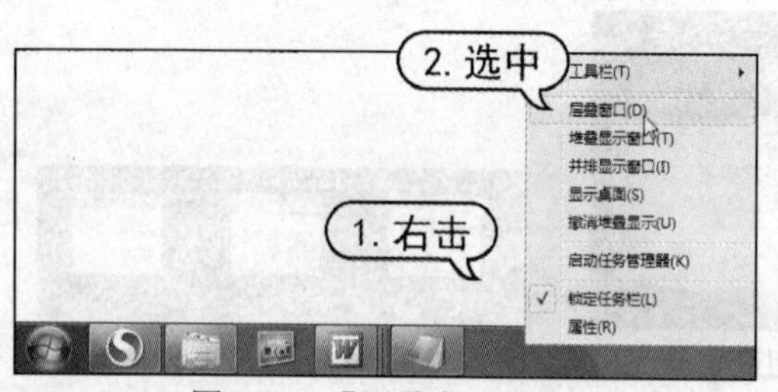

图 6-36　【层叠窗口】命令

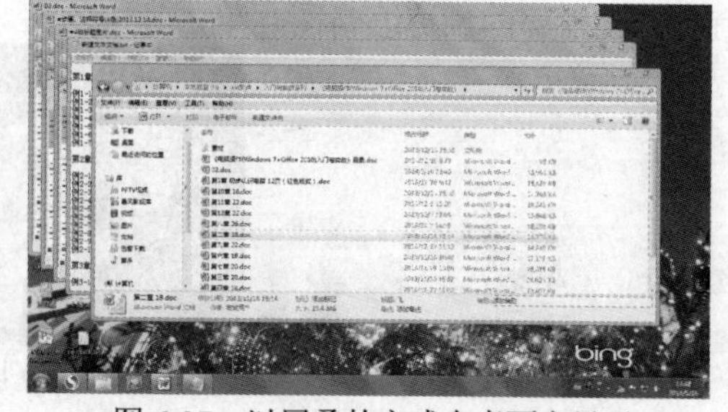

图 6-37　以层叠的方式在桌面上显示

知识点

当用户将窗口拖动至桌面的左右边沿时，窗口会自动垂直填充屏幕。同理，当用户将窗口拖离边沿时，将自动还原。

6.3　设置个性化任务栏

任务栏就是位于桌面下方的小长条，作为 Windows 7 系统的超级助手，用户可以对任务栏进行个性化的设置，使其更加符合用户的使用习惯。

6.3.1　自动隐藏任务栏

如果用户打开的窗口过大，窗口的下方将被任务栏覆盖，用户可以选择将任务栏进行自动隐藏，这样可以给桌面提供更多的视觉空间。

【例 6-6】在 Windows 7 中将任务栏设置为自动隐藏。

(1) 右击任务栏的空白处，在弹出的快捷菜单中，选择【属性】命令，如图 6-38 所示。

(2) 弹出【任务栏和「开始」菜单属性】对话框。选中【自动隐藏任务栏】复选框，单击【确定】按钮，完成设置，如图 6-39 所示。

(3) 任务栏即可自动隐藏，只须将鼠标指针移动至原任务栏的位置，任务栏即可自动重新显示，当鼠标指针离开时，任务栏会重新隐藏，如图 6-40 所示。

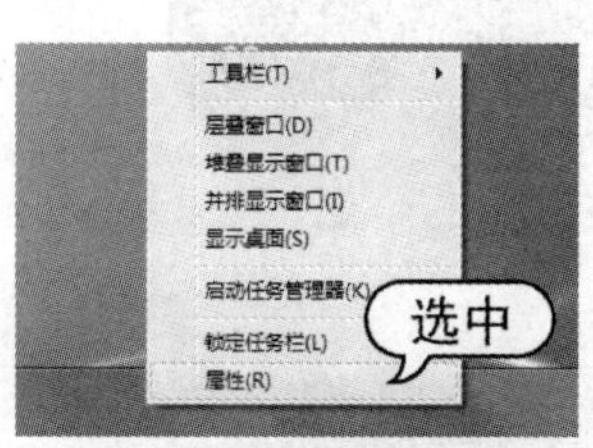

图 6-38 【属性】命令

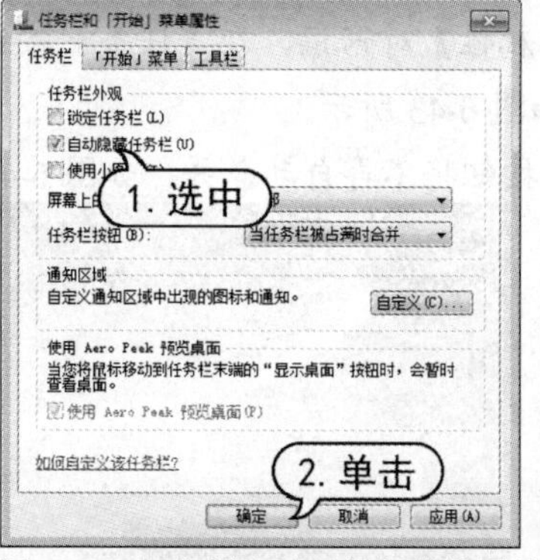

图 6-39　任务栏和『开始』菜单属性

图 6-40　任务栏自动隐藏

6.3.2　调整任务栏的位置

任务栏的位置并非只能摆放在桌面的最下方，用户可根据喜好将任务栏摆放到桌面的上方、左侧或右侧。

要调整任务栏的位置，应先右击任务栏的空白处，在弹出的快捷菜单中取消【锁定任务栏】选项，如图 6-41 所示。

然后将鼠标指针移至任务栏的空白处，将任务栏拖动至桌面左侧，如图 6-42 所示。

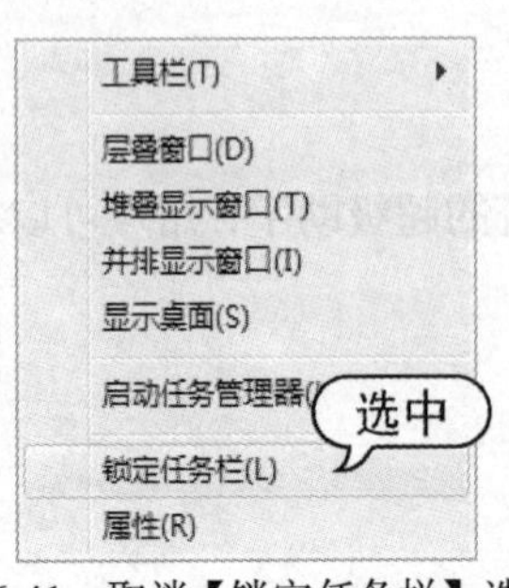

图 6-41　取消【锁定任务栏】选项　　　　图 6-42 将任务栏拖动至桌面左侧

6.3.3　更改按钮的显示方式

Windows 7 任务栏中的按钮会默认合并，如果用户觉得这种方式不符合以前的使用习惯，可通过设置来更改任务栏中按钮的显示方式。

【例 6-7】使 Windows 7 任务栏中的按钮不再自动合并。

(1) 右击任务栏的空白处，在弹出的快捷菜单中选择【属性】命令。

(2) 打开【任务栏和「开始」菜单属性】对话框，在【任务栏按钮】下拉菜单中选择【从不合并】选项，单击【确定】按钮，如图 6-43 所示。

(3) 此时，任务栏中相似的任务栏按钮将不再自动合并，如图 6-44 所示。

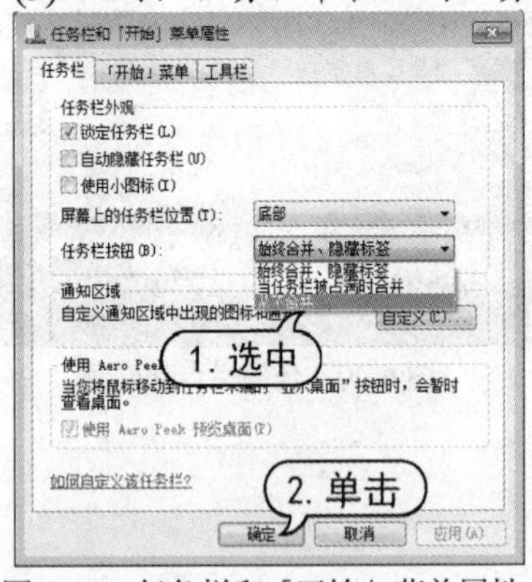

图 6-43　任务栏和「开始」菜单属性　　　　图 6-44　任务栏按钮将不再自动合并

6.3.4　自定义通知区域

任务栏的通知区域显示的是计算机中当前运行的某些程序的图标，如 QQ、迅雷、瑞星杀毒软件等。如果打开的程序过多，通知区域会显得杂乱无章。Windows 7 操作系统为通知区域设置了一个小面板，程序的图标都存放在这个小面板中，这为任务栏节省了大量的空间。另外，用户还可自定义任务栏通知区域中图标的显示方式，以方便操作。

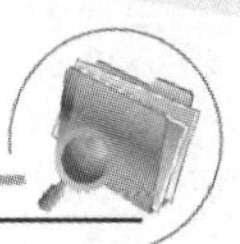

【例 6-8】自定义通知区域中图标的显示方式。

(1) 单击通知区域的【显示隐藏的图标】按钮 ，弹出通知区域面板，选择【自定义】选项，如图 6-45 所示。

(2) 打开【通知区域图标】对话框，在 QQ 选项后方的下拉菜单中选择【显示图标和通知】选项，即可在通知区域重新显示 QQ 图标，如图 6-46 所示。

图 6-45　通知区域面板

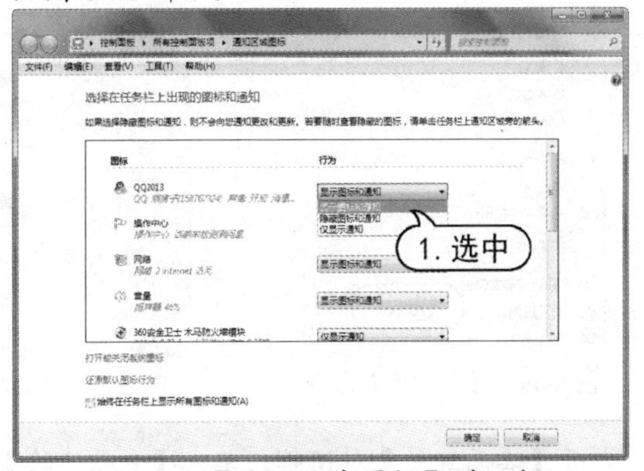

图 6-46　【通知区域图标】对话框

(3) 设置完成后，通知区域中将重新显示 QQ 图标，如图 6-47 所示。

(4) 若想重新隐藏 QQ 图标，可直接将 QQ 图标拖动至小面板中即可，如图 6-48 所示。

图 6-47　重新显示 QQ 图标

图 6-48　将 QQ 图标拖动至小面板

6.4　设置计算机办公环境

使用 Windows 7 进行计算机办公时，用户可根据自己的习惯和喜好为系统打造一个个性化的办公环境，如设置桌面背景、设置日期和时间等。

6.4.1　设置桌面背景

桌面背景就是 Windows 7 系统桌面的背景图案，又叫作墙纸。用户可以根据自己的喜好更换桌面背景。

【例 6-9】更换桌面背景

(1) 启动 Windows 7 系统后，右击桌面空白处，在弹出的快捷菜单中选择【个性化】命令，如图 6-49 所示。

(2) 打开【个性化】对话框，并选择【桌面背景】图标，如图 6-50 所示。

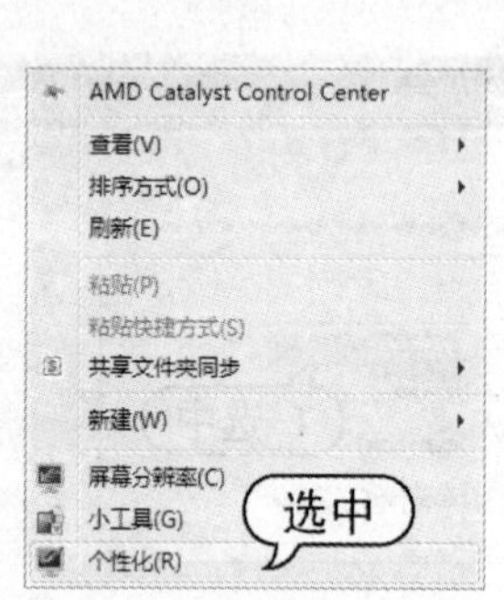

图 6-49 【个性化】命令

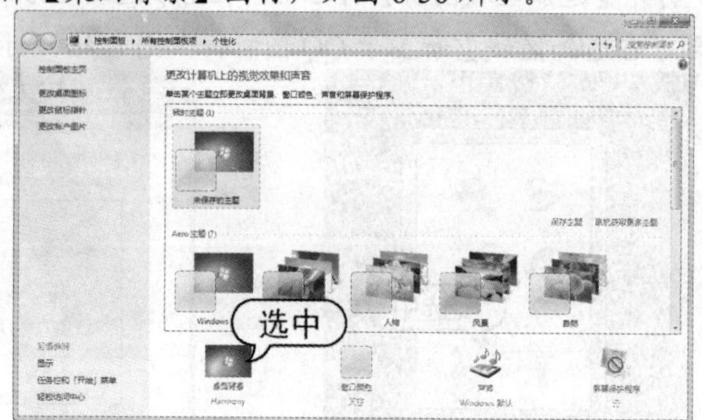

图 6-50 桌面背景

(3) 打开【桌面背景】对话框，单击【全面清除】按钮，选中一幅图片，单击【保存修改】按钮，如图 6-51 所示。

(4) 此时，操作系统桌面背景的效果如图 6-52 所示。

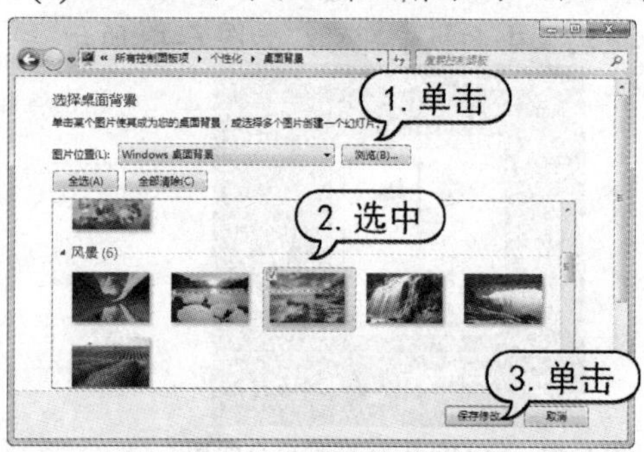

图 6-51 保存修改

图 6-52 系统桌面效果

6.4.2 设置屏幕保护程序

屏幕保护是为了保护显示器而设计的一种专门的程序。屏幕保护程序是指在一定时间内，没有使用鼠标或键盘进行任何操作而在屏幕上显示的画面。设置屏幕保护程序可以对显示器起到保护作用，使显示器处于节能状态。

【例 6-10】在 Windows 7 中，使用【气泡】作为屏幕保护程序。

(1) 在桌面空白处右击，在弹出的快捷菜单中，选择【个性化】命令，弹出【个性化】窗口。选择下方的【屏幕保护程序】选项。

(2) 打开【屏幕保护程序设置】对话框。在【屏幕保护程序】下拉菜单中选择【气泡】选项。在【等待】微调框中设置时间为 1min，设置完成后，单击【确定】按钮，完成屏幕保护程

序的设置，如图 6-53 所示。

(3) 当屏幕静止时间超过设定的等待时间时(鼠标键盘均没有任何动作)，系统即可自动启动屏幕保护程序，如图 6-54 所示。

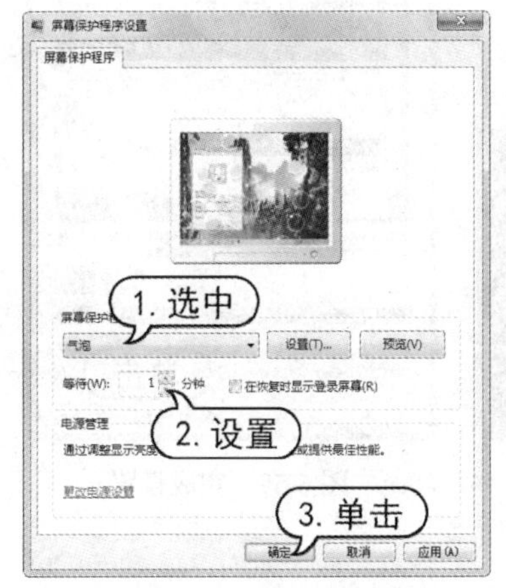

图 6-53　设置屏幕保护

图 6-54　系统屏幕保护效果

6.4.3　更改颜色和外观

在 Windows 7 操作系统中，用户可根据自己的喜好自定义窗口、【开始】菜单以及任务栏的颜色和外观。

【例 6-11】为 Windows 7 操作系统的窗口设置个性化的颜色和外观

(1) 在桌面空白处右击，在弹出的快捷菜单中，选择【个性化】命令，弹出【个性化】对话框，选择下方【窗口颜色】图标，如图 6-55 所示。

(2) 打开【窗口颜色和外观】对话框，选择【高级外观设置】选项，如图 6-56 所示。

图 6-55　选择【窗口颜色】图标

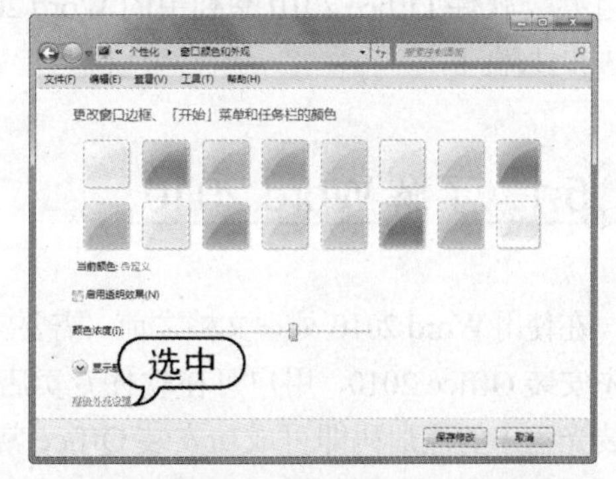

图 6-56　【窗口颜色和外观】对话框

(3) 打开【窗口颜色和外观】对话框，在【项目】下拉菜单中选择【活动窗口标题栏】选项，如图 6-57 所示。

(4) 在【颜色 1】下拉菜单中选择【绿色】，在【颜色 2】下拉菜单中选择【紫色】，如图

6-58 所示。

(5) 选择完成后，在【窗口颜色和外观】对话框中，单击【确定】按钮，如图 6-59 所示。

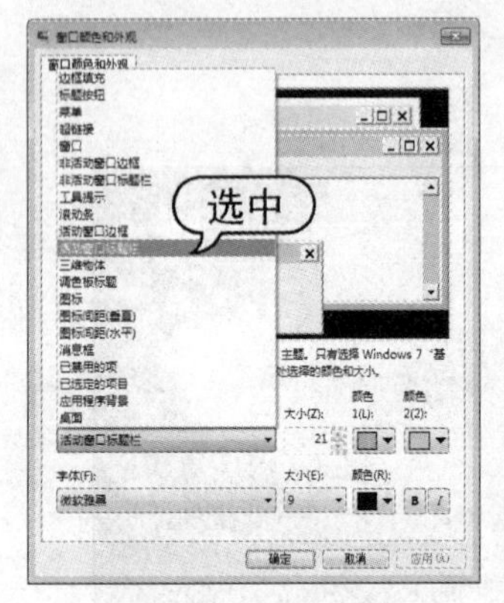

图 6-57　活动窗口标题栏

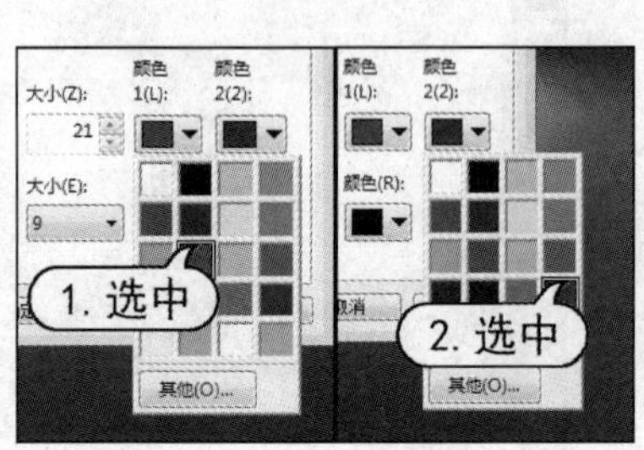

图 6-58　选择颜色

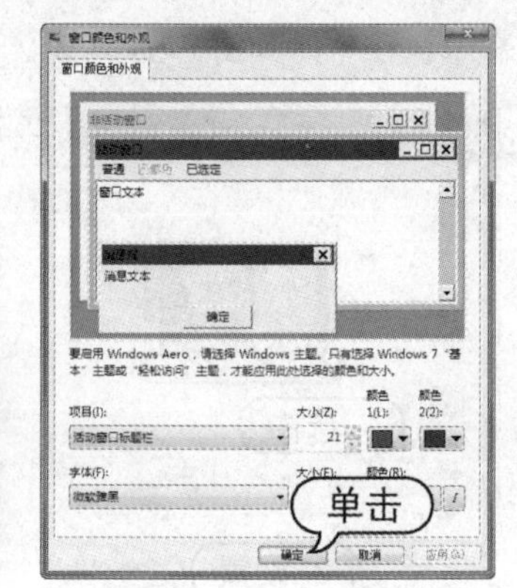

图 6-59　完成设置

知识点

用户还可以在【颜色】下拉列表中，单击【其他】按钮，在弹出的【颜色】对话框中，自定义喜欢的颜色。

6.5　办公软件 Office 2010

计算机在办公领域起着非常重要的作用，常用的办公软件有 Microsoft Office 系列软件和 WPS 系列软件等。

Microsoft Office 系列软件可以使计算机用户在办公领域上更加得心应手。本节将主要介绍常用办公软件 Office 2010 系列中的 Word 2010、Excel 2010、PowerPoint 2010 的一些基本操作方法和技巧。

6.5.1　了解 Word 2010

在使用 Word 2010 处理文档之前，需要熟悉 Word 2010 的一些基本功能。要使用 Word 2010，首先安装 Office 2010，用户可在软件专卖店或 Microsoft 公司官方网站中购买正版软件，通过安装光盘中的注册码即可成功安装 Office 常用组件。完成 Office 2010 的安装后，就可以启动 Word 2010 进行相关操作了。

1. Word 2010 工作界面

启动 Word 2010 后，用户可看到下图所示的工作界面，该界面主要由标题栏、快速访问工具栏、功能区、导航窗格、文档编辑区和状态与视图栏组成，如图 6-60 所示。

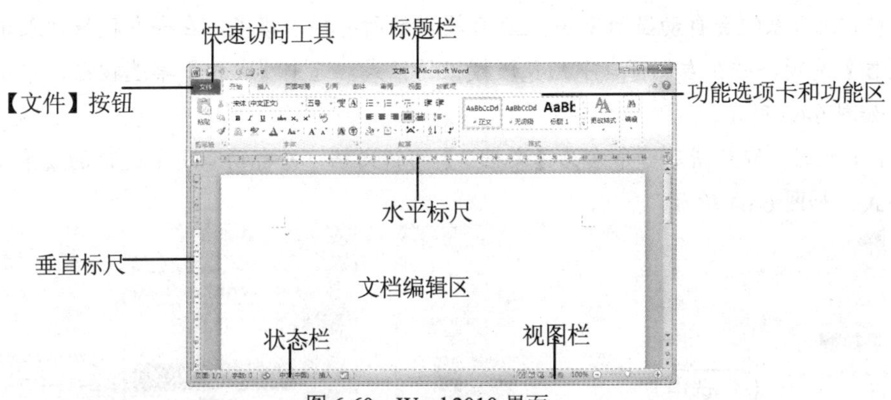

图 6-60　Word 2010 界面

- 【文件】按钮：位于界面的左上角，取代了 Word 2007 版本中的 Office 按钮，单击该按钮，弹出快捷菜单，执行【新建】、【打开】、【保存】和【打印】等操作。
- 快速访问工具栏：位于标题栏界面顶部，使用它可以快速访问频繁使用的命令，如【保存】、【撤销】、【重复】等。
- 功能选项卡：单击相应的标签，即可打开对应的功能选项卡，如【开始】、【插入】、【页面布局】等选项卡。
- 功能区：包含许多按钮和对话框的内容，单击相应的功能按钮，将执行对应的操作。
- 文档编辑区：它是 Word 中最重要的部分，所有的文本操作都将在该区域中进行，用来显示和编辑文档、表格、图表等。
- 状态栏：用于显示与当前工作有关的信息。
- 视图栏：用于切换文档视图的版式和调整文档的显示比例。

2. 新建基于模板的文档

模板是 Word 预先设置好内容格式的文档。Word 2010 为用户提供了多种具有统一规格、统一框架的文档模板，如传真、信函或简历等。使用它们可以快速地创建基于模板的文档。

【例 6-12】创建新文档。

(1) 启动 Word 2010 应用程序，打开一个名为【文档 1】文档，如图 6-61 所示。

(2) 选择【文件】选项卡，在弹出的菜单中选择【新建】命令，在【可用模板】列表框中选择【样本模板】选项，如图 6-62 所示。

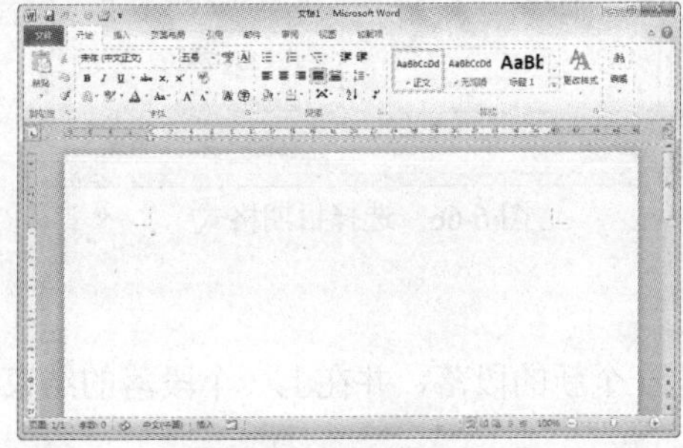

图 6-61　打开文档

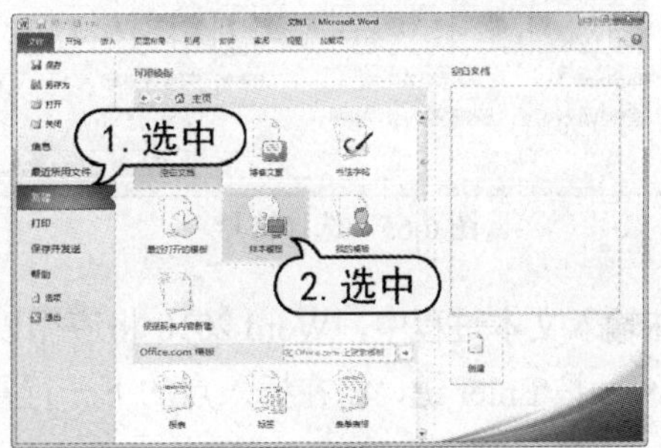

图 6-62　样本模板

(3) 此时系统会自动显示 Word 2010 提供的所有样本模板，在样本模板列表框中选择【平衡报告】选项，并在右侧窗口中预览该模板的样式。选中【文档】单选按钮，单击【创建】按钮，如图 6-63 所示。

(4) 此时，即可新建一个名为【文档 2】的新文档，并自动套用所选择的【平衡报告】模板的样式，如图 6-64 所示。

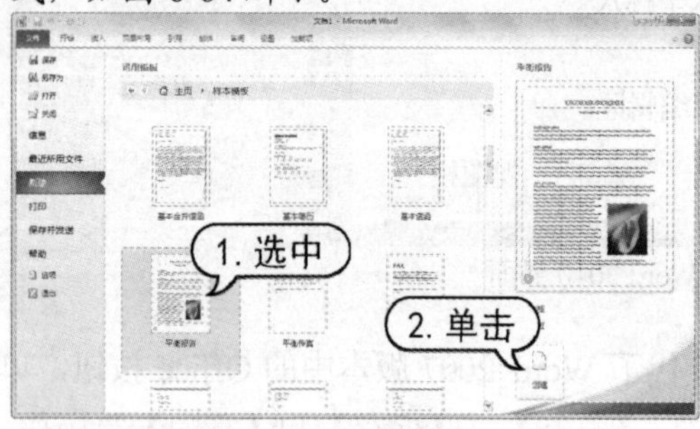

图 6-63　创建模板

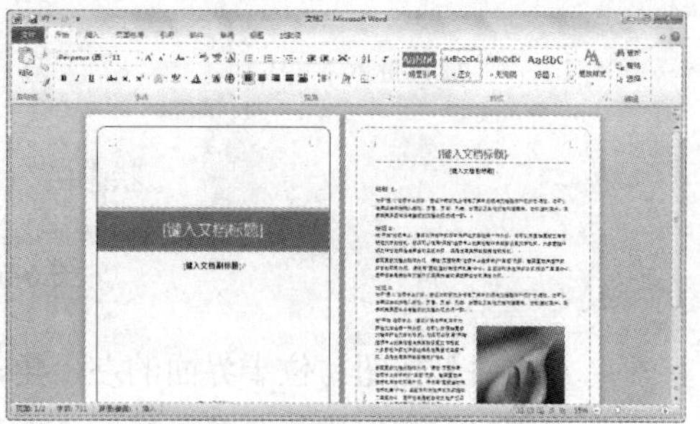

图 6-64　自动套用新模板

3. 输入文本

输入文本是使用 Word 的基本操作。文档中的插入点指示了文字的输入位置，每输入一个文字，插入点会自动向后移动。在文档中除了可以输入汉字、数字、字母外，还可以插入一些特殊的符号，也可以在文档中插入日期和时间。

要输入特殊符号，可以选择【插入】选项卡，单击【符号】选项组中的【符号】下拉按钮，从弹出的下拉菜单中选择相应的符号。或者选择【其他符号】命令，将打开【符号】对话框，选择要插入的符号，单击【插入】按钮，即可插入符号，如图 6-65 所示。

要输入特定格式的日期和时间，可以选择【插入】选项卡，在【文本】选项组中单击【日期和时间】按钮，打开【日期和时间】对话框。在【可用格式】列表框中选择需要的日期格式，单击【确定】按钮即可插入该格式的日期和时间，如图 6-66 所示。

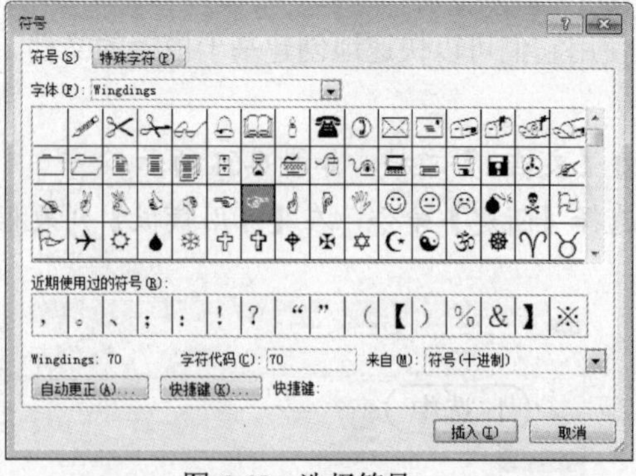

图 6-65　选择符号

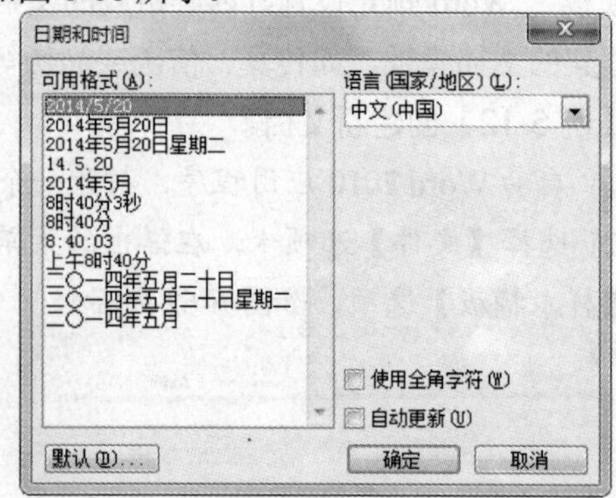

图 6-66　选择日期格式

在输入文本过程中，Word 2010 将遵循以下原则。

- 按 Enter 键，将在插入点的下一行重新创建一个新的段落，并在上一个段落的结束处显示符号。

- 按 Space 键，将在插入点的左侧插入一个空格符号，其宽度将由当前输入法的全、半角状态而定。
- 按 Back Space 键，将删除插入点左侧的一个字符。
- 按 Delete 键，将删除插入点右侧的一个字符。

4. 保存文档

在第一次保存编辑好的文档时，需要指定文件名、文件的保存位置和保存格式等信息。主要有以下几种方法。

- 单击【文件】按钮，从弹出的菜单中选择【保存】命令。打开【另存为】对话框，在该对话框中设置保存路径、名称及保存格式后，单击【保存】按钮即可保存文档。.
- 单击快速访问工具栏上的【保存】按钮。
- 按 Ctrl+S 快捷键。

6.5.2　了解 Excel 2010

Excel 2010 是 Office 软件系列中的电子表格处理软件，它拥有良好的界面、强大的数据计算功能，Excel 2010 广泛地应用于办公自动化领域。

1. Excel 2010 的功能

Excel 2010 在办公应用中主要有以下几种功能。

- 创建统计表格：Excel 2010 的制表功能就是把用户所用到的数据输入到 Excel 中以形成表格。
- 进行数据计算：在 Excel 2010 的工作表中输入完数据后，还可以对所输入的数据进行计算，如进行求和、求平均值、求最大值和最小值等。此外，Excel 2010 还提供强大的公式运算与函数处理功能，可以对数据进行更复杂的计算，如图 6-67 所示。
- 建立多样化的统计图表：在 Excel 2010 中，可以根据输入的数据来建立统计图表，以便更加直观地显示数据之间的关系，让用户可以比较数据之间的变动、成长关系以及趋势等，如图 6-68 所示。

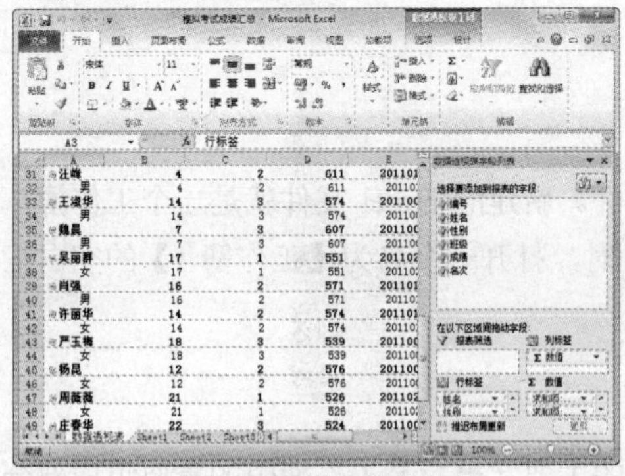

图 6-67　进行数据计算

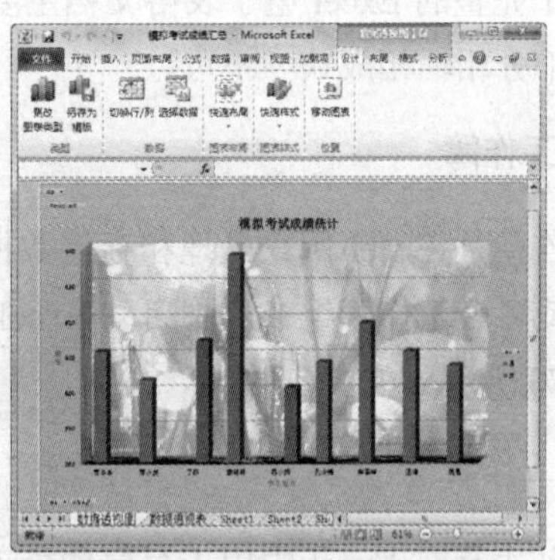

图 6-68　建立多样化的统计图表

2. Excel 2010 的工作界面

要想使用 Excel 2010 创建电子表格，首先需要了解 Excel 2010 的工作界面。Excel 2010 的工作界面主要由【文件】按钮、标题栏、快速访问工具栏、功能区、编辑栏、工作表编辑区、工作表标签和状态栏等部分组成。如图 6-69 所示。

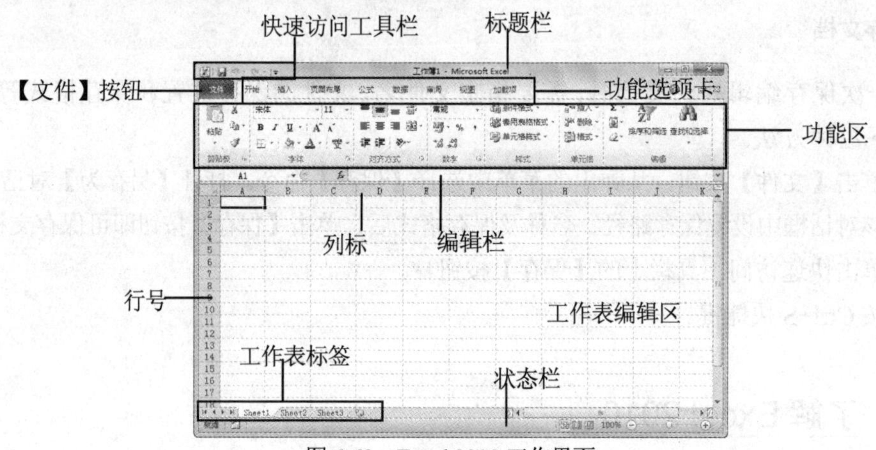

图 6-69　Excel 2010 工作界面

Excel 2010 工作界面中，除了包含与其他 Office 软件相同的界面元素外，还有许多其他特有的组件。

- 编辑栏：位于功能区下侧，主要用于显示与编辑当前单元格中的数据或公式，由名称框、工具按钮和编辑框这 3 部分组成。
- 工作表编辑区：与 Word 2010 类似，Excel 2010 的表格编辑区也是其操作界面最大且最重要的区域。该区域主要由工作表、工作表标签、行号和列标组成。
- 工作表标签：用于显示工作表的名称，单击工作表标签将激活工作表。
- 行号与列标：用来标明数据所在的行与列，也是用来选择行与列的工具。

6.5.3　Excel 2010 表格的组成

一个完整的 Excel 电子表格文档主要由 3 个部分组成，分别是工作簿、工作表和单元格，这 3 个部分相辅相成缺一不可。

1. 工作簿

工作簿是 Excel 用来处理和存储数据的文件。新建的 Excel 文件就是一个工作簿，它可以由一个或多个工作表组成。刚启动 Excel 2010 时，打开一个名为【工作簿 1】的空白工作簿。如图 6-70 所示。

2. 工作表

工作表是在 Excel 中用于存储和处理数据的主要文档，是工作簿中的重要组成部分。在默

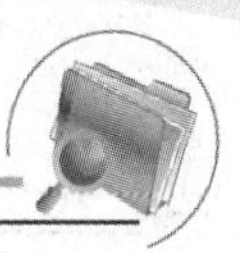

认情况下，一个工作簿由 3 个工作表构成，其名字是 Sheet1、Sheet2 和 Sheet3，单击不同的工作表标签可以在工作表中进行切换。如图 6-71 所示。

3. 单元格

单元格是 Excel 工作表中的最基本单位，单元格的位置由行号和列表来确定，每一列的列标由 A、B、C 等字母表示；每一行的行号由 1、2、3 等数字表示。行与列的交叉形成一个单元格。总而言之，单元格是按照单元格所做的行和列的位置来命名的，如单元格 A1，是指位于第 A 列第 1 行交叉点上的单元格。如图 6-72 所示。

图 6-70　工作簿

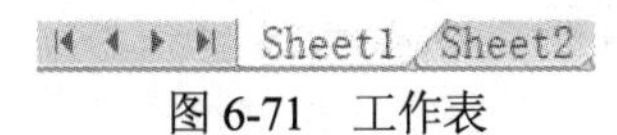

图 6-71　工作表

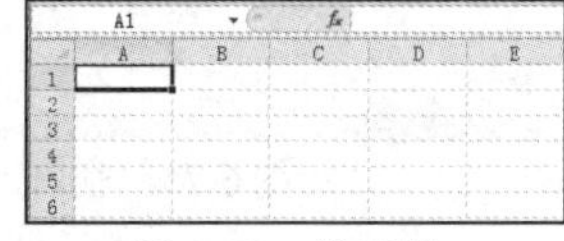

图 6-72　单元格

知识点

在 Excel 2010 中要表示一个连续的单元格区域，可以用该区域左上角和右下角的单元格，中间用冒号(:　)分隔，如 B2: E6 表示从单元格 B2 到 E6 的区域。

4. 三者的关系

工作簿、工作表与单元格之间的关系是包含与被包含的关系，即工作表由多个单元格组成，而工作簿又包含一个或多个工作表。

5. 新建工作簿

运行 Excel 2010 应用程序后，系统会自动创建一个新的工作簿。除此之外，用户还可以通过【文件】按钮来创建新的工作簿。

【例 6-13】创建新工作簿。

(1) 单击【开始】按钮，从弹出的菜单中选择【所有程序】| Microsoft Office | Microsoft Excel 2010 命令，启动 Excel 2010 应用程序，如图 6-73 所示。

(2) 选择【文件】选项卡，在弹出菜单中，选择【新建】命令，如图 6-74 所示。

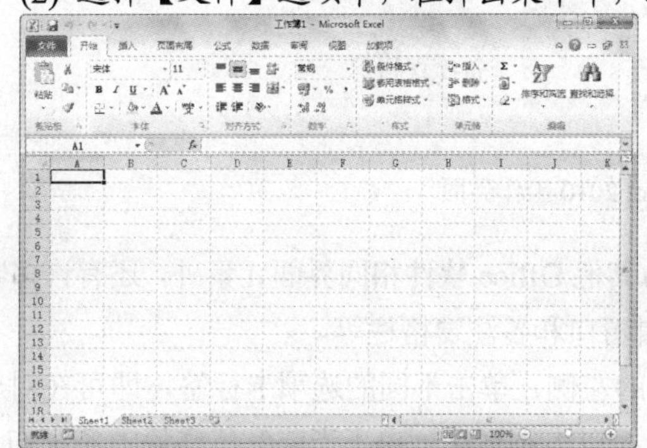

图 6-73　启动 Excel 2010

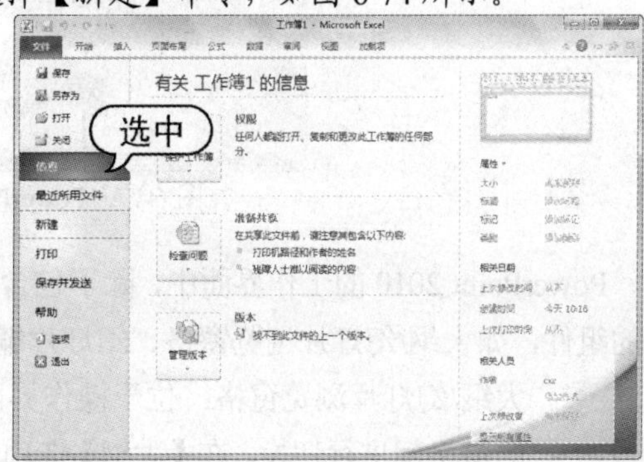

图 6-74　【文件】选项卡

(3) 在中间的【可用模板】列表框中选择【空白工作簿】选项，然后单击【创建】按钮，如图 6-75 所示。

(4) 此时，即可新建一个名为【工作簿 2】的工作簿，如图 6-76 所示。

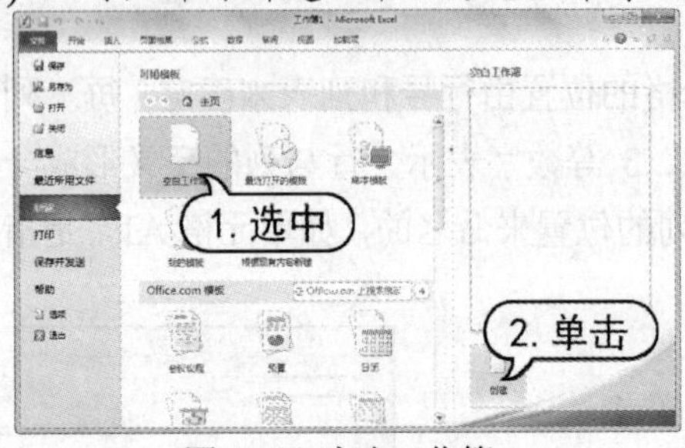

图 6-75 空白工作簿

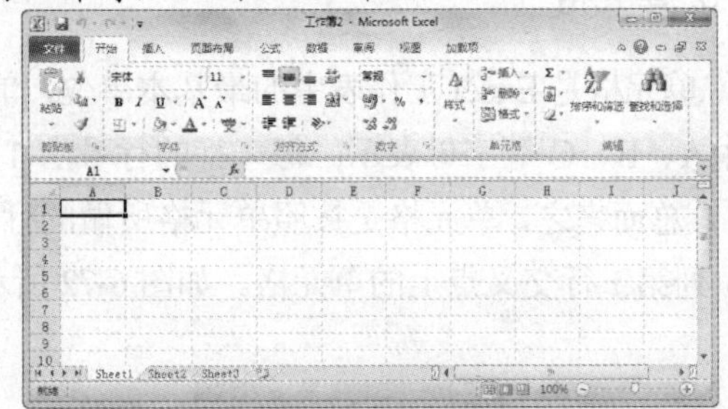

图 6-76 新建工作簿

6.5.4 了解 PowerPoint 2010

PowerPoint 2010 制成的演示文稿可以通过不同的方式播放：既可以打印成幻灯片，使用投影仪播放；也可以在文稿中加入各种引人入胜的视听效果，直接在计算机或互联网上播放。

1. PowerPoint 2010 工作界面

PowerPoint 2010 的工作界面主要由【文件】按钮、快速访问工具栏、标题栏、功能选项卡、功能区、大纲/幻灯片浏览窗格、幻灯片编辑区、备注窗格栏和状态栏等部分组成，如图 6-77 所示。

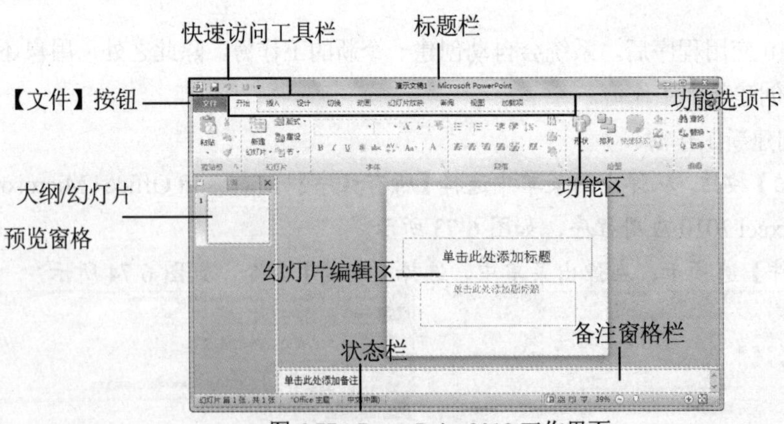

图 6-77 PowerPoint 2010 工作界面

PowerPoint 2010 的工作界面中，除了包含与其他 Office 软件相同界面元素外，还有许多特有的组件，如大纲/幻灯片浏览窗格、幻灯片编辑窗口和备注窗格栏等。

- 大纲/幻灯片浏览窗格：位于操作界面的左侧，单击不同的选项卡标签，即可在对应的窗格间进行切换。在【大纲】选项卡中以大纲形式列出了当前颜色文稿中各张幻灯

片的文本内容；在【幻灯片】选项卡中列出了当前演示文档中所有幻灯片的缩略图。

- 幻灯片编辑窗口：它是编辑幻灯片内容的场所，是演示文稿的核心部分。在该区域中可对幻灯片内容进行编辑、查看和添加对象等操作。
- 备注窗格栏：位于幻灯片窗格下方，用于输入内容，可以为幻灯片添加说明，以使放映者能够更好地讲解幻灯片中展示的内容。
- 状态栏：位于窗口底端，它不起任何编辑作用，主要用于显示当前演示文稿的编辑状态和显示模式。拖动幻灯片显示比例栏中的图标或单击、按钮，可调整当前幻灯片的显示大小；单击右侧的按钮，可按当前窗口大小自动调整幻灯片的显示比例，使当前窗口中可以看到幻灯片的全局效果，且为最大显示比例。

2. PowerPoint 2010 视图模式

PowerPoint 2010 提供了普通视图、幻灯片浏览视图、备注页视图、幻灯片放映视图和阅读视图这 5 种视图模式。打开【视图】选项卡，在【演示文稿视图】组中单击相应的视图按钮，或者单击主界面右下角的快捷按钮，即可将当前操作界面切换至对应的视图模式。

- 普通视图：普通视图又可以分为两种形式，主要区别在于 PowerPoint 工作界面最左边的预览窗口，它分为幻灯片和大纲两种形式来显示，用户可以通过单击该预览窗口上方的切换按钮进行切换，如图 6-78 和图 6-79 所示。

图 6-78　幻灯片预览

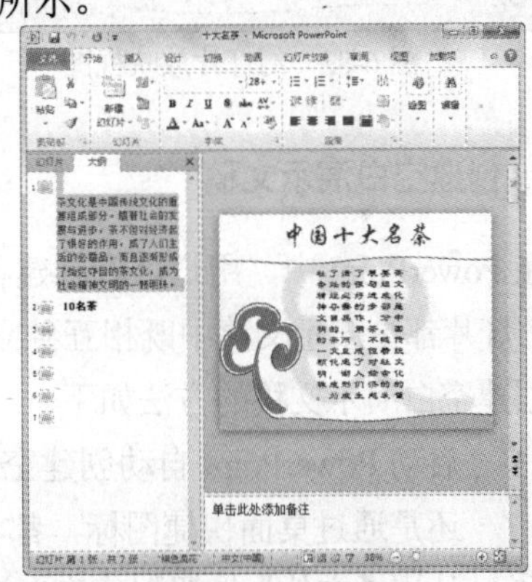

图 6-79　大纲预览

- 备注页视图：在备注页视图模式下，用户可以方便地添加和更改备注信息，也可以添加图形信息，如图 6-80 所示。
- 幻灯片浏览视图：使用幻灯片浏览视图，可以在屏幕上同时看到演示文稿中的所有幻灯片，这些幻灯片以缩略图方式显示在同一窗口中，如图 6-81 所示。
- 幻灯片放映视图：幻灯片放映视图是演示文稿的最终效果。在幻灯片放映视图下，用户可以看到幻灯片的最终效果，如图 6-82 所示。
- 阅读视图：如果用户希望在一个设有简单控件的审阅的窗口中查看演示文稿，而不想使用全屏的幻灯片放映视图，则可以在自己的计算机中使用阅读视图，如图 6-83 所示。

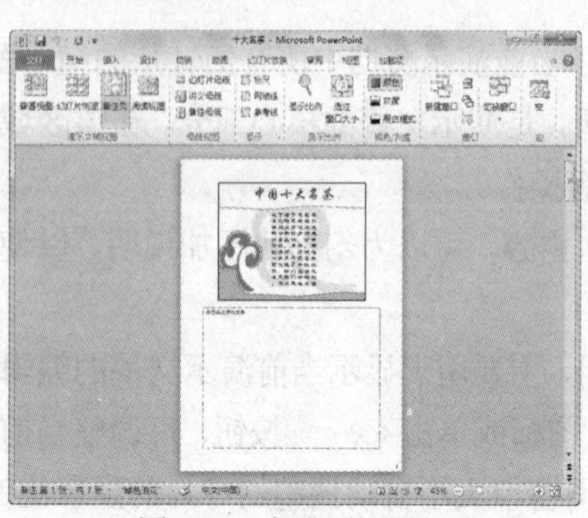

图 6-80　备注页视图

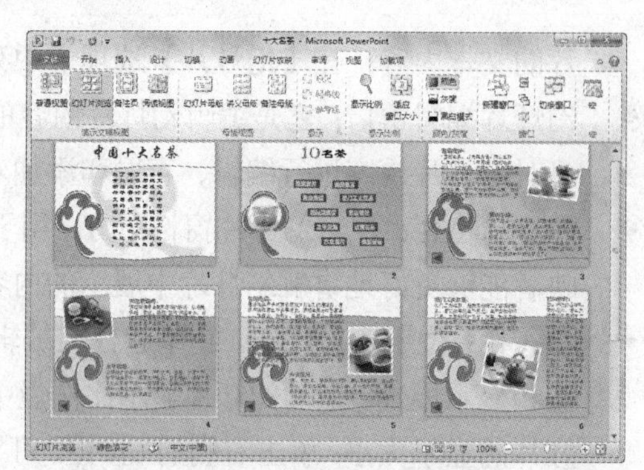

图 6-81　幻灯片浏览视图

图 6-82　幻灯片放映视图

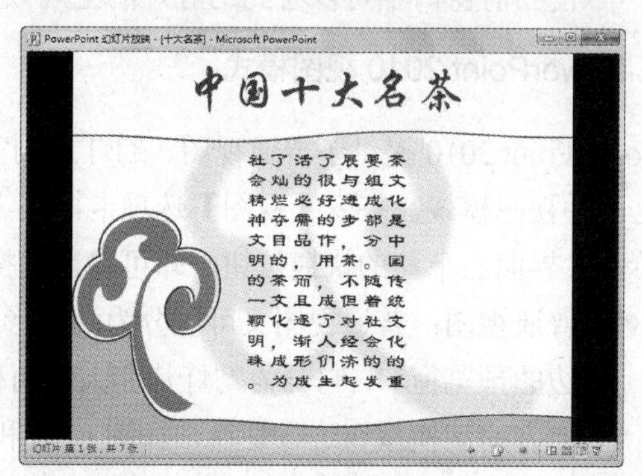

图 6-83　阅读视图

3. 创建空白演示文稿

在 PowerPoint 中，用户可以创建各种多媒体演示文稿。演示文稿中的每一页叫做幻灯片，每张幻灯片都是演示文稿中既相互独立又相互联系的内容。

创建空白演示文稿的方法如下。

- 启动 PowerPoint 自动创建空白演示文稿：无论是使用【开始】按钮启动 PowerPoint，还是通过桌面快捷图标，都将自动打开一个空白演示文稿，如图 6-84 所示。
- 使用【文件】按钮创建空白演示文稿：选中工作界面左上角的【文件】选项卡，在弹出的菜单中选择【新建】命令，在右侧【可用模板和主题】列表框中选择【空白演示文稿】选项，单击【创建】按钮，即可新建一个空白演示文稿如图 6-85 所示。

图 6-84　自动创建空白演示文稿

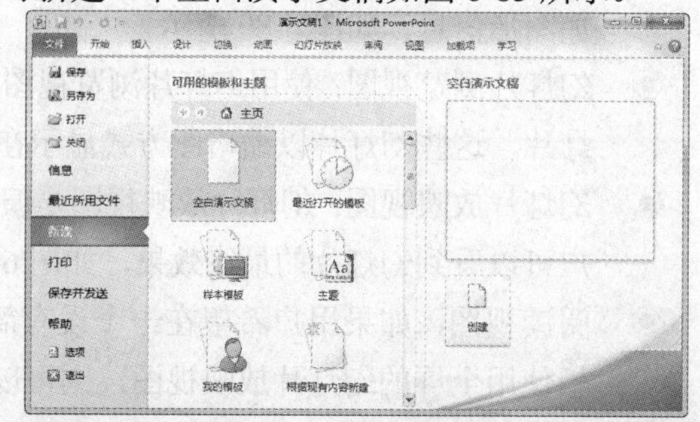

图 6-85　使用【文件】按钮创建空白演示文稿

知识点

空白演示文稿由带有布局格式的空白幻灯片组成，用户可以在空白的幻灯片上设计出具有鲜明个性的背景色彩、配色方案、文本格式和图片等。

6.6　文件压缩和解压缩——WinRAR

在使用计算机的过程中，经常会碰到一些容量比较大的文件或者是比较零碎的文件。这些文件放在计算机中会占据比较大的空间，也不利于计算机中文件的整理。此时，可以使用 WinRAR 将这些文件压缩，以便管理和查看。

6.6.1　压缩文件

WinRAR 是目前最流行的一款文件压缩软件，其界面友好，使用方便，能够创建自释放文件，修复损坏的压缩文件，并支持加密功能。使用 WinRAR 压缩软件有两种方法：一种是通过 WinRAR 的主界面来压缩；另一种是直接使用右键快捷菜单来压缩。

1. 通过 WinRAR 主界面压缩

本节通过一个具体实例介绍如何通过 WinRAR 的主界面压缩文件。

【例 6-14】使用 WinRAR 将多个文件压缩成一个文件。

(1) 选择【开始】|【所有程序】| WinRAR | WinRAR 命令。

(2) 弹出 WinRAR 程序的主界面。选择要压缩的文件夹的路径，然后在下面的列表中选中要压缩的多个文件，如图 6-86 所示。

(3) 单击工具栏中的【添加】按钮，打开【压缩文件名和参数】对话框。

(4) 在【压缩文件名】文本框中输入“我的收藏”，然后单击【确定】按钮，即可开始压缩文件，如图 6-87 所示。

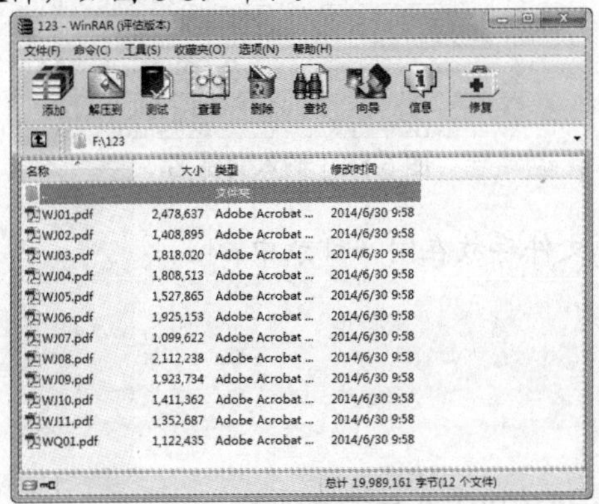

图 6-86　选择要压缩的文件夹的路径

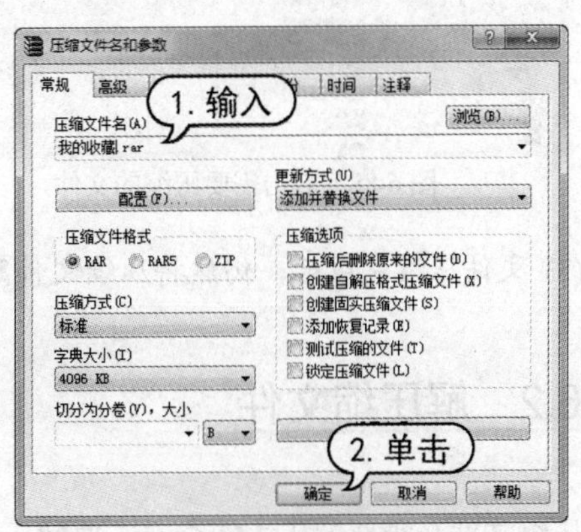

图 6-87　【压缩文件名和参数】对话框

在【压缩文件名和参数】对话框的【常规】选项卡中有【压缩文件名】、【压缩文件格式】、【压缩方式】、【压缩分卷大小、字节】、【更新方式】和【压缩选项】几个选项区域，它们的含义分别如下。

- 【压缩文件名】：单击【浏览】按钮，可选择一个已经存在的压缩文件。此时，WinRAR 会将新添加的文件压缩到这个已经存在的压缩文件中。另外，用户还可输入新的压缩文件名。
- 【压缩文件格式】：选择 RAR 格式可得到较大的压缩率，选择 ZIP 格式可得到较快的压缩速度。
- 【压缩方式】：选择标准选项即可。
- 【压缩分卷大小、字节】：当把一个较大的文件分成几部分来压缩时，可在这里指定每一部分文件的大小。
- 【更新方式】：选择压缩文件的更新方式。
- 【压缩选项】：可进行多项选择。例如，选择压缩完成后是否删除源文件等。

2. 通过右键快捷菜单压缩文件

WinRAR 成功安装后，系统会自动在右键快捷菜单中添加压缩和解压缩文件的命令，以方便用户使用。

【例 6-15】使用右键快捷菜单将多本电子书压缩为一个压缩文件。

(1) 打开要压缩的文件所在的文件夹。按 Ctrl+A 组合键选中这些文件，然后在选中的文件上右击，在弹出的快捷菜单中选择【添加到压缩文件】命令，如图 6-88 所示。

(2) 在打开的【压缩文件名和参数】对话框中输入“PDF 备份”，单击【确定】按钮，即可开始压缩文件，如图 6-89 所示。

图 6-88　右击需要压缩的文件

图 6-89　输入文件名

(3) 文件压缩完成后，仍然将压缩文件默认和源文件存放在同一目录中。

6.6.2　解压缩文件

压缩文件必须要解压才能查看。要解压文件，可采用以下几种方法。

1. 通过 WinRAR 主界面解压文件

首先启动 WinRAR，选择【开始】|【所有程序】｜WinRAR｜WinRAR 命令，在打开的界面中选择【文件】｜【打开压缩文件】对话框，如图 6-90 所示。选择要解压的文件，然后单击【打开】按钮，如图 6-91 所示。选定的压缩文件将会被解压，并将解压的结果显示在 WinRAR 主界面的文件列表中。

图 6-90　【查找压缩文件】对话框

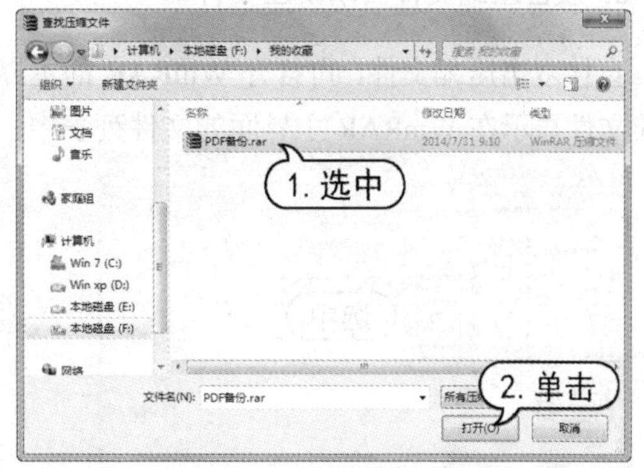

图 6-91　选择要解压的文件

另外，通过 WinRAR 的主界面还可将压缩文件解压到指定的文件夹中。方法是单击【路径】文本框最右侧的按钮，选择压缩文件的路径，并在下面的列表中压的选中要解压的文件，然后单击【解压到】按钮，如图 6-92 所示。

打开【解压路径和选项】对话框，在【目标路径】下拉列表框中设置解压的目标路径后，单击【确定】按钮，即可将该压缩文件解压到指定的文件夹中，如图 6-93 所示。

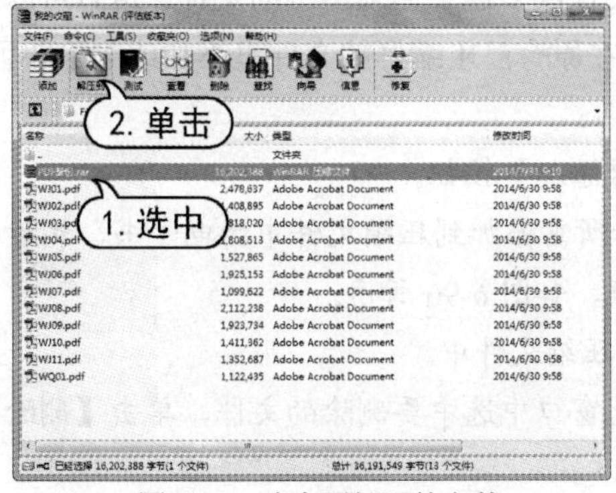

图 6-92　选中要解压的文件

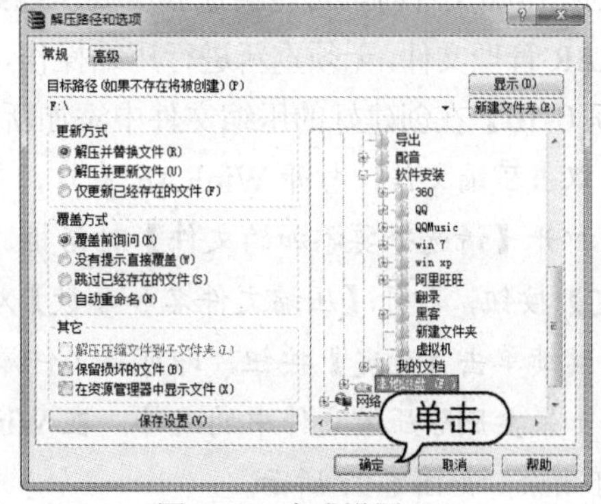

图 6-93　完成设置

2. 使用右键快捷菜单解压文件

直接右击要解压的文件，在弹出的快捷菜单中有【解压文件】、【解压到当前文件夹】和【解压到】3 个相关命令可供选择。它们的具体功能分别如下。

- 选择【解压文件】命令，可打开【解压路径和选项】对话框。用户可对解压后文件的具体参数进行设置，如【目标路径】、【更新方式】等。设置完成后，单击【确定】按钮，即可开始解压文件。

- 选择【解压到当前文件夹】命令，系统将按照默认设置，将该压缩文件解压到当前的目录中，如图 6-94 所示。
- 选择【解压到】命令，可将压缩文件解压到当前的目录中，并将解压后的文件保存在和压缩文件同名的文件夹中。

3. 双击压缩文件自动解压文件

直接双击压缩文件，可打开 WinRAR 的主界面，同时该压缩文件会被自动解压，并将解压后的文件显示在 WinRAR 主界面的文件列表中。如图 6-95 所示。

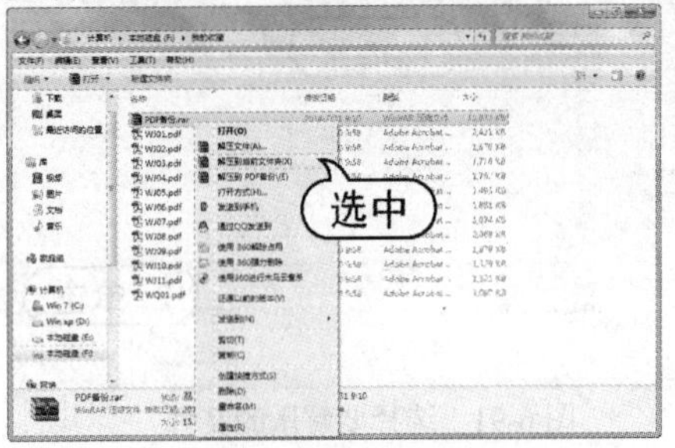

图 6-94　解压到当前文件夹

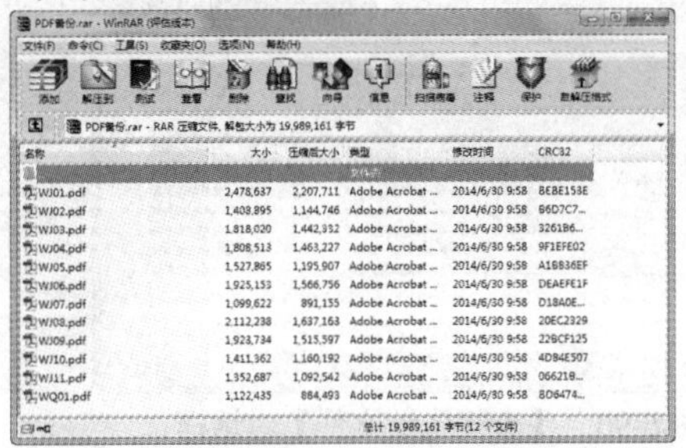

图 6-95　显示解压文件

6.6.3　管理压缩文件

在创建压缩文件时，可能会遗漏所要压缩到的文件或多选了无须压缩的文件。这时可以使用 WinRAR 管理文件，无须重新进行压缩操作，只须在原有已压缩好的文件里添加或删除即可。

【例 6-16】在创建好的压缩文件中添加新的文件。

(1) 双击压缩文件，打开 WinRAR 窗口，单击【添加】按钮。

(2) 打开【请选择要添加的文件】对话框，选择所需添加到压缩文件中的电子书，然后单击【确定】按钮，打开【压缩文件名和参数】对话框，如图 6-96 所示。

(3) 继续单击【确定】按钮，即可将文件添加到压缩文件中。

(4) 如果要删除压缩文件中的文件，在 WinRAR 窗口中选中要删除的文件，单击【删除】按钮即可删除，如图 6-97 所示。

图 6-96　选择需要添加的文件

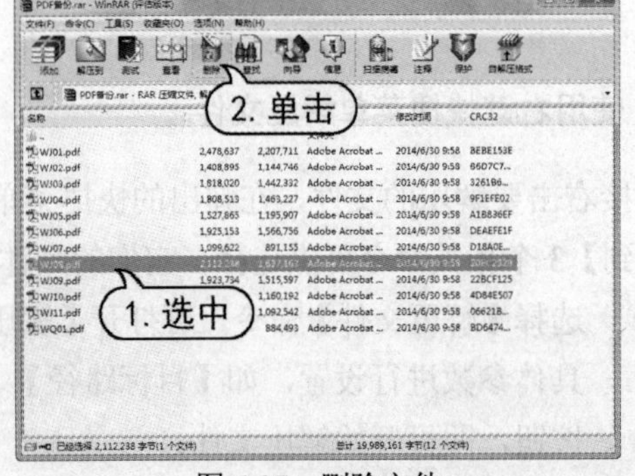

图 6-97　删除文件

6.7 使用图片浏览软件

要查看计算机中的图片，就要使用图片查看软件。ACDSee 是一款非常好用的图像查看处理软件，它被广泛地应用在图像获取、管理以及优化等各个方面。另外，使用软件内置的图片编辑工具可以轻松处理各类图片。

6.7.1 浏览图片

ACDSee 软件提供了多种查看方式供用户浏览图片，用户在安装 ACDSee 软件后，双击桌面上的软件图标启动软件，即可启动 ACDSee，如图 6-98 所示。

启动 ACDSee 后，在软件界面左侧的【文件夹】列表框中选择图片的存放位置，双击某幅图片的缩略图，即可查看该图片，如图 6-99 所示。

图 6-98　ACDSee 程序图标

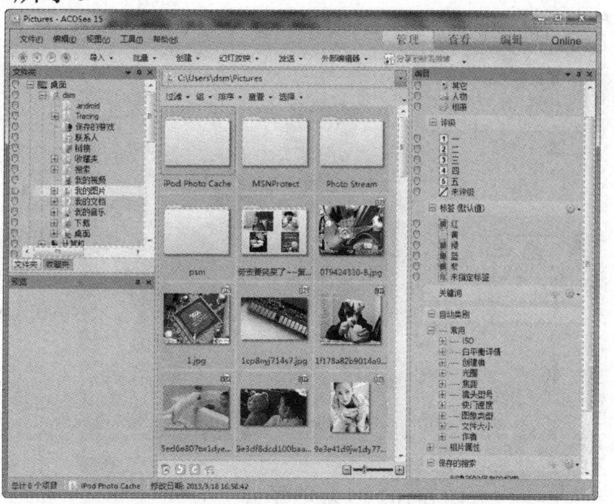

图 6-99　ACDSee 界面

6.7.2 编辑图片

使用 ACDSee 不仅能够浏览图片，还可对图片进行简单的编辑。

【例 6-17】使用 ACDSee 对计算机硬盘中保存的图片进行编辑。

(1) 启动 ACDSee 后，双击打开需要编辑的图片。

(2) 单击图片查看窗口右上方的【编辑】按钮，打开图片编辑面板。单击 ACDSee 软件界面左侧的【曝光】选项，打开曝光参数设置面板，如图 6-100 所示。

(3) 此时，在【预设值】下拉列表框中，选择【提高对比度】选项，然后拖动其下方的【曝光】滑块、【对比度】滑块和【填充光线】滑块，可以调整图片曝光的相应参数值。

(4) 曝光参数设置完成后，单击【完成】按钮，如图 6-101 所示。

图 6-100　曝光参数设置面板

图 6-101　调整图片曝光参数值

(5) 返回【图片管理器】窗口，单击软件界面左侧工具条中的【裁剪】按钮，如图 6-102 所示。

(6) 可打开【裁剪】面板，在软件窗口的右侧，可拖动图片显示区域的 8 个控制点来选择图像的裁剪范围，如图 6-103 所示。

图 6-102　裁剪图像

图 6-103　选择图像的裁剪范围

(7) 选择完成后，单击【完成】按钮，完成图片的裁剪，如图 6-104 所示。

(8) 图片编辑完成后，单击【保存】按钮，即可对图片进行保存，如图 6-105 所示。

图 6-104　完成图片的裁剪

图 6-105　保存图片

6.7.3 批量重命名文件

如果用户需要一次对大量的图片进行统一命名，可以使用 ACDSee 的批量重命名功能。

【例 6-18】使用 ACDSee 对桌面上【我的图片】文件夹中的所有文件进行统一命名。

(1) 启动 ACDSee，在主界面左侧的【文件夹】列表框中依次展开【桌面】|【我的图片】选项，如图 6-106 所示。

(2) 此时，在 ACDSee 软件主界面中间的文件区域将显示【我的图片】文件夹中的所有图片。按 Ctrl+A 组合键，选定该文件夹中的所有图片，然后选择【工具】|【批量】|【重命名】命令，如图 6-107 所示。

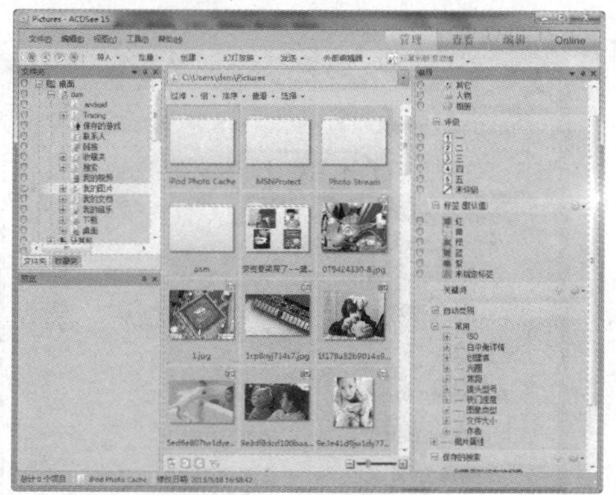

图 6-106 展开选项

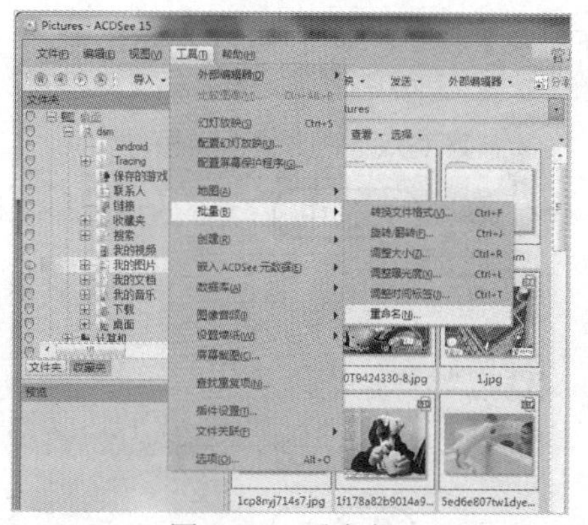

图 6-107 重命名

(3) 打开【批量重命名】对话框，选中【使用模板重命名文件】复选框，在【模版】文本框中输入“摄影###”。

(4) 选中【使用数字替换#】单选按钮，在【开始于】区域选中【固定值】单选按钮，在其后的微调框中设置数值为 1(此时，在对话框的【预览】列表框中将会显示重命名前后的图片名称)，如图 6-108 所示。

(5) 设置完成后，单击【开始重命名】命令，系统开始批量重命名图片。命名完成后，打开【正重命名文件】对话框，单击【完成】按钮，完成图片的批量重命名，如图 6-109 所示。

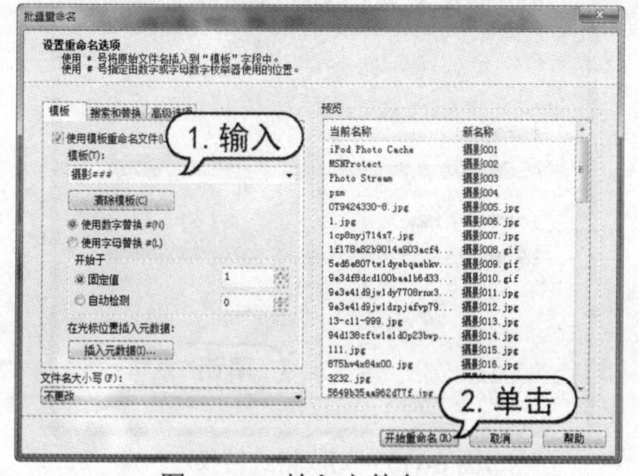

图 6-108 输入文件名

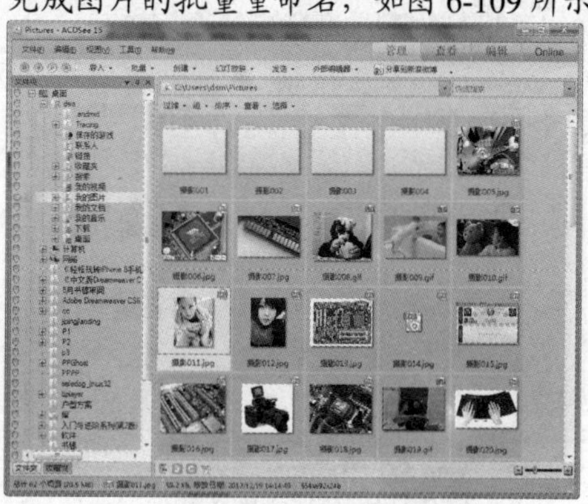

图 6-109 完成批量重命名

6.7.4 转换图片格式

ACDSee 具有图片文件格式的相互转换功能，使用它可以轻松地执行图片格式的转换操作。

【例 6-19】使用 ACDSee 将【我的图片】文件夹中的图片转换为 BMP 格式。

(1) 在 ACDSee 中按住 Ctrl 键选中需要转化格式的图片文件。选择【工具】|【批量】|【转换文件格式】命令。

(2) 打开【批量转换文件格式】对话框，在【格式】列表框中选择 BMP 格式，单击【下一步】按钮，如图 6-110 所示。

(3) 打开【设置输出选项】对话框，选中【将修改过的图像放入源文件夹】单选按钮，单击【下一步】按钮，如图 6-111 所示。

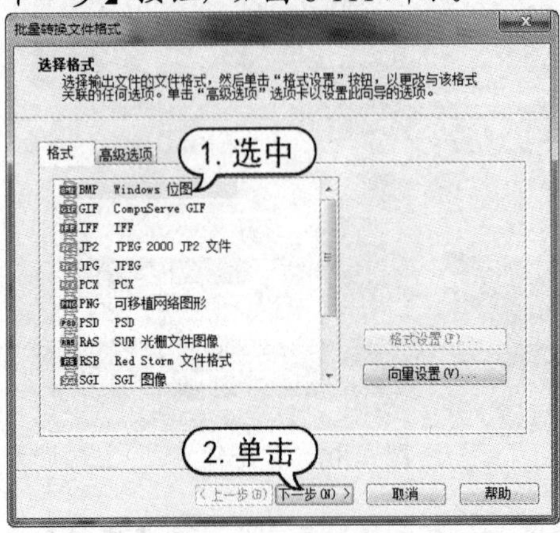

图 6-110 选择格式

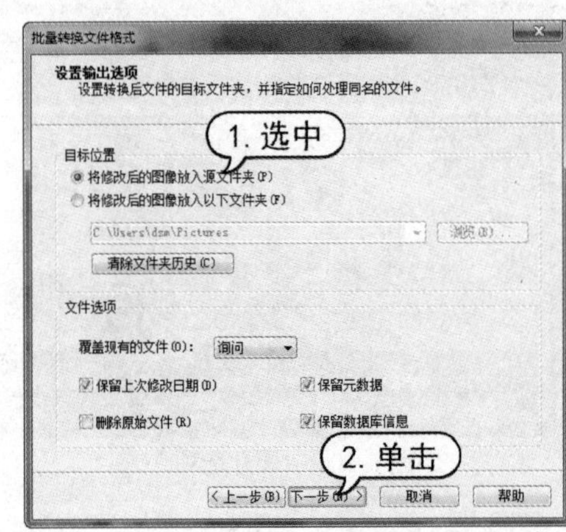

图 6-111 【设置输出选项】对话框

(4) 打开【设置多页选项】对话框，保持默认设置，单击【开始转换】按钮，如图 6-112 所示。

(5) 开始转换图片文件并显示进度，转换格式完成后，单击【完成】按钮即可，如图 6-113 所示。

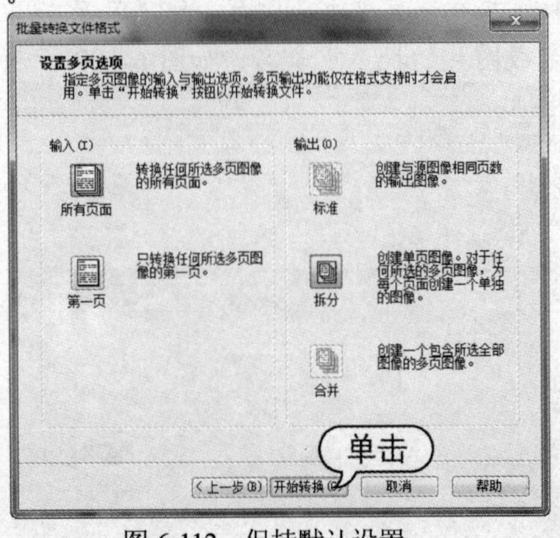

图 6-112 保持默认设置

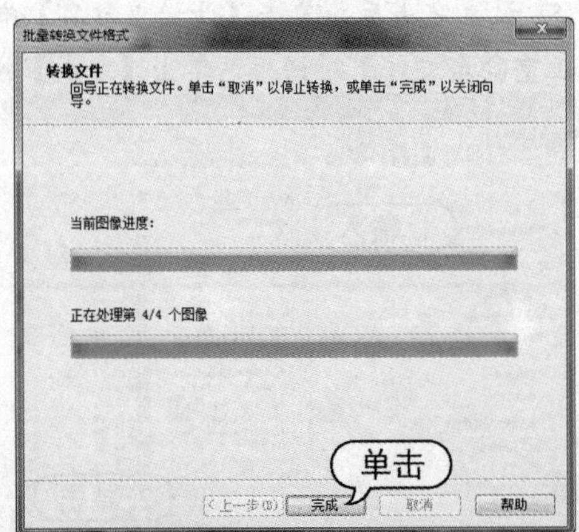

图 6-113 完成格式转换

6.8　上机练习

本章的上机练习主要使用HyperSnap截图软件，使用户更好地掌握该软件基本操作方法和技巧，进一步掌握计算机软件在日常办公中应用。

6.8.1　配置截图热键

在使用HyperSnap截图之前，用户首先需要配置屏幕捕捉热键，通过热键可以方便地调用HyperSnap的各种截图功能，从而更有效地进行截图。

【例6-20】配置HyperSnap中的屏幕捕捉热键。

(1) 启动HyperSnap软件，打开【捕捉】选项卡，单击【热键】按钮，如图6-114所示。

(2) 打开【屏幕捕捉热键】对话框，单击【自定义键盘】按钮，如图6-115所示。

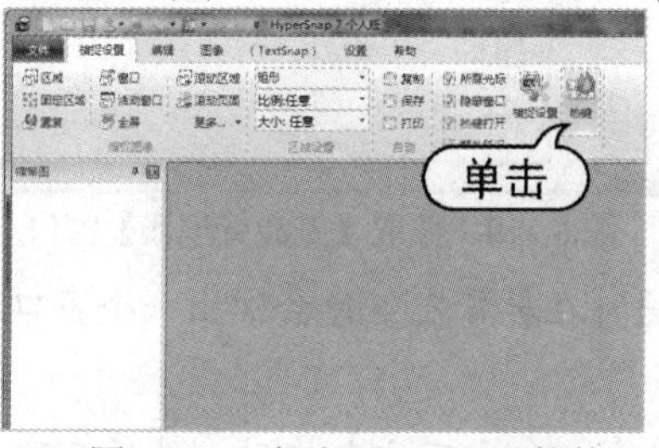

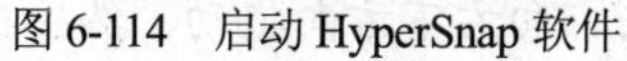

图6-114　启动HyperSnap软件

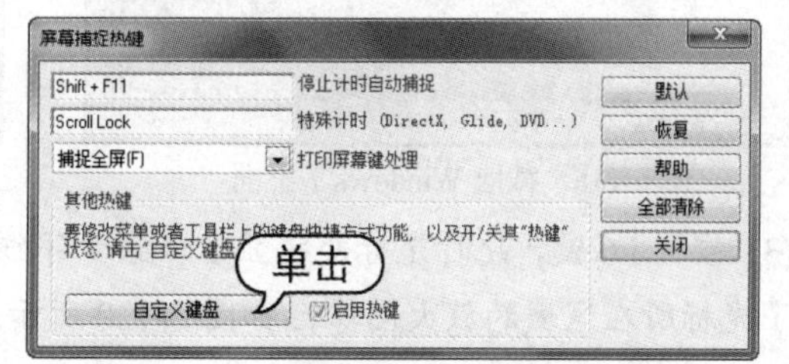

图6-115　【屏幕捕捉热键】对话框

(3) 打开【自定义】对话框，在【分类和命令】列表框中选择【按钮】选项，将光标定位在【按下新的快捷键】文本框中按F3快捷键，单击【分配】按钮，如图6-116所示。

(4) 快捷键F3将显示在【当前键】列表框中，选中之前的快捷键，单击【移除】按钮，删除之前的快捷键，引用F3快捷键，并选中【启用该热键，即使主窗口最小化】复选框，如图6-117所示。

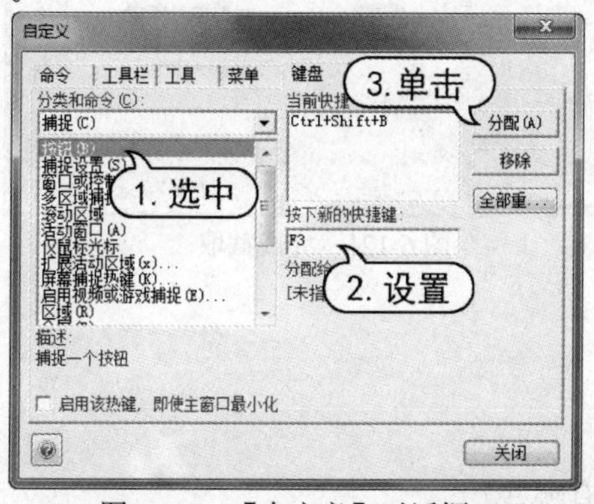

图6-116　【自定义】对话框

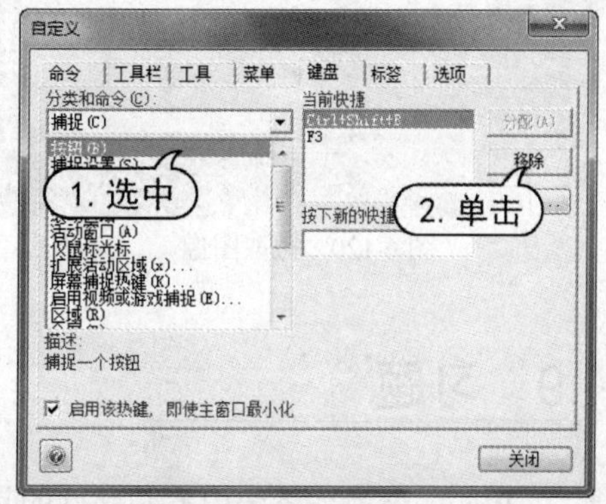

图6-117　删除快捷键

(5) 使用同样的方法，设置【捕捉窗口】功能的热键为F4，【捕捉全屏幕】功能的热键为F5、【捕捉区域】的热键为F6。最后，单击【关闭】按钮完成设置。

6.8.2 屏幕截图

启用 HyperSnap 热键后，用户可以快捷地截取屏幕上的不同部分。

【例 6-21】使用 HyperSnap 截取计算机桌面和【资源管理器】窗口。

(1) 启动 HyperSnap 软件，按 F5 快捷键，即可截取整个 Windows 7 桌面，如图 6-118 所示。

(2) 在计算机桌面上双击【计算机】图标，打开【资源管理器】窗口。按 F4 快捷键，然后单击【资源管理器】窗口的标题栏，即可截取【资源管理器】窗口，如图 6-119 所示。

图 6-118　截取 Windows 7 桌面

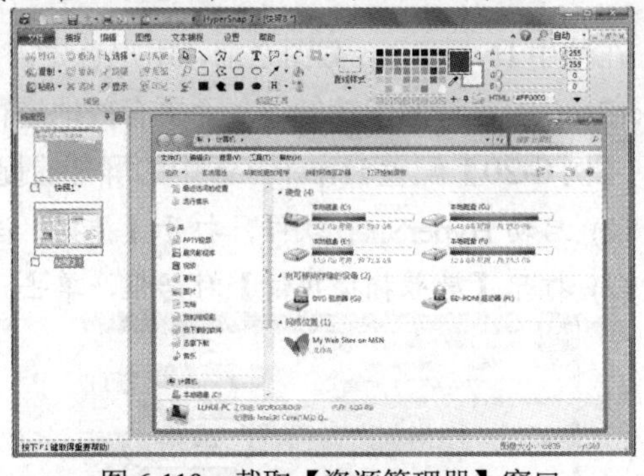

图 6-119　截取【资源管理器】窗口

(3) 按下 F6 键，此时光标处将显示一条十字线，同时在屏幕左下侧会弹出一个窗口，其中显示了光标所在区域的放大图像，如图 6-120 所示。

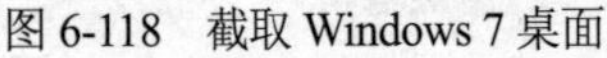

(4) 在【资源管理器】窗口中磁盘驱动器左上侧单击，向右下方向拖动，然后在磁盘驱动器的右下角处再次单击，即可截取所选区域，如图 6-121 所示。

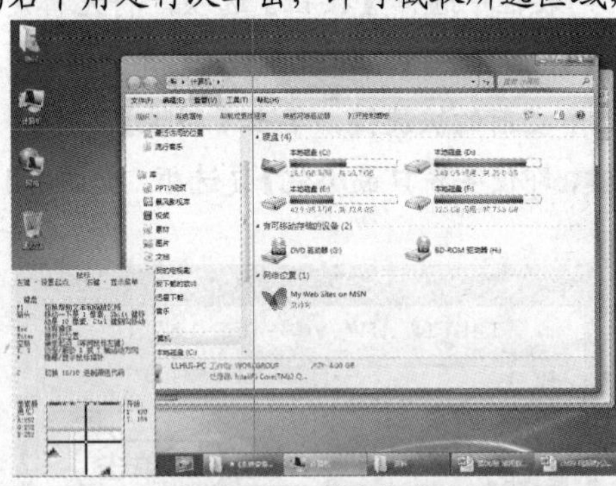

图 6-120　截取图像

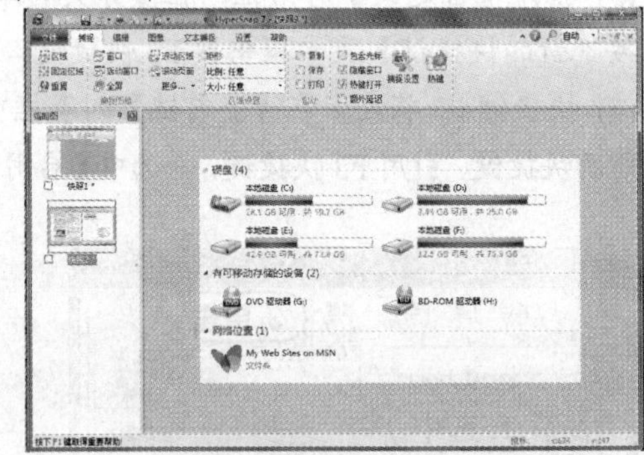

图 6-121　完成截取

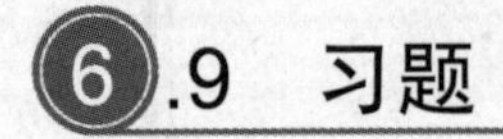

6.9 习题

1. 在 Windows 操作系统中安装软件的常用方法有哪些？

2. 计算机中安装了 Office 以后，以.rtf 为后缀名的写字板文档都变成了默认以 Word 的形式打开，应如何将其恢复为默认以写字板的形式打开？

第7章 计算机的网络设备

学习目标

作为计算机技术和通信技术的产物，计算机网络帮助人们实现了计算机之间的资源共享、协同操作等功能。如今，随着信息化社会的不断发展，计算机网络已经广泛普及，成为人们日常工作和生活中必不可少的部分。

本章重点

- 掌握网卡的安装
- 了解双绞线、交换机和路由器
- 认识无线网络设备

7.1 网卡

网卡是局域网中连接计算机和传输介质的接口，它不仅能实现与局域网传输介质之间的物理连接和电信号匹配，还涉及帧的发送与接收、帧的封装与拆封、介质访问控制、数据的编码与解码以及数据缓存的功能等。

本节将详细介绍网卡的常见类型、硬件结构、工作方式和选购常识。

7.1.1 网卡的常见类型

随着超大规模集成电路的不断发展，计算机配件一方面朝着更高性能的方向发展，另一方面朝着高度整合的方向发展。在这一趋势下，网卡逐渐演化为独立网卡和集成网卡两种不同的形态，其各自的特点如下。

- 集成网卡：集成网卡(Integrated LAN)又称为板载网卡，是一种将网卡集成到主板上的

作法，如图 7-1 所示。集成网卡是主板不可缺少的一部分，有 10M/100M、DUAL 网卡、千兆网卡及无线网卡等类型。目前，市场上大部分的主板都有集成网卡的设计。

- 独立网卡：独立网卡相对集成网卡在使用与维护上都更加灵活，且能够为用户提供更稳定的网络连接服务，其外观与其他计算机适配卡类似，如图 7-2 所示。

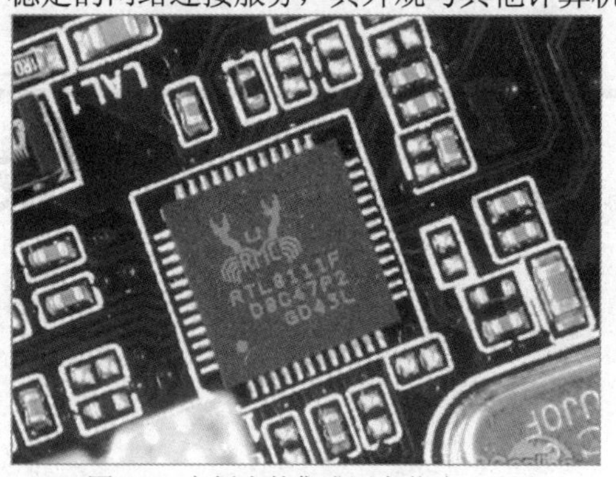
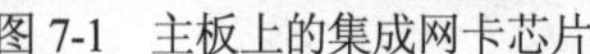
图 7-1　主板上的集成网卡芯片

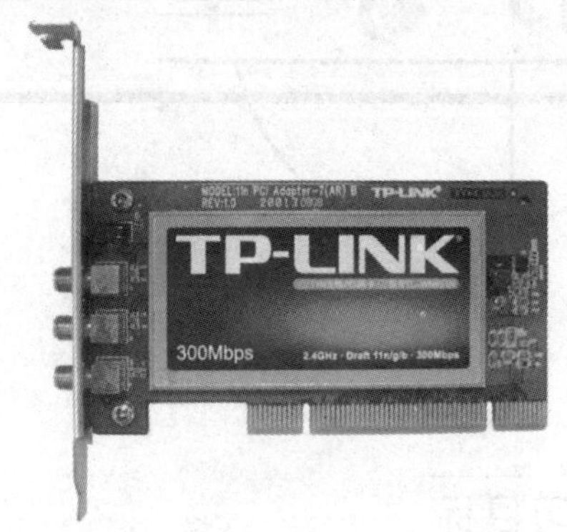

图 7-2　独立网卡

虽然，独立网卡与集成网卡在形态上有所区别，但这两类网卡在技术和功能等方面却没有太多的不同，其分类方式也较为一致。目前，常见的网卡类型有以下几种。

1. 按照数据通信速率分类

常见网卡所遵循的通信速率标准分为 10Mbps、100Mbps、10/100Mbps 自适应、10/100/1000Mbps 自适应等几种。其中，10Mbps 的网卡由于其速度太慢，早已退出主流市场；具备 100Mbps 速率的网卡虽然在市场上非常常见，但随着人们对网络速度需求的增加，已经开始逐渐退出市场，取而代之的是 10/100Mbps 自适应以及更快的 1000Mbps 网卡。

2. 按照总线接口类型分类

在独立网卡中，根据网卡与计算机连接时所采用总线的接口类型不同，可以将网卡分为 PCI 网卡、PCI-E 网卡、USB 网卡和 PCMCIA(笔记本专用接口)网卡等几种类型，其各自的特点如下。

- PCI 网卡：PCI 网卡即 PCI 插槽的网卡，其主要用于 100Mbps 速率的网卡产品。
- PCI-E 网卡：PCI-E 网卡采用 PCI-Express X1 接口与计算机进行连接，此类网卡可以支持 1000Mbps 速率，其外观如图 7-3 所示。
- USB 网卡：USB 网卡即 USB 接口的网卡，此类网卡的特点是体积小巧、便于携带安装和使用方便，其外观如图 7-4 所示。
- PCMCIA 网卡：PCMCIA 网卡是一种专用于笔记本电脑上的网卡，此类网卡受到笔记本电脑体积的限制，其大小不能做得像 PCI 和 PCI-E 网卡那么大。随着笔记本电脑的日益普及，PCMCIA 网卡在市场上较为常见，很容易找到。PCMCIA 总线分为两类，一类为 16 位的 PCMCIA，另一类为 32 位的 CardBus(由于本书并未详细介绍笔记本电脑的相关知识，故本章将不再详细介绍 PCMCIA 网卡)。

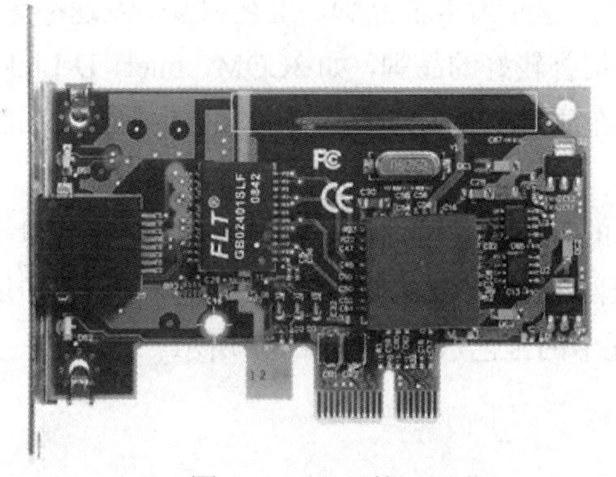

图 7-3　PCI-E 接口网卡

图 7-4　USB 接口网卡

3. 按照网卡应用领域分类

按照网卡的应用领域分，可以将网卡分为普通网卡与服务器网卡两类。其区别在于服务器网卡无论在带宽、接口数量还是稳定性、纠错能力等方面都强于普通网卡。此外，很多服务器网卡都支持冗余备份、热插拔等功能。

7.1.2　网卡的工作方式

网卡的工作方式是：当计算机需要发送数据时，网卡将会持续侦听通信介质上的载波(载波由电压指示)情况，以确定信道是否被其他站点所占用。当发现通信介质无载波(空闲)时，便开始发送数据帧，同时继续侦听通信介质，以检测数据冲突。在该过程中，如果检测到冲突，便会立即停止本次发送，并向通信介质发送“阻塞”信号，以便告知其他站点已经发送冲突。在等待一定时间后，重新尝试发送数据，如图 7-5 所示。

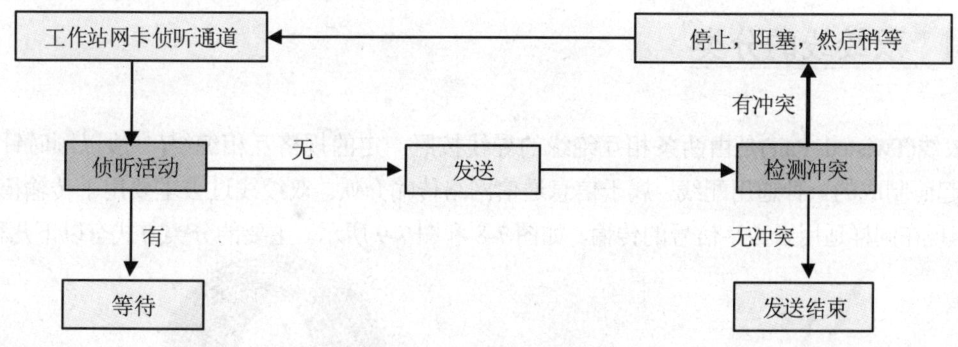

图 7-5　网卡的工作模式

7.1.3　网卡的选购常识

网卡虽然不是计算机中的主要配件，但却在计算机与网络通信中起着极其重要的作用。因此，用户在选购网卡时，也应了解一些常识性的知识，包括网卡的品牌、工艺和接口及速率等。

- 网卡的品牌：用户在购买网卡时，应选择信誉较好的品牌，如3COM、Intel、D-Link、TP-Link等。这是因为品牌信誉较好网卡在质量上有保障，其售后服务也较普通品牌的产品要好，如图7-6所示。
- 网卡的工艺：与其他电子产品一样，网卡的制作工艺也体现在材料质量、焊接质量等方面。用户在选购网卡时，可以通过检查网卡PCB(电路板)上焊点是否均匀、干净以及有无虚焊、脱焊等现象，来判断一块显卡的工艺水平，如图7-7所示。

图7-6 TP-LINK 网卡

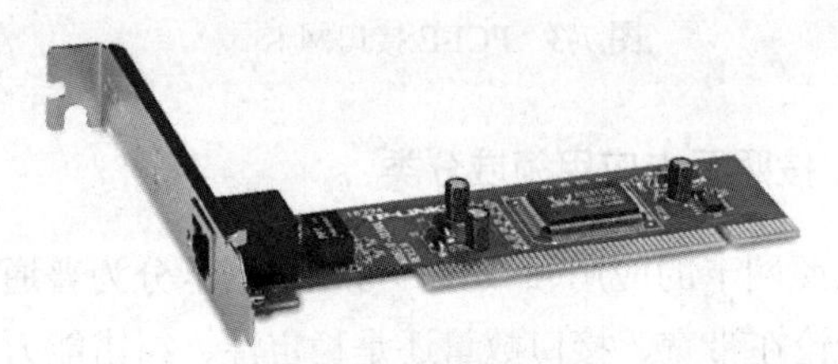
图7-7 网卡的工艺

- 网卡的接口和速率：用户在选购网卡之前，应明确选购网卡的类型、接口、传输速率和其他相关情况，以免出现购买的网卡无法使用或不能满足需求的情况。

7.2 双绞线

双绞线(网线)是局域网中最常见的一种传输介质，尤其是在目前常见的以太局域网中，双绞线更是必不可少的布线材料。本节将详细介绍双绞线的分类、水晶头和选购常识等内容。

7.2.1 双绞线的分类

双绞线(Twisted Pair)是由两条相互绝缘的导线按照一定的规格互相缠绕(一般以顺时针缠绕)在一起而制成的一种通用配线，属于信息通信网络传输介质。双绞线过去主要用于传输模拟信号，但现在同样适用于数字信号的传输，如图7-8和图7-9所示。主要的分类方式有以下几种。

图7-8 双绞线的结构

图7-9 双绞线的外观

1. 按有无屏蔽层分类

目前，局域网中所使用的双绞线根据结构的不同，主要分为屏蔽双绞线和非屏蔽双绞线两种类型，其各自的特点如下。

- 屏蔽双绞线：屏蔽双绞线电缆的外层由铝泊包裹，以减小辐射。根据屏蔽方式的不同，屏蔽双绞线又分为两类，即 STP(Shielded Twisted-Pair)和 FTP(Foil Twisted-Pair)。其中，STP 是指双绞线内的每条线都有各自屏蔽层的屏蔽双绞线，而 FTP 则是采用整体屏蔽的屏蔽双绞线，如图 7-10 所示。需要注意的是，屏蔽只在整个电缆均有屏蔽装置，并且两端正确接地的情况下才起作用。
- 非屏蔽双绞线：非屏蔽双绞线(UTP)无金属屏蔽材料，只有一层绝缘胶皮包裹，价格相对便宜，组网灵活。其线路优点是阻燃效果好，不容易引起火灾，如图 7-11 所示。

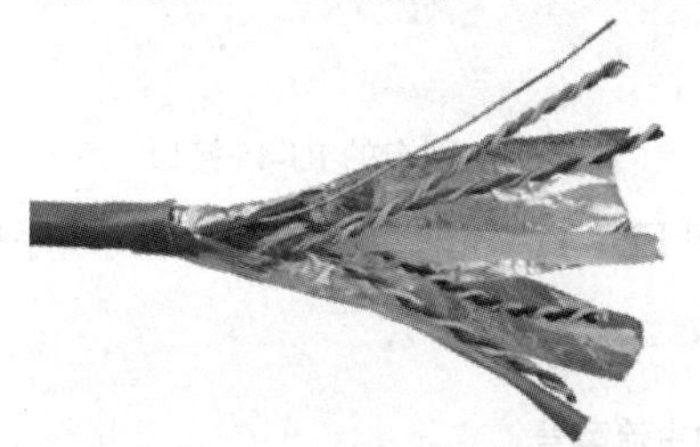

图 7-10 屏蔽双绞线

图 7-11 非屏蔽双绞线(UTP)

知识点

在实际组建局域网的过程中，所采用的大都是非屏蔽双绞线，本书下面所介绍的双绞线都是指非屏蔽双绞线。

2. 按线径粗细分类

常见的双绞线包括5 类线、超 5 类线以及 6 类线等几类线，前者线径细而后者线径粗，其具体型号如下所示。

- 五类线(CAT5)：五类双绞线是最常用的以太网电缆线。相对四类线，五类线增加了绕线密度，并且外套一种高质量的绝缘材料，其线缆最高频率带宽为 100MHz，最高传输率为 100Mbps，用于语音传输和最高传输速率为 100Mbps 的数据传输，主要用于 100BASE-T 和 1000BASE-T 网络，最大网段长为 100m。
- 超五类线(CAT5e)：超 5 类线主要用于千兆位以太网(1000Mbps)，其具有衰减小，串扰少，并且具有更高的衰减与串扰的比值(ACR)等特点。
- 六类线(CAT6)：六类线的传输性能远远高于超五类标准，最适用于传输速率高于 1Gbps 的应用，其电缆传输频率为 1MHz~250MHz。
- 超六类线(CAT6e)：超六类线的传输带宽介于六类和七类之间，为 500MHz。
- 七类线(CAT7)：七类线的传输带宽为 600MHz，可能用于 10吉比特以太网。

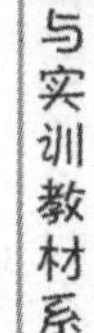

7.2.2 双绞线的水晶头

在局域网中，双绞线的两端都必须安装 RJ-45 连接器(俗称水晶头)才能与网卡和其他网络设备相连，发挥网线的作用，如图 7-12 和 7-13 所示。

图 7-12 RJ-45 水晶头

图 7-13 网卡的 RJ-45 接口

双绞线水晶头的安装制作标准有 EIA/TIA 568A 和 EIA/TIAB 两个国际标准，其线序排列方法如表 7-1 所示。

表 7-1 AMD CPU 的主流型号

标　准	线序排列方法(从左至右)
EIA/TIA568A	绿白、绿、橙白、蓝、蓝白、橙、棕白、棕
EIA/TIA568B	橙白、橙、绿白、蓝、蓝白、绿、棕白、棕

在组建局域网的过程，用户可以以下两种不同的方法制作出双绞线来连接网络设备或计算机。根据双绞线制作方法的不同，得到的双绞线被分别称为直连线和交叉线。

- 直连线：直连线用于连接网络中计算机与集线器(或交换机)的双绞线。直连线分为一一对应接法和 100M 接法。其中，一一对应接法，即双绞线的两头连线要互相对应，一头的一脚，一定要连着另一头的一脚，虽无顺序要求，但要一致，如图 7-14 所示。采用 100M 接法的直连线能满足 100M 带宽的通信速率，其接法虽然也是一一对应，但每一脚的颜色是固定的，具体排列顺序为：白橙/橙/白绿/蓝/白蓝/绿/白棕/棕 。

图 7-14 直连线

- 交叉线：交叉线称为反线，其线序按照一端 568A，一端 568B 的标准排列，并用RJ45

水晶头夹好，如图 7-15 所示。在网络中，交叉线一般用于相同设备的连接，如路由器连接路由器、计算机连接计算机之间。

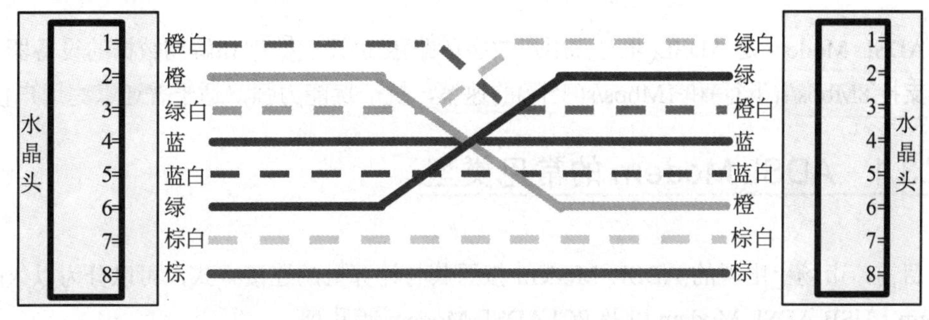

图 7-15　交叉线

7.2.3　双绞线的选购常识

网线(双绞线)质量的好坏直接影响网络通信的效果。用户在选购网线的过程中，应考虑包括种类、品牌、包裹层等问题。

- 鉴别网线的种类：在网络产品市场中，网线的品牌及种类多得数之不尽。大多数用户选购网线的类型一般是五类线或超五类线。由于许多消费者对网线不太了解，所以一部分商家便会将用于三类线的导线封装在印有五类双绞线字样的电流中冒充五类线出售，或将五类线当成超五类线来销售。因此，用户在选购网线时，应对比五类与超五类线的特征，鉴别买到的网线种类，如图 7-16 所示。
- 注意名牌假货：从双绞线的外观来看，五类双绞线采用质地较好并耐热、耐寒的硬胶作为外部包裹层，使其能在严酷的环境下不会出现断裂或褶皱，其内部使用做工比较扎实的 8 条铜线，而且反复弯曲铜线不易折断，且具有很强的韧性。但作为网线还要看它实际工作的表现才行。用户在选购时，不仅要通过网线品牌选购网线，而且还应注意拿到手的网线质量，如图 7-17 所示。

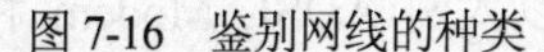

图 7-16　鉴别网线的种类

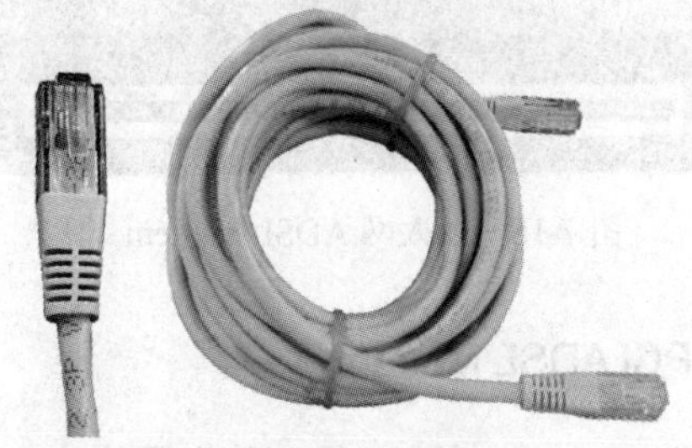

图 7-17　注意名牌假货

- 看网线外部包裹层：双绞线的外部绝缘皮上一般都印有其生产厂商产地、执行标准、产品类别、线长标识等信息。用户在选购时，可以通过网线包裹层外部的这些信息判断其是否是自己所需的网线类型。

7.3 ADSL Modem

ADSL Modem 是 ADSL(非对称用户数字环路)提供调制数据和解调数据的设备器，其设备最高支持 8Mbps/s(下行)和 1Mbps/s(上行)的速率，抗干扰能力强，适于普通家庭用户使用。

7.3.1 ADSL Modem 的常见类型

目前，市场上出现的 ADSL Modem 按照其与计算机的连接方式，可以分为以太网 ADSL Modem、USB ADSL Modem 以及 PCI ADSL Modem 等几种。

1. 以太网 ADSL Modem

以太网 ADSL Modem 是一种通过以太网接口与计算机进行连接的 ADSL Modem。常见的 ADSL Modem 都属于以太网 ADSL Modem。如图 7-18 所示。

以太网 ADSL Modem 的性能最为强大，功能与较丰富，有的型号还带有路由和桥接功能，其特点是安装与使用都非常简单，只要将各种线缆与其进行连接后即可开始工作。

2. USB ADSL Modem

USB ADSL Modem 在以太网 ADSL Modem 的基础上增加了一个 USB 接口，用户可以选择使用以太网接口或 USB 接口与计算机进行连接。USB ADSL Modem 的内部结构、工作原理与以太网 ADSL Modem 并没有太大的区别。如图 7-19 所示。

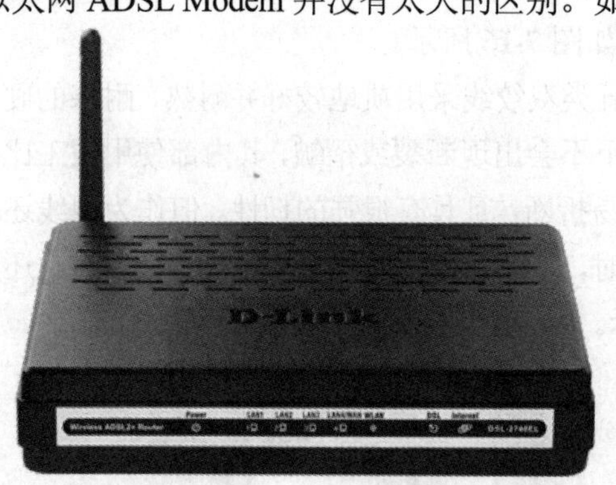

图 7-18　以太网 ADSL Modem

图 7-19　USB ADSL Modem

3. PCI ADSL Modem

PCI ADSL Modem 是一种内置式 Modem。相对于以太网 ADSL Modem 和 USB ADSL Modem，该 ADSL Modem 的安装方式稍微复杂一些，需要用户打开计算机主机机箱，将 Modem 安装在主板上相应的插槽内。另外，PCI ADSL Modem 大都只有一个电话接口，其线缆的连接也较简单。

7.3.2　ADSL Modem 的工作原理

用户在通过 ADSL Modem 浏览 Internet 时，经过 ADSL Modem 编码的信号会在进入电话局后，由局端 ADSL 设备首先对信号进行识别与分离。在经过分析后，如果是语音信号则传至电话程控交换机，进入电话网；如果是数字信号则直接接入 Internet，如图 7-20 所示。

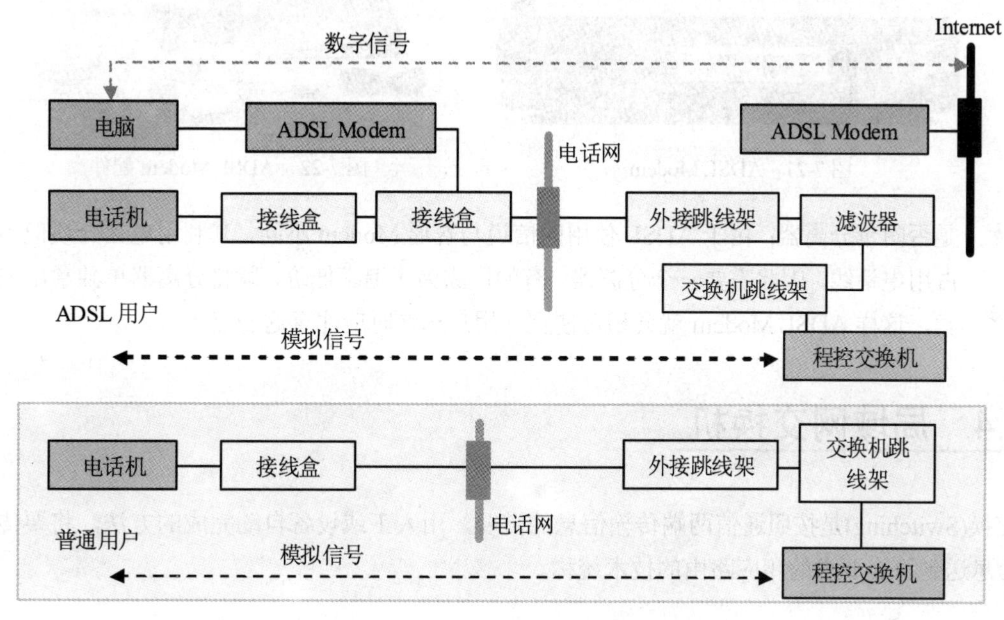

图 7-20　ADSL Modem 的工作原理

7.3.3　ADSL Modem 的选购常识

用户在选购一款 ADSL Modem 的过程中，应充分考虑其接口、安装软件以及是否随机附带分离器等方面，具体如下。

- 选择接口：现在 ADSL Modem 的接口方式主要有以太网、USB 和 PCI 三种。USB、PCI 接口的 ADSL Modem 适用于家庭用户，其性价比较好，并且小巧、方便、实用；外置型以太网接口的 ADSL Modem 更适用于企业和办公室的局域网，它可以带多台计算机进行上网。另外，有的以太网接口 ADSL Modem 同时具有桥接和路由的功能，这样就可以省掉一个路由器。外置型以太网接口带路由功能的 ADSL Modem 支持 DHCP、NAT、RIP 等功能，还有自己的 IP POOL(IP 池)可以给局域网内的用户自动分配 IP，既可以方便网络的搭建，又能够节约组网的成本。如图 7-21 所示。
- 比较安装软件：虽然 ADSL 被电信公司广泛推广，而且 ADSL Modem 在装配和使用也都很方便，但这并不等于说 ADSL 在推广中就毫无障碍。由于 ADSL Modem 的设置相对较复杂，厂商提供安装软件的好坏直接决定用户是否能够顺利地安装上 ADSL

Modem。因此，用户在选购 ADSL Modem 时还应充分考虑其安装软件是否简单易用。如图 7-22 所示。

图 7-21 ADSL Modem　　　图 7-22 ADSL Modem 配件

- 是否附带分离器：由于 ADSL 使用的信道与普通 Modem 不同，其利用电话介质但不占用电话线，因此需要一个分离器。有的厂家为了追求低价，就将分离器单独拿出来卖，这样 ADSL Modem 就会相对便宜，用户选购时应注意这一点。

7.4 局域网交换机

交换(Switching)是按照通信两端传输信息的需要，用人工或设备自动完成的方法，将要传输的信息送到符合要求的相应路由的技术统称。

7.4.1 交换机与集线器的区别

局域网中的交换机也称为交换式 Hub(集线器)，如图 7-23 所示。20 世纪 80 年代初期，第一代 LAN 技术开始应用时，即使是再上百个用户共享网络介质的环境中，10Mbps 似乎也是一个非凡带宽。但随着计算机技术的不断发展和网络应用范围的不断扩宽，局域网远远超出了原有 10Mbps 传输的要求，网络交换技术开始出现并很快得到了广泛应用。

用集线器组成的网络通常被称为共享式网络，而用交换机组成的网络则被称为交换式网络。共享式以太网存在的主要问题是所有用户共享带宽，每个用户的实际可用带宽随着网络用户数量的增加而递减。这是因为当信息繁忙时，多个用户可能同时“争用”一个信道，而一个信道在某一时刻只允许一个用户占用，所以大量的用户经常处于监测等待状态，从而致使信号传输时产生抖动、停滞或失真，严重影响网络的性能。

图 7-23 集线器

图 7-24 交换机

而在交换式以太网中，交换机(如图 7-24 所示)提供给每个用户的信息通道，除非两个源端口企图同时将信息发送至一个目的端口，否则多个源端口与目的端口之间可同时进行通信而不会发生冲突。

综上所述，交换机只是在工作方式上与集线器不同，其他如连接方式、速度选择等交换机与集线器基本相同。目前，市场上常见的交换机同样从速度上分为 10/100Mbps、100Mbps 和 1000Mbps 等几种，其所提供的端口数多为 8 口、16 口和 24 口等几种。

7.4.2　交换机的常用功能

交换式局域网可向用户提供共享式局域网不能实现的一些功能，主要包括隔离冲突区域，扩展距离、扩大联机数量，数据率灵活等。

1. 隔离冲突域

在共享式以太网中，使用 CSMA/CD(带有检测冲突的载波侦听多了访问协议)算法来进行介质访问控制。如果两个或者更多站点同时检测到信道空闲而又准备发射，它们将发生冲突。一组竞争信道访问的站点称为冲突域。显然同一个冲突域中的站点竞争信道，便会导致冲突和退避。而不同冲突的站点不会竞争公共信道，它们之间不会产生冲突。

在交换式局域网中，每个交换机端口就对应一个冲突域，端口就是冲突域终点，由于交换机具有交换功能，不同端口的站点之间不会产生冲突。如果每个端口只连接一台计算机站点，那么在任何一对站点之间都不会有冲突。若一个端口连接一个共享式局域网，那么在该端口的所有站点之间会产生冲突，但该端口的站点和交换机其他端口的站点之间将不会产生冲突。因此，交换机隔离了每个端口的冲突域。

2. 扩展距离、扩大联机数量

每个交换机端口可以连接一台计算机或者不同的局域网。因此，每个端口都可以连接不同的局域网，其下级交换机还可以再次连接局域网，所以交换机扩展了局域网的连接距离。另外，用户还可以在不同的交换机中同时连接计算机，也扩展大了局域网连接计算机的数量。

3. 数据率灵活

交换式局域网中交换的每个端口可以使用不同的数据率，所以可以以不同的数据率部署站点，非常灵活。

7.4.3　交换机的选购常识

目前，各种网络设备公司不断推出不同功能、种类的交换机产品，而且市场上交换机的价格也越来越低廉。但是众多的品牌和产品系列也给用户带来了一定的选择困难，选择交换机时需要考虑以下几个方面。

- 外形和尺寸：如果用户所应用的网络规模较大，或已经完成综合布线，工程要求网络设备集中管理，用户可以选择功能较多、端口数量较多的交换机，如图 7-25 所示。例如，19 英寸宽的机架式交换机应该是首选。如果用户所应用的网络规模较小，如家庭网，则可以考虑选择性价比较高的桌面型交换机。
- 端口数量：选购交换机的端口数量应该根据网络中的信息点数量来决定，但是在满足需求的情况下，还应考虑到有一定的冗余，以便日后增加信息点使用。若网络规模较小，如家庭网，用户选择 6~8 端口交换机就能够满足家庭上网需求。如图 7-26 所示。

图 7-25　机架式交换机

图 7-26　家用交换机

- 背板带宽：交换机所有端口间的通信都要通过背板来完成，背板所有能够提供的带宽就是端口间通信时的总带宽。带宽越大，能够给各通信端口提供的可用带宽就越大，数据交换的速度就越快。因此，在选购交换机时用户应根据自身的需要选择适当背板带宽的交换机。

7.5　宽带路由器

宽带路由器(如图 7-27 和 7-28 所示)是近几年来新兴的一种网络产品，它伴随着宽带的普及应运而生。宽带路由器在一个紧凑的箱子中集成了路由器、防火墙、带宽控制和管理等功能，具备快速转发能力，拥有灵活的网络管理和丰富的网络状态等特点。

图 7-27　宽带路由器正面

图 7-28　宽带路由器背面

7.5.1　路由器的常用功能

宽带路由器的 WAN 接口能够自动检测或手动设定带宽运营商的接入类型，具备宽带运营商客户端发起功能。例如，可以作为 PPPoE 客户端，也可以作为 DHCP 客户端，或者是分配固定的 IP 地址。下面将介绍宽带路由器的一些常用的功能。

1. 内置 PPPoe 虚拟拨号

在宽带数字线上进行拨号，不同于模拟电话线上用调制解调器的拨号。一般情况下，采用

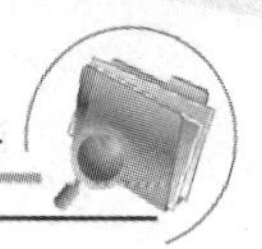

专门的协议 PPPoE(Point-to-Point Protocol over Ethernet)，拨号后直接由验证服务器进行检验，检验通过后就建立起一条高速的用户数字，并分配相应的动态 IP。宽带路由器或带路由的以太网接口 ADSL 等都内置有 PPPoE 虚拟拨号功能，可以方便地替代手工拨号接入宽带。

2. 内置 DHCP 服务器

宽带路由器都内置有 DHCP 服务器的功能和交换机端口，便于用户组网。DHCP 是 Dynamic Host Configuration Protocol(动态主机分配协议)缩写，该协议允许服务器向客户端动态分配 IP 地址和配置信息。

3. 网络地址转换(NAT)功能

宽带路由器一般利用网络地址转换功能(NAT)以实现多用户的共享接入，NAT 功能比传统的采用代理服务器 Proxy Server 方式具有更多的优点。NAT 功能提供了连接互联网的一种简单方式，并且通过隐藏内部网络地址的手段可以为用户提供安全的保护。

7.5.2 路由器的选购常识

由于宽带路由器和其他网络设备一样，品种繁多、性能和质量也参差不齐，因此用户在选购时，应充分考虑需求、品牌、功能、指标参数等因素，并综合各项参数做出最终的选择。

- 明确需求：用户在选购宽带路由器时，应首先明确自身需求。目前，由于应用环境的不同，用户对宽带路由器也有不同的要求。例如，SOHO(家庭办公)用户需求简单、稳定、快捷的宽带路由器；而中小型企业和网吧用户对宽带路由器的要求则是技术成熟、安全、组网简单方便、宽带接入成本低廉等。
- 指标参数：路由器作为一种网间连接设备，一个作用是连通不同的网络，另一个作用是选择信息传送的线路。选择快捷路径，能大大提高通信速度，减轻网络系统的通信负荷，节约网络系统资源，提高网络系统性能。其中，宽带路由器的吞吐量、交换速度及响应时间是 3 个最为重要的参数，用户在选购时应特别留意。
- 功能选择：随着技术的不断发展，宽带路由器的功能不断扩展。目前，市场上大部分宽带路由器提供 VPN、防火墙、DMZ、按需拨号、支持虚拟服务器、支持动态 DNS 等功能。用户在选购时，应根据自己的需求选择合适的产品。
- 选择品牌：在购买宽带路由器时，应选择信誉较好的名牌产品，如 Cisco、D-Link、TP- Link 等。

7.6 无线网络设备简介

无线网络是利用无线电波作为信息传输媒介所构成的无线局域网(WLAN)，与有线网络的用途十分类似。组建无线网络所使用的设备便称为无线网络设备，与普通有线网络设备所使用的设备有一定的差别。

7.6.1 无线 AP

无线 AP(Access Point)即无线接入点，它是用于无线网络的无线交换机(如图 7-29 所示)，也是无线网络的核心。无线 AP 是移动计算机用户进入有线网络的接入点，主要用于宽带家庭、大楼内部以及园区内部，典型距离覆盖几十米至上百米，目前主要技术为 802.11 系列。大多数无线 AP 还带有接入点客户端模式(AP client)，可以和其他 AP 进行无线连接，延展网络的覆盖范围。

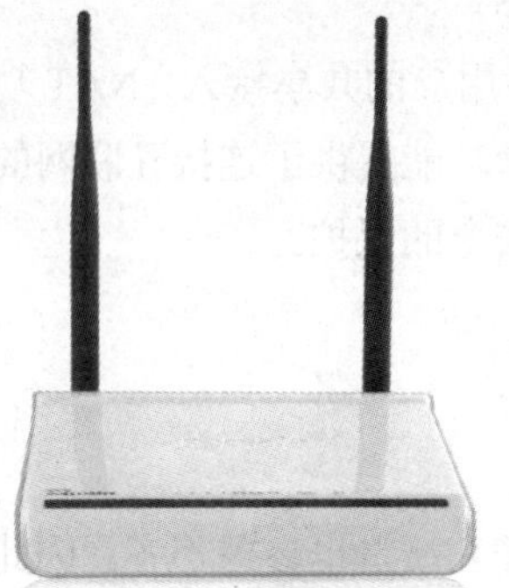

图 7-29　无线宽带路由器

1. 单纯型无线 AP 与无线路由器的区别

单纯型无线 AP 的功能相对简单，其功能相当于无线交换机(与集线器的功能类似)。无线 AP 主要是提供无线工作站对有线局域网和从有线局域网对无线工作站的访问，在访问接入点覆盖范围内的无线工作站可以通过它进行相互访问。

通俗地讲，无线 AP 是无线网和有线网之间沟通的桥梁。由于无线 AP 的覆盖范围是一个向外扩展的圆形区域，因此，应当尽量把无线 AP 放置在无线网络的中心位置，而且各无线客户端与无线 AP 的直线距离最好不要超过 30m，以避免因通信信号衰减而导致通信失败。

无线路由器除了提供 WAN 接口(广域网接口)外，还提供有线 LAN 口(局域网接口)。它借助于路由器功能，可以实现家庭无线网络中的 Internet 连接共享，实现 ADSL 和小区宽带的无线共享接入。另外无线路由器可以将通过它进行无线和有线连接的终端都分配到一个子网，这样子网内的各种设备交换数据就将非常方便。

2. 组网方式

无线路由器可以将 WAN 接口直接与 ADSL 中的 Ethernet 接口连接，然后将无线网卡与计算机连接，并进行相应的配置，实现无线局域网的组建，如图 7-30 所示。

单纯的无线 AP 没有拨号功能，只能与有线局域网中的交换机或者宽带路由器进行连接后，才能在组建无线局域网的同时共享 Internet 连接，如图 7-31 所示。

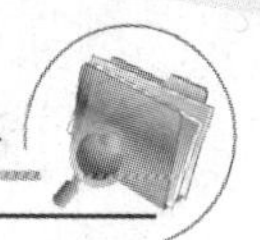

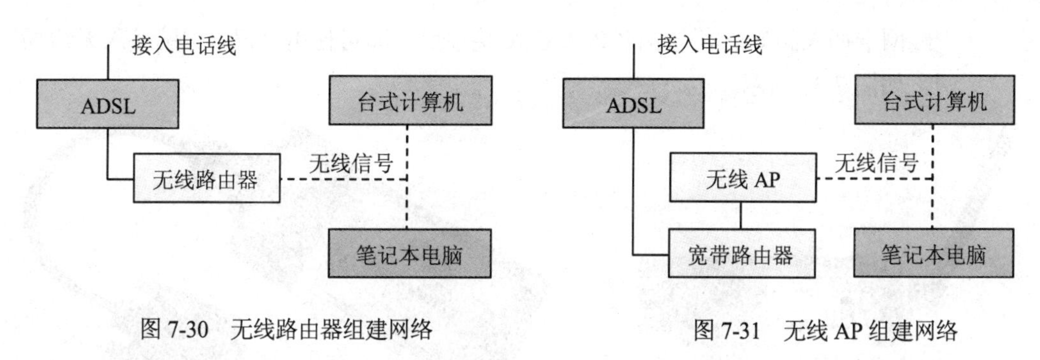

图 7-30　无线路由器组建网络　　　图 7-31　无线 AP 组建网络

7.6.2　无线网卡

无线网卡与普通网卡的功能相同，是连接在计算机中利用无线传输介质与其他无线设备进行连接的装置。无线网卡并不像有线网卡的主流产品只有 10/100/1000Mbps 等规格，而是分为 11Mbps、54Mbps 以及 108Mbps 等不同的传输速率，并且不同的传输速率分别属于不同的无线网络传输标准。

1. 无线网络的传输标准

与无线网络传输有关的 IEEE802.11 系列标准中，现在与用户实际使用有关的标准包括 802.11a、802.11b、802.11g 和 802.11n 标准。

其中，802.11a 标准和 802.11g 标准的传输速率都是 54Mbps，但 802.11a 标准的 5GHz 工作频段很容易和其他信号冲突，而 802.11g 标准的 2.4GHz 工作频段较之则相对稳定。

另外，工作在 2.4GHz 频段的还有 802.11b 标准，但其传输速率只能达到 11Mbps。现在随着 802.11g 标准产品的大量降价，802.11b 标准已经逐渐不被使用。

知识点

另外，工作在 2.4GHz 频段的还有 802.11b 标准，但其传输速率只能达到 11Mbps。现在随着 802.11g 标准产品的大幅降价，802.11b 标准已经逐渐不被使用。

2. 无线网卡的接口类型

无线网卡除了具有多种不同的标准之外，还包含有多种不同的应用方式。例如，按照其接口划分，可以将无线网卡划分为 PCI 接口无线网卡、PCMCIA 接口无线网卡和 USB 接口无线网卡等几种。

- PCI 接口无线网卡：PCI 接口的无线网卡主要是针对台式计算机的 PCI 插槽而设计的，如图 7-32 所示。台式计算机可以通过安装无线网卡，接入到所覆盖的无线局域网中，实现无线上网。
- PCMCIA 接口无线网卡：PCMCIA 无线网卡专门为笔记本电脑设计，在将 PCMCIA

无线网卡插入到笔记本电脑的 PCMCIA 接口后，即可使用笔记本电脑接入无线局域网。如图 7-33 所示。

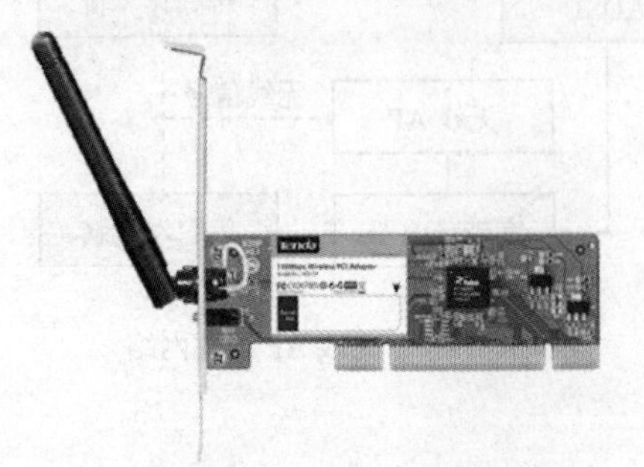

图 7-32　PCI 接口无线网卡

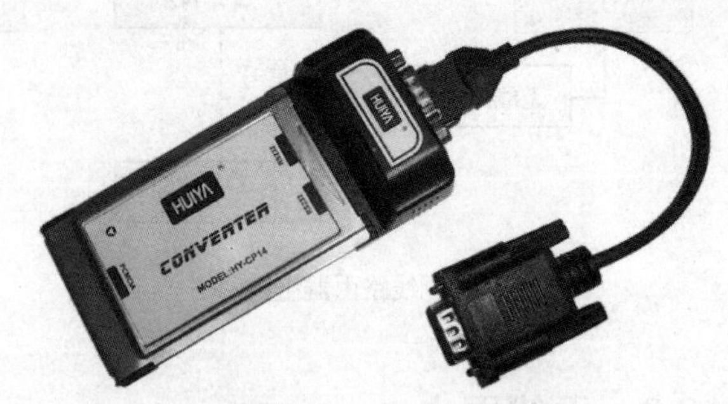

图 7-33　PCMCIA 接口无线网卡

- USB 接口无线网卡：USB 接口无线网卡采用 USB 接口与计算机连接，其具有即插即用、散热性强、传输速度快等优点，如图 7-34 所示。

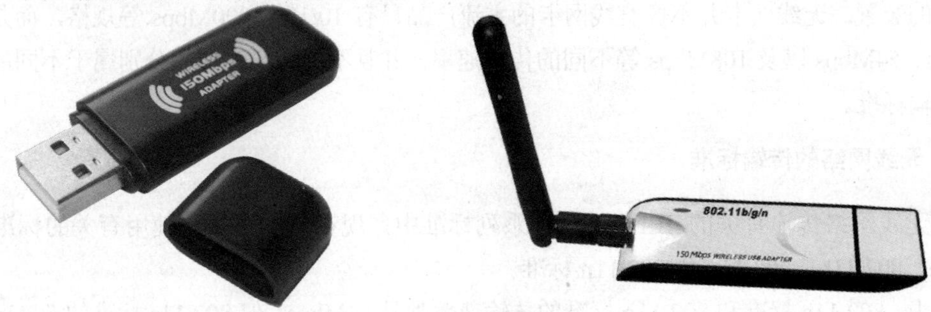

图 7-34　USB 接口无线网卡

7.6.3　无线上网卡

无线上网卡指的是无线广域网卡，连接到无线广域网，如中国移动 TD-SCDMA、中国电信的 CDMA2000、CDMA 1X 以及中国联通的 WCDMA 网络等。无线网卡的作用、功能相当于有线的调制解调器(Modem)。它可以在拥有无线电话信号覆盖的任何地方，利用 USIM 或 SIM 卡来连接到互联网上。

目前，无线上网卡主要应用在笔记本电脑和掌上电脑中，也有部分应用在台式计算机上。按其接口类型的不同，可以将其划分为以下几种类型。

- PCMCIA 接口无线上网卡：PCMCIA 类型接口的无线上网卡(如图 7-35 所示)一般是笔记本等移动设备专用的，它受笔记本电脑的空间限制，体积远不可能像PCI 接口网卡那么大。PCMCIA 总线分为两类，一类为 16 位的 PCMCIA，另一类为 32 位的 CardBus。
- USB 接口无线上网卡：USB 的传输速率远远大于传统的并行口和串行口，设备安装简单并且支持热插拔。USB 接口的无线上网卡一旦接入，就能够立即被计算机所承

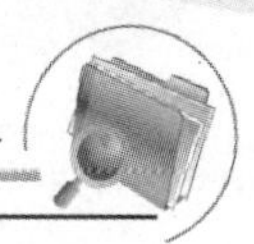

认，并装入任何所需要的驱动程序，而且不必重新启动系统就可立即投入使用。

- CF 接口无线上网卡：CF(Compact Flash)型无线上网卡主要应用于 PDA 等设备，分为 Type I 和 Type II 两类，二者的规格和特性基本相同。
- Express Card 接口无线网卡：笔记本电脑专用的第二代接口——Express Card 接口，可供附加内存、有线和无线通信、多媒体和安全保护等功能，如图 7-36 所示。

图 7-35 PCMCIA 接口无线上网卡

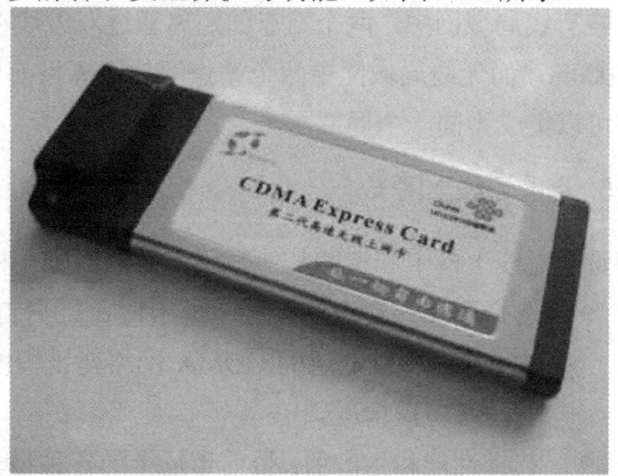

图 7-36 Express Card 接口无线网卡

7.6.4 无线网络设备的选购常识

由于无线局域网具有众多优点，所以已经被广泛地应用。但是作为一种全新的无线局域网设备，对于多数用户相对较为陌生，在购买时会不知所措。下面将介绍选购无线网络设备时应注意的一些问题。

1. 选择无线网络标准

用户在选购无线网络设备时，需要注意该设备所支持的标准。例如，目前无线局域网设备支持较多的为 IEEE802.11b 和 IEEE802.11g 两种标准，也有设备单独支持 IEEE802.11a 或同时支持 IEEE802.11b 和 IEEE802.11g 等几种标准，这时就需要考虑到设备的兼容性问题。

2. 网络连接功能

实际上，无线路由器即是具备宽带接入端口、具有路由功能、采用无线通信的普通路由器。而无线网卡则与普通网卡一样，只不过采用无线方式进行数据传输。因此，用户选购的宽带路由器应带有端口(4 个端口)，还提供 Internet 共享功能，且各方面比较适合于局域网连接，能够自动分配 IP 地址，也便于管理。

3. 路由技术

用户在选购无线路由器时，应了解无线路由器所支持的技术。例如，了解是否包含有 NAT 技术和具有 DHCP 功能等。此外，为了保证计算机上网安全，无线路由器还需要带有防火墙功能。从而可以防止黑客攻击，避免网络受病毒侵害。

4. 数据传输距离

无线局域网的通信范围不受环境条件的限制，网络的传输范围大大拓宽，最大传输范围可以达到几十千米。

在有线局域网中，两个站点的距离通过双绞线在100米以内，即使采用单模光纤也只能达到3000m，而无线局域网中两个站点间的距离目前可以达到50km，距离数千米的建筑物中的网络可以集成为同一个局域网。

5. 选购无线上网卡

选购无线上网卡和选购其他数码产品的原则一样，即满足用户需求即可。

- 选择商家：在选购无线上网卡时，用户首先要明确使用环境地域，因为中国移动的GPRS和中国联通的CDMA网络建设程度不同，所以在选购时要了解使用地域当地的网络覆盖情况。
- 选择性能和生产商：目前市场上的各种型号无线上网卡种类繁多，在选购时用户应考虑产品的生产商和产品性能参数，往往著名厂商的产品其性能稳定，质量也有保障。

7.7 上机练习

本章将通过完成制作网线和使用ADSL拨号上网两个项目，帮助用户进一步掌握计算机网络设备的相关知识与应用方法。

7.7.1 制作网线

双绞线是目前网络中最为常见的网络传输介质，利用其制作网线时需要将双绞线与专用的RJ-45水晶头进行连接。

根据双绞线两端与水晶头连接方式的不同，利用双绞线可以制作出直连线和交叉线两种不同类型的网线线缆，分别应用于计算机与网络设备、计算机与计算机的连接。下面的实验，将引导用户完成网线的制作。

下面将通过实例，介绍网线制作的具体操作方法，用户可以参考以下步骤自制网线。

【例7-1】使用双绞线、水晶头和剥线钳自制一根网线。

(1) 在开始制作网线之前，用户应准备必要的网线制作工具，包括剥线钳、简易打线刀和多功能螺丝刀，如图7-37所示。

(2) 将双绞线的一端放入剥线钳的剥线口中，定位在距离顶端20mm的位置，如图7-38所示。

(3) 压紧剥线钳后旋转360度，使剥线口中的刀片可以切开网线的灰色包裹层，如图7-39所示。

(4) 当剥线口切开网线包裹层后，拉动网线，如图7-40所示。

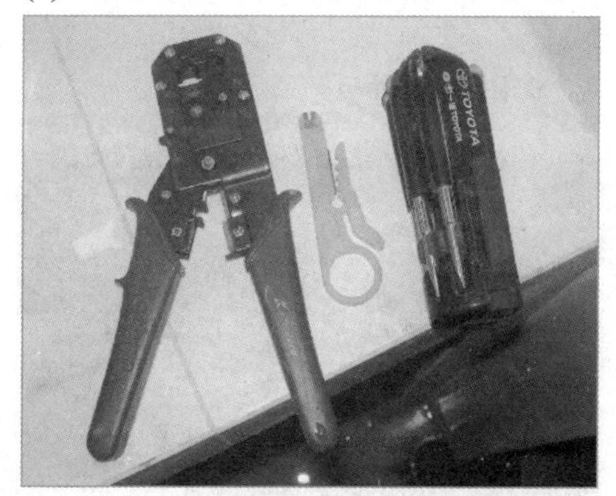

图7-37　制作工具

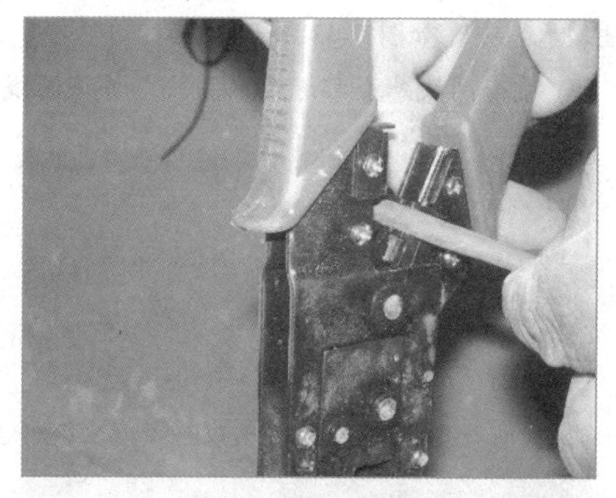

图7-38　定位网线

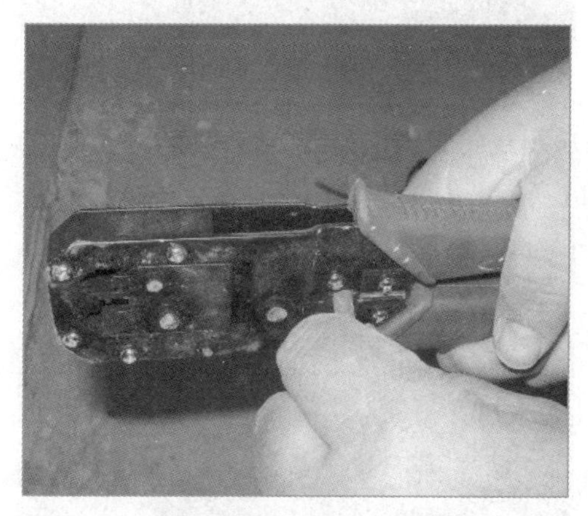

图7-39　旋转双绞线

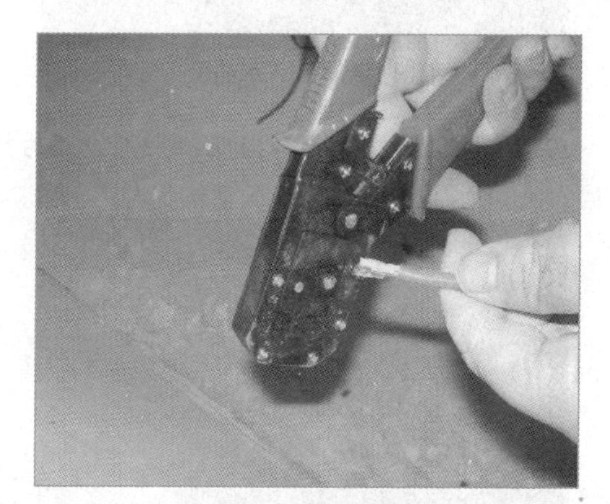

图7-40　拉出双绞线

(5) 将双绞线中的8根不同颜色的线按照586A和586B的线序排列(可参考本章第7.2节所介绍的线序)，如图7-41所示

(6) 在将水晶头背面8个金属压片面对自己，从左至右分别将网线按照步骤(5)所整理的线序插入水晶头，如图7-42所示。

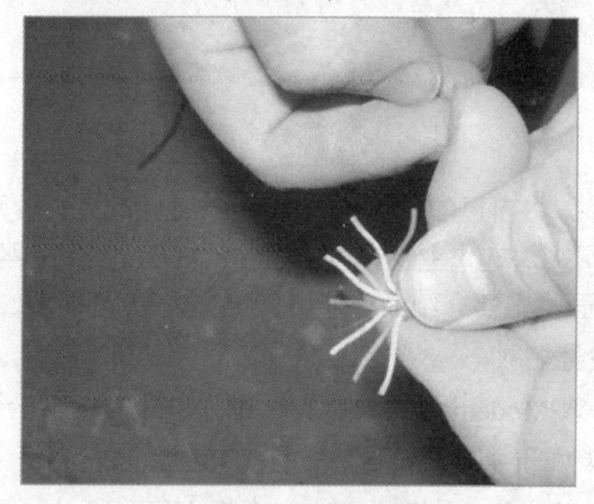

图7-41　整理线序

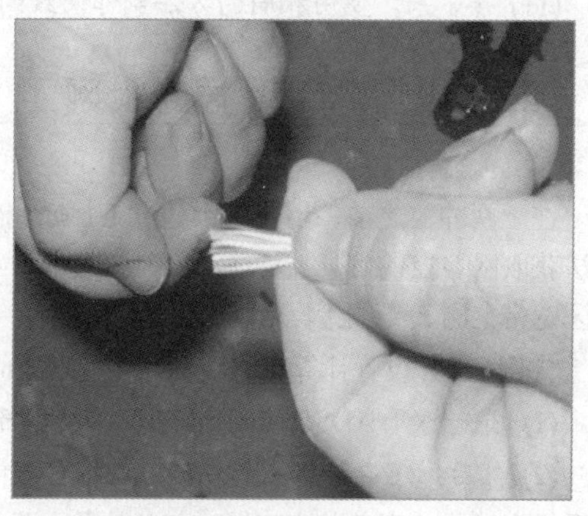

图7-42　拉直网线

(7) 在将水晶头背面8个金属压片面对自己，从左至右分别将网线按照步骤(5)所整理的线序插入水晶头，如图7-43所示。

(8) 检查网线是否都进入水晶头，并将网线固定，如图7-44所示。

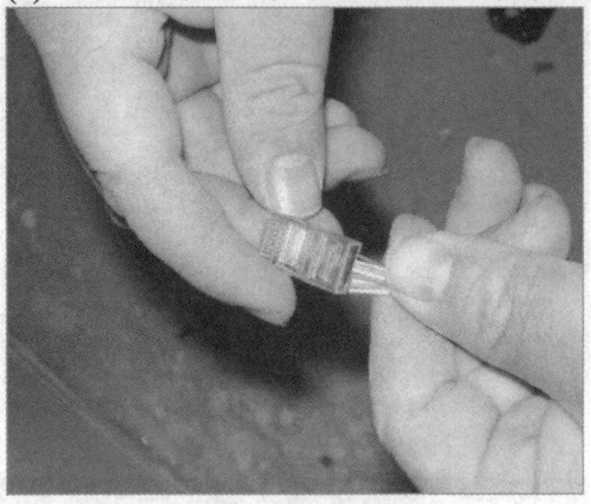

图7-43　插入水晶头

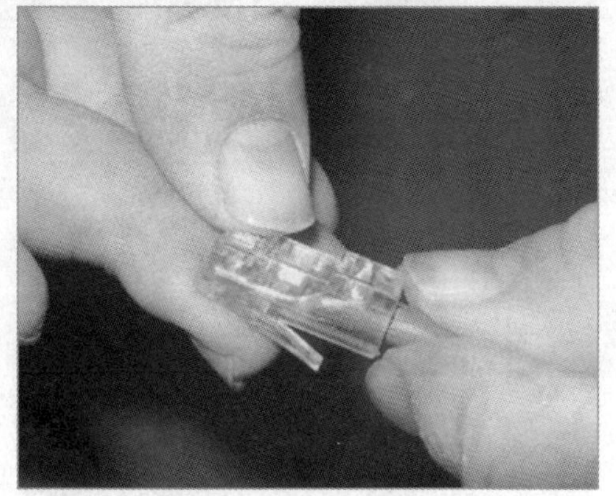

图7-44　检查水晶头

(9) 将水晶头放入剥线钳的压线槽后，用力挤压剥线钳钳柄，如图7-45所示。

(10) 将水晶头上的铜片压至铜线内，如图7-46所示。

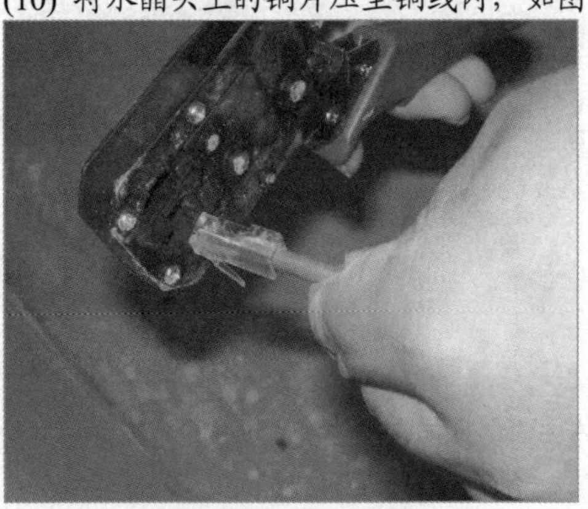

图7-45　放入压线槽

图7-46　压制水晶头

(11) 接下来，使用相同的方法制作网线的另一头。完成后即可得到一根网线。

7.7.2　设置ADSL拨号上网

在上网冲浪之前，用户必须建立Internet连接，将自己的计算机同Internet连接起来，否则无法获取网络上的信息。目前，我国个人用户上网接入方式主要有电话拨号、ADSL宽带上网、小区宽带上网、专线上网和无线上网等几种，下面将主要介绍如何使用ADSL宽带上网。

【例7-2】设置计算机通过ADSL Modem拨号上网。

(1) 首先拆开ADSL Modem包装，准备好安装Modem所需的所有配件，如图7-47所示。

(2) 然后拔下电话机上的电话线，将它与电话信号分离器相连。使用ADSL Modem附件中的两根电话线分别连接电话机，电话信号分离器和Modem的Line接口。在将ADSL Modem附

件中网线的一头连接在 Modem 的 Ethernet 接口上，另一头连接在计算机的网卡接口上，如图 7-48 所示。

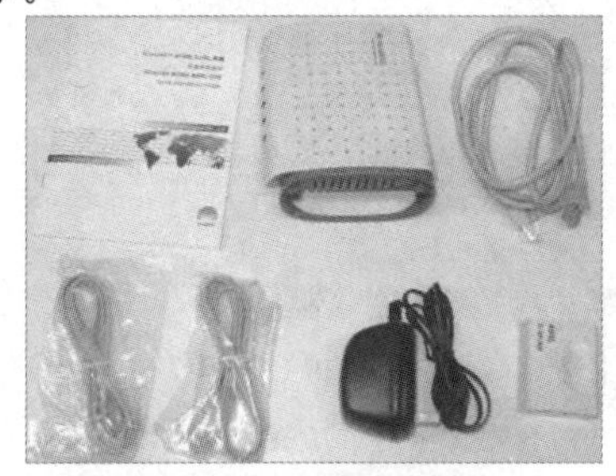

图 7-47　准备好配件

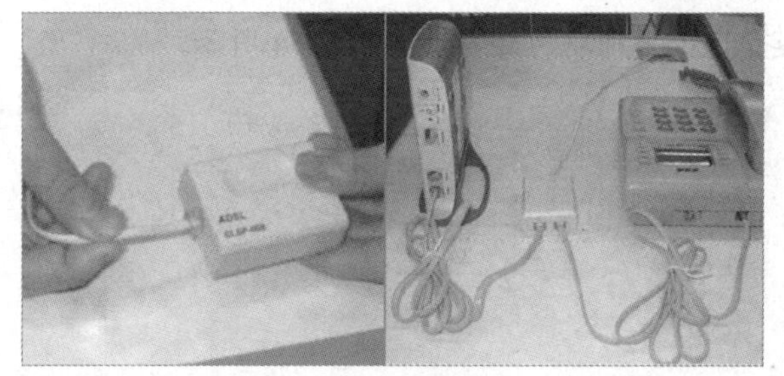

图 7-48　连接线路

(3) 启动计算机，打开【控制面板】窗口，然后在该窗口中双击【网络和共享中心】图标，如图 7-49 所示。

(4) 打开【网络和共享中心】窗口，单击【设置新的连接或网络】选项，如图 7-50 所示。

图 7-49　【控制面板】窗口

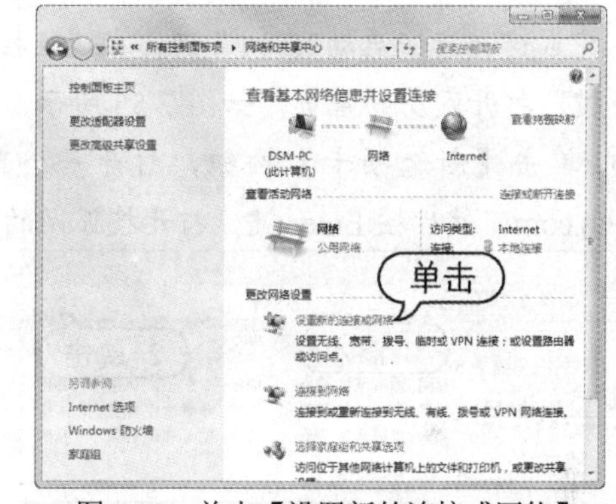

图 7-50　单击【设置新的连接或网络】

(5) 打开【设置连接或网络】窗口，选中【连接到 Internet】选项后，单击【下一步】按钮，如图 7-51 所示。

(6) 打开【连接到 Internet】窗口，单击【宽带 PPPoE】按钮，打开【键入您的 Internet 服务提供商提供的信息】窗口，如图 7-52 所示。

图 7-51　【设置连接或网络】窗口

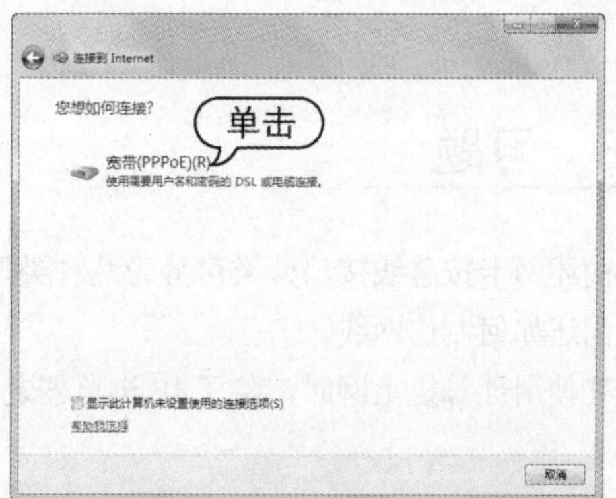

图 7-52　【连接到 Internet】窗口

(7) 在打开的窗口中的【用户名】和【密码】文本框中输入 ADSL 拨号账号和密码后，选中【记住此密码】复选框，如图 7-53 所示。

(8) 在【键入您的 Internet 服务提供商提供的信息】窗口中，单击【连接】按钮，系统将开始创建 ADSL 宽带拨号连接，如图 7-54 所示。

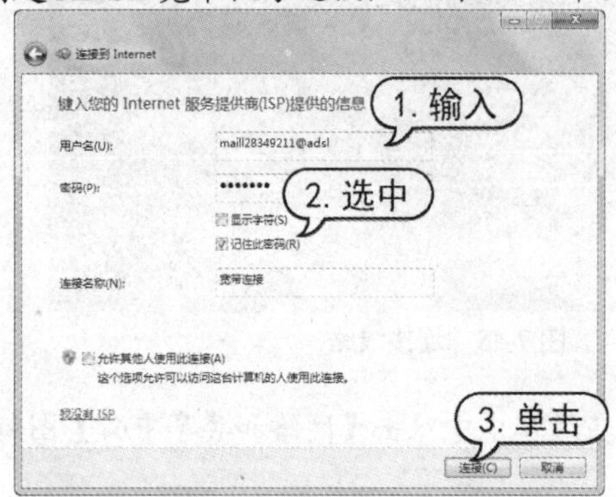

图 7-53　输入账号和密码

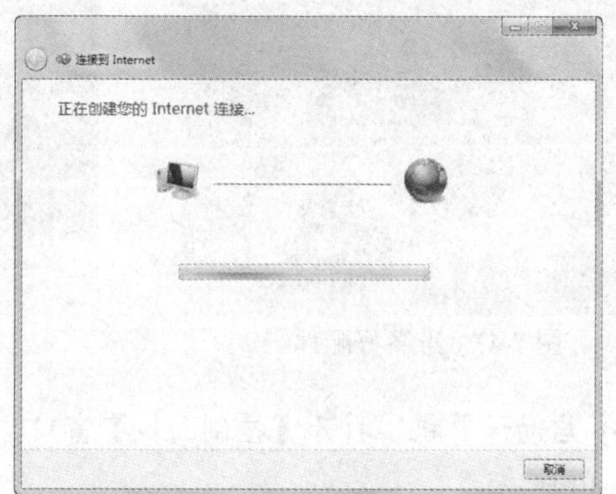

图 7-54　开始创建 ADSL 宽带拨号连接

(9) 完成连接后，启动 IE 浏览器，在地址栏中输入要访问的网站网址www.163.com。然后按 Enter 键，打开网易的首页，如图 7-55 所示。

(10) 单击【新选项卡】按钮，打开一个新的选项卡。在浏览器地址栏中输入网址：www.sohu.com，然后按 Enter 键，打开搜狐网的首页，如图 7-56 所示。

图 7-55　输入网址

图 7-56　打开网页

.8　习题

1. 简述网卡按总线接口分类可分为几种类型。
2. 简述如何制作网线。
3. 在使用计算机上网时，除了 IE 浏览器之外，还有哪些主流的浏览器值得推荐？

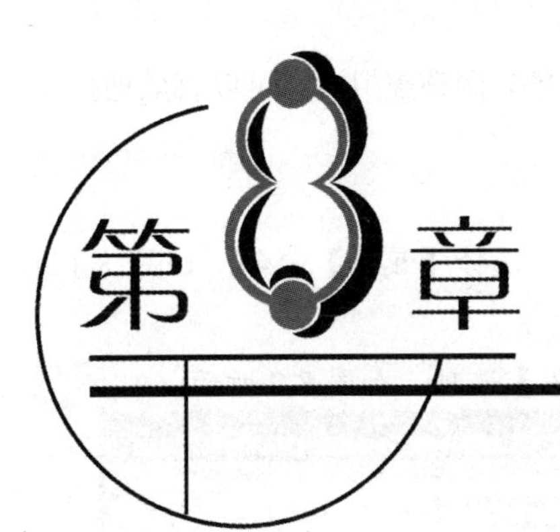

计算机的优化

学习目标

在日常使用计算机的过程中，对计算机进行优化，不仅能够保证计算机的正常运行，还能够提高计算机的性能，使计算机时刻处于最佳工作状态。还可以使用各种优化软件对计算机进行智能优化，使用户的计算机硬件和软件运行得更好。

本章重点

- 在系统中进行优化
- 使用系统优化软件
- 关闭不需要的系统程序

8.1 优化 Windows 系统

一般 Windows 7 操作系统安装采用的都是默认设置，其设置无法充分发挥计算机的性能。此时，对系统进行一定的优化设置，能够有效地提升计算机性能。

8.1.1 设置虚拟内存

系统在运行时会先将所需的指令和数据从外部存储器调入内存，CPU 再从内存中读取指令或数据进行运算，并将运算结果存储在内存中。在整个过程中内存主要起着中转和传递的作用。

当用户运行一个程序需要大量数据，占用大量内存时，物理内存就有可能会被“塞满”，此时系统会将那些暂时不用的数据放到硬盘中，而这些数据所占的空间就是虚拟内存。简单地说，虚拟内存的作用就是当物理内存占用完时，计算机会自动调用硬盘来充当内存，以缓解物理内存的不足。

Windows 操作系统是采用虚拟内存机制进行扩充系统内存的，调整虚拟内存可以有效地提高大型程序的执行效率。

【例 8-1】在 Windows 7 操作系统中设置虚拟内存。

(1) 在桌面上右击【计算机】图标，在打开的快捷菜单中，选择【属性】命令，如图 8-1 所示。

(2) 在打开【系统】对话框中，选择左侧的【高级系统设置】选项，如图 8-2 所示。

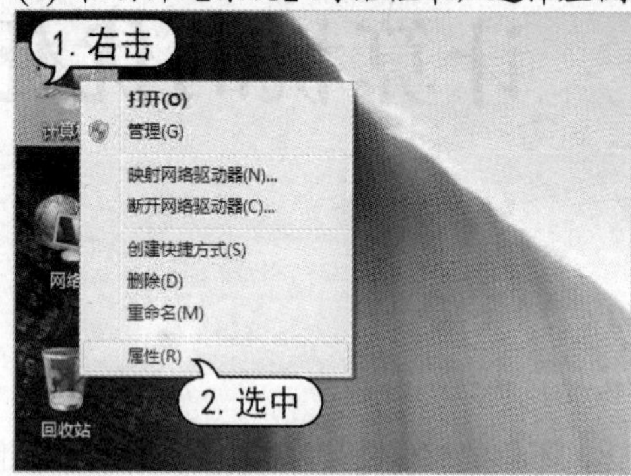

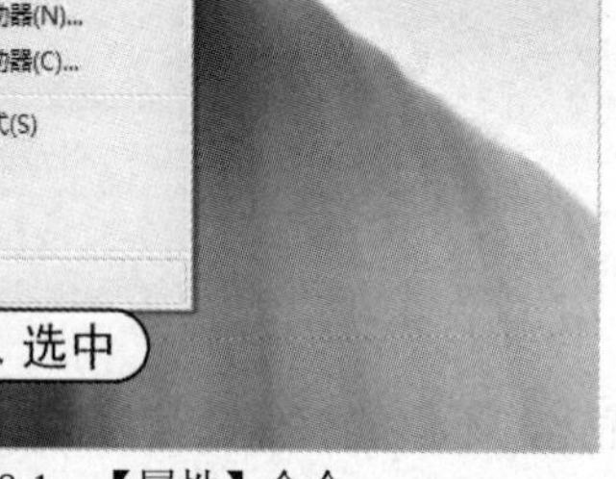

图 8-1 【属性】命令

图 8-2 【系统】对话框

(3) 打开【系统属性】对话框，选择【高级】选项卡，在【性能】区域中单击【设置】按钮，如图 8-3 所示。

(4) 打开【性能选项】对话框，选择【高级】选项卡，在【虚拟内存】区域中单击【更改】按钮，如图 8-4 所示。

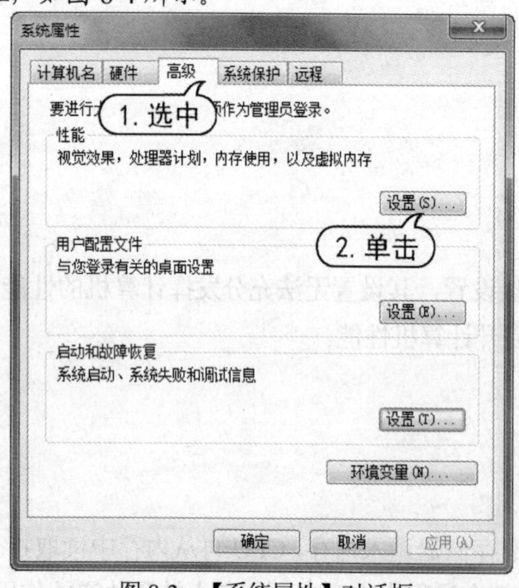

图 8-3 【系统属性】对话框

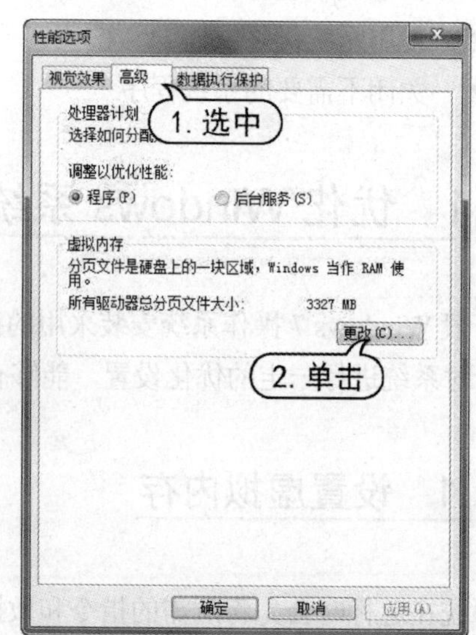

图 8-4 【性能选项】对话框

(5) 打开【虚拟内存】对话框，取消选中【自动管理所有驱动器的分页文件大小】复选框。在【驱动器】列表中选中 C 盘选项，选中【自定义大小】单选按钮，在【初始大小】文本框中输入 2000，在【最大值】文本框中输入 6000，单击【设置】按钮，如图 8-5 所示。

(6) 完成分页文件大小的设置，然后单击【确定】按钮，如图 8-6 所示。

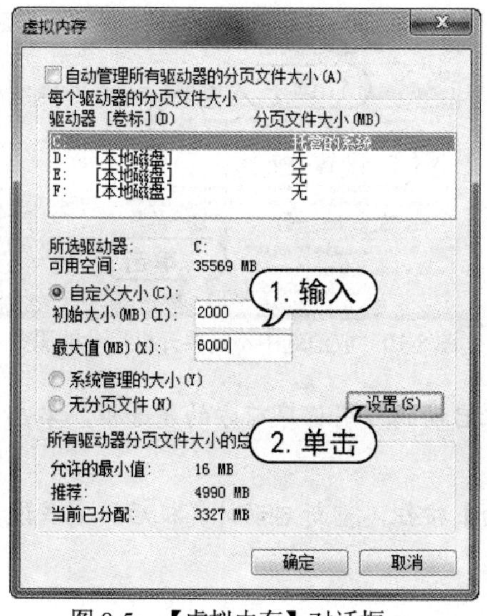

图 8-5　【虚拟内存】对话框

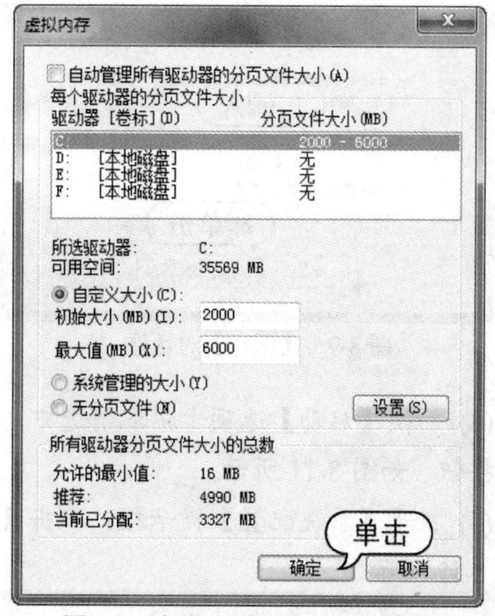

图 8-6　完成分页文件大小的设置

(7) 打开【系统属性】提示框，提示用户需要重新启动计算机才能使设置生效，单击【确定】按钮，如图 8-7 所示。

(8) 关闭所有的上级对话框后，打开【必须重新启动计算机才能应用这些更改】提示框，单击【立即重新启动】按钮，重新启动计算机后即可使设置生效，如图 8-8 所示。

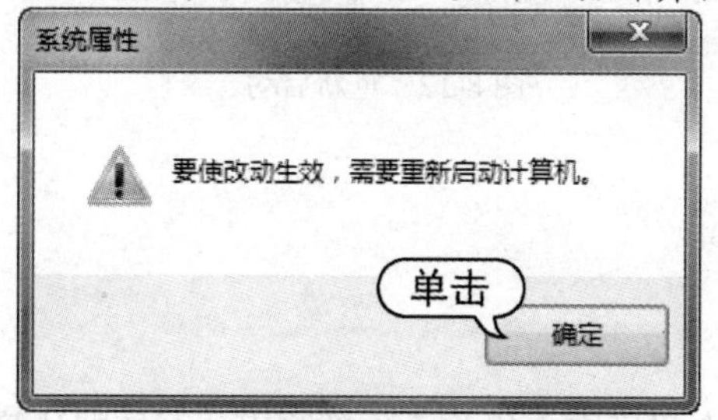

图 8-7　【系统属性】提示框

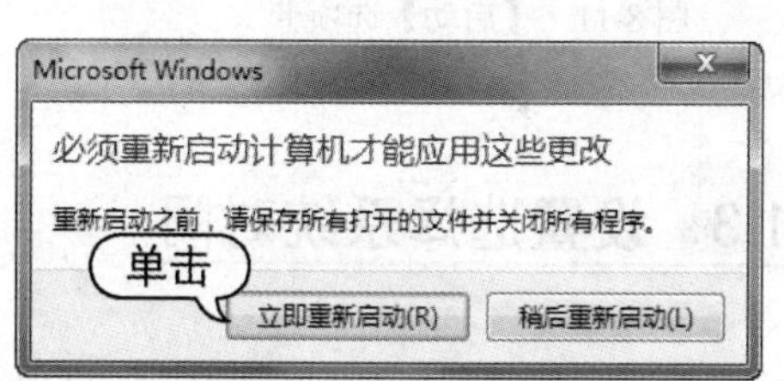

图 8-8　重启计算机

8.1.2　设置开机启动项

有些软件在安装完成后，会将自己的启动程序加入到开机启动项中，从而随着系统的自动启动而自动运行。这无疑会占用系统的资源，并影响到系统的启动速度。可以通过设置将不需要的开机启动项禁止。

【例 8-2】禁止不需要的开机启动项。

(1) 按 Win+R 组合键，打开【运行】对话框，在【打开】文本框中，输入 msconfig 命令，单击【确认】按钮，如图 8-9 所示。

(2) 打开【系统配置】对话框，选择【服务】选项卡，取消选中不需要开机启动的服务前方的复选框，如图 8-10 所示。

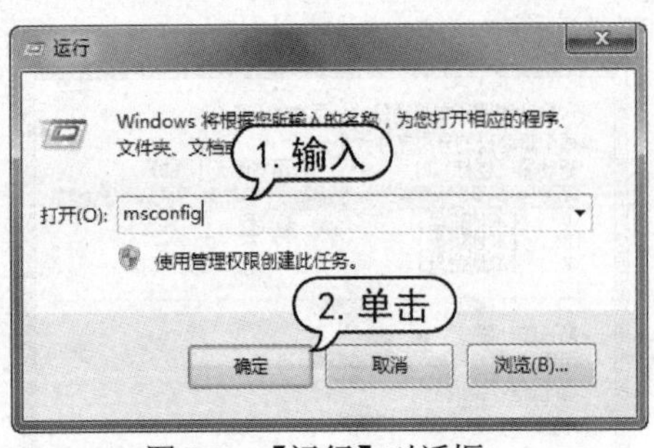

图 8-9 【运行】对话框

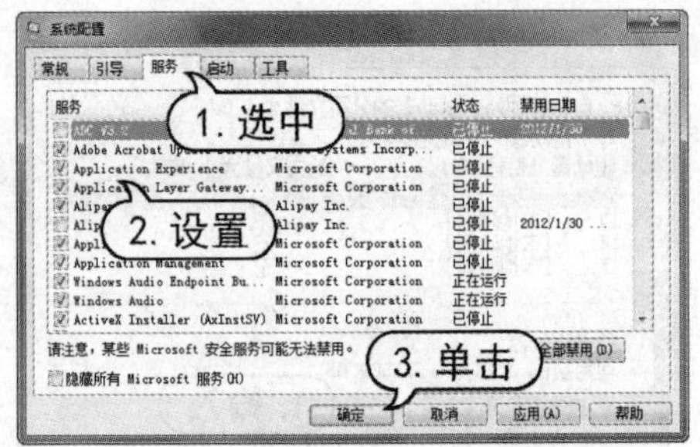

图 8-10 取消选中不需要开机启动的服务

(3) 切换【启动】选项卡，取消选中不需要开机启动的应用程序前方的复选框，单击【确定】按钮，如图 8-11 所示。

(4) 打开【系统配置】提示框，单击【重新启动】按钮，重新启动计算机后，完成设置，如图 8-12 所示。

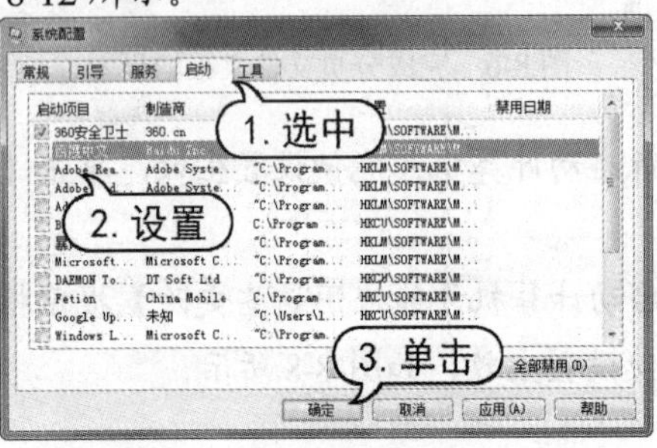

图 8-11 【启动】选项卡

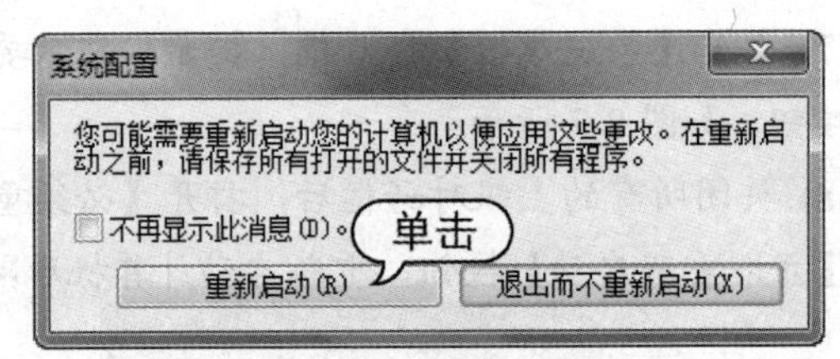

图 8-12 重新启动

8.1.3 设置选择系统时间

当计算机中安装了多个操作系统后，在启动时会显示多个操作系统的列表，系统默认等待时间是 30s，可以根据需要对这个时间进行调整。

【例 8-3】将选择操作系统时的默认等待时间设置为 5s。

(1) 在桌面上右击【计算机】图标，在打开的快捷菜单中，选择【属性】命令，如图 8-13 所示。在打开的【系统】对话框中，选择左侧的【高级系统设置】选项，如图 8-14 所示。

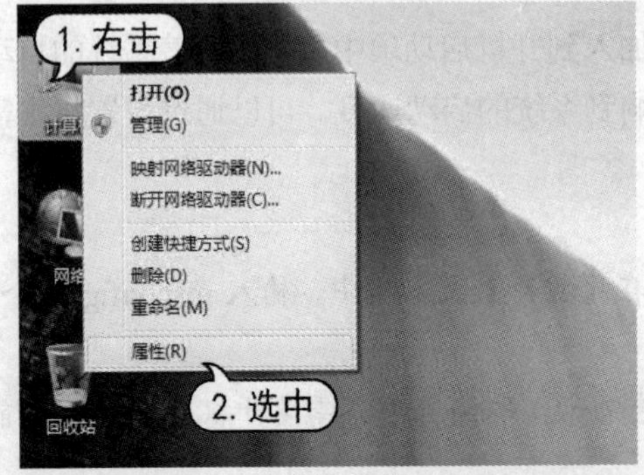

图 8-13 快捷菜单

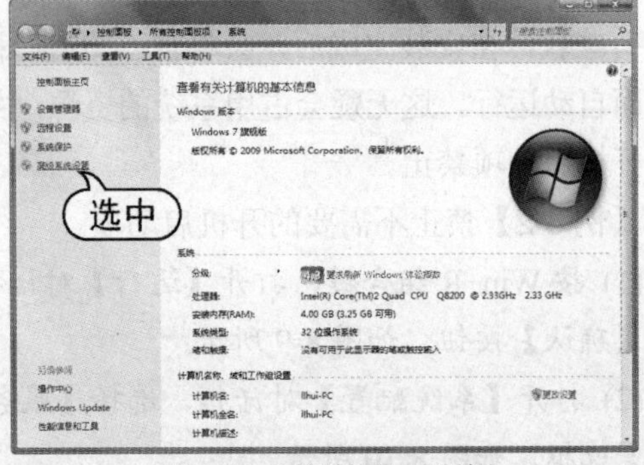

图 8-14 【系统】对话框

(2) 打开【系统属性】对话框，选择【高级】选项卡，在【启动和故障恢复】区域单击【设置】按钮，如图8-15所示。

(3) 打开【启动和故障恢复】对话框，在【显示操作系统列表的时间】微调框中设置时间为5秒，单击【确定】按钮，如图8-16所示。

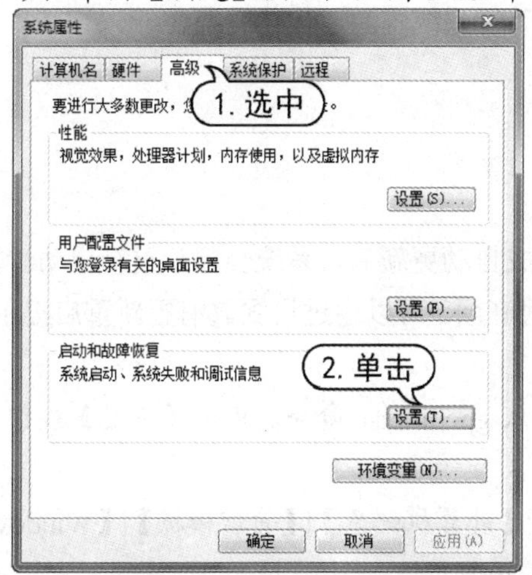

图8-15 【高级】选项卡

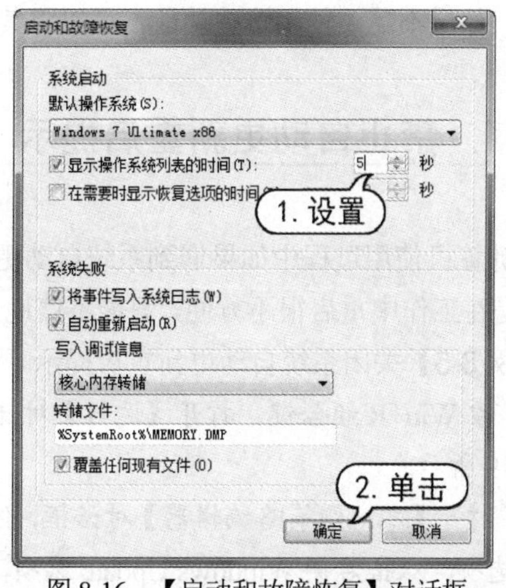

图8-16 【启动和故障恢复】对话框

8.1.4 清理卸载文件或更改程序

卸载某个程序后，该程序可能依然会保留在【卸载或更改程序】对话框的列表中，用户可以通过修改注册表进行将其删除，从而达到对计算机的优化。

【例8-4】在注册表中，清理【卸载或更改程序】对话框列表。

(1) 按Win+R组合键，打开【运行】对话框，在【打开】文本框中，输入regedit命令，单击【确认】按钮。

(2) 打开【注册表编辑器】对话框，在左侧的注册表列表框中，依次展开HKEY_LOCAL_MACHINE | SOFTWARE | Microsoft | Windows | CurrentVersion | Uninstall选项，如图8-17所示。

(3) 在该项目下，用户可查看已删除程序的残留信息，然后将其删除即可，如图8-18所示。

图8-17 【注册表编辑器】对话框

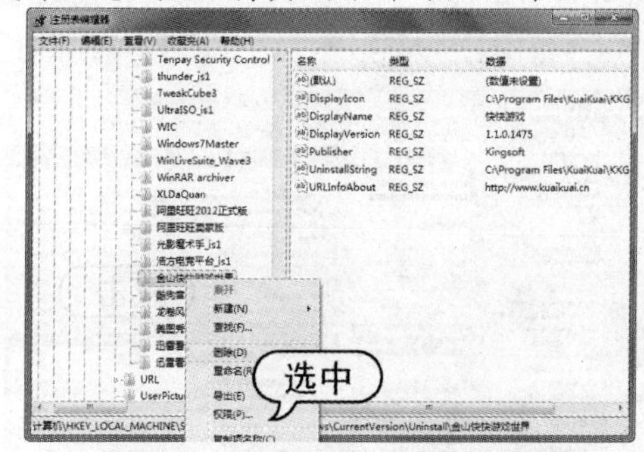

图8-18 查看已删除程序的残留信息

8.2 关闭不需要的系统功能

Windows 7 系统在安装完成后，自动开启了许多功能。这些功能在一定程度上会占用系统的资源，如果不需要使用这些功能，可以将其关闭以节省系统资源，优化系统。

8.2.1 禁止自动更新重启提示

在计算机使用过程中如果遇到系统自动更新，完成自动更新后，系统会提示重新启动计算机。但是在工作中重启很不方便，只能不停地推迟，很麻烦。可以通过设置取消更新重启提示。

【例 8-5】关闭系统自动更新重启提示

(1) 按 Win+R 组合键，打开【运行】对话框，输入 gpedit.msc 命令，单击【确定】按钮，如图 8-19 所示。

(2) 打开【本地组策略编辑器】对话框，依次展开【计算机配置】|【管理模板】|【Windows 组件】选项，双击右侧 Windows Update 选项，如图 8-20 所示。

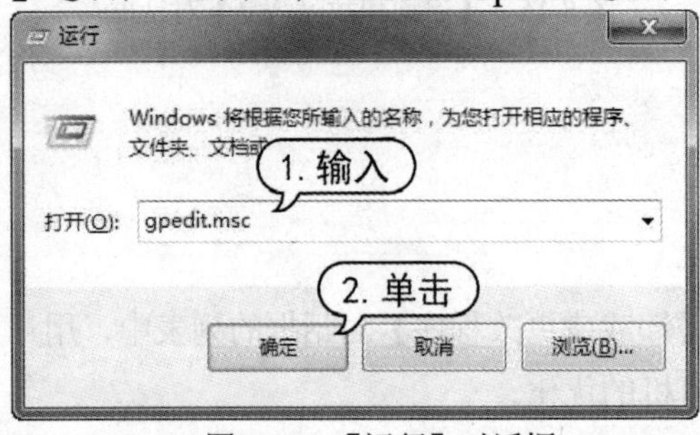

图 8-19 【运行】对话框

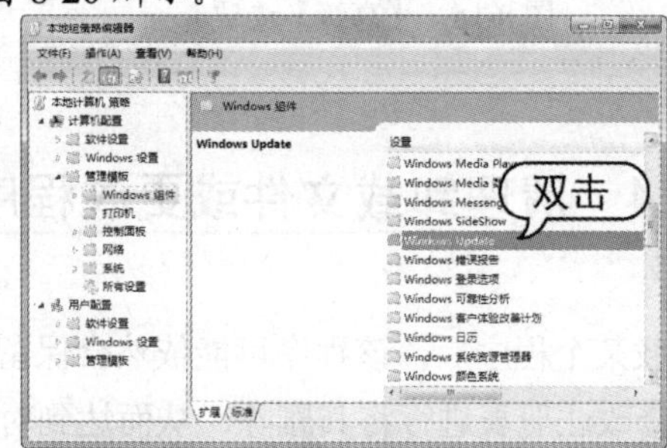

图 8-20 【本地组策略编辑器】对话框

(3) 打开 Windows Update 窗口，双击【对于自己登录用户的计算机，计划的自动更新安装不执行重新启动】选项，如图 8-21 所示。

(4) 打开【对于自己登录用户的计算机，计划的自动更新安装不执行重新启动】对话框，选中【已启用】单选按钮，单击【确定】按钮，如图 8-22 所示。

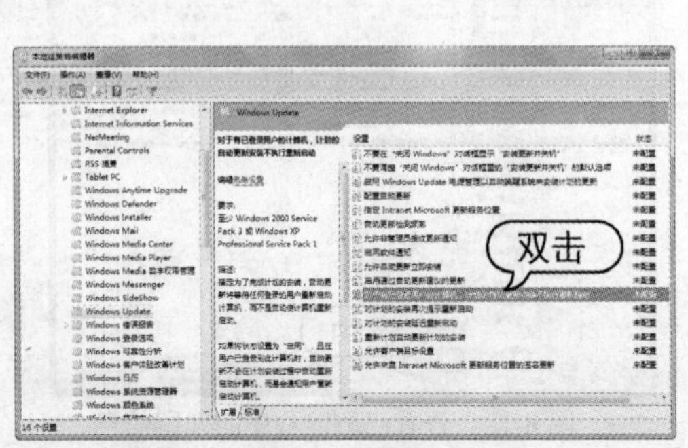

图 8-21 Windows Update 窗口

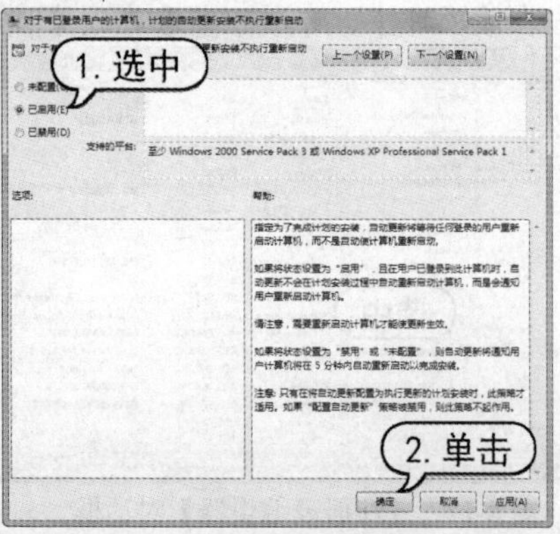

图 8-22 完成设置

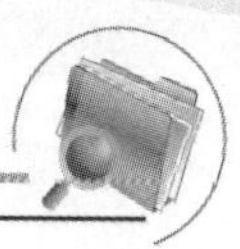

8.2.2　禁止保存搜索记录

Windows 7 搜索的历史记录会自动保存在下拉列表框中，用户可通过组策略禁止保存搜索记录以提高系统速度。

【例 8-6】禁止保存搜索记录。

(1) 按 Win+R 组合键，打开【运行】对话框，输入 gpedit.msc 命令，单击【确定】按钮。

(2) 打开【本地组策略编辑器】对话框，依次展开【用户配置】|【管理模板】|【Windows 组件】|【Windows 资源管理器】选项，在右侧的列表中双击【在 Windows 资源管理器搜索框中关闭最近搜索条目的显示】选项，如图 8-23 所示。

(3) 在打开【在 Windows 资源管理器搜索框中关闭最近搜索条目的显示】对话框中，选中【已启用】单选按钮，然后单击【确定】按钮，如图 8-24 所示。

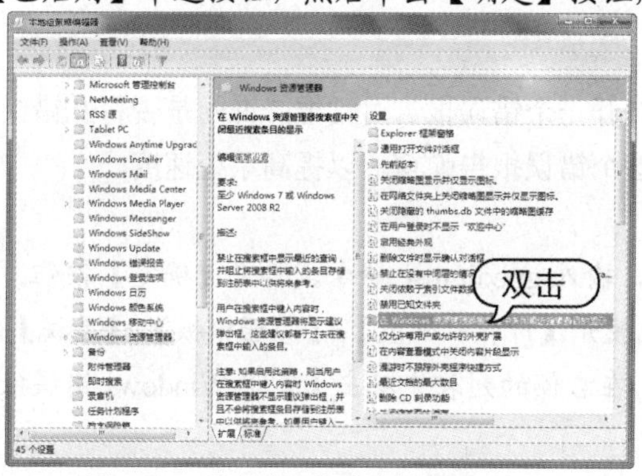

图 8-23　【本地组策略编辑器】对话框

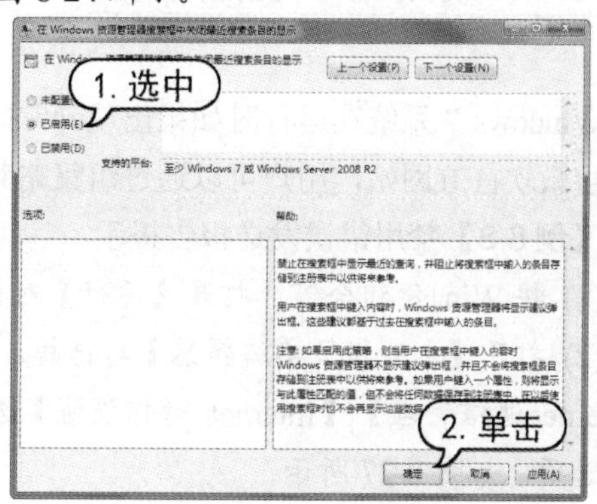

图 8-24　完成设置

8.2.3　关闭自带的刻录功能

Windows 7 中集成了刻录功能，不过它没有专业刻录软件那样强大，如果用户想使用第三方软件来刻录光盘，可以禁用 Windows 7 的自带刻录功能。

【例 8-7】关闭 Windows 7 系统自带的刻录功能。

(1) 按 Win+R 组合键，打开【运行】对话框，输入 gpedit.msc 命令，单击【确定】按钮。

(2) 打开【本地组策略编辑器】对话框，依次展开【用户配置】|【管理模板】|【Windows 组件】|【Windows 资源管理器】选项，在右侧的列表中双击【删除 CD 刻录功能】选项，如图 8-25 所示。

(3) 打开【删除 CD 刻录功能】对话框，选中【已启用】单选按钮，然后单击【确定】按钮，完成设置，如图 8-26 所示。

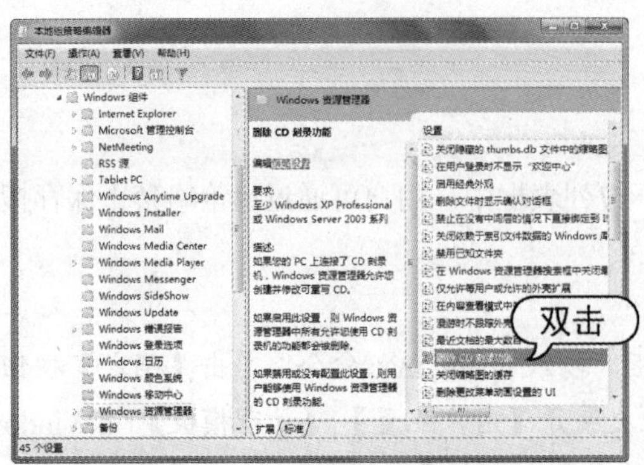

图 8-25 【本地组策略编辑器】对话框

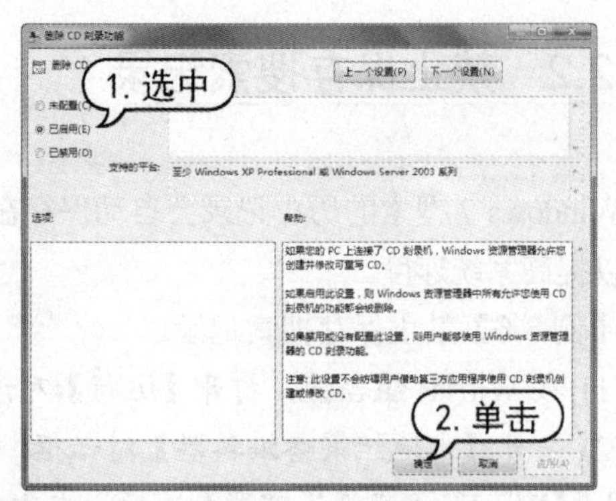

图 8-26 完成设置

8.2.4 禁用错误发送报告

Windows 7 系统在运行时如果出现异常即会打开一个错误报告对话框，询问是否将此错误提交给微软官方网站，用户可以通过组策略禁用这个错误报告弹窗，以提高系统速度。

【例 8-8】禁用错误发送报告提示。

(1) 按 Win+R 组合键，打开【运行】对话框，输入 gpedit.msc 命令，单击【确定】按钮。

(2) 打开【本地组策略编辑器】对话框，依次展开【计算机配置】|【管理模板】|【系统】|【Internet 通信管理】|【Internet 通信设置】选项，在右侧的列表中双击【关闭 Windows 错误报告】选项，如图 8-27 所示。

(3) 打开【关闭 Windows 错误报告】对话框，选中【已启用】单选按钮，然后单击【确定】按钮，完成设置，如图 8-28 所示。

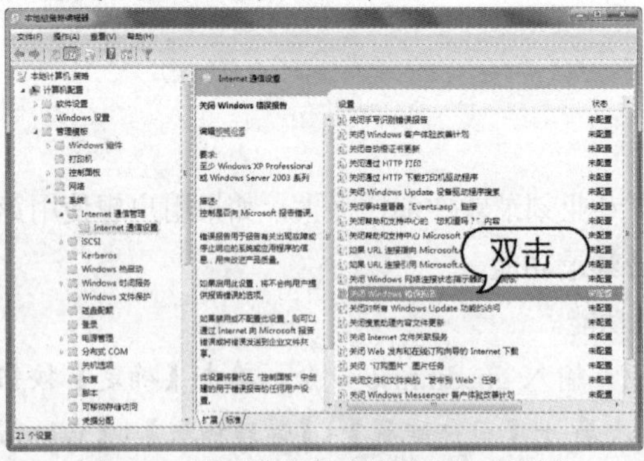

图 8-27 【本地组策略编辑器】对话框

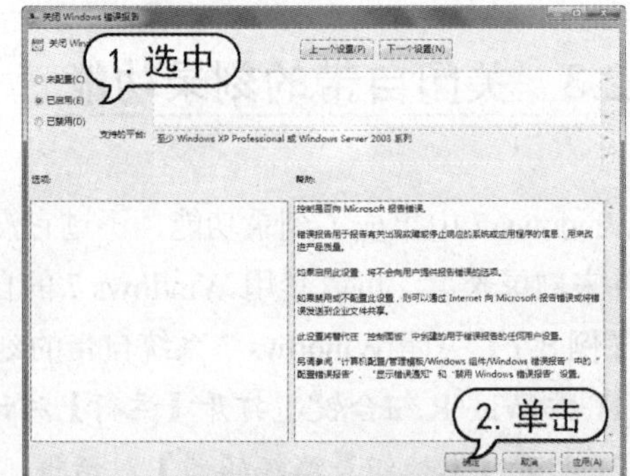

图 8-28 完成设置

8.3 优化计算机磁盘

计算机的磁盘是使用最频繁的硬件之一，磁盘的外部传输速度和内部读写速度决定了硬盘的读写性，优化磁盘速度和清理磁盘可以很大程度上延长计算机的使用寿命。

8.3.1　磁盘清理

由于各种应用程序的安装与卸载以及软件运行，系统会产生一些垃圾冗余文件，这些文件会直接影响计算机的性能。磁盘清理程序是系统自带的用于清理磁盘冗余内容的工具。

【例 8-9】清理 D 盘中的冗余文件。

(1) 选择【开始】|【所有程序】|【附件】|【系统工具】|【磁盘清理】选项，如图 8-29 所示。

(2) 打开【磁盘清理：驱动器选择】对话框，在【驱动器】下拉列表中选择 D 盘，单击【确定】按钮，如图 8-30 所示。

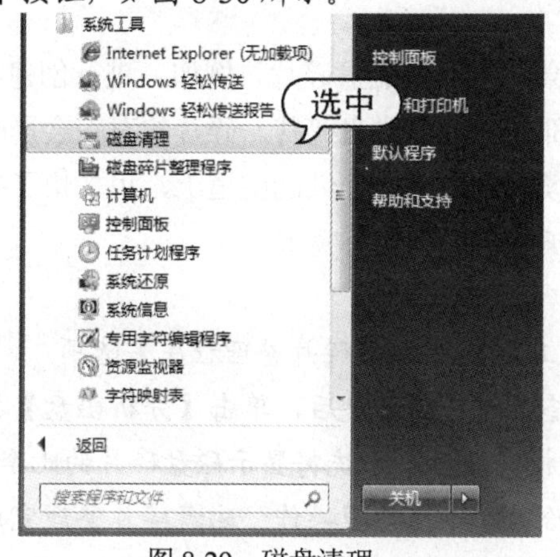

图 8-29　磁盘清理

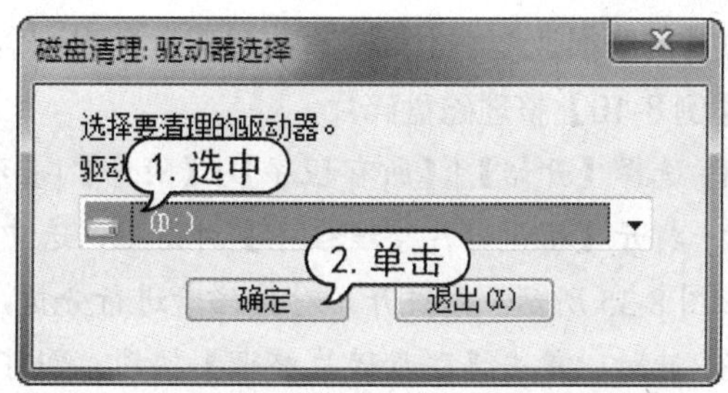

图 8-30　【磁盘清理：驱动器选择】对话框

(3) 打开【磁盘清理】对话框，系统开始分析 D 盘冗余内容，如图 8-31 所示。

(4) 分析完成后，在【(D:)的磁盘清理】对话框中将显示分析后的结果。选中所需删除的内容对应的复选框，选择【回收站】复选框，然后单击【确定】按钮，如图 8-32 所示。

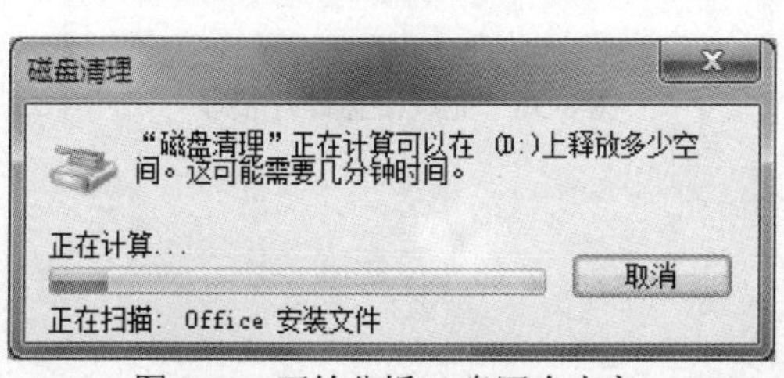

图 8-31　开始分析 D 盘冗余内容

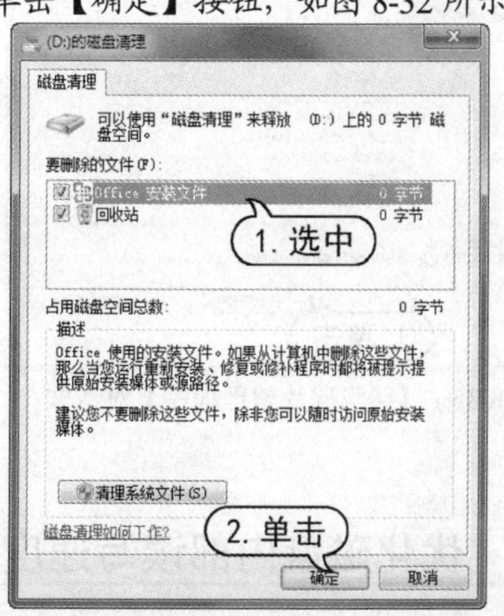

图 8-32　【(D:)的磁盘清理】对话框

(5) 打开【磁盘清理】提示框，单击【删除文件】按钮，如图 8-33 所示。

(6) 此时，系统自动即可进行磁盘清理的操作，如图 8-34 所示。

图 8-33 【磁盘清理】提示框

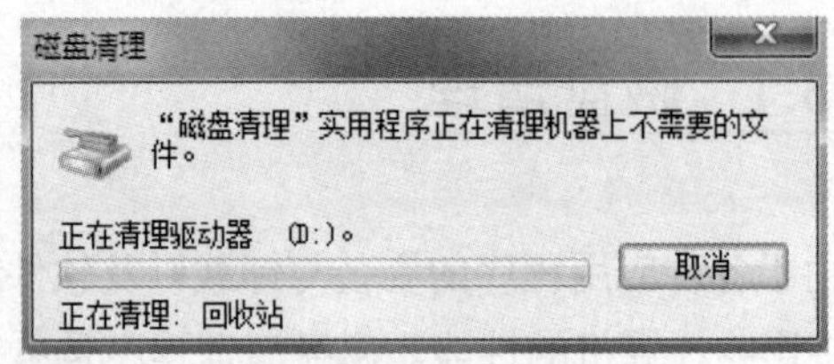

图 8-34 进行磁盘清理

8.3.2 磁盘碎片整理

在使用计算机中不免会有很多文件操作，操作时会产生很多磁盘碎片。例如，进行创建、删除文件或者安装、卸载软件等操作时，会在硬盘内部产生很多磁盘碎片。碎片的存在会影响系统往硬盘写入或读取数据的速度，而且由于写入和读取数据不在连续的磁道上，也加快了磁头和盘片的磨损速度，定期清理磁盘碎片，对硬盘保护有很大的实际意义。

【例 8-10】整理磁盘碎片。

(1) 选择【开始】|【所有程序】|【附件】|【系统工具】|【磁盘碎片整理程序】选项。

(2) 打开【磁盘碎片整理程序】对话框，选中要整理碎片的磁盘后，单击【分析磁盘】按钮，如图 8-35 所示。系统开始对该磁盘进行分析，分析完成后，系统将显示磁盘碎片的比率。

(3) 此时，单击【磁盘碎片整理】按钮，即可开始磁盘碎片整理操作。磁盘碎片整理完成后，将显示磁盘碎片整理结果，如图 8-36 所示。

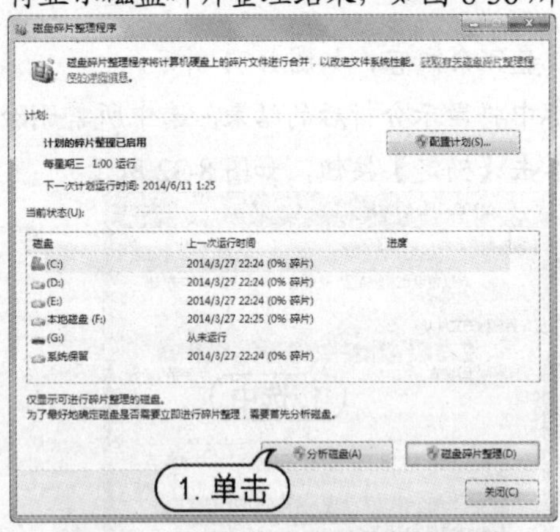

图 8-35 【磁盘碎片整理程序】对话框

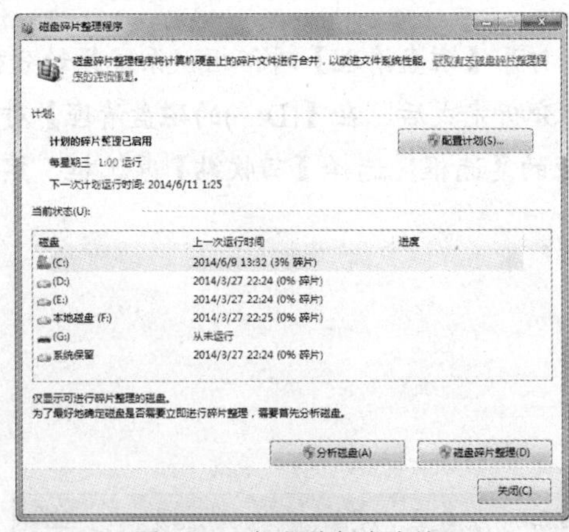

图 8-36 完成磁盘碎片整理

8.3.3 优化磁盘内部读写速度

优化计算机硬盘的外部传输速度和内部读写速度，能有效地提升硬盘读写性能。

硬盘的内部读写速度是指从盘片上读取数据，然后存储在缓存中的速度，是评价硬盘整体性能的决定性因素。

【例 8-11】优化硬盘内部读写速度。

(1) 在桌面上，右击【计算机】图标，在打开的快捷菜单中，选择【属性】命令，如图 8-37 所示。

(2) 打开【系统】对话框，选择【设备管理器】选项，如图 8-38 所示。

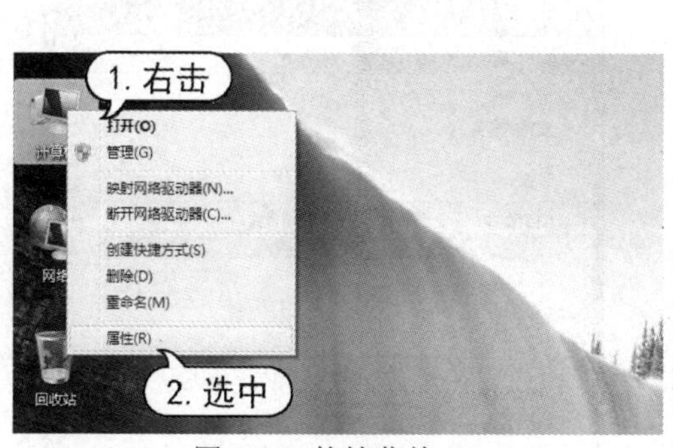

图 8-37　快捷菜单

图 8-38　【系统】对话框

(3) 打开【设备管理器】对话框，在【磁盘驱动器】选项下展开当前硬盘选项，再右击，在打开的快捷菜单中选择【属性】命令，如图 8-39 所示。

(4) 打开磁盘的【属性】对话框，选择【策略】选项卡，选中【启用设备上的写入缓存】复选框，然后单击【确定】按钮，完成设置，如图 8-40 所示。

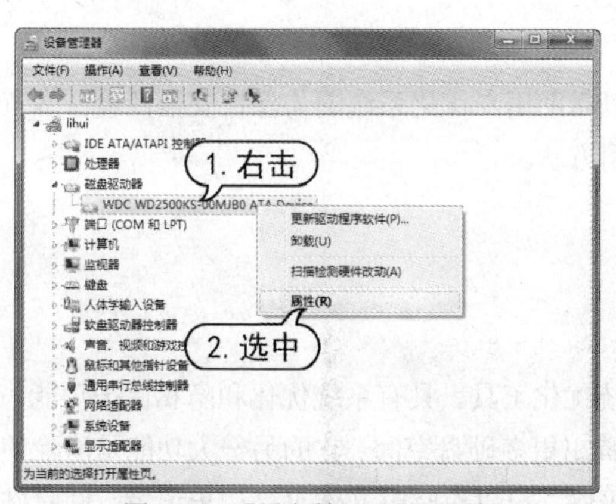

图 8-39　【设备管理器】对话框

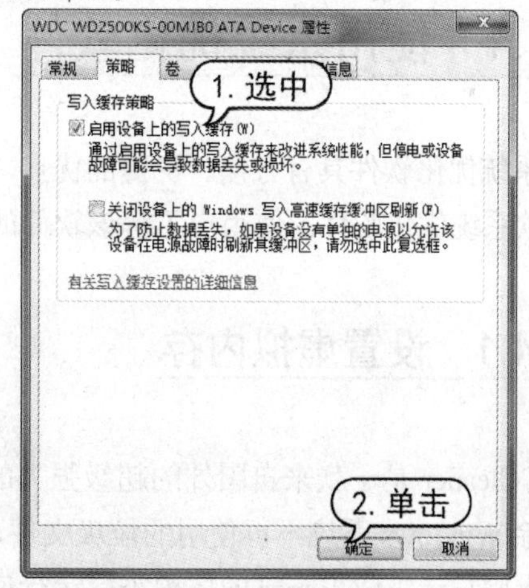

图 8-40　【属性】对话框

8.3.4　优化硬盘外部传输速度

硬盘的外部传输速度是指硬盘的接口速度。通过修改注册表信息，可以优化数据传输速度。

【例 8-12】优化硬盘外部传输速度。

(1) 在桌面上，右击【计算机】图标，在打开的快捷菜单中，选择【属性】命令。

(2) 打开【系统】对话框，选择【设备管理器】选项。

(3) 打开【设备管理器】对话框，在【磁盘驱动器】选项下展开当前硬盘选项，再右击，在打开的快捷菜单中选择【属性】命令，如图 8-41 所示。

(4) 打开磁盘的【属性】对话框，选择【高级设置】选项卡，选中【启用 DMA】复选框，然后单击【确定】按钮，完成设置，如图 8-42 所示。

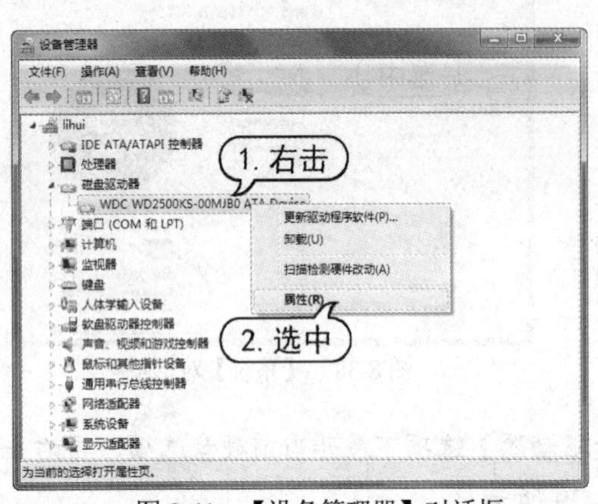

图 8-41 【设备管理器】对话框

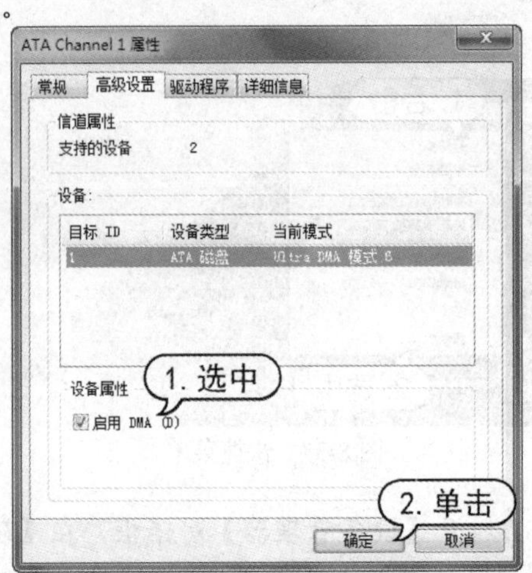

图 8-42 【属性】对话框

8.4 使用系统优化软件

系统优化软件具有方便、快捷的优点，可以帮助用户优化系统的与保护安全环境。本节介绍几款系统优化软件，使用户了解该软件的使用方法。

8.4.1 设置虚拟内存

CCleaner 是一款来自国外的超级强大的系统优化工具。具有系统优化和隐私保护功能。可以清除 Windows 系统不再使用的垃圾文件，以腾出更多硬盘空间。它的另一大功能是清除使用者的上网记录。CCleaner 的体积小，运行速度极快，可以对临时文件夹、历史记录、回收站等进行垃圾清理，并可对注册表进行垃圾项扫描、清理。

使用 CCleaner 软件，用户对 Windows 系统与应用程序下不需要的临时文件、系统日志进行扫描并自动进行清理，具体操作方法如下例所示。

【例 8-13】使用 CCleaner 软件清理 Windows 系统中的垃圾文件。

(1) 双击【CCleaner】程序启动软件，打开【CCleaner-智能 Cookie 扫描】提示框，单击【是】按钮，如图 8-43 所示。

(2) 打开软件主界面中，单击【清洁器】按钮，如图 8-44 所示。

图 8-43　【CCleaner-智能 Cookie 扫描】提示框

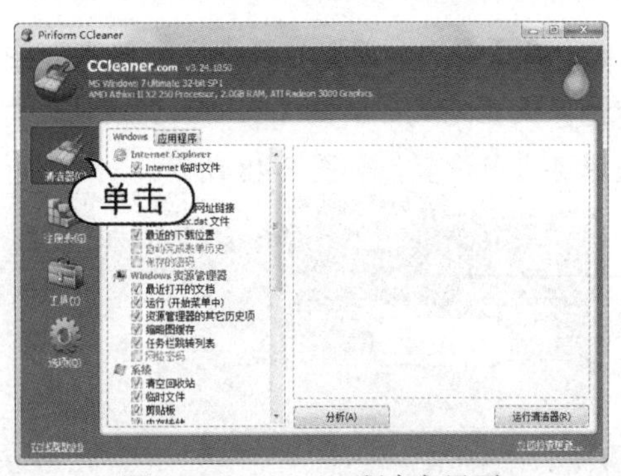

图 8-44　CCleaner 程序主界面

(3) 打开【清洁器】界面，选择【应用程序】选项卡后，用户可以选择所需清理的应用程序文件项目。完成后，单击软件右下角的【分析】按钮，CCleaner 软件将自动检测 Windows 系统的临时文件、历史文件、回收站文件、最近输入的网址、Cookies、应用程序会话、下载历史以及 Internet 缓存等文件，如图 8-45 所示。

(4) Cleaner 软件完成检测后，单击软件右下角的【运行清洁器】按钮，如图 8-46 所示。

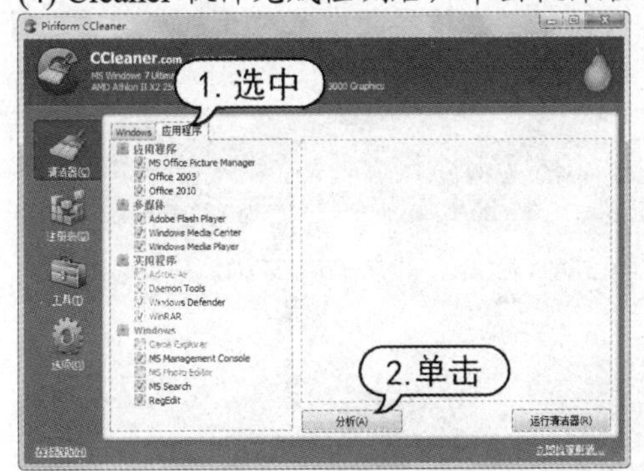

图 8-45　【清洁器】界面

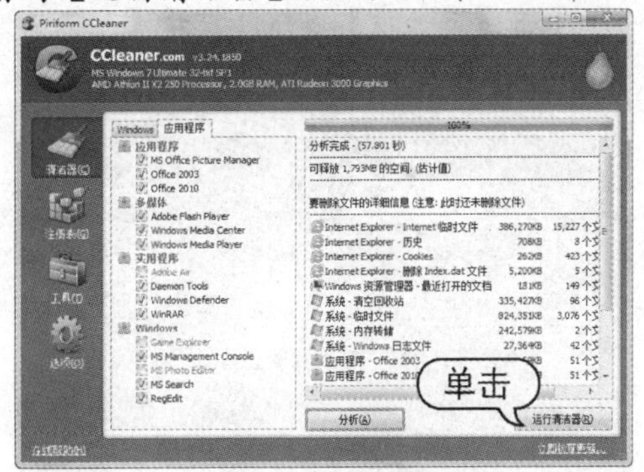

图 8-46　运行清洁器

(5) 完成以上操作后，在打开的对话框中单击【确定】按钮。系统中被 CCleaner 软件扫描到的文件将被永久删除。

8.4.2　使用【魔方优化大师】

【魔方优化大师】是一款集系统优化、维护、清理和检测于一体的工具软件，可以让用户只须几个简单步骤就能快速完成一些复杂的系统维护与优化操作。

1. 使用魔方精灵

首次启动【魔方优化大师】时，会启动一个【魔方精灵】(相当于优化向导)，利用该向导，可以方便地对操作系统进行优化。

【例 8-14】使用【魔方精灵】优化 Windows 操作系统。

(1) 双击【魔方优化大师】程序启动软件，自动打开【魔方精灵】界面，如图 8-47 所示。

(2) 在【安全加固】对话框中可禁止一些功能的自动运行，单击红色或绿色的按钮即可切换状态。设置完成后单击【下一步】按钮，打开【硬盘减压】对话框。在该界面中可对硬盘的相关服务进行设置，如图 8-48 所示。

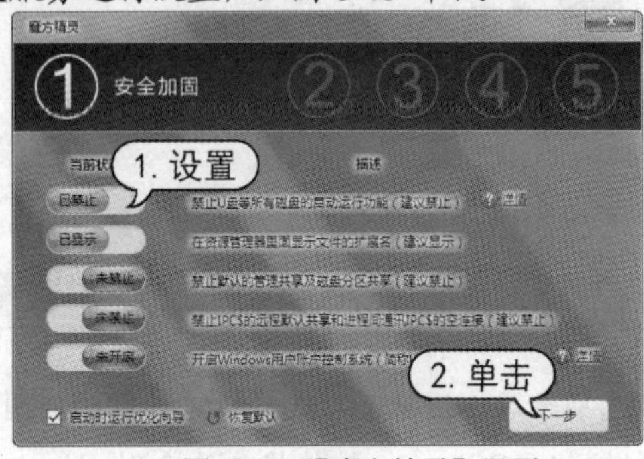

图 8-47 【魔方精灵】界面

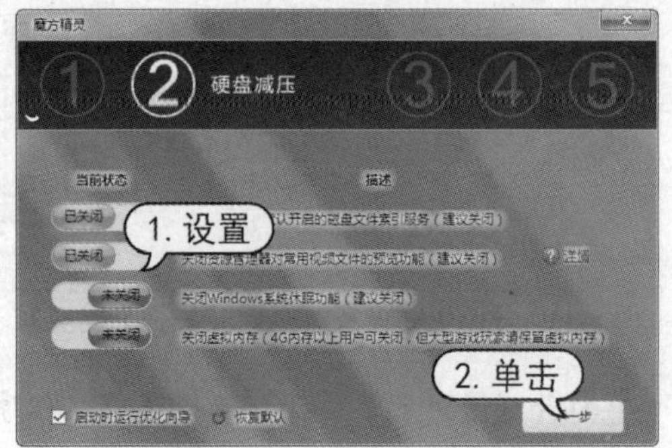

图 8-48 对硬盘相关服务进行设置

(3) 单击【下一步】按钮，打开【网络优化】对话框。在该界面中可对网络的相关参数进行设置，如图 8-49 所示。

(4) 单击【下一步】按钮，打开【开机加速】对话框。在该界面中可对开机启动项进行设置，如图 8-50 所示。

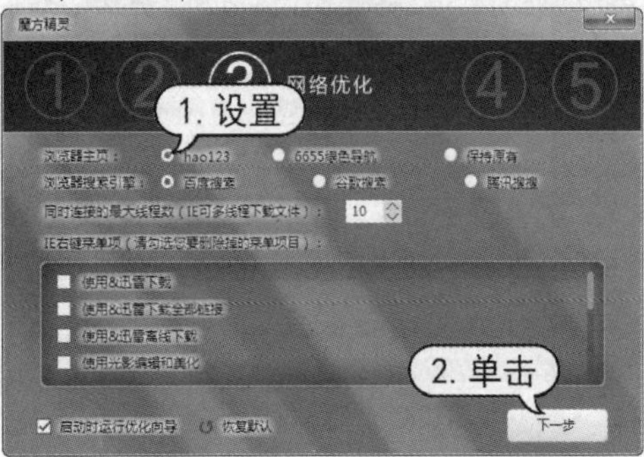

图 8-49 对网络相关参数进行设置

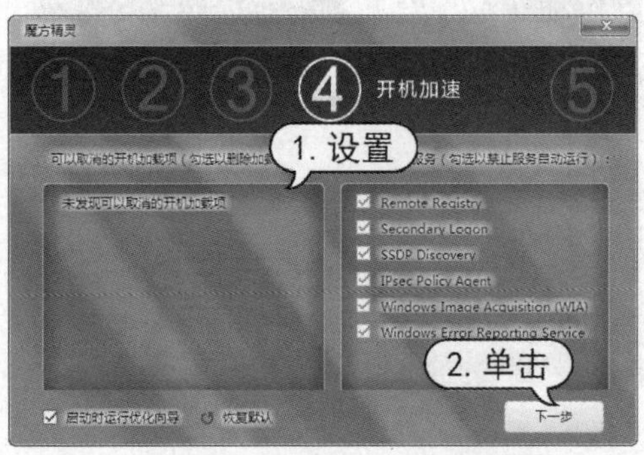

图 8-50 对开机启动项进行设置

(5) 单击【下一步】按钮，打开【易用性改善】界面。在该界面中可对 Windows 7 系统进行个性化设置，如图 8-51 所示。

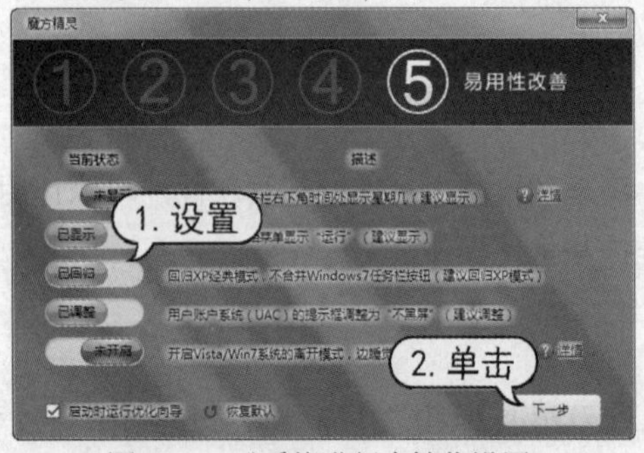

图 8-51 对系统进行个性化设置

提示

在这个新版里，软媒全面改进了【魔方精灵】，把之前的复选框模式改成了开关按钮，直观地显示了各个项目的当前状态，也方便开启和关闭。

(6) 设置完成后，单击【下一步】按钮，然后单击【完成】按钮，完成【魔方精灵】的向导设置。

2. 使用【优化设置大师】

使用【魔方精灵】的【优化设置大师】，可以对系统各项功能进行优化，关闭一些不常用的服务，使系统发挥最佳性能。

【例 8-15】使用【优化设置大师】对 Windows 系统进行优化。

(1) 双击【魔方优化大师】程序启动软件，单击主界面中【优化设置大师】按钮，如图 8-52 所示。

(2) 单击【一键优化】按钮，在【请选择要优化的项目】列表中，一共有四个大类，分别是【系统优化】、【网络优化】、【浏览器优化】和【服务优化】。每个大类下面有多个可优化项目并附带有优化说明，用户可根据说明文字和自己的实际需求来选择要优化的项目，如图 8-53 所示。

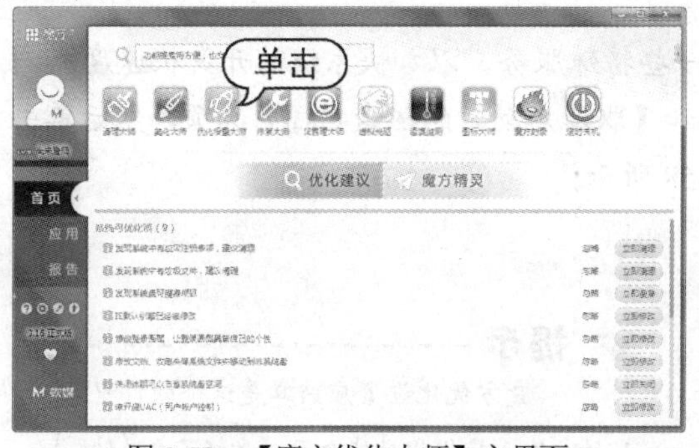

图 8-52　【魔方优化大师】主界面

图 8-53　选择要优化的项目

(3) 选择完成后，单击【开始优化】按钮，开始对所选项目进行优化，优化成功后打开的【优化成功】对话框，单击【确定】按钮，完成一键优化，如图 8-54 所示。

(4) 单击【系统优化】按钮，切换至【系统优化】界面。在【开机一键加速】标签中，将显示可以禁止的开机启动软件，选中要禁止的项目，然后单击【优化】按钮，可禁止其开机自动启动，如图 8-55 所示。

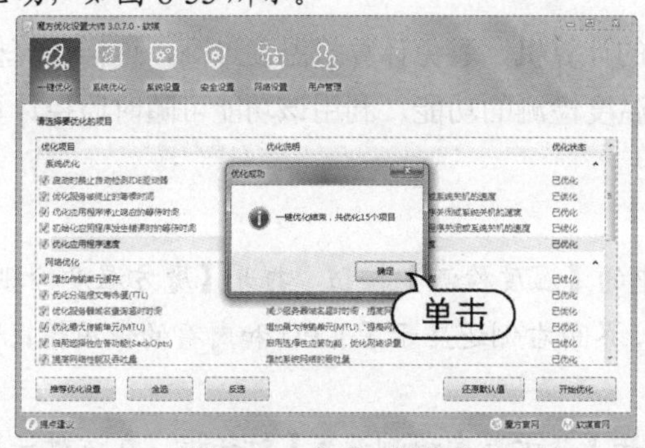

图 8-54　完成一键优化

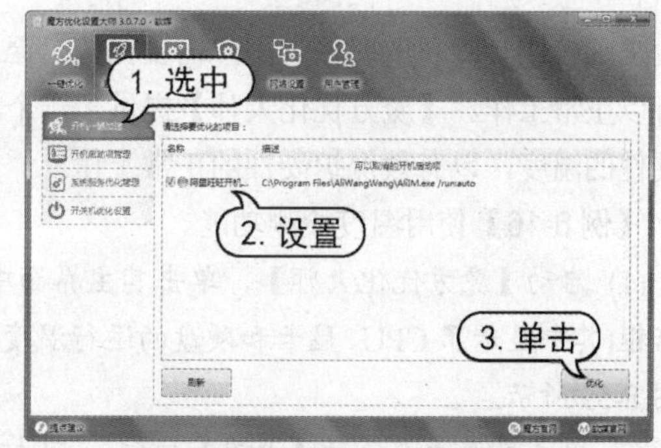

图 8-55　禁止开机自动启动的软件

(5) 在【开机启动项管理】选项中，可看到所有开机自动启动的应用程序，选择不需要开机启动的项目，单击其后方的绿色按钮，可将其禁止，如图 8-56 所示。

(6) 在【系统服务优化管理】选项中，可看到所有当前正在运行的和已经停止的系统服务。

选择不需要的服务，单击【停止】按钮，可停止该服务；单击【禁用】按钮，可禁用该服务，如图 8-57 所示。

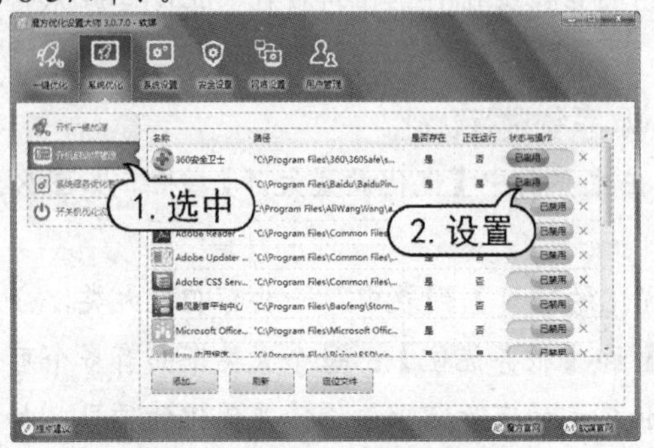

图 8-56　单击其后方的绿色按钮

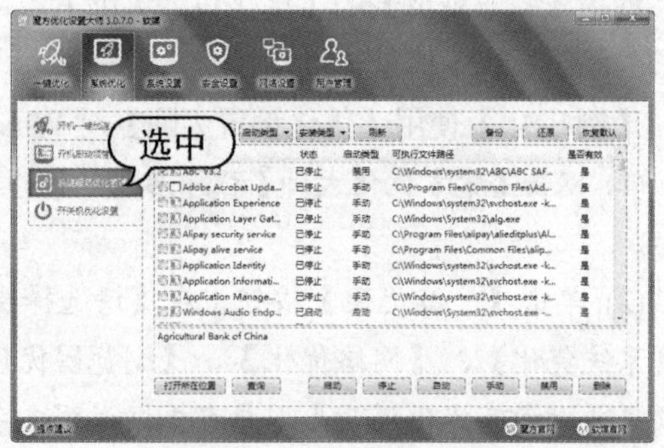

图 8-57　禁用该服务

(7) 在【开关机优化设置】选项中，可禁用一些特殊服务，以加快系统的开关机速度。例如，可选中【启动时禁止自动检测 IDE 驱动器】和【取消启动时的磁盘扫描】选项，然后单击【保存设置】按钮，即可使这两项生效，如图 8-58 所示。

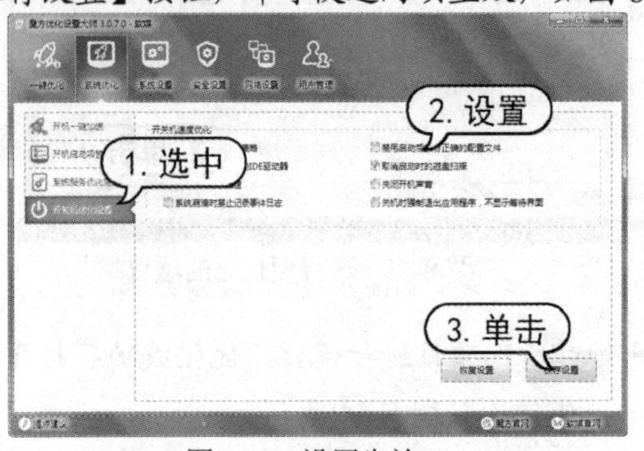

图 8-58　设置生效

提示

魔方优化设置应该算是这个软件里的主体，其优化功能全面，囊括了主流的系统优化功能，操作简便，界面也很漂亮。

3. 使用【魔方温度检测】

夏天使用计算机的时候，用户需要保护自己的计算机，避免计算机温度过高，这样计算机才可以正常工作。【魔方优化大师】提供了一个温度检测的功能，利用该功能可随时监控计算机硬件的温度，以有效保护硬件的正常工作。

【例 8-16】使用温度检测功能。

(1) 启动【魔方优化大师】，单击其主界面中的【温度检测】按钮，打开【魔方温度检测】对话框(其中显示了 CPU、显卡和硬盘的运行温度，界面右侧还显示了 CPU 和内存的使用情况)，如图 8-59 所示。

(2) 单击界面右上角的【设置】按钮，可打开【魔方温度检测设置】对话框，在该对话框中可对【魔方温度检测窗口】中的各项参数进行详细设置，完成后单击【确定】按钮即可，如图 8-60 所示。

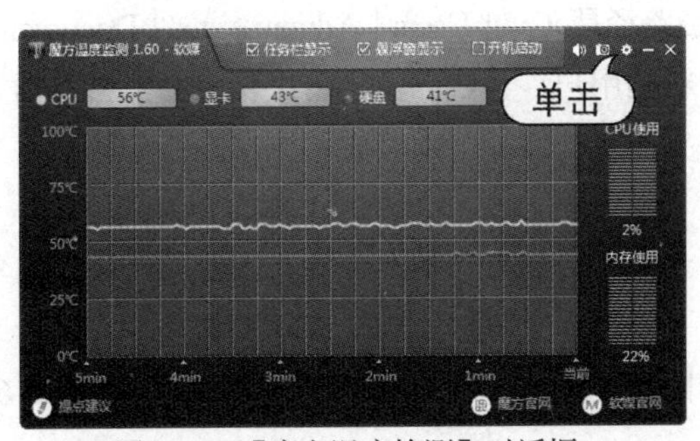

图 8-59　【魔方温度检测】对话框

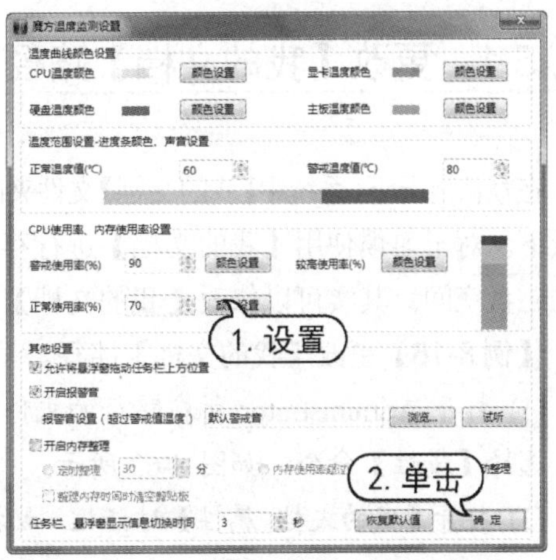

图 8-60　【魔方温度检测设置】对话框

4. 使用魔方修复大师

魔方优化大师的修复功能可帮助用户轻松修复被损坏的系统文件和浏览器等。

【例 8-17】使用魔方修复大师修复浏览器。

(1) 双击【魔方优化大师】程序启动软件，单击主界面中的【修复大师】按钮。

(2) 打开【魔方修复大师】界面，然后单击【浏览器修复】按钮，如图 8-61 所示。

(3) 打开【浏览器修复】界面，选中需要修复的选项，然后单击【修复/清除】按钮即可完成修复，如图 8-62 所示。

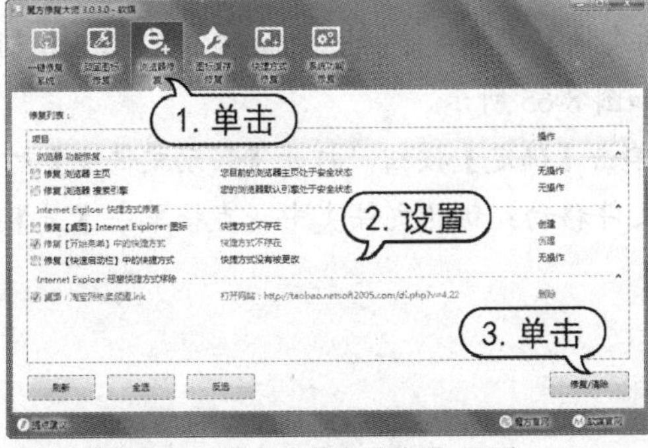

图 8-61　【魔方修复大师】界面

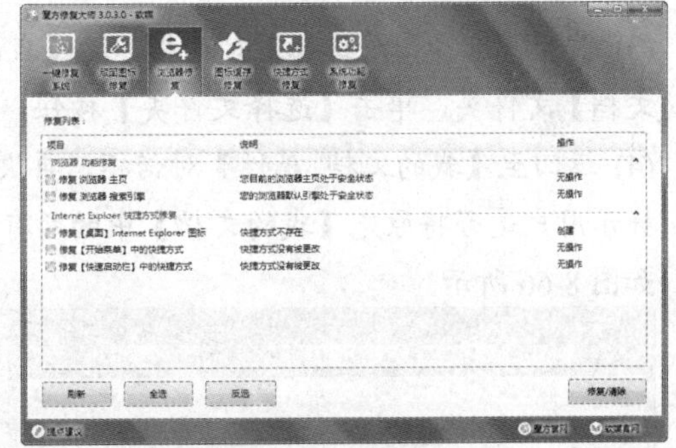

图 8-62　完成修复

8.5　优化系统文件

随着计算机使用时间的增加，系统分区中的文件也将会逐渐增多。因此，计算机在使用过程中会产生一些临时文件(如 IE 临时文件等)、垃圾文件以及用户存储的文件等。

这些文件的增多将会导致系统分区的可用空间变小，影响系统的性能。此时，应为系统分区进行“减负”。

8.5.1 更改【我的文档】路径

在默认情况下，系统中【我的文档】文件夹的存放路径是：C: ｜Users｜Administrator｜Documents目录下。对于习惯使用【我的文档】进行存储资料的用户，【我的文档】文件夹必然会占据大量的磁盘空间。其实可以修改【我的文档】文件夹的默认路径，将其转移到非系统分区中。

【例 8-18】更改【我的文档】路径。

(1) 打开 Administrator 所在路径的文件夹，右击【我的文档】文件夹，在打开的快捷菜单中，选择【属性】命令，如图 8-63 所示。

(2) 打开【我的文档 属性】对话框，切换至【位置】选项卡，单击【移动】按钮，如图 8-64 所示。

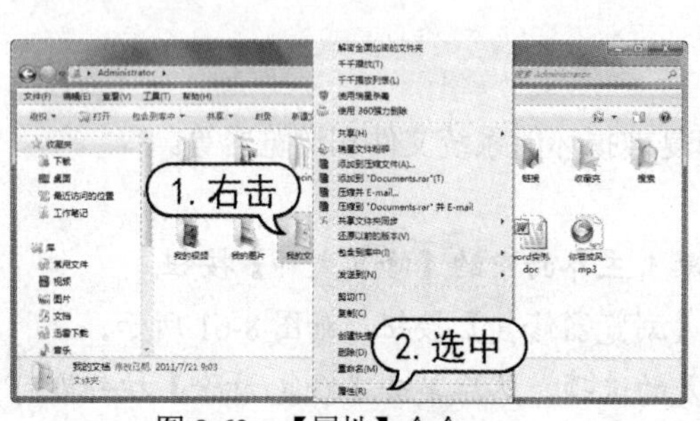

图 8-63 【属性】命令

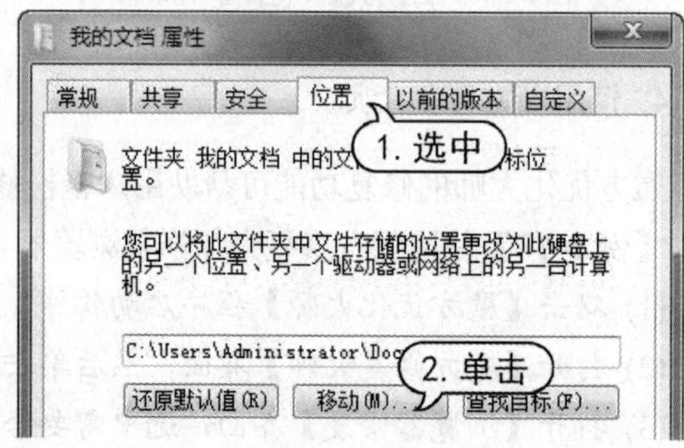

图 8-64 【我的文档 属性】对话框

(3) 打开【选择一个目标】对话框，为【我的文档】文件夹选择一个新的位置，选择【E:\我的文档】文件夹，单击【选择文件夹】按钮，如图 8-65 所示。

(4) 返回至【我的文档 属性】对话框，再次单击【确定】按钮，打开【移动文件夹】对话框，提示用户是否将原先【我的文档】中的所有文件移动到新的文件夹中，直接单击【是】按钮，如图 8-66 所示。

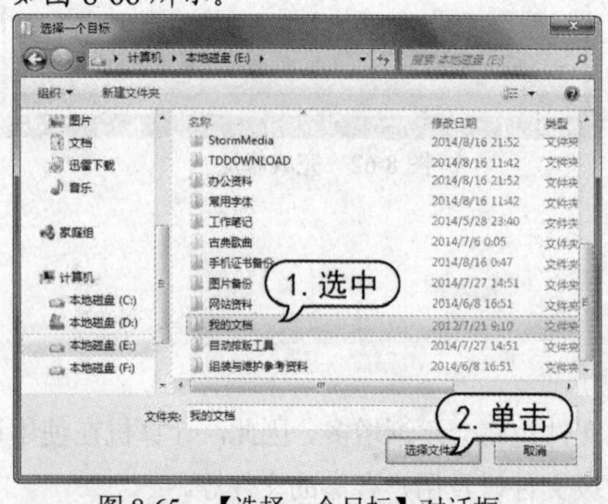

图 8-65 【选择一个目标】对话框

图 8-66 【移动文件夹】对话框

(5) 系统开始进行移动文件的操作，移动完成后，即可完成对【我的文档】文件夹路径的修改。

8.5.2　转移 IE 临时文件夹

在默认情况下，IE 的临时文件夹也是存放在 C 盘中的，为了保证系统分区的空闲容量，可以将 IE 的临时文件夹也转移到其他分区中，下面通过实例说明如何转移 IE 临时文件夹。

【例 8-19】修改 IE 临时文件夹的路径。

(1) 双击启动 IE 8.0 浏览器，单击【工具】按钮，在打开的快捷菜单中，选择【Internet 选项】命令，如图 8-67 所示。

(2) 打开【Internet 选项】对话框。在【浏览历史记录】区域中，单击【设置】按钮，如图 8-68 所示。

图 8-67　快捷菜单

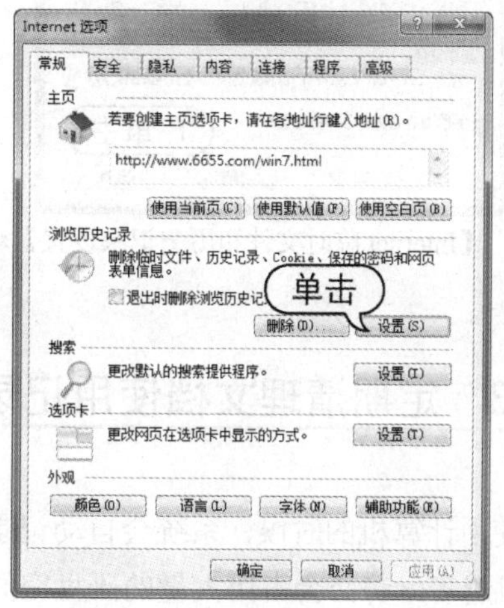

图 8-68　【Internet 选项】对话框

(3) 打开【Internet 临时文件和历史记录设置】对话框，单击【移动文件夹】按钮，如图 8-69 所示。

(4) 打开【浏览文件夹】对话框，在该对话框中选择【本地磁盘(E:)】，直接单击【是】按钮。选择完成后，单击【确定】按钮，如图 8-70 所示。

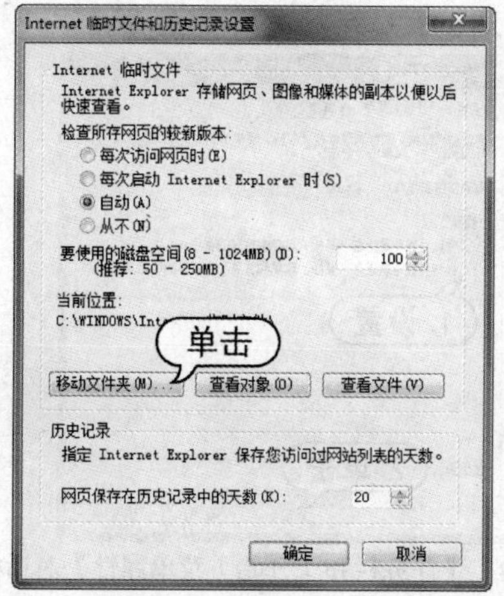

图 8-69　【Internet 临时文件和历史记录设置】对话框

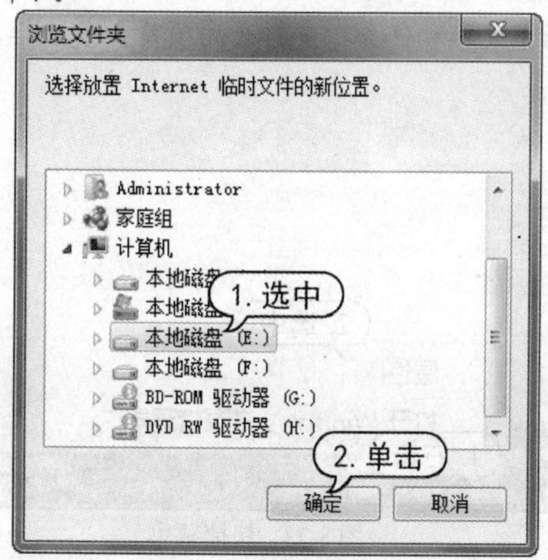

图 8-70　选择路径

(5) 返回至【Internet 临时文件和历史记录设置】对话框，即可查看 IE 临时文件夹的位置已更改，单击【确定】按钮，如图 8-71 所示。

(6) 打开【注销】提示框，单击【是】按钮，重启计算机后完成设置，如图 8-72 所示。

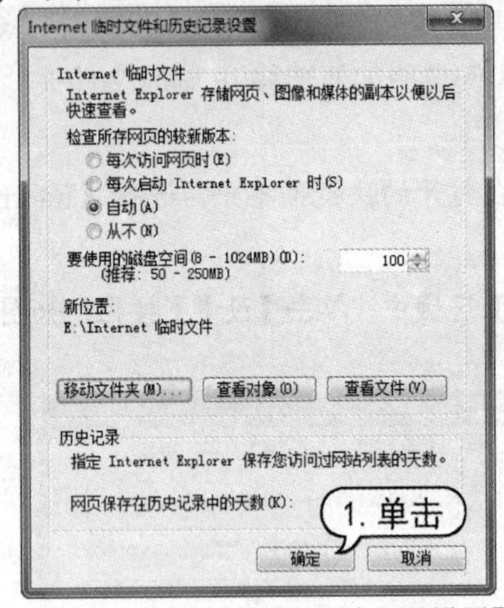
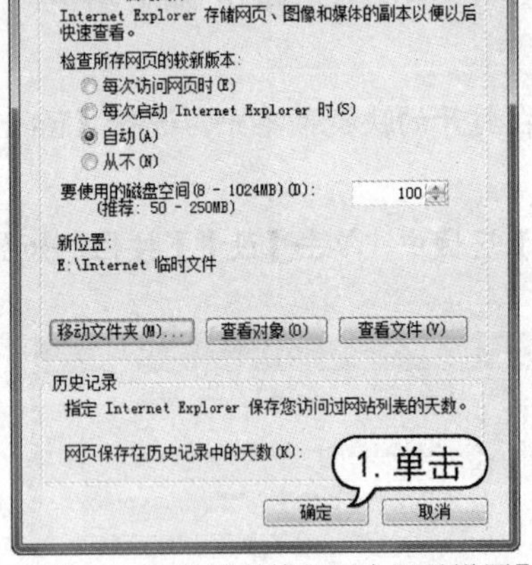

图 8-71　【Internet 临时文件和历史记录设置】对话框

图 8-72　【注销】提示框

8.5.3　定期清理文档使用记录

在使用计算机的时候，系统会自动记录用户最近使用过的文档，使用的时间越长，这些文档记录就越多，势必会占用大量的磁盘空间。因此，用户应该定期对这些记录进行清理，以释放更多的磁盘空间。

【例 8-20】清理文档使用记录。

(1) 右击【开始】按钮，在打开的快捷菜单中选择【属性】命令，如图 8-73 所示。

(2) 打开【任务栏和「开始」菜单属性】对话框，选择【「开始」菜单】选项卡，在【隐私】区域，取消选中【存储并显示最近在「开始」菜单中打开的程序】和【存储并显示最近在「开始」菜单和任务栏中打开的项目】复选框，单击【确定】按钮，如图 8-74 所示。

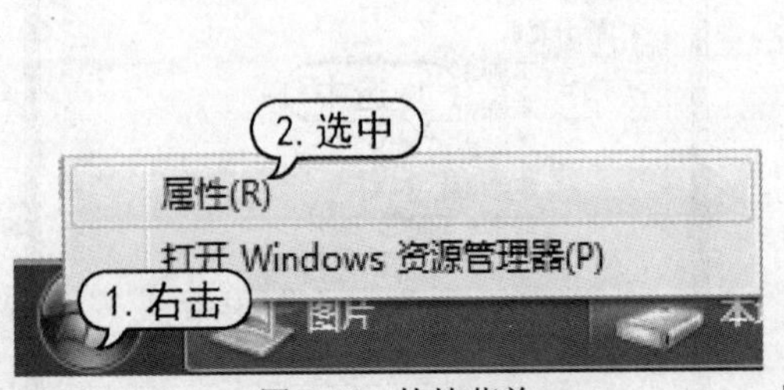

图 8-73　快捷菜单

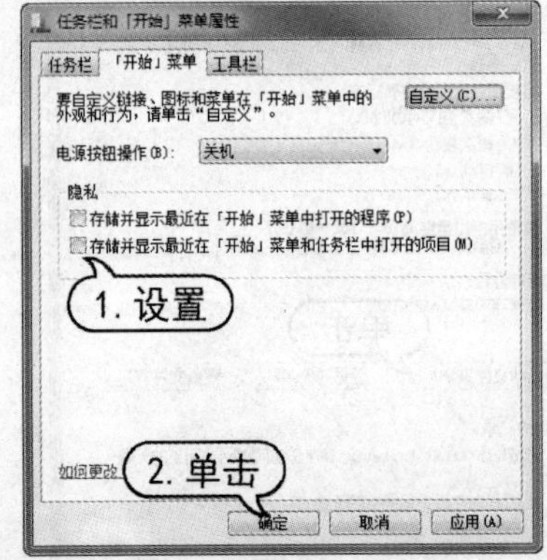

图 8-74　【任务栏和「开始」菜单属性】对话框

(3) 此时，即可将【开始】菜单中的浏览历史记录清除，如图 8-75 和 8-76 所示。

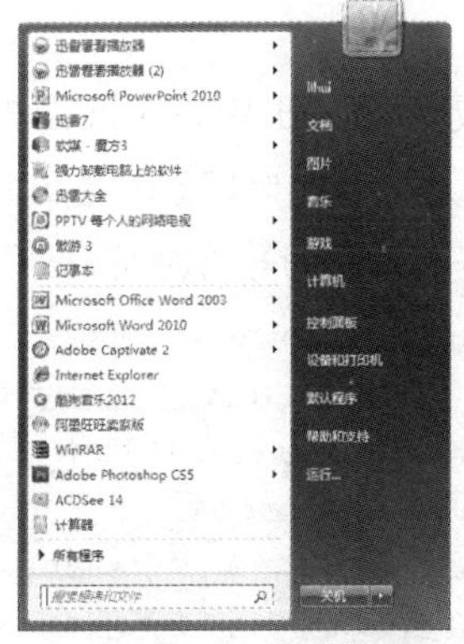

图 8-75　清除前

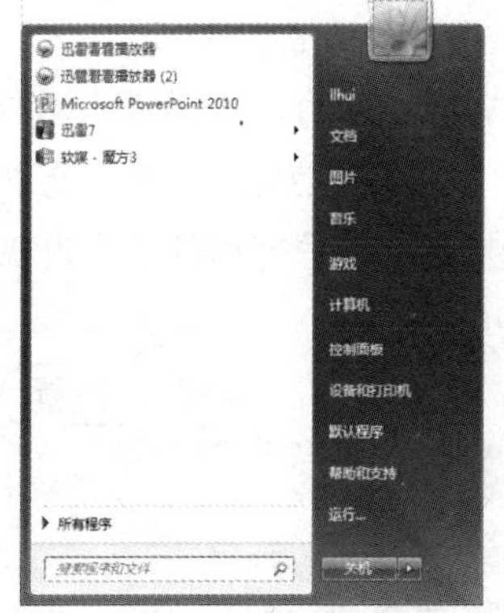

图 8-76　清除后

8.6　使用 Windows 优化大师

Windows 优化大师是一款集系统优化、维护、清理和检测于一体的工具软件。可以让用户只须几个简单步骤就可快速完成一些复杂的系统维护与优化操作。

8.6.1　优化磁盘缓存

Windows 优化大师提供了优化磁盘缓存的功能，允许用户通过设置管理系统运行时磁盘缓存的性能和状态。

【例 8-21】在当前计算机中，通过使用【Windows 优化大师】软件优化计算机磁盘缓存。

(1) 双击系统桌面上的【Windows 优化大师】的启动图标，启动【Windows 优化大师】。

(2) 进入【Windows 优化大师】主界面后，单击界面左侧的【系统优化】按钮，展开【系统优化】子菜单，然后单击【磁盘缓存优化】菜单项，如图 8-77 所示。

(3) 拖动【输入/输出缓存大小】和【内存性能配置】两项下面的滑块，可以调整磁盘缓存和内存性能配置，如图 8-78 所示。

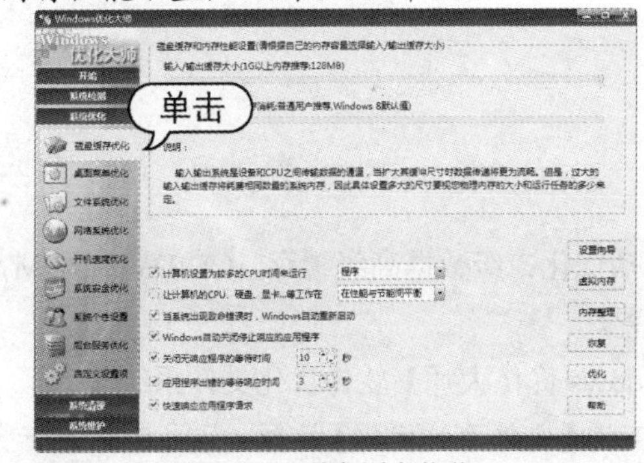

图 8-77　磁盘缓存优化

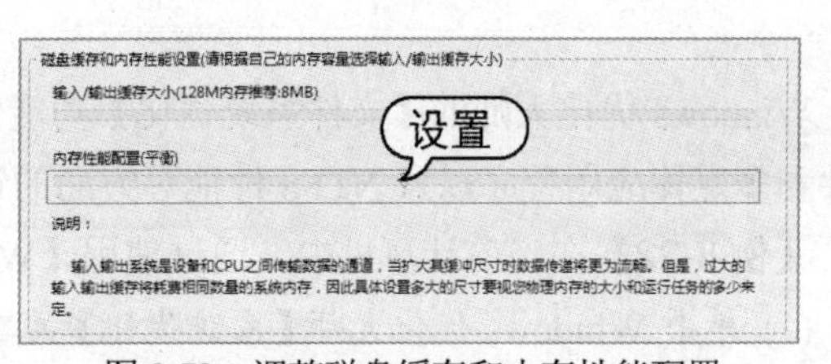

图 8-78　调整磁盘缓存和内存性能配置

(4) 选择【计算机设置为较多的 CPU 时间来运行】复选框，然后在其后面的下拉列表框中选择【程序】选项，如图 8-79 所示。

(5) 选择【Windows 自动关闭停止响应的应用程序】复选框，当 Windows 检测到某个应用程序停止响应时，就会自动关闭程序。选中【关闭无响应程序的等待时间】和【应用程序出错的等待时间】复选框后，用户可以设置应用程序出错时系统将其关闭的等待时间，如图 8-80 所示。

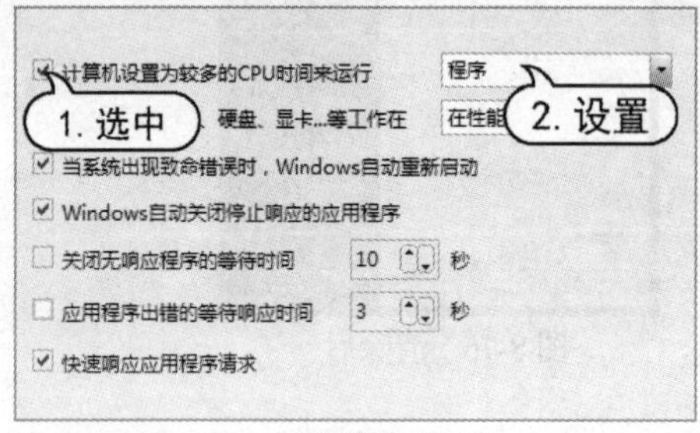

图 8-79 【程序】选项

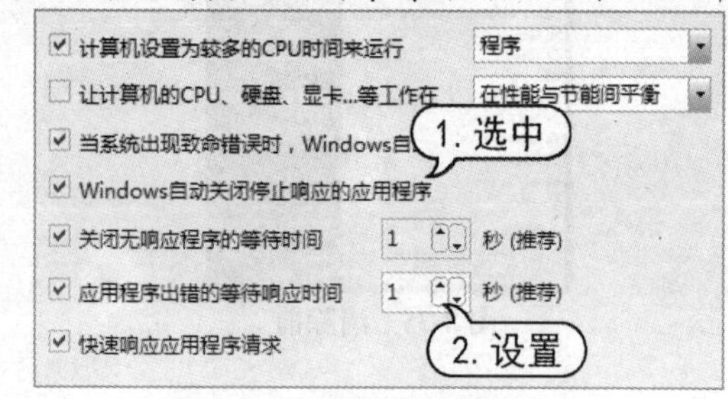

图 8-80 设置等待时间

(6) 单击【内存整理】按钮，打开【Wopti 内存整理】窗口，然后在该窗口中单击【快速释放】按钮，单击【设置】按钮，如图 8-81 所示。

(7) 然后在打开的选项区域中设置自动整理内存的策略，然后单击【确定】按钮，如图 8-82 所示。

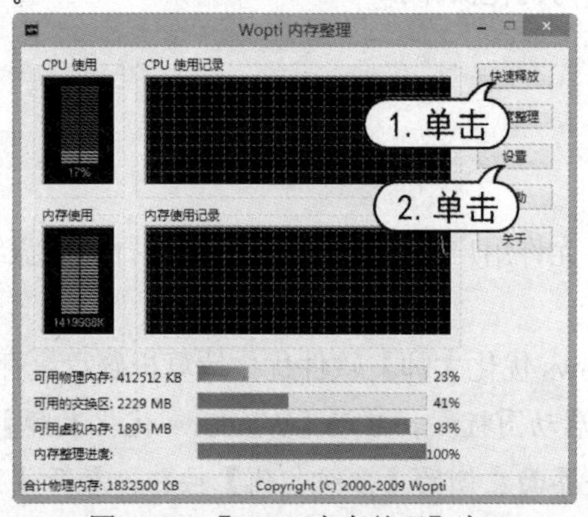

图 8-81 【Wopti 内存整理】窗口

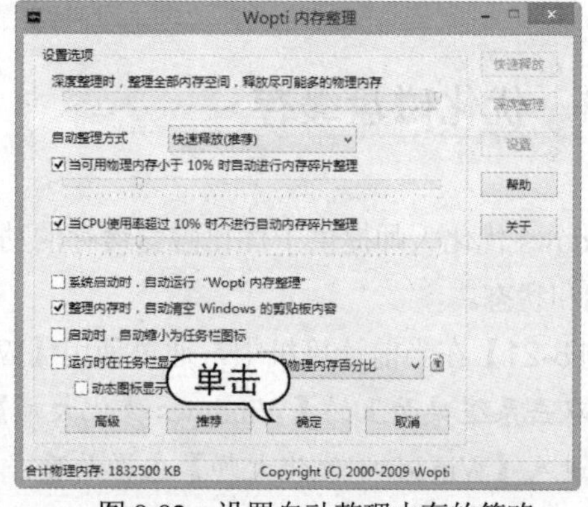

图 8-82 设置自动整理内存的策略

(8) 关闭【Wopti 内存整理】窗口，返回【磁盘缓存优化】界面，然后在该界面中单击【优化】按钮。

8.6.2 优化文件系统

Windows 优化大师的【文件系统优化】功能包括优化二级数据高级缓存，CD/DVD-ROM，文件和多媒体应用程序以及 NTFS 性能等方面的设置。

【例 8-22】在当前计算机中，通过使用【Windows 优化大师】软件优化文件系统。

(1) 单击 Windows 优化大师【系统优化】菜单下的【文件系统优化】按钮，如图 8-83 所示。

(2) 拖动【二级数据高级缓存】滑块，可以使 Windows 系统更好地配合 CPU 获得更高的数据预读命中率。

(3) 选择【需要时允许 Windows 自动优化启动分区】复选框，将允许 Windows 系统自动优化计算机的系统分区；选择【优化 Windows 声音和音频设置】复选框，可优化操作系统的声音和音频，单击【优化】按钮，如图 8-84 所示。关闭 Windows 优化大师，重新启动计算机即可。

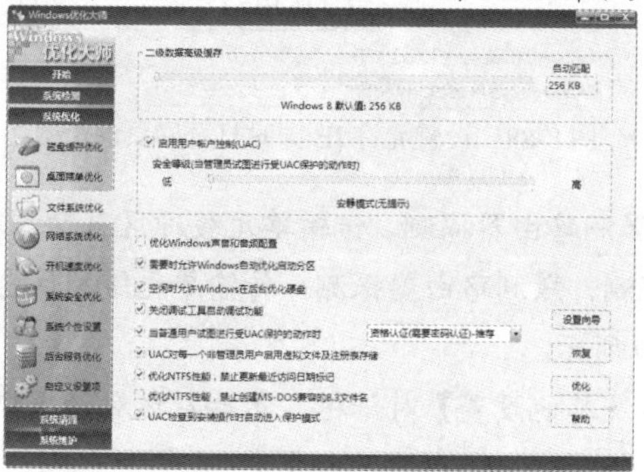

图 8-83 文件系统优化

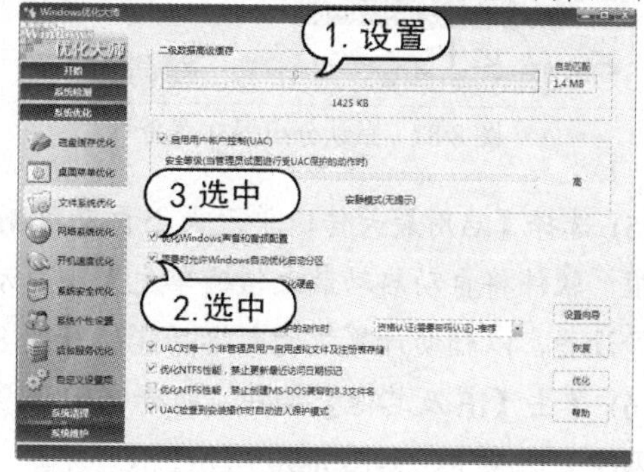

图 8-84 设置系统优化参数

8.6.3 优化网络系统

Windows 优化大师的【网络系统优化】功能包括优化传输单元，最大数据段长度，COM 端口缓冲，IE 同时连接最大线程数量以及域名解析等方面的设置。

【例 8-23】在当前计算机中，通过使用【Windows 优化大师】软件优化网络系统。

(1) 单击 Windows 优化大师【系统优化】菜单下的【网络系统优化】按钮，如图 8-85 所示。

(2) 在【上网方式选择】组合框中，选择计算机的上网方式，选定后系统会自动给出【最大传输单元大小】、【最大数据段长度】和【传输单元缓冲区】共 3 项默认值，用户可以根据自己的实际情况进行设置，如图 8-86 所示。

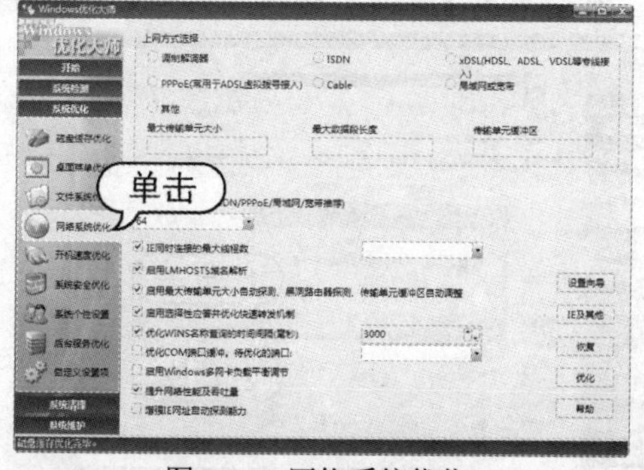

图 8-85 网络系统优化

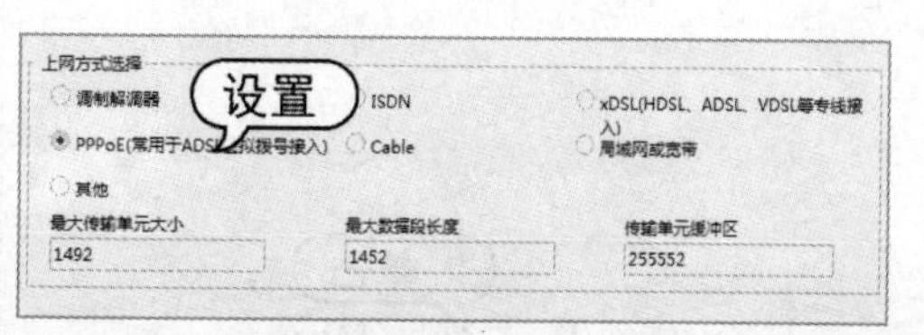

图 8-86 设置上网方式

(3) 单击【默认分组报文寿命】下拉菜单，选择输出报文报头的默认生存期，如果网速比较快，在此选择 128，如图 8-87 所示。

(4) 单击【IE 同时连接的最大线程数】下拉菜单，在下拉列表框中设置允许 IE 同时打开网页的个数，如图 8-88 所示。

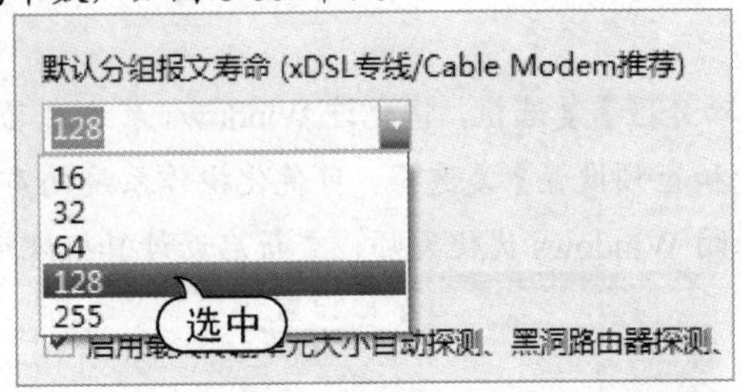

图 8-87　默认分组报文寿命

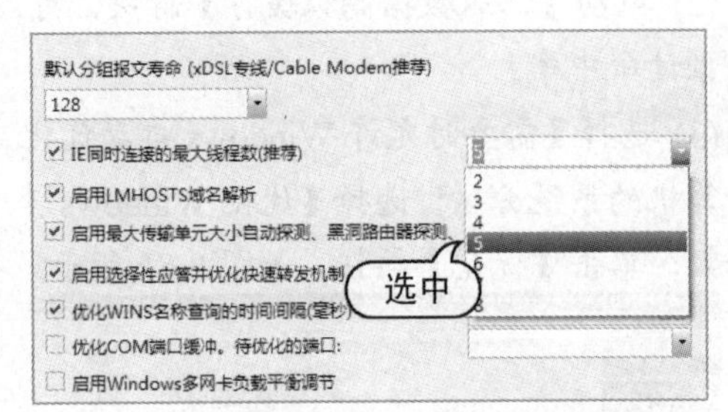

图 8-88　设置允许 IE 同时打开网页的个数

(5) 选择【启用最大传输单元大小自动探测、黑洞路由器探测、传输单元缓冲区自动调整】复选框，软件将自动启动最大传输单元大小自动探测、黑洞路由器探测、传输单元缓冲区自动调整等设置，以辅助计算机的网络功能，如图 8-89 所示。

(6) 单击【IE 及其他】按钮，打开【IE 浏览器及其他设置】对话框，然后在该对话框中选中【网卡】选项卡，如图 8-90 所示。

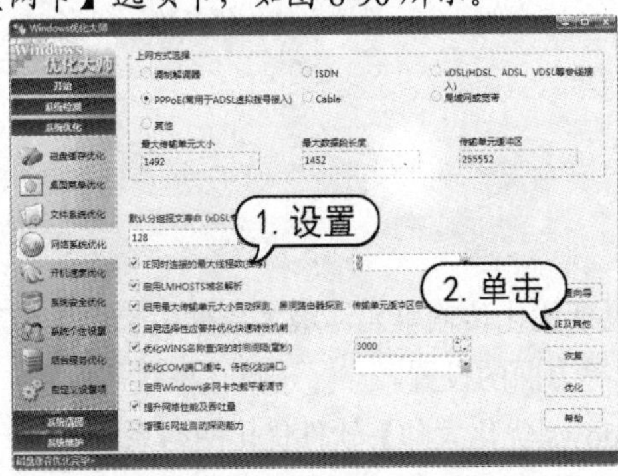

图 8-89　辅助计算机的网络功能

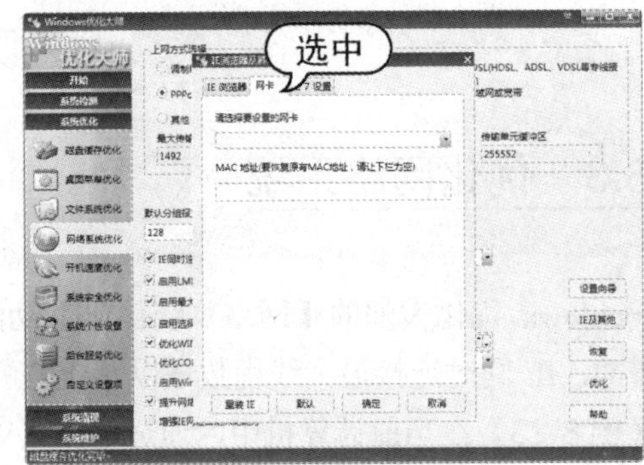

图 8-90　【网卡】选项卡

(7) 单击【请选择要设置的网卡】下拉列表，选择要设置的网卡，然后单击【确定】按钮，如图 8-91 所示。

(8) 在系统打开的对话框中单击【确定】按钮，然后单击【取消】按钮，如图 8-92 所示。

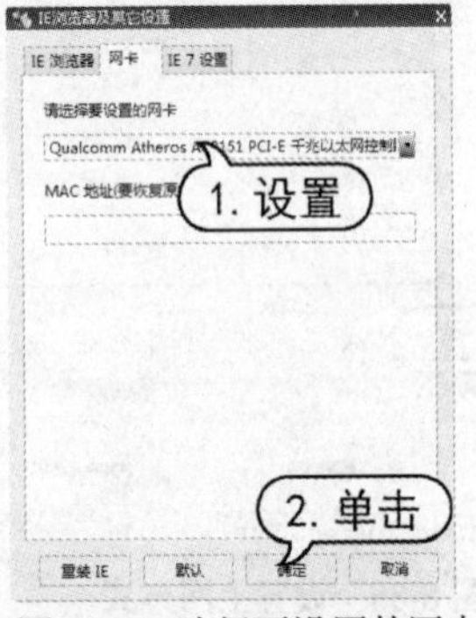

图 8-91　选择要设置的网卡

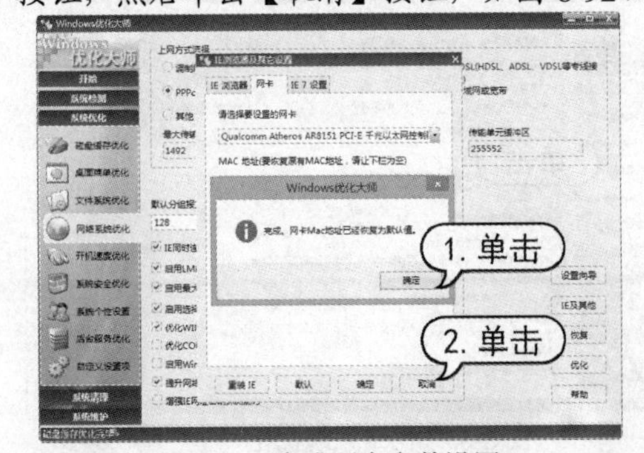

图 8-92　完成网卡参数设置

(9) 完成以上操作后，单击【网络系统优化】界面中的【优化】按钮，然后关闭 Windows 优化大师，重新启动计算机，即可完成优化操作。

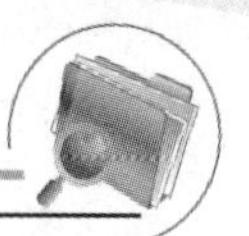

8.6.4　优化开机速度

Windows 优化大师的【开机速度优化】功能主要是优化计算机的启动速度和管理计算机启动时自动运行的程序。

【例 8-24】在当前计算机中，通过使用【Windows 优化大师】软件优化计算机开机速度。

(1) 单击 Windows 优化大师【系统优化】菜单下的【开机速度优化】按钮，如图 8-93 所示。

(2) 拖动【启动信息停留时间】滑块可以设置在安装了多操作系统的计算机启动时，系统选择菜单的等待时间，如图 8-94 所示。

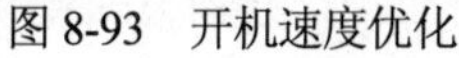

图 8-93　开机速度优化

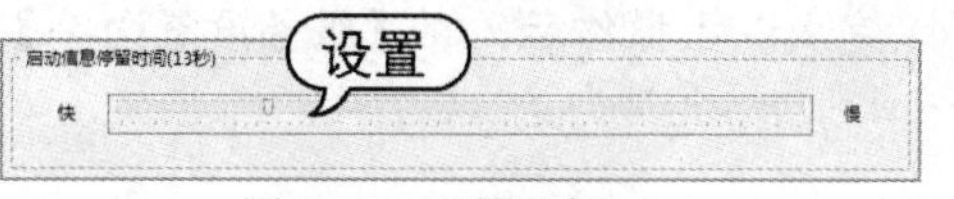

图 8-94　进行设置

(3) 在【等待启动磁盘错误检查时间】列表框中，用户可设定一个时间，如设置为 10s：如果计算机被非正常关闭，将在下一次启动时 Windows 系统将设置 10s(默认值，用户可自行设置)的等待时间让用户决定是否要自动运行磁盘错误检查工具，如图 8-95 所示。

(4) 另外，用户还可以在【请勾选开机时不自动运行的项目】组合框中选择开机时没有必要启动的选项，完成操作后，单击【优化】按钮，如图 8-96 所示。并重新启动计算机即可。

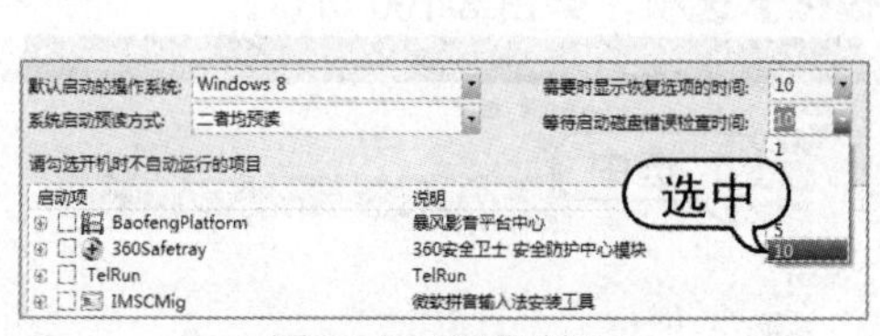

图 8-95　设置时间

图 8-96　进行优化

8.6.5　优化后台服务

Windows 优化大师的【后台服务优化】功能可以使用户方便的查看当前所有的服务并启用或停止某一服务。

【例 8-25】在当前计算机中，通过使用【Windows 优化大师】软件优化计算机后台服务。

(1) 单击【系统优化】菜单项下的【后台服务优化】按钮。

(2) 接下来，在显示的选项区域中单击【设置向导】按钮，打开【服务设置向导】对话框，如图 8-97 所示。

(3) 在【服务设置向导】对话框中保持默认设置，单击【下一步】按钮，打开的对话框中将显示用户选择的设置，这时继续单击【下一步】按钮，开始进行服务优化，如图 8-98 所示。

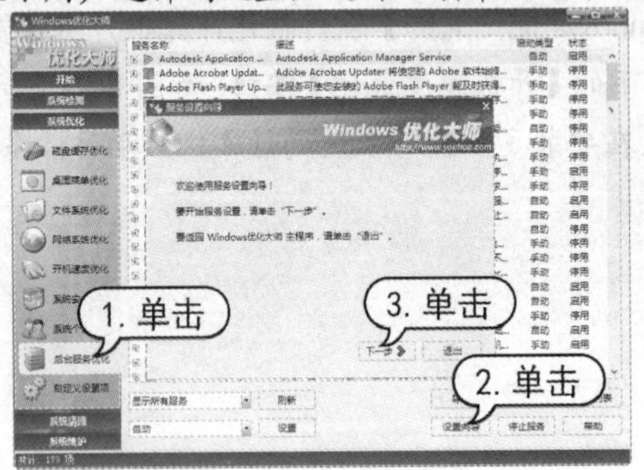

图 8-97　服务设置向导

图 8-98　保持默认设置

(4) 完成以上操作后，在【服务设置向导】对话框中单击【完成】按钮。

8.7　上机练习

本章的上机实验主要练习使用 Advanced SystemCare 软件。该软件是一款能分析系统性能瓶颈的优化软件，该软件通过对系统全方位地诊断，找到系统性能的瓶颈所在，然后有针对性地进行修改、优化。用户可以通过练习巩固本章所学的知识。

【例 8-26】使用 Advanced SystemCare 软件优化计算机系统

(1) 启动 Advanced SystemCare 软件后，单击界面右上方的【更多设置】按钮，在打开的菜单中选中【设置】按钮，如图 8-99 所示。

(2) 在打开的【设置】对话框中，选中【系统优化】选项，如图 8-100 所示。

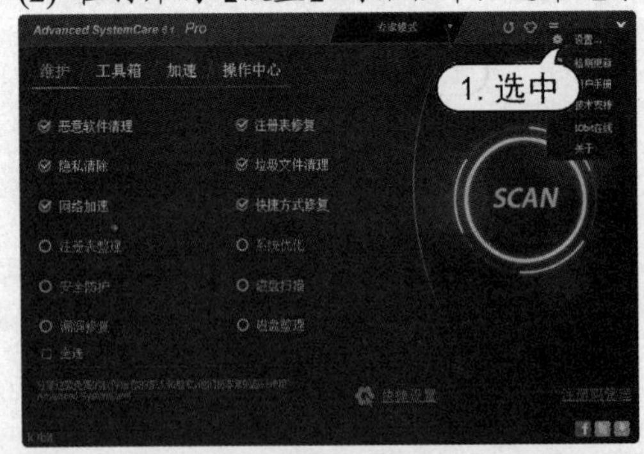

图 8-99　启动软件

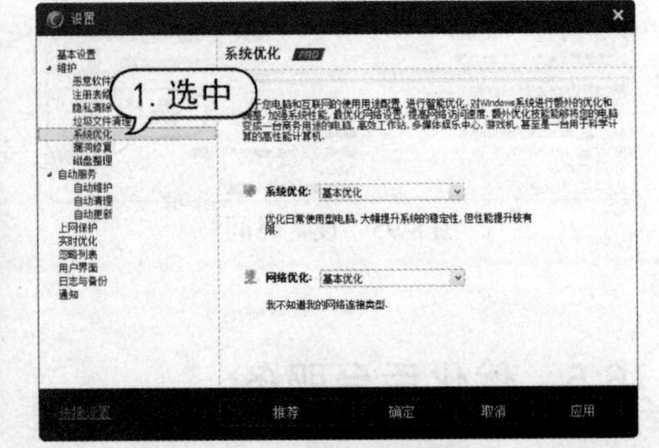

图 8-100　【设置】对话框

(3) 在显示的【系统优化】选项区域中，单击【系统优化】下拉列表按钮，在打开的下拉列表中选择系统优化类型，如图 8-101 所示。单击【确定】按钮，返回软件主界面，

(4) 然后在该界面中选中【系统优化】复选框后，单击 SCAN 按钮。如图 8-102 所示。

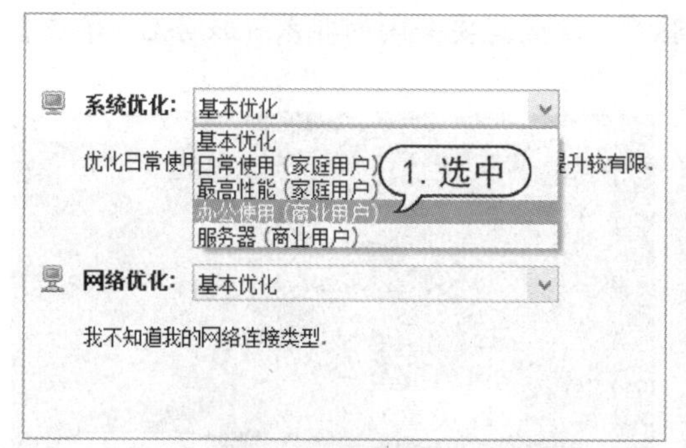

图 8-101　选择系统优化类型

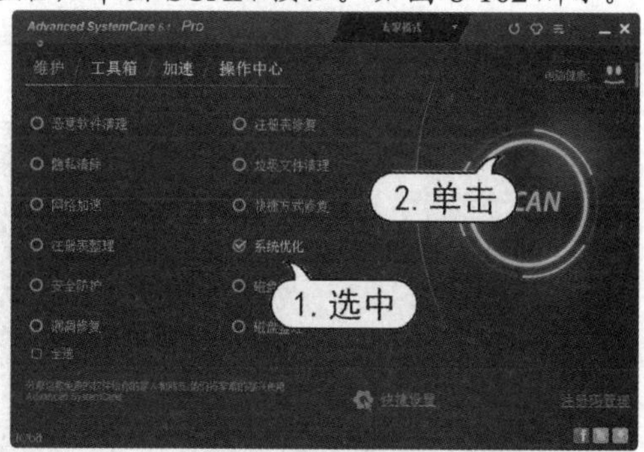

图 8-102　系统优化

(5) 此时，Advanced SystemCare 软件将自动搜索系统的可优化项，并显示在打开的界面中。单击【修复】按钮，如图 8-103 所示。

(6) Advanced SystemCare 软件开始优化系统，完成后单击【后退】按钮，返回 Advanced SystemCare 主界面，如图 8-104 所示。

图 8-103　自动搜索系统的可优化项

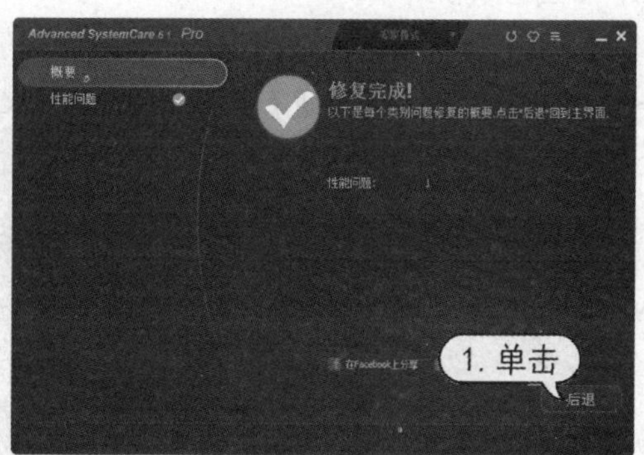

图 8-104　开始优化系统

(7) 在该界面中选择【加速】选项，开始设置优化与提速计算机，如图 8-105 所示。

(8) 在打开的界面中，用户可以选择系统的优化提速模式，包括【工作模式】和【游戏模式】两种模式。选择【工作模式】单选按钮后，单击【前进】按钮，如图 8-106 所示。

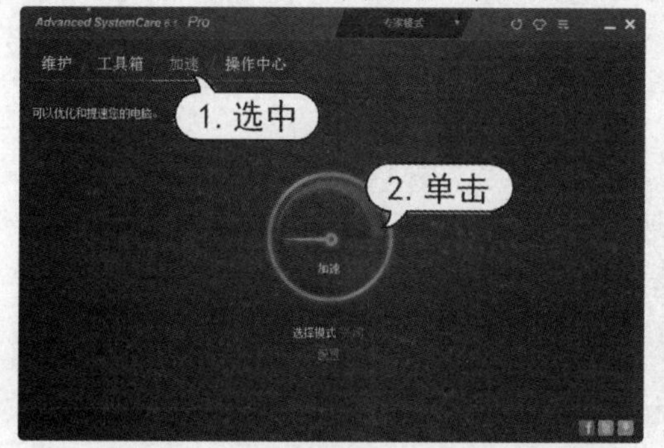

图 8-105　开始设置优化与提速计算机

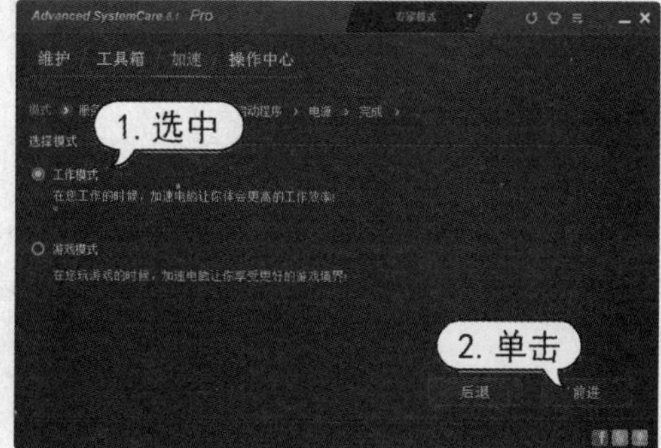

图 8-106　选择系统的优化提速模式

(9) 打开【关闭不必要的服务】选项区域，在【关闭不必要的服务】选项区域中设置需要

关闭的系统服务后，单击【前进】按钮，如图 8-107 所示。

(10) 打开【关闭不必要的非系统服务】选项区域，设置需要关闭的非系统服务后，单击【前进】按钮，如图 8-108 所示。

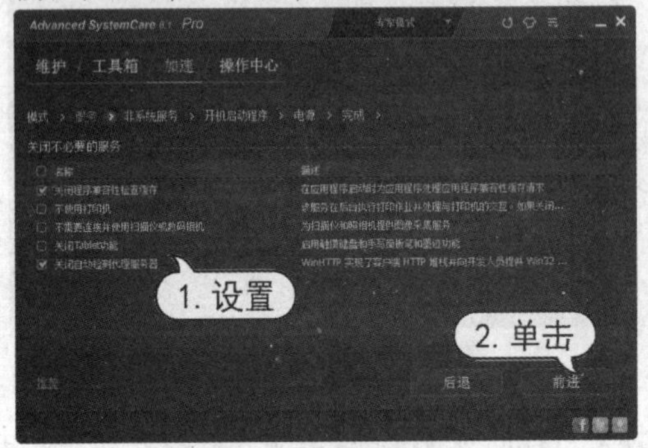

图 8-107　设置需要关闭的系统服务

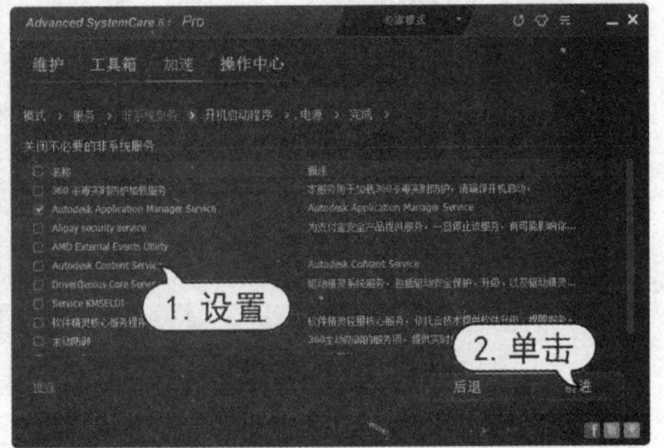

图 8-108　设置需要关闭的非系统服务

(11) 打开【关闭不必要的后台程序】选项区域，选择需要关闭的后台程序后，单击【前进】按钮，如图 8-109 所示。

(12) 打开【选择电源计划】选项区域，用户可以根据需求选择是否激活 Advanced SystemCare 电源计划，单击【前进】按钮，完成系统的优化提速设置，如图 8-110 所示。

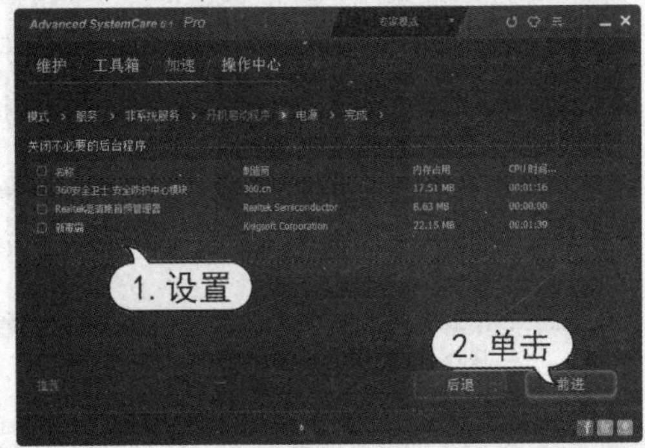

图 8-109　选择需要关闭的后台程序后

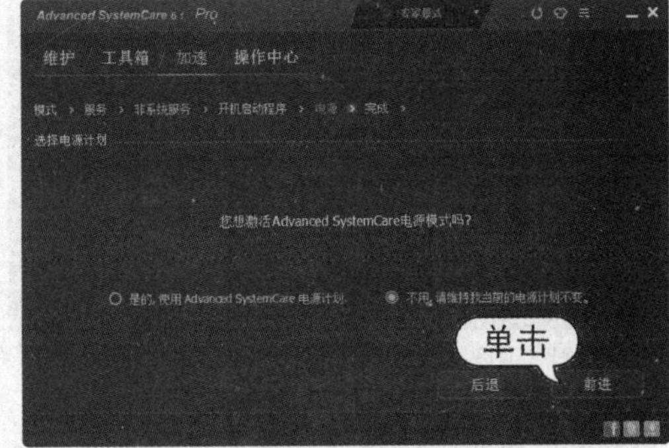

图 8-110　激活电源计划

(13) 最后，单击【完成】按钮，Advanced SystemCare 软件将自动执行系统优化提速设置。

8.8 习题

1. 在 Window7 系统中，如何加快菜单显示速度？
2. 如何设置关机或重新启动计算机后自动清理最近打开的文档记录？

计算机的日常维护

学习目标

在使用计算机的过程中，若能养成良好的使用习惯并能对计算机进行定期维护，不但可以大大延长计算机硬件的工作寿命，还能提高计算机的运行效率，降低计算机发生故障的几率。本章将详细介绍计算机安全与维护方面的常用操作。

本章重点

- 硬件维护的常识
- 维护计算机系统
- 系统的备份与还原

9.1 计算机日常维护常识

在介绍维护计算机的方法前，用户应先掌握一些计算机维护基础知识，包括计算机的使用环境，养成良好的计算机使用习惯等。

9.1.1 计算机适宜的使用环境

要想使计算机保持健康，首先应该在一个良好的使用环境下操作计算机。有关计算机的使用环境需要注意的事项有以下几点。

- 环境温度：计算机正常运行的理想环境温度是 5℃~35℃，其安放位置最好远离热源并避免阳光直射，如图 9-1 所示。
- 环境湿度：最适宜的湿度是 30%~80%，湿度太高可能会使计算机受潮而引起内部短路，烧毁硬件；湿度太低，则容易产生静电。
- 清洁的环境：计算机要放在一个比较清洁的环境中，以免大量的灰尘进入计算机而引起故障，如图 9-2 所示。

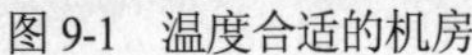
图 9-1　温度合适的机房

图 9-2　清洁的环境

◉　远离磁场干扰：强磁场会对计算机的性能产生很坏的影响，如导致硬盘数据丢失、显示器产生花斑和抖动等。强磁场干扰主要来自一些大功率电器和音响设备等，因此，计算机要尽量远离这些设备。

◉　电源电压：计算机的正常运行需要一个稳定的电压。如果家里电压不够稳定，一定要使用带有保险丝的插座，或者为计算机配置一个 UPS 电源。

9.1.2　计算机的正确使用习惯

在日常的工作中，正确使用计算机，并养成好习惯，可以使计算机的使用寿命更长，运行状态更加稳定。关于正确的计算机使用习惯，主要有以下几点。

◉　计算机的大多数故障都是软件的问题，而病毒又是经常造成软件故障的原因。在日常使用计算机的过程中，做好防范计算机病毒的查毒工作十分必要，如图 9-3 所示。

◉　在计算机插拔连接时，或在连接打印机、扫描仪、Modem、音响等外设时，应先确保切断电源以免引起主机或外设的硬件烧毁，如图 9-4 所示。

图 9-3　防范病毒

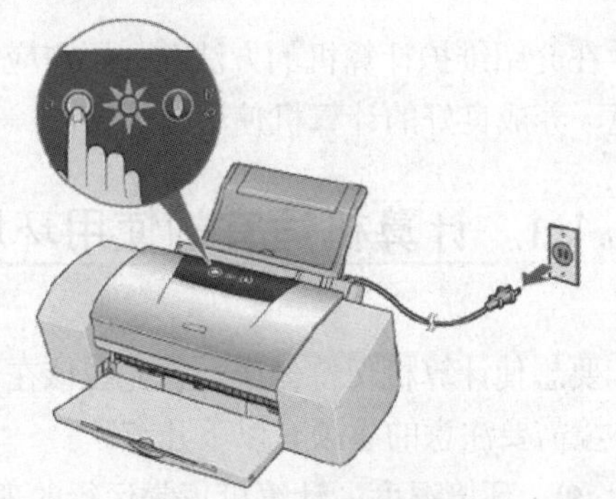
图 9-4　切断电源

◉　避免频繁开关计算机，因为给计算机组件供电的电源是开关电源，要求至少要关闭电源半分后才可再次开启电源。若市电供电线路电压不稳定，偏差太大(大于 20%)，或者供电线路接触不良(观察电压表指针抖动幅度较大)，则可以考虑配置 UPS 或净化

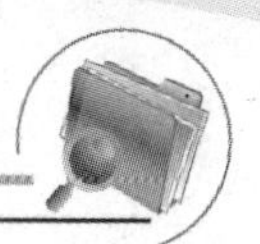

电源，以免造成计算机组件的迅速老化或损坏，如图 9-5 所示。

- 定期清洁计算机(包括显示器、键盘、鼠标以及机箱散热器等)，使计算机经常处于良好的工作状态，如图 9-6 所示。

图 9-5　避免频繁开关计算机

图 9-6　清洁计算机

- 计算机与音响设备连接时，要注意防磁、防反串烧(即计算机并未工作时，从电器和音频、视频等短口传导过来的漏电压、电流或感应电压烧坏计算机)。计算机的供电电源要与其他电器分开，避免与其他电器共用一个电源插板线，且信号线要与电源线分开连接，不要相互交错或缠绕在一起。

9.2　维护计算机硬件设备

对计算机硬件部分的维护是整个维护工作的重点。用户在对计算机硬件的维护过程中，除了要检查硬件的连接状态以外，还应注意保持各部分硬件的清洁。

9.2.1　硬件维护注意事项

在维护计算机硬件的过程中，用户应注意以下事项。

- 有些原装和品牌计算机不允许用户自己打开机箱。如果用户如擅自打开机箱可能会失去一些由厂商提供的保修权利，用户应特别注意，如图 9-7 所示。
- 各部件要轻拿轻放，尤其是硬盘，防止损坏零件。
- 拆卸时注意各插接线的方位，如硬盘线、电源线等，以便正确还原。
- 用螺丝固定各部件时，应先对准部件的位置，然后再上紧螺丝。尤其是主板，略有位置偏差就可能导致插卡接触不良；主板安装不平将可能导致内存条、适配卡接触不良甚至造成短路，时间一长甚至可能会发生形变，从而导致故障发生，如图 9-8 所示。
- 由于计算机板卡上的集成电路器件多采用 MOS 技术制造，这种半导体器件对静电高压相当敏感。当带静电的人或物触及这些器件后，就会产生静电释放，而释放的静电高压将损坏这些器件。因此，维护计算机时要特别注意静电防护。

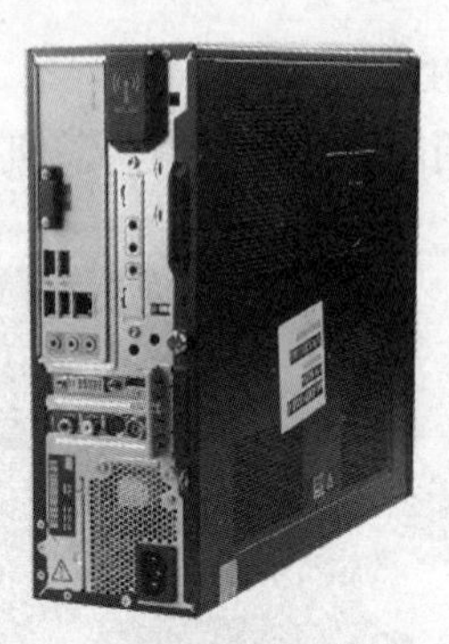
图 9-7　不要擅自打开机箱

图 9-8　用螺丝固定各部件

在拆卸维护计算机之前还必须注意以下事项。

- 断开所有电源。
- 在打开机箱之前，双手应该触摸一下地面或者墙壁，释放身上的静电。拿主板和插卡时，应尽量拿卡的边缘，不要用手接触板卡的集成电路。
- 不要穿容易与地板、地毯摩擦产生静电的胶鞋在各类地毯上行走。脚穿金属鞋能很好地释放人身上的静电，而有条件的工作场所应采用防静电地板。

9.2.2　维护主要硬件设备

计算机最主要的硬件设备除了显示器、鼠标与键盘外，几乎都存放在机箱中。本节就将详细介绍维护计算机主要硬件设备的方法与注意事项。

1. 维护与保养 CPU

计算机内部绝大部分数据的处理和运算都是通过 CPU 处理的。因此，CPU 的发热量很大，对 CPU 的维护和保养主要是做好相应的散热工作。

- CPU 散热性能的高低关键在于散热风扇与导热硅脂工作的好坏。若采用风冷式 CPU 散热，为了保证 CPU 的散热能力，应定期清理 CPU 散热风扇的灰尘，如图 9-9 所示。
- 当发现 CPU 的温度一直过高时，就需要在 CPU 表面重新涂抹 CPU 导热硅脂，如图 9-10 所示。

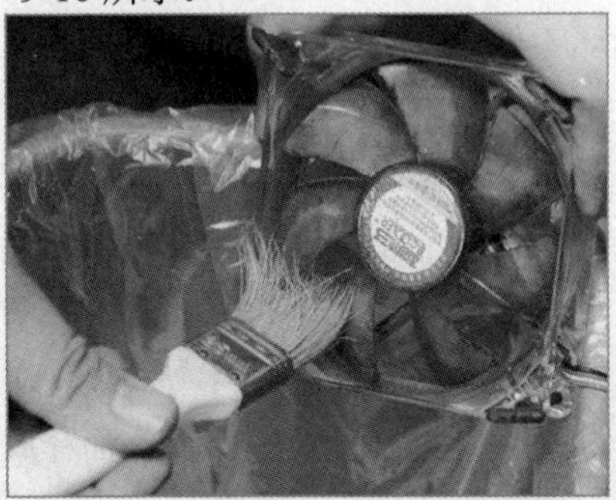
图 9-9　CPU 散热风扇容易吸纳灰尘

图 9-10　重新涂抹导热硅脂

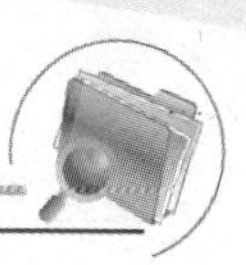

- 若 CPU 采用水冷散热器，在日常使用过程中，还需要注意观察水冷设备的工作情况，包括水冷头、水管和散热器等，如图 9-11 和 9-12 所示。

图 9-11　CPU 水冷头和水管

图 9-12　水冷散热器

2. 维护与保养硬盘

随着硬盘技术的改进，其可靠性已大大提高，但如果不注意使用方法，也会引起故障。因此，对硬盘进行维护十分必要，具体方法如下。

- 环境的温度和清洁条件：由于硬盘主轴电机是高速运转的部件，再加上硬盘是密封的，所以周围温度如果太高，热量散不出来，会导致硬盘产生故障；但如果温度太低，又会影响硬盘的读写效果。因此，硬盘工作的温度最好是在 20~30℃范围内。
- 防静电：硬盘电路中有些大规模集成电路是 MOS 工艺制成的，MOS 电路对静电特别敏感，易受静电感应而被击穿损坏，因此要注意防静电问题。由于人体常带静电，在安装或拆卸、维修硬盘系统时，不要用手触摸印制板上的焊点，如图 9-13 所示。当需要拆卸硬盘系统以便存储或运输时，一定要将其装入抗静电塑料袋中。
- 经常备份数据：由于硬盘中保存了很多重要的数据，因此要对硬盘上的数据进行保护。每隔一定时间对重要数据作一次备份，备份硬盘系统信息区以及 CMOS 设置，如图 9-14 所示。

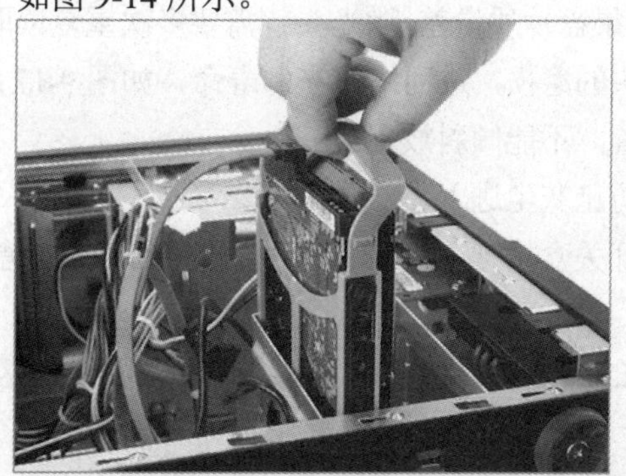

图 9-13　防静电

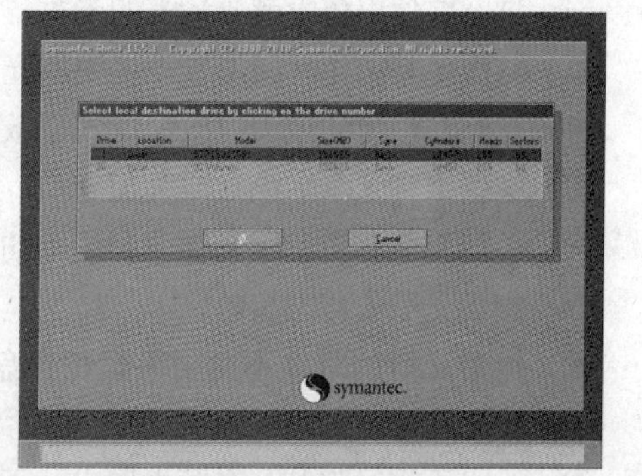

图 9-14　经常备份数据

- 防磁场干扰：硬盘通过对盘片表面磁层进行磁化来记录数据信息的，如果硬盘靠近强磁场，将有可能破坏磁记录，导致所记录的数据遭受破坏。因此，必须注意防磁，以免丢失重要数据。在防磁的方法中，主要是避免靠近音箱、喇叭、电视机这类带有强

磁场的物体。

- 碎片整理，预防病毒：定期对硬盘文件碎片进行整理；利用版本较新的抗病毒软件对硬盘进行定期的病毒检测；从外来U盘上将信息复制到硬盘时，应先对U盘进行病毒检查，防止硬盘感染病毒。

计算机中的主要数据都保存在硬盘中，硬盘一旦损坏，会给用户造成很大的损失。硬盘安装在机箱的内部，一般不会随意移动，在拆卸时要注意以下几点。

- 在拆卸硬盘时，尽量在正常关机并等待磁盘停止转动后(听到硬盘的声音逐渐变小并消失)再进行移动。
- 在移动硬盘时，应用手捏住硬盘的两侧，尽量避免手与硬盘背面的电路板直接接触。注意轻拿轻放，尽量不要磕碰或者与其他坚硬物体相撞，如图9-15所示。
- 硬盘内部的结构比较脆弱，应避免擅自拆卸硬盘的外壳，如图9-16所示。

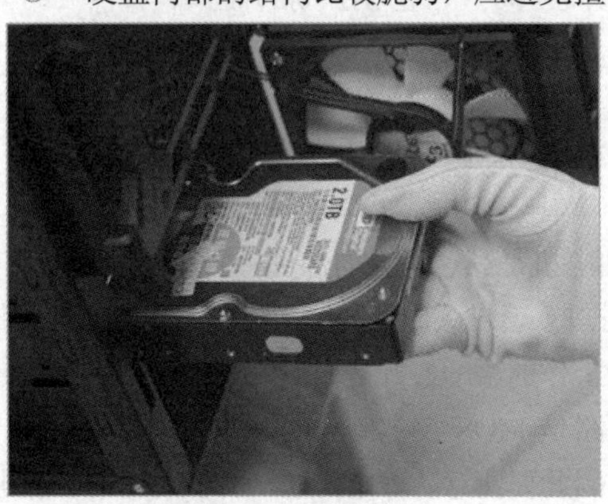

图9-15　移动硬盘

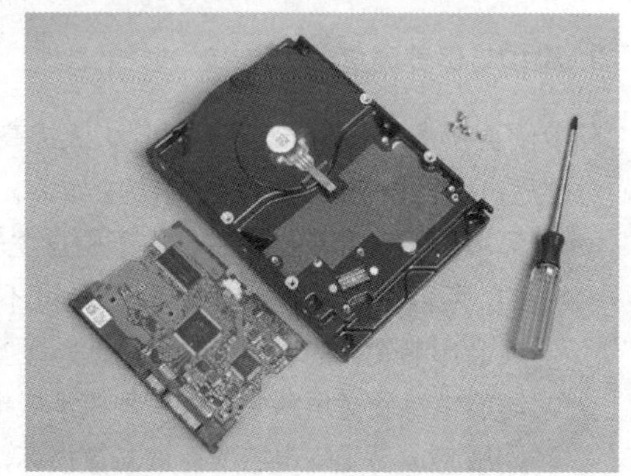

图9-16　避免擅自拆卸硬盘的外壳

3. 维护与保养光驱

光驱是计算机中的读写设备，对光驱保养应注意以下几点。

- 光驱的主要作用是读取光盘，因此要提高光驱的寿命，首先需应注意光盘的选择。尽量不要使用盗版或质量差的光盘，如果盘片质量差，激光头就需要多次重复读取数据，从而使其工作时间加长，加快激光头的磨损，进而缩短光驱寿命，如图9-17示。
- 光驱在使用的过程中应保持水平放置，不能倾斜放置。
- 在使用完光驱后应立即关闭仓门，防止灰尘进入。
- 关闭光驱时应使用光驱前面板上的开关盒按键，切不可用手直接将其推入盘盒，以免损坏光驱的传动齿轮。
- 放置光盘的时候不要用手捏住光盘的反光面移动光盘，指纹有时会导致光驱的读写发生错误，如图9-18所示。
- 光盘不用时将其从光驱中取出，否则会导致光驱负荷很重，缩短使用寿命。
- 尽量避免直接用光驱播放光盘，这样会大大加速激光头的老化，可将光盘中的内容复制到硬盘中进行播放。

图 9-17　选择高质量光盘

图 9-18　正确放置光盘

4. 维护与保养各种适配卡

系统主板和各种适配卡是机箱内部的重要配件，如内存、显卡、网卡等。这些配件由于都是电子元件，没有机械设备，因此在使用过程中几乎不存在机械磨损，维护起来也相对简单。适配卡的维护主要有下面几项工作。

- 只有完全插入正确的插槽中，才不会造成接触不良。如果扩展卡固定不牢(例如，与机箱固定的螺丝松动)，使用计算机过程中碰撞了机箱，就有可能造成扩展卡的故障。出现这种问题后，只要打开机箱，重新安装一遍就可以解决问题。有时扩展卡的接触不良是因为插槽内积有过多灰尘，这时需要把扩展卡拆下来，然后用软毛刷擦掉插槽内的灰尘，重新安装即可，如图 9-19 所示。
- 如果使用时间比较长，扩展卡接头会因为与空气接触而产生氧化，这时候需要把扩展卡拆下来，然后用软橡皮轻轻擦拭接头部位，将氧化物去除。在擦拭的时候应当非常小心，不要损坏接头部位，如图 9-20 所示。

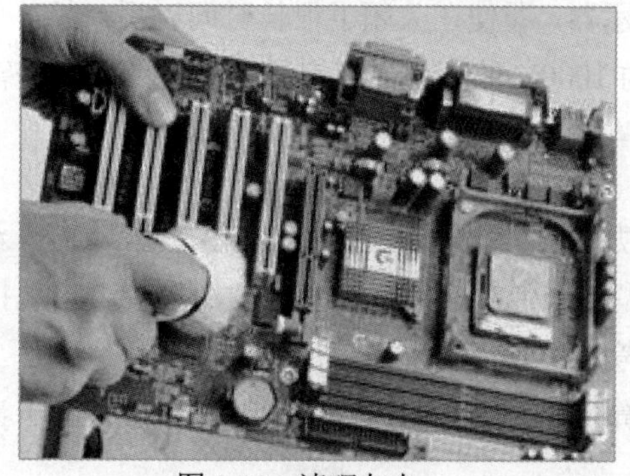

图 9-19　清理灰尘

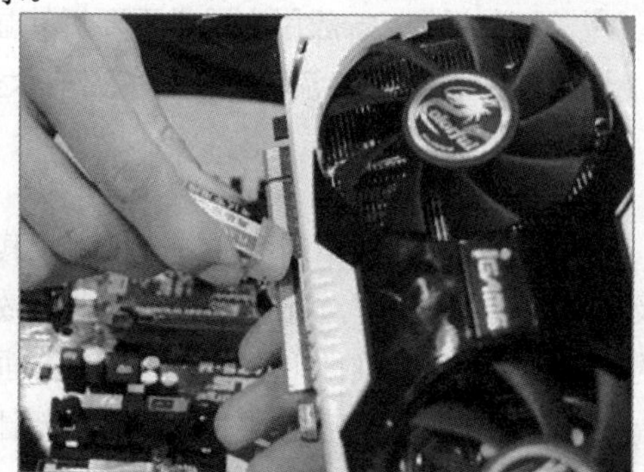

图 9-20　擦拭接头部位

- 使用过程中有时会出现主板上的插槽松动，造成扩展卡接触不良，这时候可以将扩展卡更换到其他同类型插槽上，即可继续使用。这种情况一般较少出现，也可以找经销商进行主板维修。
- 在主板的硬件维护工作中，如果每次开机都发现时间不正确，调整以后下次开机又不准了，这就说明主板的电池快没电了，这时就需要更换主板的电池。如果不及时更换主板电池，电池电量全部用完后，CMOS 信息就会丢失。更换主板电池的方法比较

简单，只要找到电池的位置，然后用一块新的纽扣电池替换原来的电池即可。

5. 维护与保养显示器

显示器是比较容易损耗的器件，在使用时要注意以下几点。

- 避免屏幕内部烧坏：如果长时间不用，一定要关闭显示器，或者降低显示器的亮度，避免导致内部部件烧坏或者老化。这种损坏一旦发生就是永久性的，无法挽回。
- 注意防潮：长时间不用显示器，可以定期通电工作一段时间，让显示器工作时产生的热量将机内的潮气蒸发掉。另外，不要让任何湿气进入显示器。发现有雾气，要用软布将其轻轻地擦去，然后才能打开电源。
- 正确清洁显示器屏幕：如果发现显示屏表面有污迹，可使用清洁液(或清水)喷洒在显示器表面，然后再用软布轻轻地将其擦去(如图 9-21 和 9-22 所示)。

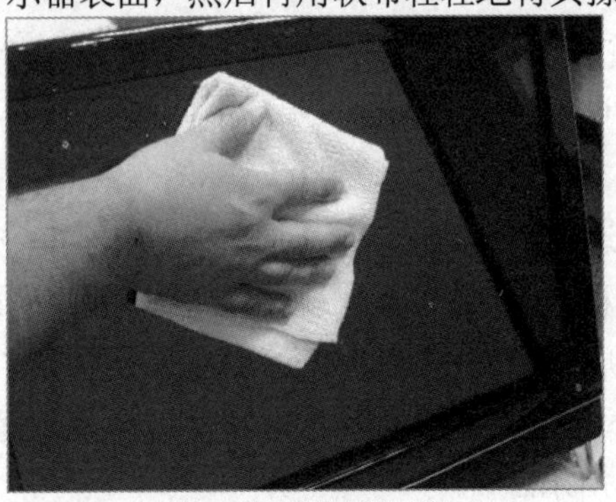
图 9-21　清洁显示器

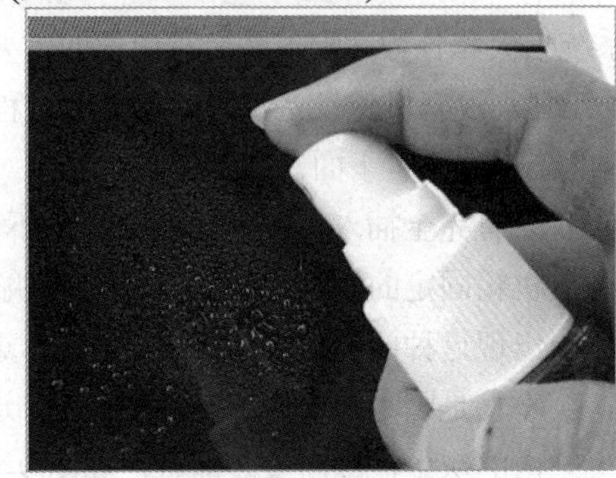
图 9-22　使用清洁液

- 避免冲击屏幕：显示器屏幕十分脆弱，所以要避免强烈的冲击和振动。还要注意不要对显示器表面施加压力。
- 切勿拆卸：一般用户尽量不要拆卸显示器。即使在关闭了很长时间以后，背景照明组件中的 CFL 换流器依旧可能带有大约 1000V 的高压，能够导致严重的人身伤害。

6. 维护与保养键盘

键盘是计算机最基本的部件之一，因此其使用频率较高。按键用力过大、金属物掉入键盘以及茶水等溅入键盘内，都会造成键盘内部微型开关弹片变形或被灰尘油污锈蚀，出现按键不灵的现象。键盘日常维护主要从以下几个方面考虑。

- PS2 接口的键盘在更换时，应切断计算机电源，并把键盘背面的选择开关置于当前计算机的相应位置上。
- 电容式键盘因其特殊的结构，易出现计算机在开机时自检正常，但其纵向、横向多个键同时不起作用，或局部多键同时失灵的故障。此时，应拆开键盘外壳，仔细观察失灵按键是否在同一行(或列)电路上。若失灵按键在同一行(列)电路上，且印制线路又无断裂，则是连接的金属线条接触不良所致。拆开键盘内电路板及薄膜基片，把两者连接的金属印制线条擦净，之后将两者吻合好，装好压条，压紧即可，如图 9-23 所示。

- 机械式键盘按键失灵，大多是金属触点接触不良，或因弹簧弹性减弱而出现重复。应重点检查维护键盘的金属触点和内部触点弹簧。
- 键盘内过多的尘土会妨碍电路正常工作，有时甚至会造成误操作。键盘的维护主要就是定期清洁表面的污垢，一般清洁可以用柔软干净的湿布擦拭键盘；对于顽固的污垢可以先用中性的清洁剂擦除，再用湿布对其进行擦洗，如图 9-24 所示。

图 9-23　键盘的键位

图 9-24　清洗键盘表面

- 大多数键盘没有防水装置，一旦有液体流进，便会使键盘受到损害，造成接触不良、腐蚀电路和短路等故障。当大量液体进入键盘时，应当尽快关机，将键盘接口拔下，打开键盘用干净吸水的软布擦干内部的积水，最后在通风处自然晾干即可。
- 大多数主板都提供了键盘开机功能。要正确使用这一功能，自己组装计算机时必须选用工作电流大的电源和工作电流小的键盘，否则容易导致故障。

7. 维护与保养鼠标

鼠标的维护是计算机外部设备维护工作中最常做的工作。使用光电鼠标时，要特别注意保持感光板的清洁和感光状态良好，避免污垢附着在发光二极管或光敏三极管上，遮挡光线的接收。无论是在什么情况下，都要注意千万不要对鼠标进行热插拔，这样做极易把鼠标和鼠标接口烧坏。此外，鼠标能够灵活操作的一个条件是鼠标具有一定的悬垂度。长期使用后，随着鼠标底座四角上的小垫层被磨低，导致鼠标悬垂度随之降低，鼠标的灵活性会有所下降。这时将鼠标底座四角垫高一些，通常就能解决问题。垫高的材料可以用办公常用的透明胶纸等，一层不行可以垫两层或更多，直到感觉鼠标已经完全恢复灵活性为止，如图 9-25 所示。

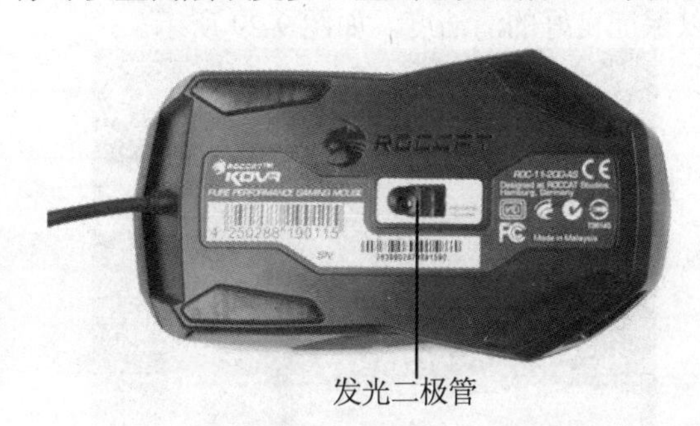

图 9-25　鼠标

8. 维护与保养电源系统

电源是一个容易被忽略但却非常重要的设备，它负责供应整台计算机所需要的能量，一旦电源出现问题，整个系统都会瘫痪。电源的日常保养与维护主要就是清除除尘，可以使用吹气球一类的辅助工具从电源后部的散热口处清理电源的内部灰尘，如图 9-26 所示。为了防止因为突然断电对计算机电源造成损伤，还可以为电源配置 UPS(不间断电源)，如图 9-27 所示。这样即使断电，通过 UPS 供电，用户仍可正常关闭计算机电源。

图 9-26　清理电源中的灰尘

图 9-27　UPS

9.2.3　维护电脑常用外设

随着计算机技术的不断发展，计算机的外接设备也越来越丰富，常用的外接设备包括打印机、U 盘和移动硬盘等。本节就将介绍如何保养与维护这些计算机外接设备。

1. 维护与保养打印机

在打印机的使用过程中，经常对打印机进行维护，可以延长打印机的使用寿命，提高打印机的打印质量。对于针式打印机的保养与维护应注意以下几个方面的问题。

- 打印机必须放在平稳、干净、防潮、无酸碱腐蚀的工作环境中，并且应远离热源、震源和日光的直接照晒，如图 9-28 所示。
- 保持清洁，定期用小刷子或吸尘器清扫机内的灰尘和纸屑，经常用在稀释的中性洗涤剂中浸泡过的软布擦拭打印机机壳，以保证良好的清洁度，如图 9-29 所示。

图 9-28　放置打印机

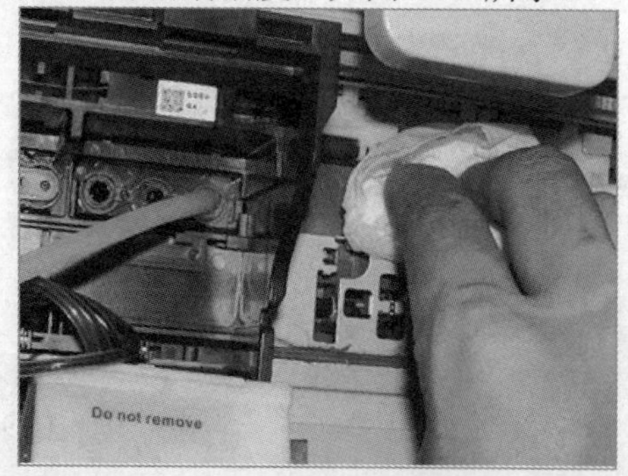

图 9-29　清洁打印机

- 在通电情况下，不要插拔打印电缆，以免烧坏打印机与主机接口元件。插拔前一定要关掉主机和打印机电源。
- 正确使用操作面板上的进纸、退纸、跳行、跳页等按钮，尽量不要用手旋转手柄。
- 经常检查打印机的机械部分有无螺钉松动或脱落，检查打印机的电源和接口连接电线有无接触不良的现象。
- 电源线要有良好的接地装置，以防止静电积累和雷击烧坏打印通信口等。
- 应选择高质量的色带。色带是由带基和油墨制成的，高质量色带的带基没有明显的接痕，其连接处是用超声波焊接工艺处理过的，油墨均匀。而低质量的色带的带基则有明显的双层接头，油墨质量很差。
- 应尽量减少打印机空转，最好在需要打印时才打开打印机。
- 要尽量避免打印蜡纸。因为蜡纸上的石蜡会与打印胶辊上的橡胶发生化学反应，使橡胶膨胀变形。

目前使用最为普遍的打印机类型为喷墨打印机与激光打印机两种。其中喷墨打印机日常维护主要有以下几方面的内容。

- 内部除尘：喷墨打印机内部除尘时应注意不要擦拭齿轮，不要擦拭打印头和墨盒附近的区域；一般情况下不要移动打印头，特别是有些打印机的打印头处于机械锁定状态，用手无法移动打印头，如果强行用力移动打印头，将造成打印机机械部分损坏；不能用纸制品清洁打印机内部，以免机内残留纸屑；不能使用挥发性液体清洁打印机，以免损坏打印机表面。
- 更换墨盒：更换墨盒应注意不能用手触摸墨水盒出口处，以防杂质混入墨水盒，如图 9-30 所示。

图 9-30　更换打印机墨盒

- 清洗打印头：大多数喷墨打印机开机即会自动清洗打印头，并设有按钮对打印头进行清洗，具体清洗操作可参照喷墨打印机操作手册上的步骤进行。

激光打印机也需要定期清洁维护，特别是在打印纸张上沾有残余墨粉时，必须清洁打印机内部。如果长期不对打印机进行维护，则会使机内污染严重。例如，电晕电极吸附残留墨粉、光学部件脏污、输纸部件积存纸尘而运转不灵等。这些严重污染不仅会影响打印质量，还会造成打印机故障。对激光打印机的清洁维护有如下方法。

◉ 内部除尘的主要对象有齿轮、导电端子、扫描器窗口和墨粉传感器等，如图 9-31 所示。在对这些设备进行除尘时可用柔软的干布对其进行擦拭。

◉ 外部除尘时可使用拧干的湿布擦拭，如果外表面较脏，可使用中性清洁剂；但不能使用挥发性液体清洁打印机，以免损坏打印机表面。

◉ 在对感光鼓及墨粉盒用油漆刷除尘时，应注意不能用坚硬的毛刷清扫感光鼓表面，以免损坏感光鼓表面膜，如图 9-32 所示。

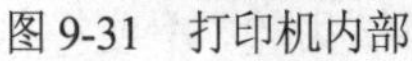
图 9-31　打印机内部

图 9-32　墨盒除尘

2. 维护与保养 U 盘和移动硬盘

目前最主要的计算机移动存储设备包括 U 盘与移动硬盘，掌握维护与保养这些移动存储设备的方法，可以提高这些设备的使用可靠性，还能延长设备的使用寿命。

在日常使用 U 盘的过程中，用户应注意以下几点。

◉ 不要在 U 盘的指示灯闪得飞快时拔出 U 盘，因为这时 U 盘正在读取或写入数据，中途拔出可能会造成硬件和数据的损坏，如图 9-33 所示。

◉ 不要在备份文档完毕后立即关闭相关的程序，因为那个时候 U 盘上的指示灯还在闪烁，说明程序还没完全结束，这时拔出 U 盘，很容易影响备份。所以，文件备份到 U 盘后，应过一些时间再关闭相关程序，以防意外。

◉ U 盘一般都有写保护开关，但应该在 U 盘插入计算机接口之前切换，不要在 U 盘工作状态下进行切换，如图 9-34 所示。

图 9-33　U 盘指示灯

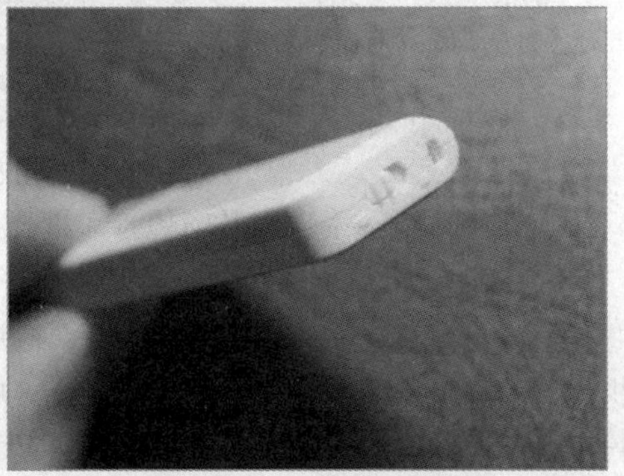

图 9-34　U 盘的写保护开关

- 同样道理，在系统提示“无法停止”时也不要轻易拔出 U 盘，这样也会造成数据遗失。
- 注意将 U 盘放置在干燥的环境中，不要让 U 盘口接口长时间暴露在空气中，否则容易造成表面金属氧化，降低接口敏感性。
- 不要将长时间不用的 U 盘一直插在 USB 接口上，否则一方面容易引起接口老化，另一方面对 U 盘也是一种损耗。
- U 盘的存储原理和硬盘有很大的不同之处，不要整理碎片，否则影响使用寿命。
- U 盘里可能会有 U 盘病毒，插入计算机时最好进行 U 盘杀毒。

移动硬盘与 U 盘都属于计算机移动存储设备，在日常使用移动硬盘的过程中，用户应注意以下几点。

- 移动硬盘工作时尽量保持水平，无抖动，如图 9-35 所示。
- 应及时移除移动硬盘。不少用户为了图省事，无论是否使用移动硬盘都将它连接到计算机上。这样计算机一旦感染病毒，那么病毒就可能通过计算机 USB 端口感染移动硬盘，从而影响移动硬盘的稳定性，如图 9-36 所示。

图 9-35　移动硬盘保持水平

图 9-36　移除移动硬盘

- 尽量使用主板上自带的 USB 接口，因为有的机箱前置接口和主板 USB 接针的连接很差，这也是造成 USB 接口出现问题的主要因素。
- 拔下移动硬盘前一定先停止该设备，复制完文件就立刻直接拔下 USB 移动硬盘很容易引起文件复制的错误，下次使用时就会发现文件复制不全或损坏的问题，有时候遇到无法停止设备的时候，可以先关机再拔下移动硬盘。
- 使用移动硬盘时把皮套之类的影响散热的外皮全取下来。
- 为了供电稳定，双头线尽量都插上。
- 定期对移动硬盘进行碎片整理。
- 平时存放移动硬盘时注意防水(潮)、防磁、防摔。

9.3　维护计算机软件系统

操作系统是计算机运行的软件平台，系统的稳定直接关系到计算机的操作。下面主要介绍计算机系统的日常维护，包括关闭系统防火墙和设置操作系统自动更新等。

9.3.1 关闭 Windows 防火墙

操作系统安装完成后，如果用户的系统中需要安装第三方具有防火墙，那么这个软件可能会与 Windows 自带的防火墙产生冲突，此时用户可关闭 Windows 防火墙。

【例 9-1】关闭 Windows 7 操作系统的防火墙功能。

(1) 单击【开始】按钮，选择【所有程序】|【附件】|【系统工具】|【控制面板】命令。然后在打开的【控制面板】窗口中，双击【Windows 防火墙】选项，打开【Windows 防火墙】窗口，并单击【打开或关闭 Windows 防火墙】选项，如图 9-37 所示。

(2) 打开【自定义设置】窗口，分别选中【家庭/工作(专用)网络位置设置】和【公用网络位置设置】设置组中的【关闭 Windows 防火墙(不推荐)】单选按钮，设置完成后单击【确定】按钮，如图 9-38 所示。

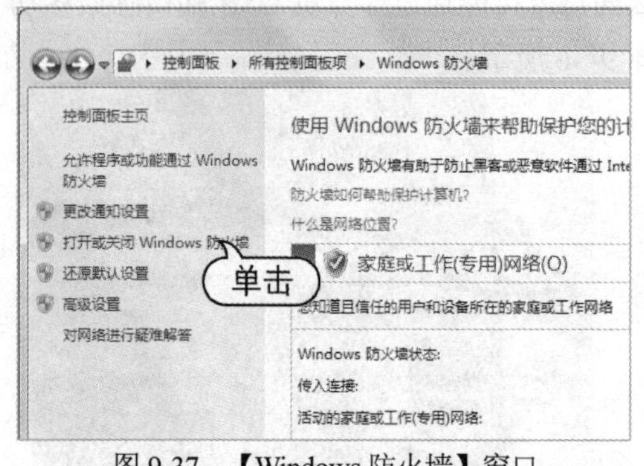

图 9-37 【Windows 防火墙】窗口

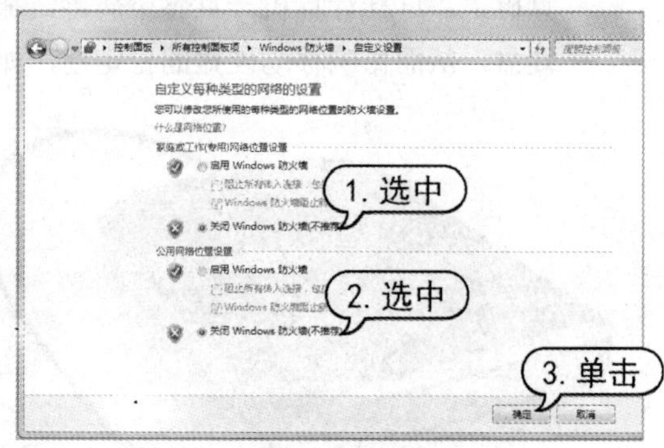

图 9-38 关闭 Windows 防火墙

(3) 返回【Windows 防火墙】窗口，即可看到 Windows 7 防火墙已经被关闭。

9.3.2 设置操作系统自动更新

Windows 操作系统提供了自动更新的功能，开启自动更新后，系统可随时下载并安装最新的官方补丁程序，以有效预防病毒和木马程序的入侵，维护系统的正常运行。

1. 开启 Windows 自动更新

在安装 Windows 操作系统的过程中，当进行到更新设置步骤时，如果用户选择了【使用推荐设置】选项，则 Windows 自动更新是开启的。如果选择了【以后询问我】选项，用户可在安装完操作系统后，手动开启 Windows 自动更新。

【例 9-2】在 Windows 操作系统中，通过 Windows Update 窗口开启自动更新功能。

(1) 单击【开始】按钮，选择【控制面板】命令，打开【控制面板】窗口，然后在该窗口中单击 Windows Update 选项，打开 Windows Update 窗口。

(2) 单击【更改设置】按钮，打开【更改设置】窗口，在【重要更新】下拉列表中选择【自动安装更新(推荐)】选项，如图 9-39 所示。

(3) 选择完成后，单击【确定】按钮，完成自动更新的开启。此时，系统会自动开始检查更新，并安装最新的更新文件，如图 9-40 所示。

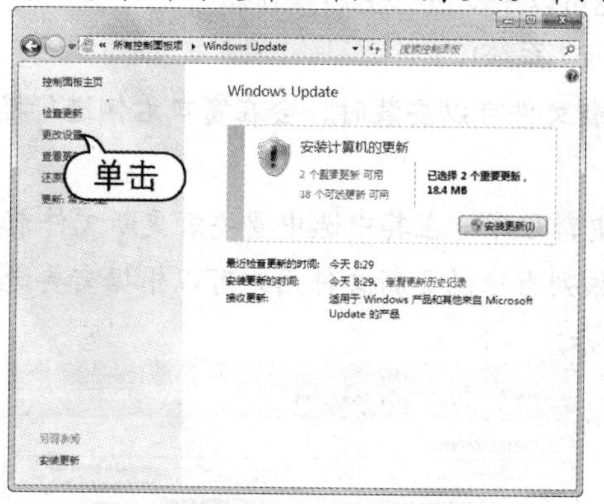

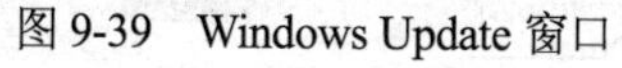
图 9-39　Windows Update 窗口

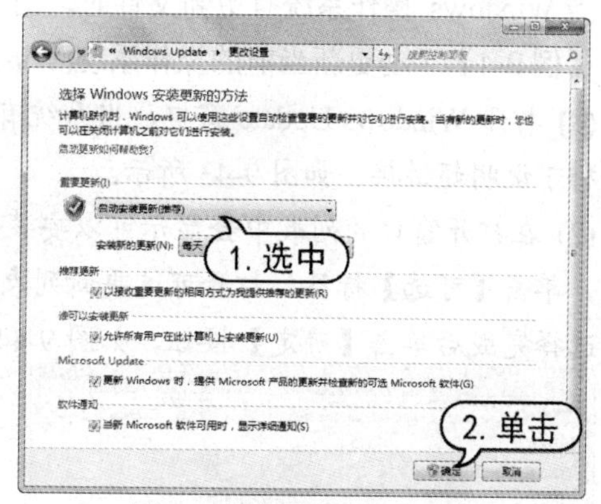

图 9-40　完成自动更新开启

(4) 完成以上操作后，当 Windows 系统搜索到更新文件后，便会打开相应的窗口提示有需要更新的文件。

2. 配置 Windows 自动更新

用户可对自动更新进行自定义。例如，设置自动更新的频率，设置哪些用户可以进行自动更新等。

【例 9-3】在 Windows 7 操作系统中设置自动更新的时间为每周的星期日上午 8 点。

(1) 单击【开始】按钮，选择【控制面板】命令，打开【控制面板】窗口，然后在该窗口中单击 Windows Update 选项，打开 Windows Update 窗口，如图 9-41 所示。

(2) 在 Windows Update 窗口中单击【更改设置】按钮，打开【更改设置】窗口，并在该窗口中单击【安装新的更新】下拉列表按钮，并在打开的下拉列表中选择【每星期日】选项。

(3) 接下来，单击【在(A)】下拉列表按钮，在打开的下拉列表中选择 8:00 选项，然后单击【确定】按钮即可。如图 9-42 所示。

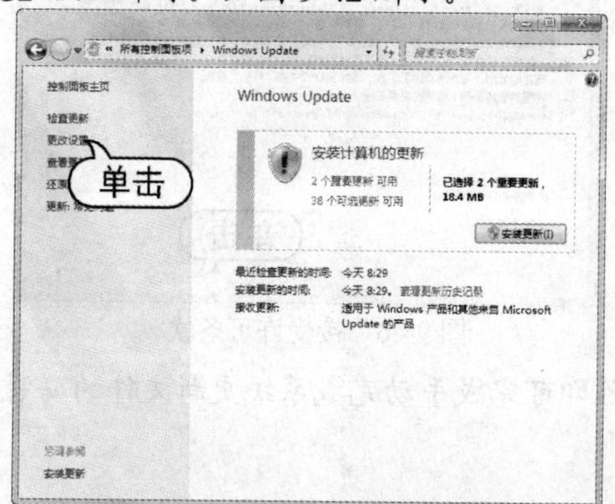

图 9-41　Windows Update 窗口

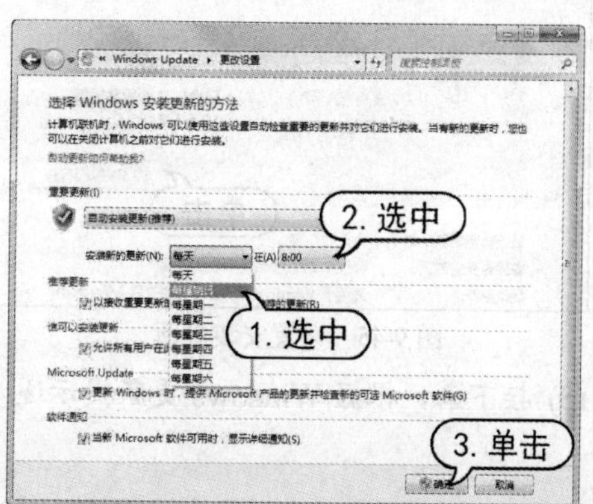

图 9-42　完成自动更新设置

3. 手动更新 Windows 系统

当 Windows 操作系统有更新文件时，用户也可以手动进行更新操作。

【例 9-4】手动更新当前的操作系统(Windows 7 系统)。

(1) 打开 Windows Update 窗口，当系统有更新文件可以安装时，会在窗口右侧进行提示，单击补丁说明超链接，如图 9-43 所示。

(2) 在打开窗口的列表中会显示可以安装的更新程序，在其中选中要安装更新文件前的复选框。单击【可选】标签，打开可选更新列表。该列表中的更新文件用户可以根据需要进行选择。选择完成后单击【确定】按钮，如图 9-44 所示。

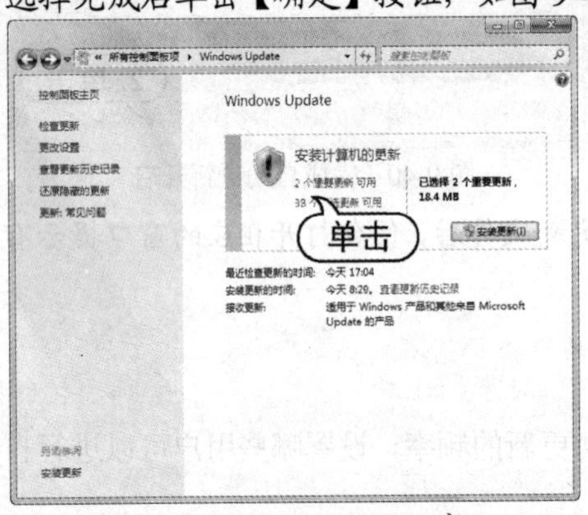

图 9-43　Windows Update 窗口

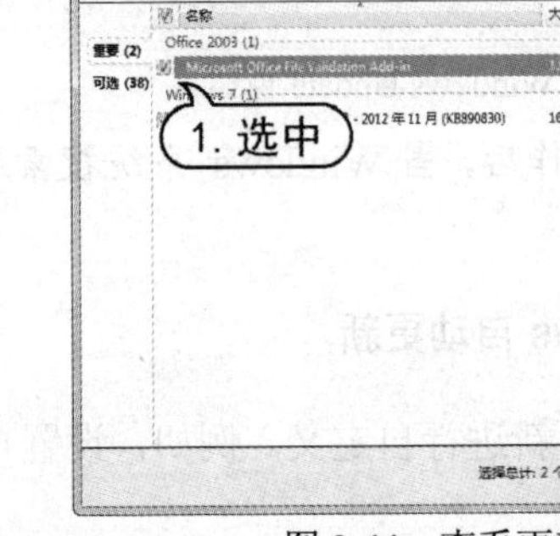

图 9-44　查看更新程序

(3) 返回 Windows Update 窗口后，在其中单击【安装更新】按钮，如图 9-45 所示。

(4) 在打开的窗口中选中【我接受许可条款】单选按钮，并单击【下一步】按钮，如图 9-46 所示。

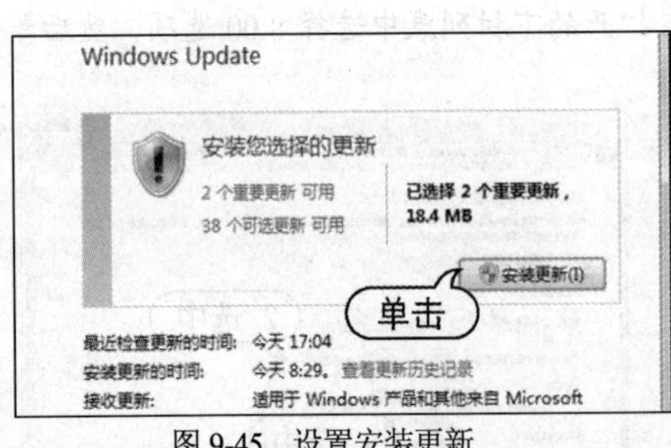

图 9-45　设置安装更新

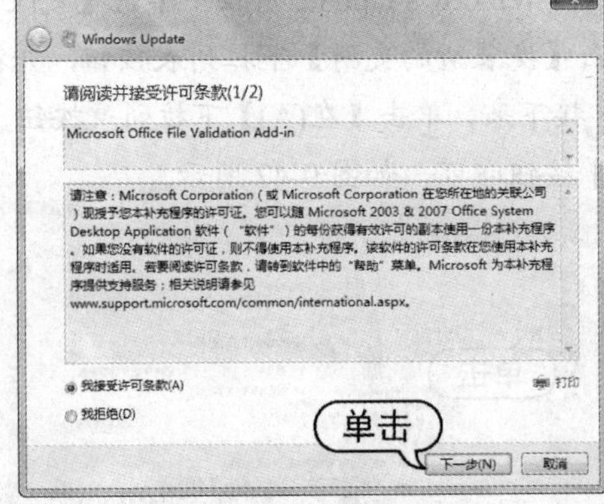

图 9-46　接受许可条款

(5) 接下来，根据 Windows 更新提示逐步操作即可完成手动完成系统更新文件的安装。

9.4　使用 360 维护上网安全

用户在上网时，经常会遭到一些流氓软件和恶意插件的威胁。【360 安全卫士】是目前国

内比较受欢迎的一款免费的上网安全软件。它具有木马查杀、恶意软件清理、漏洞补丁修复、垃圾和痕迹清理等多种功能，是保护用户安全上网的好帮手。

9.4.1　执行计算机体检

【360 安全卫士】是永久免费的。还独家提供多款著名杀毒软件的免费版。拥有木马查杀、恶意软件清理、漏洞补丁修复、计算机全面体检等多种功能。

初次启动【360 安全卫士】时，软件会自动对系统进行检测，包括系统漏洞、软件漏洞和软件的新版本等内容，如图 9-47 所示。

检测完成后将显示检测的结果，其中显示了检测到的不安全因素，如图 9-48 所示。

图 9-47　360 安全卫士

图 9-48　计算机检测结果

用户若想对某个不安全选项进行处理，可单击该选项后面对应的按钮，然后按照提示逐步操作即可。

9.4.2　查杀流行木马

木马这个名称来源于古希腊传说，它指的是一段特定的程序(即木马程序)，控制者可以使用该程序来控制另一台计算机，从而窃取被控制计算机的重要数据信息。360 安全卫士采用了新的木马查杀引擎，应用了云安全技术，能够更有效查杀木马。

【例 9-5】通过使用【360 安全卫士】软件的【木马查杀】功能查杀计算机中可能存在的流行木马。

(1) 启动【360 安全卫士】，在其主界面中单击【木马查杀】按钮。

(2) 在打开的【木马查杀】界面中单击【全盘扫描】，软件开始对系统进行全面扫描。如图 9-49 所示。

(3) 在扫描木马程序的过程中，【360 安全卫士】软件会显示扫描的文件数和检测到的木马。其中检测到木马的选项，将以红色字体显示，如图 9-50 所示。

(4) 对于扫描到的木马，要想删除这些木马，可先将其选中，然后单击【立即处理】按钮，【360 安全卫士】即可开始删除这些木马程序，删除完成后，按照提示重新启动计算机即可。

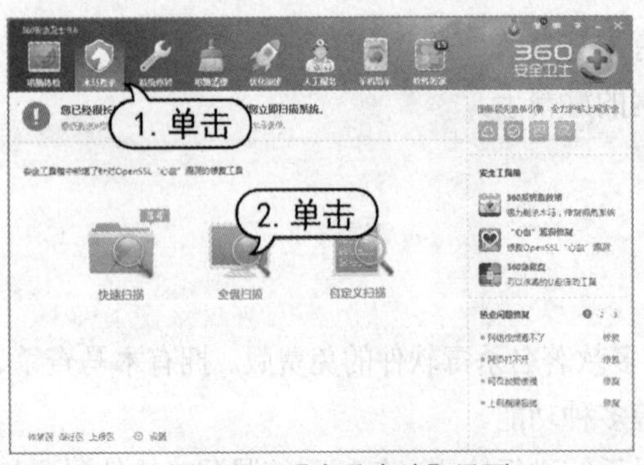

图 9-49 【木马查杀】界面

图 9-50 显示检测到的木马

9.4.3 清理流氓软件

恶评插件又叫“流氓软件”，是介于计算机病毒与正规软件之间的软件，这种软件主要包括通过 Internet 发布的一些广告软件、间谍软件、浏览器劫持软件、行为记录软件和恶意共享软件等。流氓软件虽然不会像计算机病毒一样影响计算机系统的稳定和安全，但也不会像正常软件一样为用户使用计算机工作和娱乐提供方便，它会在用户上网时偷偷安装在用户的计算机上，然后在计算机中强制运行一些它所指定的命令。

【例 9-6】通过使用【360 安全卫士】软件的【清理插件】功能清理恶评插件。

(1) 启动【360 安全卫士】，单击其主界面中的【电脑清理】按钮，然后在打开的界面中选中【清理插件】选项卡，并单击【开始扫描】按钮，自动扫描计算机中的插件，如图 9-51 所示。

(2) 扫描结束后，将显示扫描的结果，如果用户想要删除某个插件，可选定该插件前方的复选框，然后单击【立即清理】按钮，即可将其删除。删除完成后，按照提示重新启动计算机即可，如图 9-52 所示。

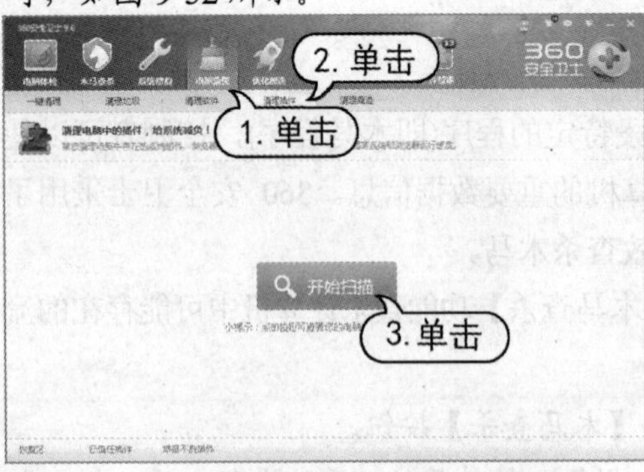

图 9-51 扫描计算机中的插件

图 9-52 清理计算机中的插件

9.4.4 修复系统漏洞

除了可以使用 Windows 7 的自动更新功能来下载和更新系统补丁外，还可以使用【360 安

全卫士】的漏洞修复功能来修复系统漏洞。

【例 9-7】使用【360 安全卫士】修复系统漏洞。

(1) 启动【360 安全卫士】，单击主界面中的【系统修复】按钮，切换至【系统修复】界面，然后单击【漏洞修复】按钮。

(2) 【360 安全卫士】开始自动对系统漏洞进行扫描，并显示扫描结果。

(3) 每个补丁【360 安全卫士】都有简要的介绍，如果用户对这些补丁不太了解，采用【360 安全卫士】的默认设置即可，如图 9-53 所示。

(4) 选中需要下载的补丁文件前方的复选框，然后单击【立即修复】按钮，【360 安全卫士】开始自动下载和安装补丁，如图 9-54 所示。

图 9-53　漏洞扫描

图 9-54　修复漏洞

知识点

有些补丁安装完成后会提示用户重新启动计算机，用户可将所有补丁安装完成后再进行重启，以免造成重复重启计算机的麻烦。

9.4.5　处理垃圾文件

系统运行一段时间后，在系统和应用程序运行过程中，会产生许多的垃圾文件，包括应用程序在运行过程中产生的临时文件，安装各种各样的程序时产生的安装文件等。计算机使用得越久，垃圾文件就会越多。如果长时间不清理，垃圾文件数量越来越庞大，就会产生大量的磁盘碎片，不仅会使文件的读写速度变慢，还会影响硬盘的使用寿命。

【例 9-8】使用【360 安全卫士】软件清理垃圾文件。

(1) 启动【360 安全卫士】，选择软件主界面中的【电脑清理】选项，然后在打开的界面中选中【清理垃圾】选项。

(2) 单击右侧【开始扫描】按钮，软件开始自动扫描系统中指定类型的垃圾文件，如图 9-55 所示。

(3) 扫描结束后，将显示扫描结果，单击【立即清理】按钮，即可将这些垃圾文件全部删除，如图 9-56 所示。

图 9-55　垃圾文件扫描

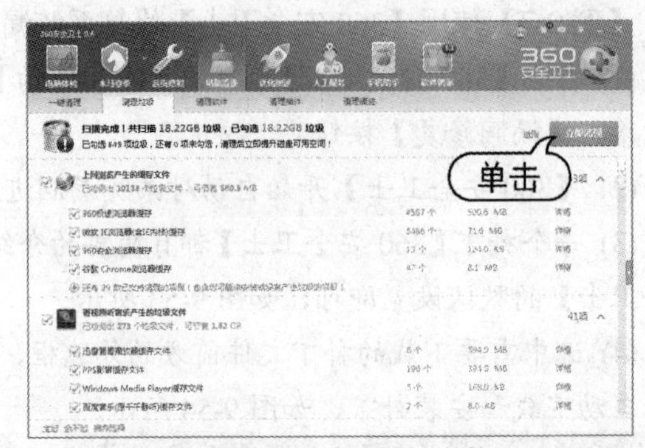

图 9-56　清理垃圾文件

9.4.6　清理使用痕迹

【360 安全卫士】具有清理计算机使用痕迹的功能，包括用户的上网记录、【开始】菜单中的文档记录等，可有效地保护用户的隐私信息。

【例 9-9】通过使用【360 安全卫士】软件的【清理痕迹】功能，清理使用痕迹。

(1) 启动【360 安全卫士】，单击其主界面中的【电脑清理】图标，然后在打开的界面中选中【清理痕迹】标签。

(2) 在打开的界面中用户可选择要清理的使用痕迹所属的类型，如【上网浏览痕迹】、【Windows 使用痕迹】等，然后单击【开始扫描】按钮，如图 9-57 所示。

(3) 扫描完成后，显示扫描的结果。单击【立即清理】按钮，如图 9-58 所示。

图 9-57　使用痕迹扫描

图 9-58　清理使用痕迹

9.5　数据和系统的备份与还原

计算机中对用户最重要的是硬盘中的数据，所以计算机一旦感染上病毒，就很有可能造成

硬盘数据的丢失。因此，做好对硬盘数据的备份非常重要。Windows 7 自带了系统还原功能，当系统出现问题时，该功能可以将系统还原到过去的某个状态，同时还不会丢失数据文件。

9.5.1　备份和还原系统数据

在 Windows 7 系统环境中，数据的备份与还原功能较其他版本的 Windows 系统有明显的提升。用户几乎无须借助其他第三方软件，即可对系统中重要的数据随心所欲地进行备份、保护。下面将通过实例操作，详细讲解在 Windows 7 系统中备份与还原数据的方法。Windows 7 设置、账户。

【例 9-10】备份和还原系统数据。

(1) 选择【开始】|【控制面板】|【系统和安全】|【备份和还原】选项，打开【备份和还原】对话框，选中【设置备份】选项，如图 9-59 所示。

(2) 打开【设置备份】对话框，选中【让 Windows 选择(推荐)】单选按钮，单击【下一步】按钮，如图 9-60 所示。

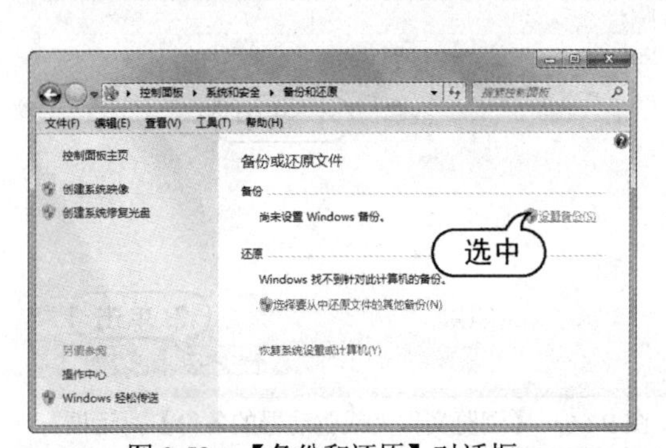

图 9-59　【备份和还原】对话框

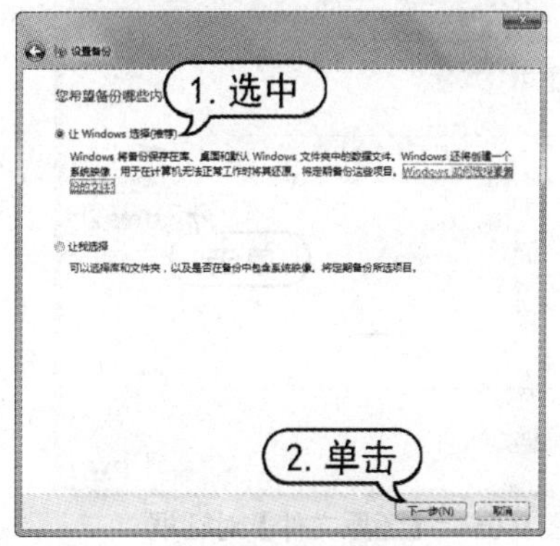

图 9-60　【设置备份】对话框

(3) 打开【设置备份】对话框，查看备份项目，单击【保存设置并进行备份】按钮，如图 9-61 所示。

(4) 打开【备份或还原文件】对话框，文件进行备份，单击【查看详细信息】按钮，如图 9-62 所示。

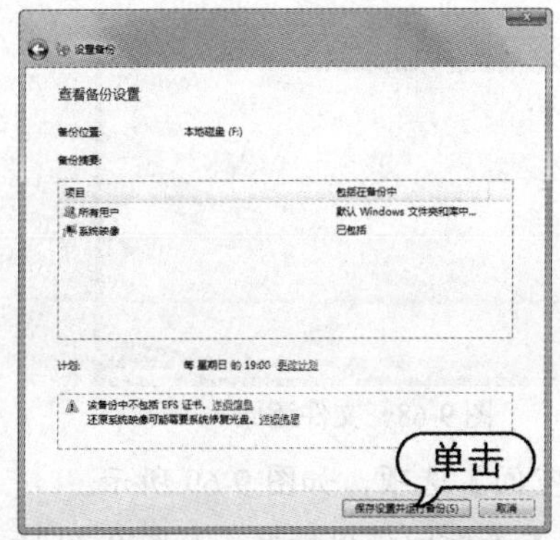

图 9-61　【设置备份】对话框

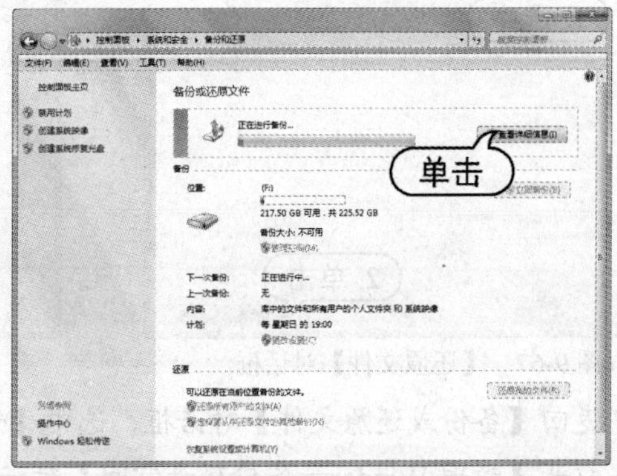

图 9-62　【备份或还原文件】对话框

(5) 查看文件备份的进度，文件越大备份所需要的时间就越长，如图 9-63 所示。

(6) 文件备份完毕后，单击【还原我的文件】按钮，如图 9-64 所示。

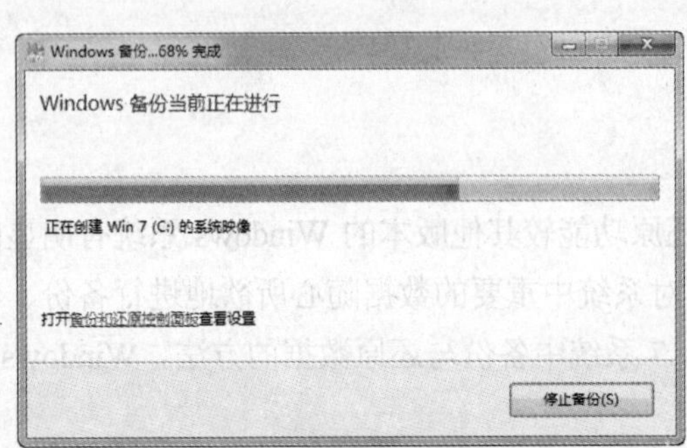

图 9-63　文件备份进度

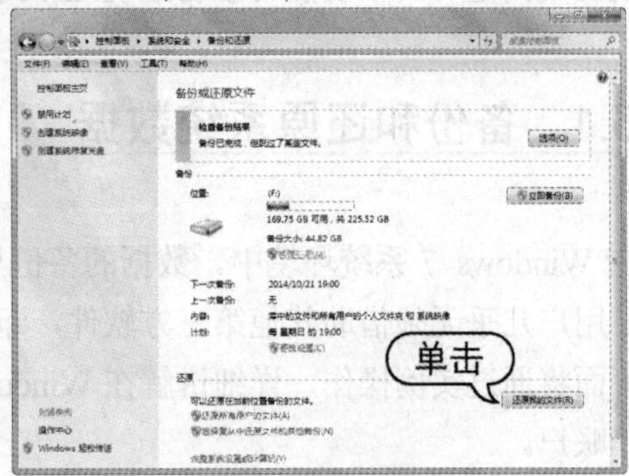

图 9-64　还原文件

(7) 打开【还原文件】对话框，单击【浏览文件夹】按钮，如图 9-65 所示。

(8) 打开【浏览文件夹或驱动器的备份】对话框，选中需要还原的文件的备份文件夹，单击【添加文件夹】按钮，如图 9-66 所示。

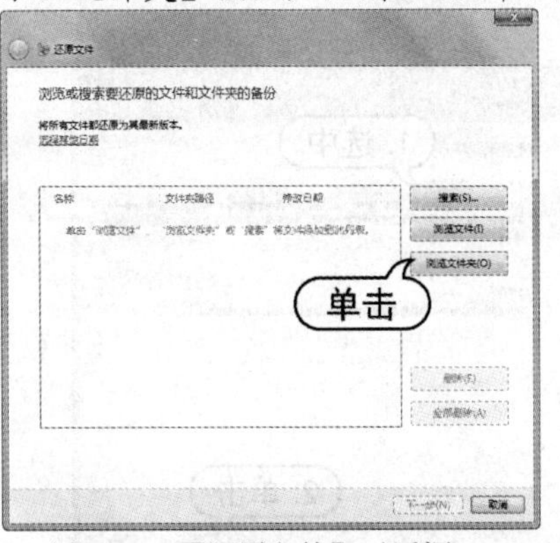

图 9-65　【还原文件】对话框

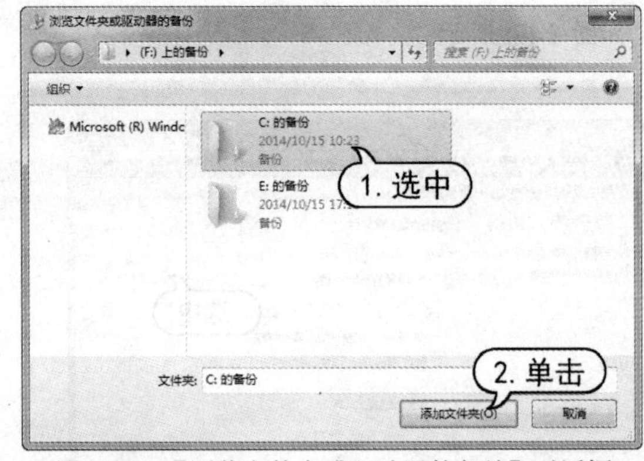

图 9-66　【浏览文件夹或驱动器的备份】对话框

(9) 打开【还原文件】对话框，选中【在原始位置】单选按钮，单击【还原】按钮，如图 9-67 所示。文件进行还原，稍等片刻，单击【完成】按钮，如图 9-68 所示。

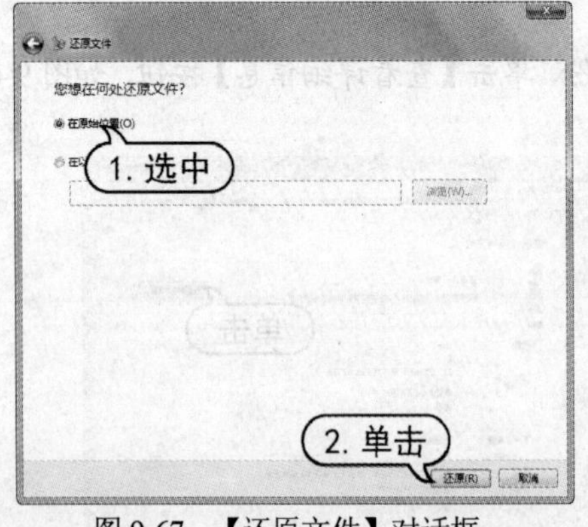

图 9-67　【还原文件】对话框

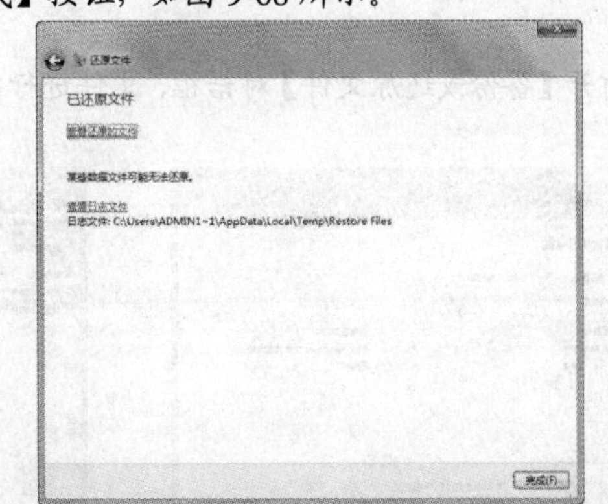

图 9-68　文件还原

(10) 返回【备份或还原文件】对话框，选中【管理空间】选项，如图 9-69 所示。

(11) 打开【管理 Windows 备份磁盘空间】对话框，查看空间使用情况，如图 9-70 所示。

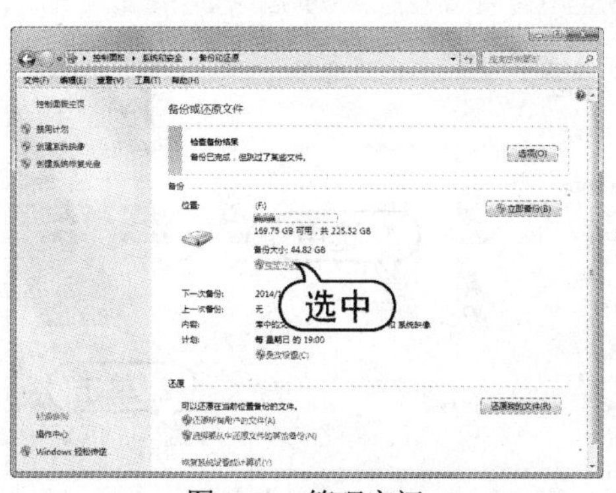

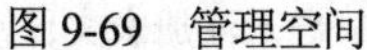

图 9-69　管理空间

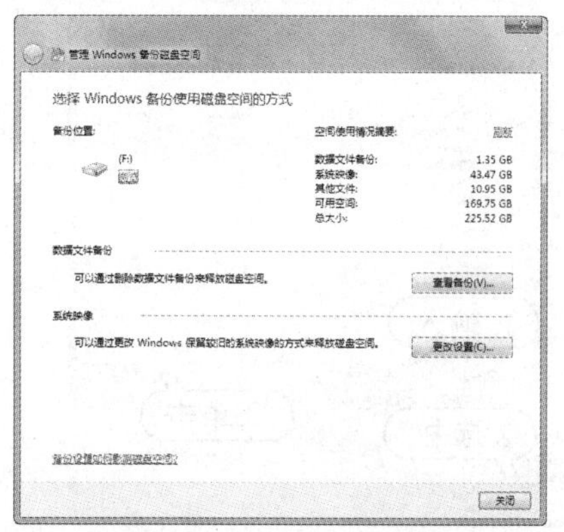

图 9-70　【管理 Windows 备份磁盘空间】对话框

9.5.2　备份和还原注册表

Windows 注册表(Registry)实质上是一个庞大的数据库，它存储这下面这些内容：软、硬件的有关配置和状态信息，应用程序和资源管理器外壳的初始条件、首选项和卸载数据；计算机的整个系统的设置和各种许可，文件扩展名与应用程序的关联， 硬件的描述、状态和属性；计算机性能记录和底层的系统状态信息，以及各类其他数据。注册表编辑器是操作系统自带的注册表工具，通过该工具就能对注册表进行各种修改。

【例 9-11】备份和还原注册表。

(1) 按 Win+R 组合键，打开【运行】对话框，在【打开】文本框中，输入 regedit 命令，单击【确定】按钮，如图 9-71 所示。

(2) 打开【注册表编辑器】对话框，在左侧窗格右击需要导出的根键或子键，打开快捷菜单，选择【导出】命令，如图 9-72 所示。

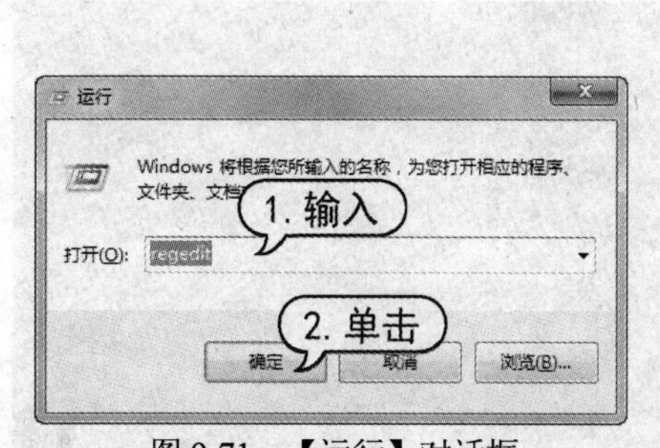

图 9-71　【运行】对话框

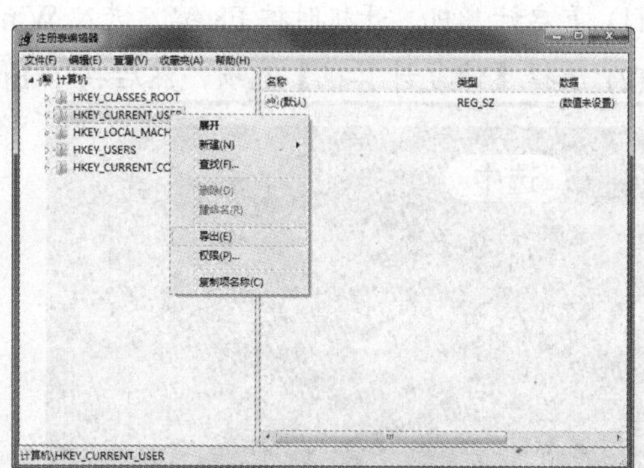

图 9-72　导出注册表

(3) 打开【导出注册表文件】对话框，设置保存路径，在【文件名】文本框中，输入文件名。选中【所选分支】单选按钮，即保存所选的注册表文件，单击【保存】按钮，如图 9-73 所示。

(4) 返回【注册表编辑器】对话框，选择【文件】|【导入】命令。

(5) 打开【导入注册表文件】对话框，选择需要导入的注册表文件，单击【打开】按钮。完成注册表文件还原操作，如图 9-74 所示。

图 9-73　保存注册表

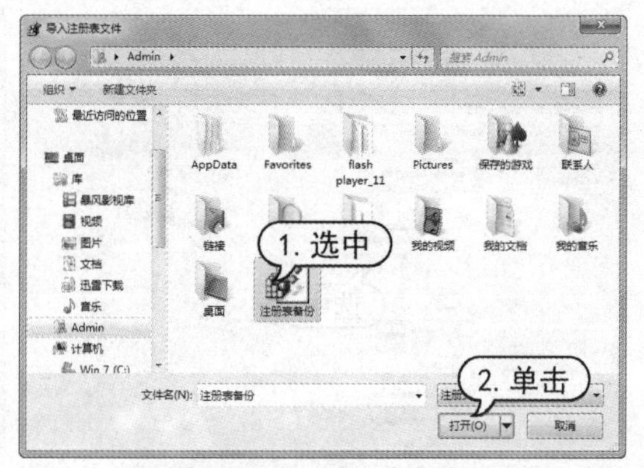

图 9-74　导入注册表文件

9.6　上机练习

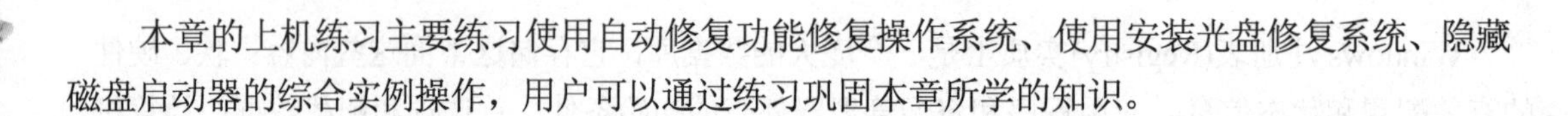

本章的上机练习主要练习使用自动修复功能修复操作系统、使用安装光盘修复系统、隐藏磁盘启动器的综合实例操作，用户可以通过练习巩固本章所学的知识。

9.6.1　修复操作系统

当系统出现问题时，重装操作系统能完全解决问题，但是重装系统需要格式化硬盘，重装后还需要安装大量的应用软件，比较耗时耗力。如果能够通过修复使操作系统恢复正常，就能省去重装系统的麻烦。自动修复功能可以帮助用户将系统中的错误进行修复。

【例 9-12】使用自动修复功能修复系统错误。

(1) 重启计算机，开机时按 F8 键，进入 Windows【高级启动选项】界面，如图 9-75 所示。

(2) 选择【修复计算机】选项，然后按下 Enter 键，开始加载文件，如图 9-76 所示。

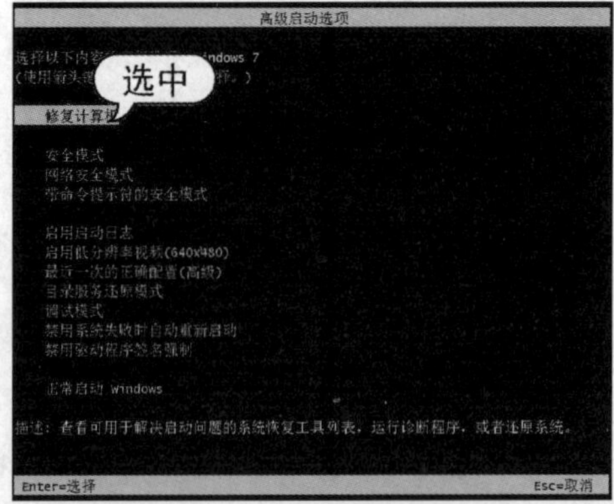

图 9-75　高级启动选项

图 9-76　修复计算机

(3) 打开【系统恢复选项】对话框，保持默认设置，单击【下一步】按钮，如图 9-77 所示。

(4) 输入用户名和密码，如果没有密码可以空白，然后单击【确定】按钮，如图 9-78 所示。

图 9-77　保持默认设置

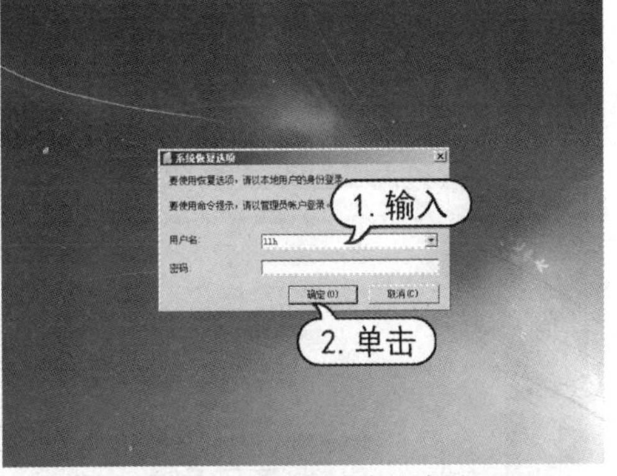

图 9-78　输入用户名和密码

(5) 打开【选择恢复工具】对话框，根据需求选择相应的恢复选项。单击【启动修复】选项，如图 9-79 所示。

(6) 系统即可开始自动检测和修复问题，如图 9-80 所示。

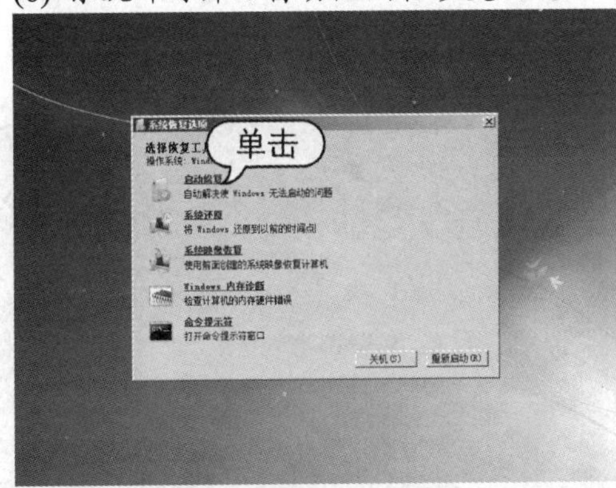

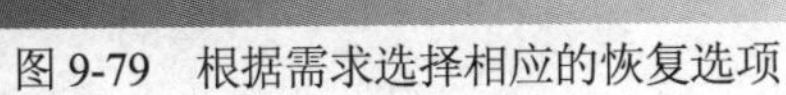

图 9-79　根据需求选择相应的恢复选项

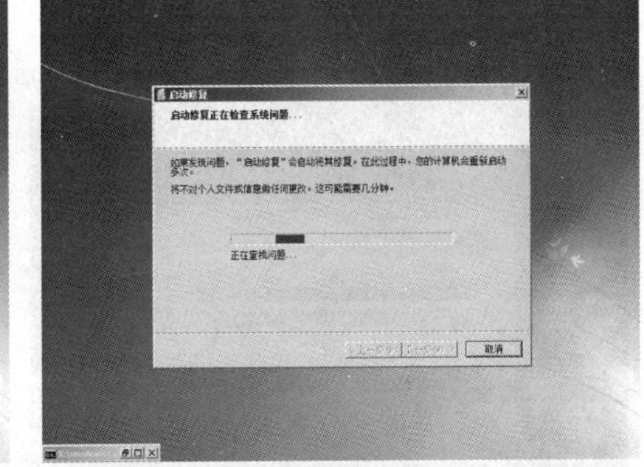

图 9-80　开始自动检测和修复问题

(7) 如果【启动修复】无法检测到问题，可返回【选择恢复工具】选项，然后单击【系统还原】选项。即可启动系统还原程序，然后单击【下一步】按钮，如图 9-81 所示。

(8) 打开【选择系统还原点】对话框，选择最近的还原点，然后单击【下一步】按钮，打开【系统还原】对话框，如图 9-82 所示。

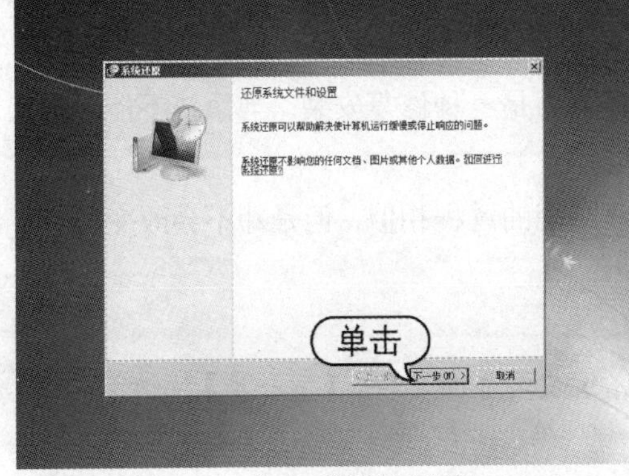

图 9-81　启动系统还原程序

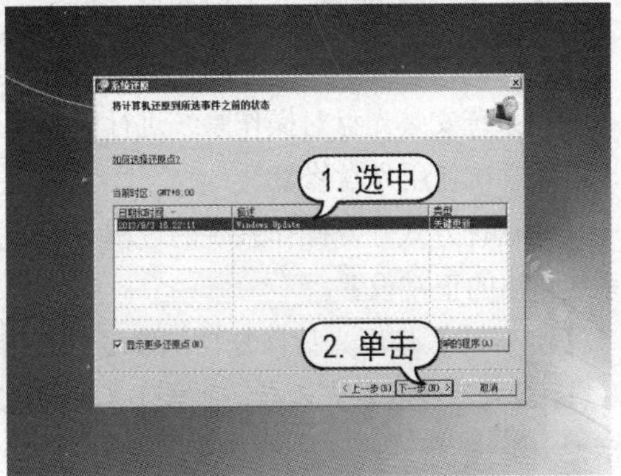

图 9-82　选择最近的还原点

知识点

单击【扫描受影响的程序】单选按钮，可以检测在执行系统还原后，哪些程序会受到影响。

(9) 确认无误后，单击【完成】按钮，如图 9-83 所示。

(10) 打开警告对话框。单击【是】按钮，开始对系统进行还原，如图 9-84 所示。

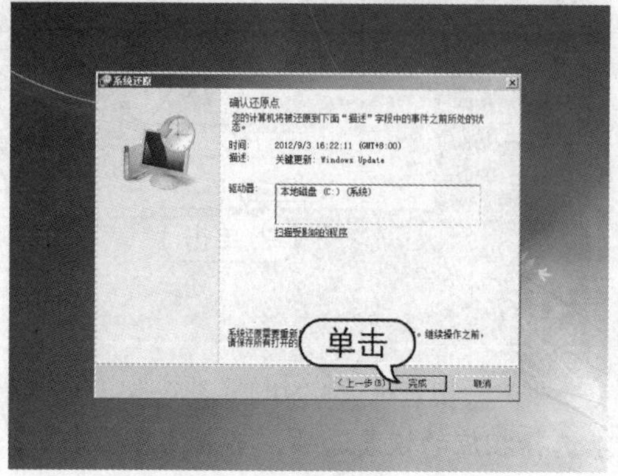
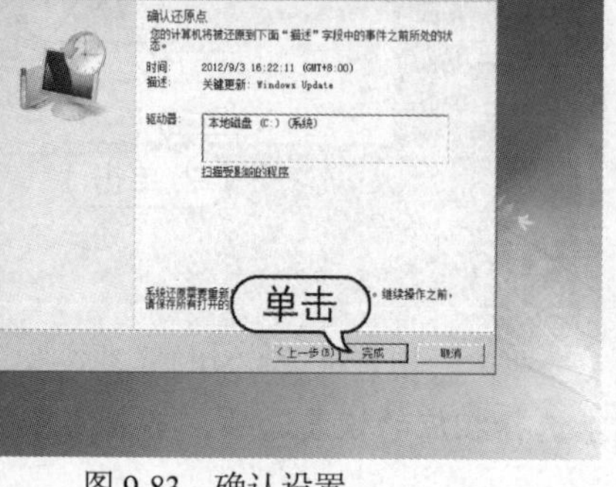

图 9-83 确认设置

图 9-84 开始对系统进行还原

(11) 还原完成后，打开【系统还原已成功完成】的提示框，单击【重新启动】按钮，如图 9-85 所示。

(12) 重新启动操作系统后，完成系统的还原操作，如图 9-86 所示。

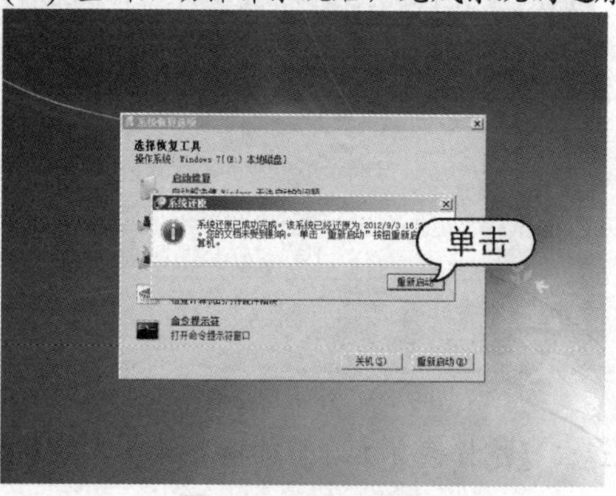

图 9-85 重新启动

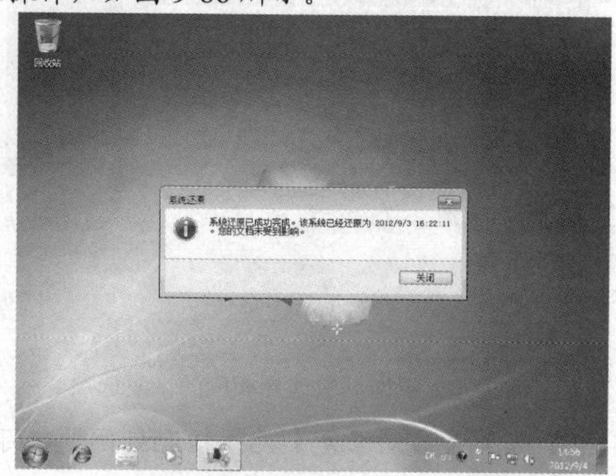

图 9-86 完成系统的还原操作

9.6.2 使用安装光盘修复系统

使用系统安装光盘对操作系统进行修复可以理解为是一种修复安装。当系统不能正常启动时，可以尝试使用光盘修复。

使用这种方式修复操作系统的过程与安装操作系统的过程相似，但是却不会改变用户已经对系统做出的正常设置。

【例 9-13】使用光盘修复功能修复系统错误。

(1) 放入系统安装光盘后，重启计算机后进入系统安装界面，单击【下一步】按钮，如图 9-87 所示。

(2) 打开【现在安装】界面，单击【修复计算机】选项，如图 9-88 所示。

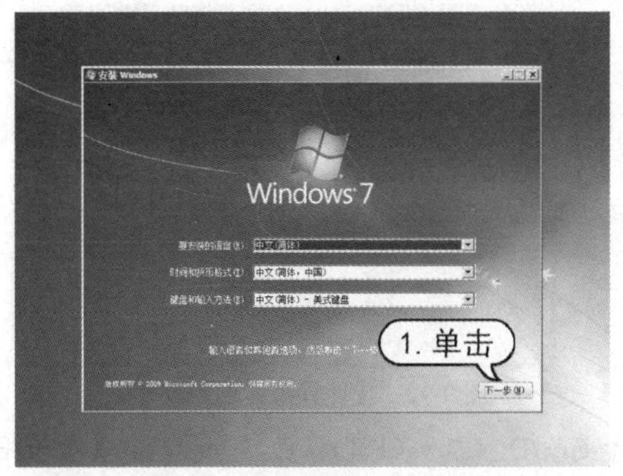

图 9-87 进入系统安装界面

图 9-88 修复计算机

(3) 系统开始为修复工作做准备。稍后打开如图 9-89 所示的对话框，选中 Windows 7 选项。

(4) 单击【下一步】按钮，打开【选择恢复工具】对话框，然后用户可继续进行修复操作。如图 9-90 所示。

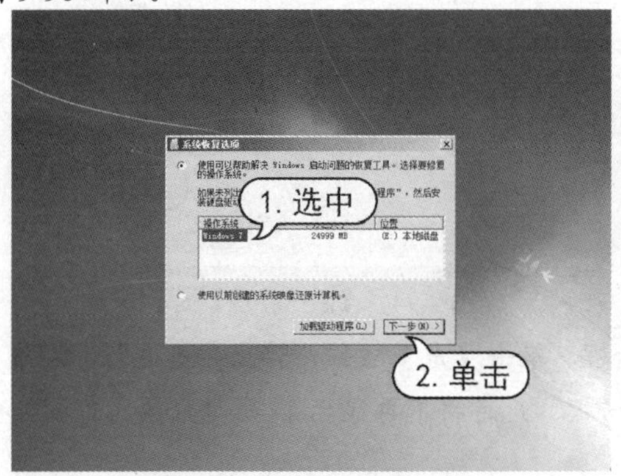

图 9-89 为修复工作做准备

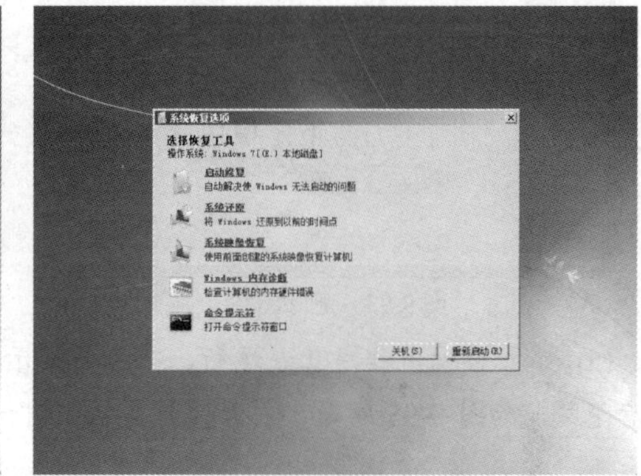

图 9-90 执行修复操作

9.6.3 隐藏磁盘驱动器

在使用计算机时有些文件不想让别人看到，但是放在 U 盘里又不太方便，当文件过多时 U 盘又放不下，也很麻烦。用户可以隐藏一个磁盘驱动器分区，这样别人就看不到这个磁盘了，也就看不到该磁盘里的文件了。

【例 9-14】通过设置，将 D 盘隐藏。

(1) 在系统桌面右击【计算机】图标，在打开的快捷菜单中，选择【管理】命令，如图 9-91 所示。

(2) 打开【计算机管理】对话框，在左侧列表中，选择【存储】|【磁盘管理】选项。右击【本地磁盘(D:)】选项，在打开的快捷菜单中，选择【更改驱动器号和路径】命令，如图 9-92 所示。

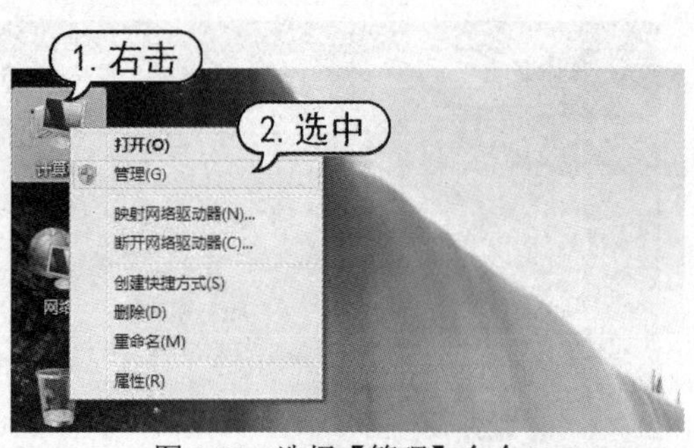

图 9-91　选择【管理】命令

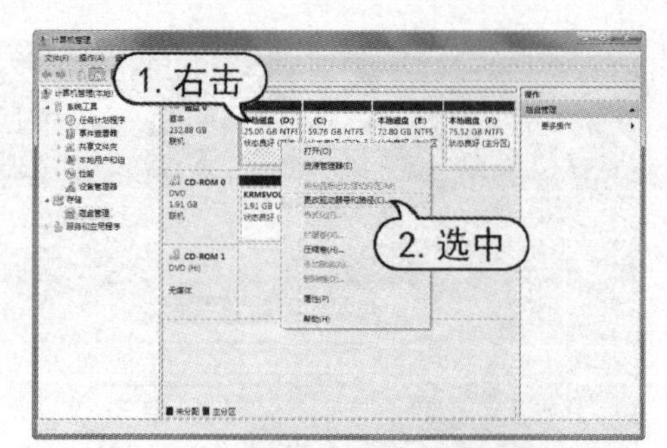

图 9-92　【计算机管理】对话框

(3) 有时候为了不让别人看到磁盘，只打开【更改 D: (本地磁盘)驱动器号和路径】对话框，选中 D 盘，单击【删除】按钮，如图 9-93 所示。

(4) 打开【磁盘管理】提示框，并单击【是】按钮，如图 9-94 所示。

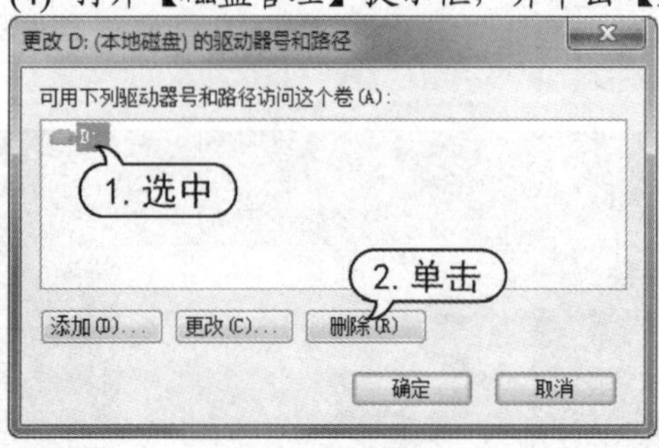

图 9-93　删除磁盘

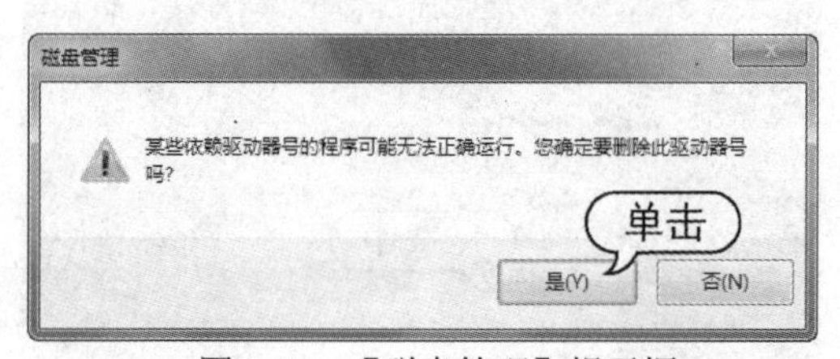

图 9-94　【磁盘管理】提示框

(5) 如果 D 盘有程序正在运行，将打开提示框，单击【是】按钮，停止磁盘运行，即可将 D 盘隐藏，如图 9-95 所示。打开【计算机】对话框，此时将不再显示 D 磁盘分区，如图 9-96 所示。

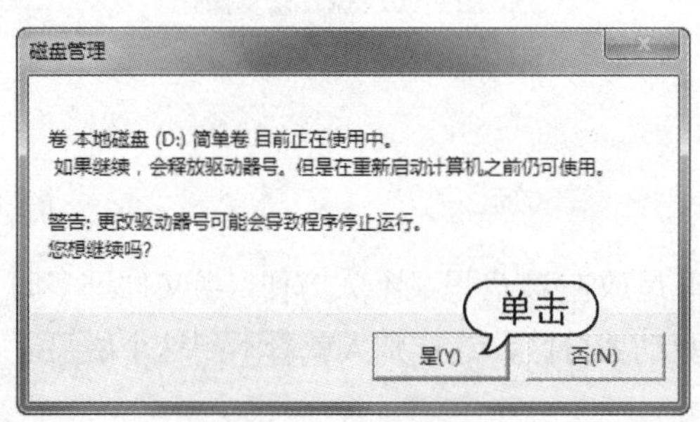

图 9-95　停止磁盘运行

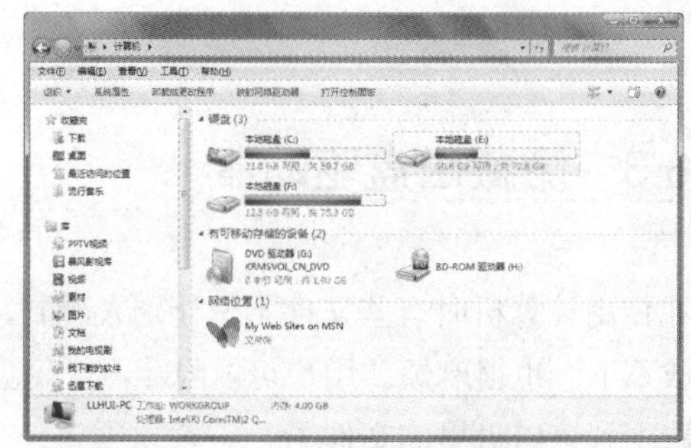

图 9-96　隐藏 D 磁盘分区

9.7　习题

1. 简述如何维护与保养光驱。
2. 简述计算机的正确使用习惯。
3. 防范计算机病毒的技巧有哪些?

计算机基础与实训教材系列

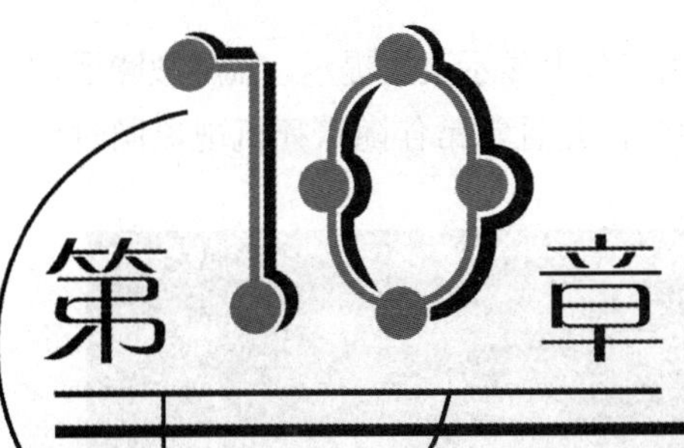

第10章 排除常见计算机故障

学习目标

在使用计算机的过程中，偶尔会因为硬件自身问题或操作不当等原因出现或多或少的故障。用户如果能迅速找出产生故障的具体位置，并妥善解决故障可以延长计算机的使用寿命。本章将介绍计算机的常见故障以及解决故障的方法技巧。

本章重点

- 计算机的常见故障
- 操作系统常见故障的处理
- 常见系统故障的诊断思路
- 计算机硬件设备的常见故障

10.1 分析常见的计算机故障

认识计算机的故障现象既是正确判断计算机故障位置的第一步，也是分析计算机故障原因的前提。因此，用户在学习计算机维修之前，应首先了解本节所介绍的计算机常见故障现象和故障表现状态。

10.1.1 常见计算机故障现象

计算机在出现故障时通常表现为花屏、蓝屏、黑屏、死机、自动重启、自检报错、启动缓慢、关闭缓慢、软件运行缓慢和无法开机等现象，其具体表现状态如下所述。

- 花屏：计算机花屏现象一般在启动和运行软件程序时出现，一般表现为显示器显示图像错乱，如图 10-1 所示。

- 蓝屏：计算机显示器出现蓝屏现象，并且在蓝色屏幕上显示英文提示。蓝屏故障通常发生在计算机启动、关闭或运行某个软件程序时，并且常常伴随着死机现象同时出现，如图 10-2 所示。

图 10-1　花屏故障

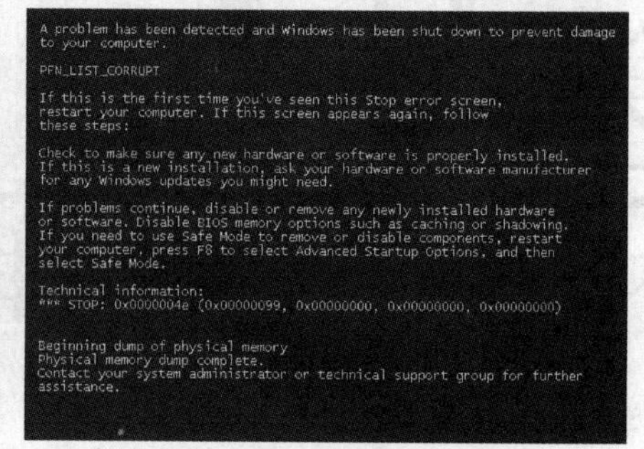

图 10-2　蓝屏故障

- 黑屏：计算机黑屏现象通常表现为计算机显示器突然关闭，或在正常工作状态下显示关闭状态(不显示任何画面)。
- 死机：计算机死机是最常见的计算机故障现象之一，它主要表现为计算机锁死，使用键盘、鼠标或者其他设备对计算机进行操作时，计算机没有任何回应。
- 自动重启：计算机自动重启故障通常在运行软件时发生，一般表现为在执行某项操作时，计算机突然出现非正常提示(或没有提示)，然后自动重新启动。
- 自检报错：自检报错即启动时主板 BIOS 报警，一般表现为笛声提示。例如，计算机启动时长时间不断地鸣叫，或者反复长声鸣叫等。
- 启动缓慢：计算机启动等待时间过长，启动后系统软件和应用软件运行缓慢。
- 关闭缓慢：计算机关闭时等待时间过长。
- 软件运行缓慢：计算机在运行某个应用软件时，该软件工作状态异常缓慢。
- 无法开机：计算机无法开机故障主要表现为在按下计算机启动开关后，计算机无法加电启动。

10.1.2　常见故障处理原则

当计算机出现故障后不要着急，应首先通过一些检测操作与使用经验来判断故障发生的原因。在判断故障原因时，用户应首先明确两点：第一，不要怕；第二，要理性地处理故障。

- 不怕就是要敢于动手排除故障，很多用户认为计算机是电子设备，不能随便拆卸，以免触电。其实计算机输入电源只有 220V 的交流电，而计算机电源输出的用于给其他各部件供电的直流电源最高仅为 12V。因此，除了在修理计算机电源时应小心谨慎防止触电外，拆卸计算机主机内部其他设备是不会对人体造成任何伤害的，相反人体带有的静电还有可能把计算机主板和芯片击穿并造成损坏。
- 所谓理性地处理故障就是要尽量避免随意地拆卸计算机。正确解决计算机故障的方

法是：首先，根据故障特点和工作原理进行分析、判断；然后，逐个排除怀疑有故障的计算机设备或部件。操作的要点是：在排除怀疑对象的过程中，要留意原来的计算机结构和状态，即使故障暂时无法排除，也要确保计算机能够恢复原来状态，尽量避免故障范围的扩大。

计算机故障的具体排除原则有以下 4 条。

- 先软后硬的原则：当计算机出现故障时，首先应检查并排除计算机软件故障，然后再通过检测手段逐步分析计算机硬件部分可能导致故障的原因。例如，计算机不能正常启动，要首先根据故障现象或计算机的报错信息判断计算机是启动到什么状态下死机的。然后分析导致死机的原因是系统软件的问题，主机(CPU、内存等)硬件的问题，还是显示系统问题，如图 10-3 和 10-4 所示。

图 10-3　检测软件故障

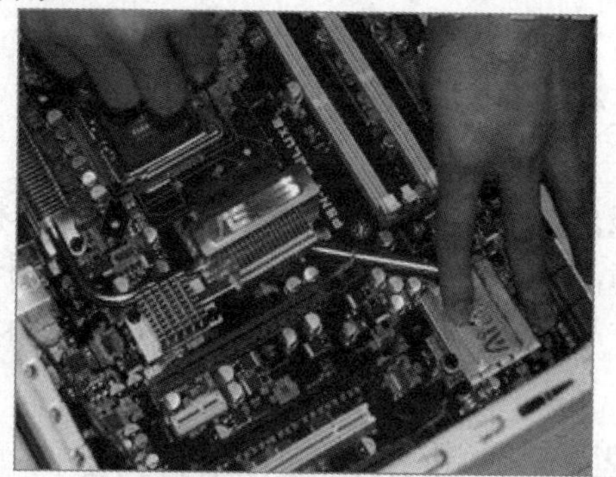

图 10-4　检测硬件故障

- 先外设后主机的原则：如果计算机系统的故障表现在某种外设上，例如，当用户遇到计算机不能打印文件、不能上网等故障等时，应遵循先外设后主机的故障处理原则。先利用外部设备本身提供的自检功能或计算机系统内安装的设备检测功能检查外设本身是否工作正常，然后检查外设与计算机的连接以及相关的驱动程序是否正常，最后再检查计算机本身相关的接口或主机内各种板卡设备，如图 10-5 所示。
- 先电源后负载的原则：计算机内的电源是机箱内部各部件(如主板、硬盘、软驱、光驱等)的动力来源，电源的输出电压正常与否直接影响到相关设备的正常运行。因此，当出现上述设备工作不正常时，应首先检查电源是否工作正常，如图 10-6 所示。然后再检查设备本身。

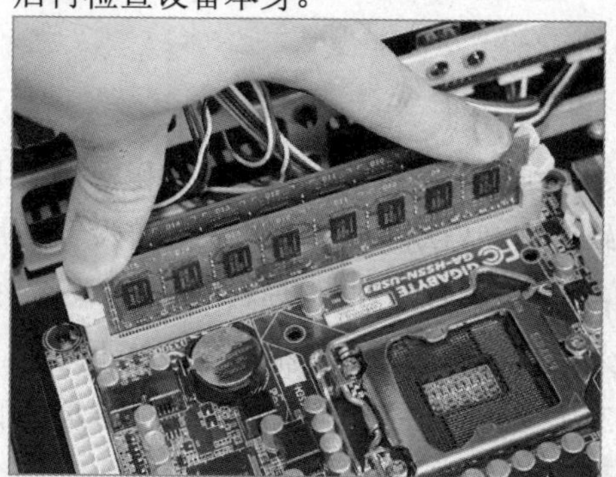

图 10-5　检查计算机本身相关的接口

图 10-6　检查计算机电源

◉ 先简单后复杂的原则：所谓先简单后复杂的原则，指的是用户在处理计算机故障时应先解决简单容易的故障，后解决难度较大的问题。这样做是因为，在解决简单故障的过程中，难度大的问题往往也可能变得容易解决，在排除简易故障时也容易得到难处理故障的解决线索。

知识点

在检测与维修计算机过程中应禁忌带电插、拔各种板卡、芯片和各种外设的数据线。因为带电插拔计算机主机内的设备将产生较高的感应电压，有可能会将外设或板卡上、主板上的接口芯片击穿；而带电插拔计算机设备上的数据线，则有可能会造成相应接口电路芯片损坏。

10.2 处理操作系统故障

虽然如今的 Windows 系列操作系统运行相对较稳定，但在使用过程中还是会碰到一些系统故障，影响用户的正常使用。本节就将介绍一些常见系统故障的处理方法。此外，在处理系统软件故障时应掌握举一反三的技巧，这样当遇到一些类似故障时也能轻松解决。

10.2.1 诊断系统故障的方法

下面将先分析导致 Windows 系统出现故障的一些具体原因，帮助用户理顺诊断系统故障的思路。

1.软件导致的故障

有些软件的程序编写不完善，在安装或卸载时会修改 Windows 系统设置，或者误将正常的系统文件删除，导致 Windows 系统出现问题。

软件与 Windows 系统、软件与软件之间也易发生兼容性问题。若发生软件冲突、与系统兼容的问题，只要将其中一个软件退出或卸载掉即可；若是杀毒软件导致无法正常运行，可以试试关闭杀毒软件的监控功能。此外，用户应该熟悉自己安装的常用工具的设置，避免无谓的假故障。

2. 病毒、恶意程序入侵导致故障

有很多恶意程序、病毒、木马会通过网页、捆绑安装软件的方式强行或秘密入侵用户的计算机，然后强行修改用户的网页浏览器主页、软件自动启动选项、安全选项等设置，并且强行弹出广告，或者做出其他干扰用户操作、大量占用系统资源行为，导致 Windows 系统发生各种各样错误和问题。例如，无法上网、无法进入系统、频繁重启、很多程序打不开等。

要避免这些情况的发生，用户最好安装【360 安全卫士】，再加上网络防火墙和病毒防护软件。如果已经被感染，则使用杀毒软件进行查杀。

3. 过分优化 Windows 系统

如果用户对系统不熟悉，最好不要随便修改 Windows 系统的设置。使用优化软件前，要备份系统设置，再进行系统优化，如图 10-7 所示。

4. 使用了修改过的 Windows 系统安装系统

在外面流传着大量民间修改过的精简版 Windows 系统、GHOST 版 Windows 系统，这类被精简修改过的 Windows 系统普遍删除了一些系统文件，精简了一些功能，有些甚至还集成了木马、病毒，为病毒入侵留有系统后门。如果安装了这类的 Windows 系统，安全性是不能得到保证的。建议用户安装原版 Windows 和补丁，如图 10-8 所示。

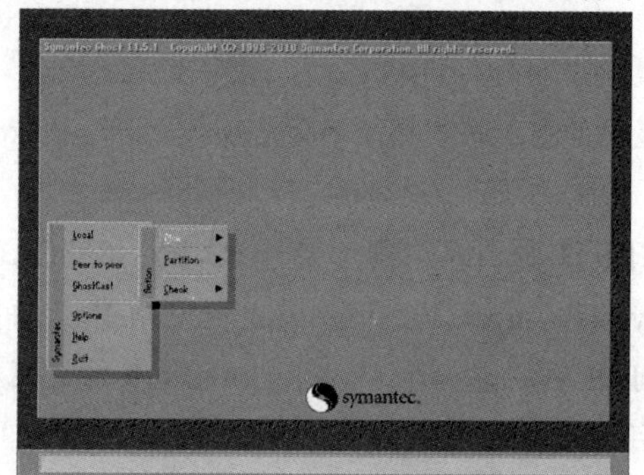

图 10-7 备份系统设置

图 10-8 使用修改过的 Windows 系统安装系统

5. 硬件驱动有问题

如果所安装的硬件驱动没有经过微软 WHQL 认证或者驱动编写不完善，也会造成 Windows 系统故障，如蓝屏、无法进入系统，CPU 占用率高达 100%等。如果因为驱动的问题进不了系统，可以进入安全模式将驱动卸载掉，然后重装正确的驱动即可。

10.2.2 Windows 系统使用故障

本节将介绍在使用 Windows 系列操作操作系统时，可能会遇到的一些常见软件故障以及故障的处理方法。

1. 不显示音量图标

- 故障现象：每次启动系统后，系统托盘里总是不显示音量图标。需要进入控制面板的【声音和音频设备属性】对话框，将已经选中的【将音量图标放入任务栏】复选框取消选中后再重新选中，音量图标才会出现。
- 故障原因：曾用软件删除过启动项目，而不小心删除了音量图标的启动。
- 解决方法：打开【注册表编辑器】，依次展开 HKEY_LOCAL_MACHINE\SOFTWARE\Microsoft\Windows\CurrentVersion\Run。然后在右侧的窗口右击新建一个字符串值

Systray，双击该键值，编辑其值为 c:\windows\system32\Systray.exe，然后重启计算机，让系统在启动的时候自动加载 systray.exe。

2. 不显示【安全删除硬件】图标

- 故障现象：在插入移动硬盘、U 盘等 USB 设备时，系统托盘就会显示一个【安全删除硬件】图标。现在插入 USB 设备后，不显示【安全删除硬件】图标。
- 故障原因：系统中与 USB 端口有关的系统文件受损，或者 USB 端口的驱动程序受到破坏。
- 解决方法：删除 USB 设备驱动后，重新安装。

3. 不显示系统桌面

- 故障现象：启动 Windows 操作系统后，桌面没有任何图标。
- 故障原因：大多数情况下，桌面图标无法显示是由于系统启动时无法加载 explorer.exe，或者 explorer.exe 文件被病毒、广告破坏。
- 解决方法：手动加载 explorer.exe 文件，打开注册表编辑器，展开 HKEY_ LOCAL_MACHINE\SOFTWARE\Microsoft\WindowsNT\CurrentVersion\Winlogon\Shell，如果没有 explorer.exe 则可以按照这个路径在 shell 后新建一个 explorer.exe。从其他计算机上复制 explorer.exe 文件到本机，然后重启计算机即可。

4. 丢失系统还原点

- 故障现象：系统出现问题，想通过系统还原功能重新恢复系统，结果发现系统还原点没有了。
- 故障原因：造成系统还原点丢失的原因大致有以下四点：一是驱动器磁盘空间不足；二是非正常开关机；三是曾经使用【磁盘清理】，在【其他选项】下面清理过【系统还原】。四是默认还原点保留时间是 90 天，超出 90 天自动删除。
- 解决方法：针对以上 4 点原因，只有第一个原因能够找回原来的系统还原点，其他的都无法恢复。如果系统已弹出【磁盘空间不足】提示，那么就应该释放足够的磁盘空间出来，这样【系统还原】才能重新监视系统，并在此点创建一个自动【系统检查点】。

5. 找不到 Rundll32.exe 文件

- 故障现象：启动系统、打开控制面板以及启动各种应用程序时，提示【Rundll32.exe 文件找不到】或【Rundll32.exe 找不到应用程序】。
- 故障原因：rundll32.exe 用于需要调用 DLL 的程序。rundll32.exe 对 Windows XP 系统的正常运行是非常重要的。但 rundll32.exe 很脆弱，容易受到病毒的攻击，杀毒软件也会误将 RunDll32.exe 删除，导致丢失或损坏 Rundll32.exe 文件。
- 解决方法：将 Windows XP 的安装光盘放入光驱，在【运行】对话框中输入 expand X:\i386\rundll32.ex_ c: \windows\system32\rundll32.exe 命令，(其中 X：是光驱的盘符)，然后重新启动即可。

6. 无法打开硬盘分区

- 故障现象：双击磁盘盘符打不开，只有右击磁盘盘符，在弹出的菜单中选择【打开】命令才能打开。
- 故障原因：打不开硬盘主要从以下两方面分析，是硬盘感染病毒；如果没有感染病毒则可能是 Explorer 文件出错，需要重新编辑。
- 解决方法：更新杀毒软件的病毒库到最新，然后重新启动计算机进入安全模式查杀病毒。接着在各分区根目录中查看是否有 autorun.ini 文件，如果有，则手工删除。

10.3 处理计算机的硬件故障

计算机硬件故障包括计算机主板故障、内存故障、CPU 故障、硬盘故障、显卡故障、显示器故障、驱动器故障以及鼠标和键盘故障等计算机硬件设备所出现的各种故障。下面将介绍硬件故障的具体分类、检测方法和解决方法。

10.3.1 硬件故障的常见分类

硬件故障是指因计算机系统中的硬件系统部件中元器件损坏或性能不稳定而引起的计算机故障。造成硬件故障的原因包括元器件故障、机械故障和存储器故障这 3 种，具体如下。

- 元器件故障：元器件故障主要是板卡上的元器件、接插件和印制板等引起的。例如，主板上的电阻、电容、芯片等的损坏即为元器件故障；PCI 插槽、AGP 插槽、内存条插槽和显卡接口等的损坏即为接插件故障；印制电路板的损坏即为印制板故障。如果元器件和接插件出了问题，可以通过更换的方法去排除故障，但需要专用工具。如果是印制板的问题，维修起来相对困难，如图 10-9 所示。
- 机械故障：机械故障不难理解。例如，硬盘使用时产生共振，硬盘、软驱的磁头发生偏转或者人为的物理破坏等。
- 存储器故障：存储器故障是指使用频繁等原因使外存储器磁道损坏，或因为电压过高造成的存储芯片烧掉等。这类故障通常也发生在硬盘、光驱、软驱和一些板卡的芯片上，如图 10-10 所示。

图 10-9　元器件故障

图 10-10　存储器故障

10.3.2 硬件故障的检测方法

计算机硬件故障的诊断方法主要有直觉法、对换法、手压法和软件诊断法等几种方法，具体如下所示。

1. 直觉法

直觉法就是通过人的感觉器官(如手、眼、耳和鼻等)来判断出故障的原因，在检测计算机硬件故障时，直觉法是一种十分简单而有效的方法。

- 计算机上一般器件发热的正常温度在器件外壳上都不会很高，若用手触摸感觉到太烫手，那么该元器件可能就会有问题，如图 10-11 所示。
- 通过眼睛来观察机器电路板上是否有断线或残留杂物，用眼睛可以看出明显的短路现象，可以看出芯片的明显断针，可以通过观察一些元器件表面是否有焦黄色、裂痕和烧焦的颜色，从而诊断出计算机的故障，如图 10-12 所示。

图 10-11 用手触摸

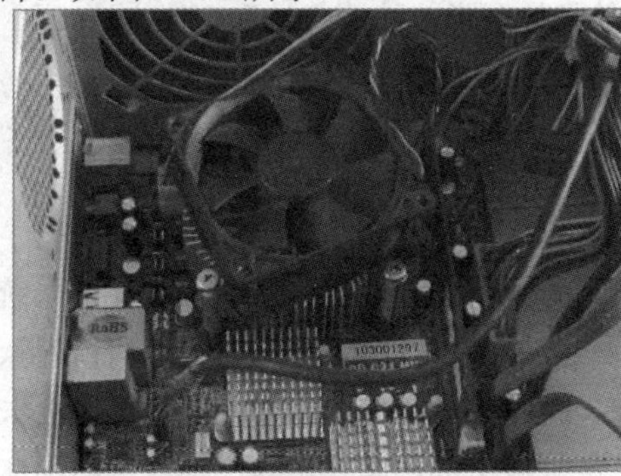

图 10-12 通过眼睛来观察

- 通过耳朵可以听出计算机报警声音，从报警声诊断出计算机的故障。在计算机启动时如果检测到故障，计算机主板会发出报警声音，通过分析这种声音的长短可以判断计算机错误的位置(主板不同，其报警声音也有一些小的差别，目前最常见的主板 BIOS 有 AMI BIOS 和 Award BIOS 两种，用户可以查看其各自的报警声音说明来判断出主板报警声所代表的提示含义)。
- 通过鼻子可以判断计算机硬件故障的位置。若内存条、主板、CPU 等设备由于电压过高或温度过高之类的问题被烧毁。用鼻子闻一下计算机主机内部可以快速诊断出被烧毁硬件的具体位置，如图 10-13 所示。

2. 对换法

对换法指的是如果怀疑计算机中某个硬件部件(如 CPU、内存和显卡)有问题，可以从其他工作正常的计算机中取出相同的部件与其互换，然后通过开机后状态判断该部件是否存在故障。其具体方法是：在断电情况下，从故障计算机中拆除被怀疑存在故障的硬件部件，然后将其与另外一台正常计算机上的同类设备对换，在开机后如果故障计算机恢复正常工作，就证明被替换的部件存在问题。反之，就证明故障不在所猜测有问题的部件上，这时应重新检测计算机故障的具体位置，如图 10-14 所示。

图 10-13　通过鼻子判断

图 10-14　对换法

3. 手压法

所谓手压法就是指利用手掌轻轻敲击或压紧可能出现故障的计算机插件或板卡，通过重新启动后的计算机状态来判断故障所在的位置。应用手压法可以检测显示器、鼠标、键盘、内存、显卡等设备导致的计算机故障。例如，计算机在使用过程中突然出现黑屏故障，重启后恢复正常，这时若用手把显示器接口和显卡接口压紧，则有可能排除故障，如图 10-15 和 10-16 所示。

图 10-15　压紧显卡接口

图 10-16　压紧显示器接口

4. 软件检测法

软件诊断法指的是通过故障诊断软件来检测计算机故障。这种方法主要有两种方式：一种是通过 ROM 开机自检程序检测(例如，从 BIOS 参数中可检测硬盘、CPU 主板等信息)或在计算机开机过程中观察内存、CPU、硬盘等设备的信息，判断计算机故障。另一种诊断方法则是使用计算机软件故障诊断程序进行检测(这种方法要求计算机能够正常启动)。

知识点

计算机硬件故障诊断软件很多，有部分零件诊断也有整机部件测试。Windows 优化大师就是其中一种，它可以提供处理器、存储器、显示器、软盘、光盘驱动器、硬盘、键盘、鼠标、打印机、各类接口和适配器等信息的检测。

10.3.3 解决常见的主板故障

在计算机的所有配件中，主板是决定计算机整体系统性能的一个关键性部件，好的主板可以让计算机更稳定地发挥系统性能，反之，系统则会变得不稳定。

实际上主板本身的故障率并不是很高，但由于所有硬件构架和软件系统环境都是搭建在主板提供的平台之上，而且在很多的情况下也需要凭借主板发出的信息来判断其他设备存在的故障。所以掌握主板的常见故障现象，将可以为解决计算机出现的故障提供判断和处理的捷径。下面就以主板故障现象分类，介绍排除故障的方法。

1. 主板常见故障——接口损坏

- 故障现象：主板 COM 口或并行口、IDE 口损坏，如图 10-17 所示。
- 故障原因：出现此类故障一般是由于用户带电插拔相关硬件造成的，要解决该故障用户可以用多功能卡代替主板上的 COM 和并行接口，但要注意在代替之前必须先在 BIOS 设置中关闭主板上预设的 COM 口与并行口(有的主板连 IDE 口都要禁止才能正常使用多功能卡)。
- 解决方法：更换主板或使用多功能卡代替主板上受损的接口，如图 10-18 所示。

图 10-17　主板接口

图 10-18　更换接口

2. 主板常见故障——BIOS 电池失效

- 故障现象：BIOS 设置不能保存。
- 故障原因：此类故障一般是由于主板 BIOS 电池电压不足造成，将 BIOS 电池更换即可解决该故障。若在更换 BIOS 电池后仍然不能解决问题，则有以下两种可能。主板电路问题，需要主板生产厂商的专业主板维修人员维修；主板 CMOS 跳线问题，或者因为设置错误，将主板上的 BIOS 跳线设为清除选项，使得 BIOS 数据无法保存。

3. 主板常见故障——驱动兼容问题

- 故障现象：安装主板驱动程序后出现死机或光驱读盘速度变慢的现象。
- 故障原因：若用户的计算机使用的是非名牌主板，则可能会遇到过此类现象(将主板驱动程序装完后，重新启动计算机不能以正常模式进入 Windows 系统的桌面，而且

该驱动程序在 Windows 系统中不能被卸载，用户不得不重新安装系统)。当遇到此类问题时，建议用户通过更换主板品牌解决故障。

- 解决方法：更换主板。

4. 主板常见故障——设置 BIOS 时死机

- 故障现象：计算机频繁死机，即使在 BIOS 设置时也会出现死机现象。
- 故障原因：在 BIOS 设置界面中出现死机故障，其原因一般为主板或 CPU 存在问题，如若按下面所介绍的方法不能解决故障，就只能通过更换主板或 CPU 排除故障。在死机后触摸 CPU 周围主板元件，如果发现其温度非常高而且烫手，就更换大功率的 CPU 散热风扇。
- 解决方法：更换主板、CPU、CPU 散热器，如图 10-19 所示。或者在 BIOS 设置中将 CACHE 选项禁用。

图 10-19　更换配件

5. 主板常见故障——BIOS 设置错误

- 故障现象：计算机开机后，显示器在显示 Award Soft Ware，Inc System Configurations 时停止启动。
- 故障原因：该问题是由于 BIOS 设置不当所造成的。BIOS 设置的 PNP/PCI CONFIGURATION 栏目的 PNP OS INSTALLED(即插即用)项目一般有 YES 和 NO 两个选项，造成上面故障的原因就是由于将即插即用选项设为 YES，若将其设置为 NO，故障即可被解决(另外，有的主板将 BIOS 的即插即用功能开启之后，还会引发声卡发音不正常之类的现象)。
- 解决方法：使用 BIOS 出厂默认设置或关闭设置中的即插即用功能。

10.3.4　解决常见的 CPU 故障

CPU 是计算机的核心设备，当计算机 CPU 出现故障时计算机将会出现黑屏、死机、运行软件缓慢等现象。用户在处理计算机 CPU 故障时可以参考下面介绍的故障原因进行分析和维修。本节总结一些在实际操作中常见的 CPU 故障及故障解决方法，为用户在实际排除故障工作中提供参考。

1. CPU 温度问题

- 故障现象：CPU 温度过高导致的故障(死机、软件运行速度慢或黑屏等)。
- 故障原因：随着工作频率的提高，CPU 所产生的热量也越来越高。CPU 是计算机中发热最大的配件，如果其散热器散热能力不强，产生的热量不能及时散发掉。CPU 就会长时间工作在高温状态下，由半导体材料制成的 CPU 如果其核心工作温度过高就会产生电子迁移现象，同时也会造成计算机的运行不稳定、运算出错或者死机等现象。如果长期在过高的温度下工作还会造成 CPU 的永久性损坏。CPU 的工作温度一般通过主板监控功能获得，而且一般情况下 CPU 的工作温度比环境温度高 40℃以内都属于正常范围，但要注意的是主板测温的准确度并不是很高，在 BIOS 中所查看到的 CPU 温度，只能供参考。CPU 核心的准确温度一般无法测量。
- 解决方法：更换 CPU 风扇，如图 10-20 所示。或利用软件(如【CPU 降温圣手】软件)降低 CPU 工作温度，如图 10-21 所示。

图 10-20　更换风扇

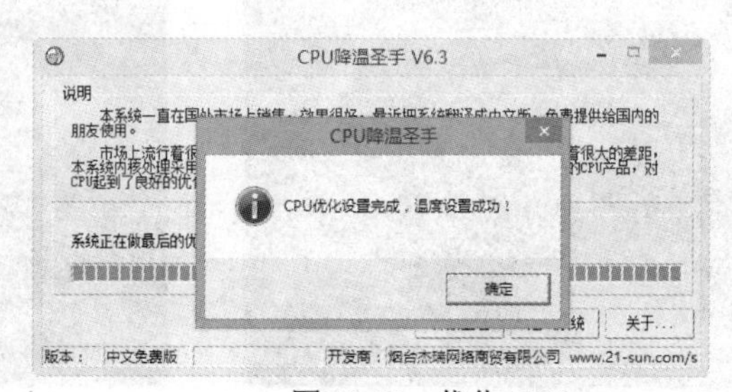

图 10-21　优化 CUP

2. CPU 超频问题

- 故障现象：CPU 超频导致的故障(计算机不能启动，或频繁自动重启) 。
- 故障原因：CPU 超频使用也会产生 CPU 的寿命提前结束，因为 CPU 超频就会产生大量的热量，使 CPU 温度升高，从而导致“电子迁移”效应(为了超频，很多用户通常会提高 CPU 的工作电压，这样 CPU 在工作时产生的热会更多)。并不是热量直接伤害 CPU，而是由于过热所导致的“电子迁移”效应损坏 CPU 内部的芯片。通常人们所说的 CPU 超频烧掉了，严格地讲，就是指由 CPU 高温所导致的“电子迁移”效应所引发的结果。
- 解决方法：更换大功率的 CPU 风扇或对 CPU 进行降频处理。

3. CPU 引脚氧化

- 故障现象：平日使用一直正常，有一天突然无法开机，屏幕提示无显示信号输出。
- 故障原因：使用对换法检测硬件发现显卡和显示器没有问题，怀疑是 CPU 出现问题。拔下插在主板上的 CPU，仔细观察并无烧毁痕迹，但是无法点亮机器。后来发现 CPU 的针脚均发黑、发绿，有氧化的痕迹和锈迹。
- 解决方法：使用牙刷和镊子等工具对 CPU 针脚进行修复工作。

4. CPU 降频问题

- 故障现象：开机后发现 CPU 频率降低了，显示信息为 Defaults CMOS Setup Loaded，并且重新设置 CPU 频率后，该故障还时有发生。
- 故障原因：这是由于主板电池出了问题，CPU 电压过低。
- 解决方法：关闭计算机电源，更换主板电池，然后在开机后重新在 BIOS 中设置 CPU 参数。

5. CPU 松动问题

- 故障现象：检测不到 CPU 而无法启动计算机。
- 故障原因：检查 CPU 是否插入到位，特别是采用 Slot 插槽的 CPU 安装时不容易到位。
- 解决方法：重新安装 CPU，并检查 CPU 插座的固定杆是否固定完全。

10.3.5　解决常见的内存故障

内存作为计算机的主要配件之一，其性能的好坏与否直接关系到计算机是否能够正常稳定的工作。本节将总结一些在实际操作中常见的内存故障及故障解决方法，为用户在实际维修工作中提供参考。

1. 内存接触不良

- 故障现象：有时打开计算机电源后显示器无显示，并且听到持续的蜂鸣声。有的计算机会表现为一直重启。
- 故障原因：此类故障一般是由于内存条和主板内存槽接触不良所引起的。
- 解决方法：拆下内存，用橡皮擦来回擦拭金手指部位，然后重新插到主板上。如果多次擦拭内存条上的金手指并更换了内存槽，但是故障仍不能排除，则可能是内存损坏，此时可以另外找一条内存来试试，或者将本机上的内存换到其他计算机上测试，以便找出问题之所在，如图 10-22 所示。

2. 内存金手指老化

- 故障现象：内存金手指出现老化、生锈现象。
- 故障原因：内存条的金手指镀金工艺不佳或经常拔插内存，导致金手指在使用过程中因为接触空气而出现氧化生锈现象，从而导致内存与主板上的内存插槽接触不良，造成计算机在开机时不启动并发出主板报警的故障。
- 解决方法：用橡皮把金手指上面的锈斑擦去即可，如图 10-23 所示。

图 10-22　重新安装内存

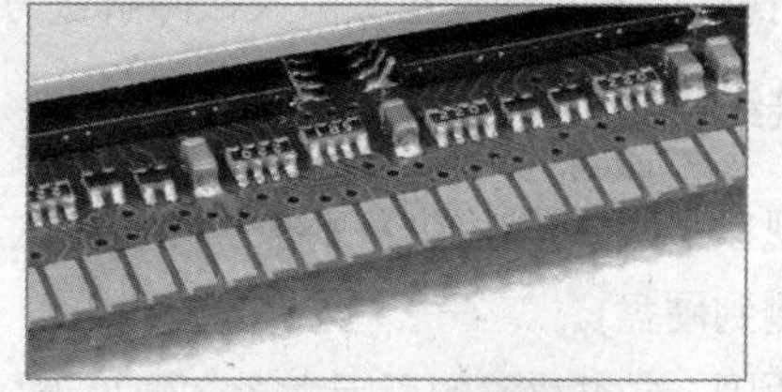

图 10-23　擦去锈斑

3. 内存金手指烧毁

◉ 故障现象：内存金手指发黑，无法正常使用内存，如图 10-24 所示。
◉ 故障原因：一般情况下，造成内存条金手指被烧毁的原因多数都是因为用户在故障排除过程中，因为没有将内存完全插入主板插槽就启动计算机或带电拔插内存条，造成内存条的金手指因为局部电流过强而烧毁。
◉ 解决方法：更换内存。

4. 内存插槽簧片损坏

◉ 故障现象：无法将内存正常插入内存插槽中。
◉ 故障原因：内存插槽内的簧片因非正常安装而出现脱落、变形、烧灼等现象容易造成内存条接触不良，如图 10-25 所示。
◉ 解决方法：使用其他正常内存插槽或更换计算机主板。

图 10-24 金手指损坏

图 10-25 内存插槽损坏

5. 内存温度过高

◉ 故障现象：正常运行计算机时突然出现提示【内存不可读】，并且在天气较热的时候出现该故障的几率较大。
◉ 故障原因：由于天气热时出现该故障的几率较大，一般是由于内存条过热而导致工作不稳定而造成的。
◉ 解决方法：自己动手加装机箱风扇，加强机箱内部的空气流通，还可以为内存安装铝制或者铜制散热片。

10.3.6 解决常见的硬盘故障

硬盘是计算机的主要部件，了解硬盘的常见故障有助于避免硬盘中重要的数据丢失。本节总结一些在实际操作中常见的硬盘故障及故障解决方法，为用户在实际维修工作中提供参考。

1. 硬盘连接线故障

◉ 故障现象：系统不认硬盘(系统从硬盘无法启动，使用 CMOS 中的自动检测功能也无法检测到硬盘)。
◉ 故障原因：这类故障的原因大多在硬盘连接电缆或数据线端口上，硬盘本身故障的可

能性不大，用户可以通过重新插接硬盘电源线或改换数据线检测该故障的具体位置(如果计算机上安装的新硬盘出现该故障，最常见的故障原因就是硬盘上的主从跳线被错误设置)。

- 解决方法：在确认硬盘主从跳线没有问题的情况下，用户可以通过更换硬盘电源线或数据线解决此类故障。

2. 硬盘无法启动故障

- 故障现象：硬盘无法启动。
- 故障原因：造成这种故障的原因通常有主引导程序损坏、分区表损坏、分区有效位错误或 DOS 引导文件损坏。
- 解决方法：在修复硬盘引导文件无法解决问题时，可以通过软件(如 PartitionMagic 或 Fdisk 等)修复损坏的硬盘分区来排除此类故障。

3. 硬盘老化

- 故障现象：硬盘出现坏道。
- 故障原因：硬盘老化或受损是造成该故障的主要原因。
- 解决方法：更换硬盘。

4. 硬盘病毒破坏

- 故障现象：无论使用什么设备都不能正常引导系统。
- 故障原因：这种故障一般是由于硬盘被病毒的“逻辑锁”锁住造成的，“硬盘逻辑锁”是一种很常见的病毒恶作剧手段。中了逻辑锁之后，无论使用什么设备都不能正常引导系统(甚至通过软盘、光驱、挂双硬盘都无法引导计算机启动)。
- 解决方法：利用专用软件解开逻辑锁后，查杀计算机内的病毒。

5. 硬盘主扇区损坏

- 故障现象：开机时硬盘无法自检启动，启动画面提示无法找到硬盘。
- 故障原因：产生这种故障的主要原因是硬盘主引导扇区数据被破坏，其具体表现为硬盘主引导标志或分区标志丢失。这种故障的主要原因往往是病毒将错误的数据覆盖到了主引导扇区中(目前市面上一些常见的杀毒软件都提供了修复硬盘的功能，用户可以利用其解决这个故障)。
- 解决方法：利用专用软件修复硬盘。

10.3.7　解决常见的显卡故障

显卡是计算机重要的显示设备之一，了解显卡的常见故障有助于用户在计算机出现问题时及早地排除故障，从而节约不必要的故障检查时间。本节总结一些在实际操作中常见的显卡故

障及故障解决方法，为用户在实际维修工作中提供参考。

1. 显卡接触不良

- 故障现象：计算机开机无显示。
- 故障原因：此类故障一般是因为显卡与主板接触不良或主板插槽有问题造成，对其予以清洁即可。对于一些集成显卡的主板，唯有将主板上的显卡禁止方可使用。由于显卡原因造成的开机无显示故障，主机在开机后一般会发出一长两短的报警声(针对Award BIOS而言)。
- 解决方法：重新安装显卡并清洁显卡的插槽，如图10-26所示。

2. 显示不正常

- 故障现象：显示器显示颜色不正常。
- 故障原因：造成该故障的原因一般为：显示卡与显示器信号线接触不良；显示器故障；显卡损坏；显示器被磁化(此类现象一般是与有磁性的物体距离过近所致，磁化后还可能会引起显示画面偏转的现象)。
- 解决方法：重新连接显示器信号线，更换显示器进行测试，如图10-27所示。

图10-26 重新安装显卡

图10-27 重新连接显示器信号线

3. 显卡分辨率支持问题

- 故障现象：在Windows系统里面突然显示花屏，看不清文字。
- 故障原因：此类故障一般由显示器或显卡不支持高分辨率造成。
- 解决方法：更新显卡驱动程序或者降低显示分辨率。

4. 显示的画面晃动

- 故障现象：在启动计算机进行检查时，发现进入Windows XP操作系统后，计算机显示器屏幕上有部分画面及字符会出现瞬间微晃、抖动、模糊后，又恢复清晰显示的现象。这一现象会在屏幕的其他部位或几个部位同时出现，并且反复出现。
- 故障原因：调整显示卡的驱动程序及一些设置，均无法排除该故障。接下来判断计算机周围有电磁场在干扰显示器的正常显示。仔细检查计算机周围，是否存在变压器、大功率音响等干扰源设备。

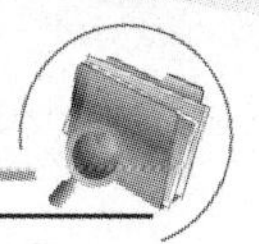

◉ 解决方法：让计算机远离干扰源。

5. 显示花屏

◉ 故障现象：在某些特定的软件里面出现花屏现象。
◉ 故障原因：软件版本太老不支持新式显卡或是由于显卡的驱动程序版本过低。
◉ 解决方法：升级软件版本与显卡驱动程序。

10.3.8 解决常见的光驱故障

光驱是计算机硬件中使用寿命最短的配件之一，在日常的使用中经常会出现各种各样的故障。本节总结一些在实际操作中常见的光驱故障及故障解决方法，为用户在实际维修工作中提供参考。

1. 光驱仓盒无法弹出

◉ 故障现象：光驱的仓盒无法弹出或很难弹出。
◉ 故障原因：导致这种故障的原因有两个，一是光驱仓盒的出仓皮带老化；二是异物卡在托盘的齿缝里，造成托盘无法正常出仓。
◉ 解决方法：清洗光驱或更换光驱仓盒的出仓皮带，如图 10-28 所示。

2. 光驱仓盒失灵

◉ 故障现象：光驱的仓盒在弹出后立即缩回。
◉ 故障原因：这种故障的原因是光驱的出仓到位判断开关表面被氧化，造成开关接触不良，使光驱的机械部分误认为出仓不顺，在延时一段时间后又自动将光驱仓盒收回。
◉ 解决方法：在打开光驱后用水砂纸轻轻打磨出仓控制开关的簧片。清洁光驱出仓控制开关上的氧化层，如图 10-29 所示。

图 10-28　清洗光驱

图 10-29　清洁氧化层

3. 光驱不读盘

◉ 故障现象：光驱的光头虽然有寻道动作，但是光盘不转或有转的动作，但是转不起来。

- 故障原因：光盘伺服电机的相关电路有故障。可能是伺服电机内部损坏(可找同类型的旧光驱的电机更换)，驱动集成块损坏(出现这种情况时有时会出现光驱一旦找到光盘，光驱一转计算机主机就启动，这也是驱动IC损坏所致)，也可能是柔性电缆中的某根断线。
- 解决方法：更换光驱。

4. 光驱丢失盘符

- 故障现象：计算机使用一切正常，可是突然在【计算机】窗口中无法找到光驱盘符。
- 故障原因：该故障多是由于计算机病毒或者丢失光驱驱动程序而造成的。
- 解决方法：建议首先使用杀毒软件对计算机清除计算机病毒。

5. 光驱程序无响应

- 故障现象：光驱在读盘的时候，经常发生程序没有响应的现象，甚至会导致死机。
- 故障原因：在光驱读盘时死机，可能是由于光驱纠错能力下降或供电质量不好而造成的。
- 解决方法：将光驱安装到其他计算机中使用，仍然出现该问题，则需清洗激光头。

10.4 上机练习

本章上机练习总结一些在实际操作中显示器、键盘、鼠标以及声卡等硬件设备的常见故障及故障解决方法，为用户在实际维修工作中提供参考。

1. 显示器显示偏红

- 故障现象：显示器无论是在启动还是运行时都偏红。
- 故障原因：可以检查计算机附近是否有磁性物品，或者检查显示屏与主板的数据线是否松动。
- 解决方法：检查并更换显示器信号线。

2. 显示器显示模糊

- 故障现象：显示器显示模糊，尤其是显示汉字时不清晰。
- 故障原因：由于显示器只能支持“真实分辨率”，而且只有在这种真实分辨率下才能显现最佳影像。当设置为真实分辨率以外的分辨率时，屏幕会显示不清晰甚至产生黑屏故障。
- 解决方法：调整显示分辨率为该显示器的“真实分辨率”。

3.键盘自检报错

- 故障现象：键盘自检出错，屏幕显示 keyboard error Press F1 Resume 出错信息，如图

10-30 所示。

- 故障原因：造成该故障的可能原因包括键盘接口接触不良，键盘硬件故障，键盘软件故障，信号线脱焊，病毒破坏和主板故障等。
- 解决方法：当出现自检错误时，可关机后拔插键盘与主机接口的插头，并检查信号线是虚焊，检查是否接触良好后再重新启动系统。如果故障仍然存在，可用替换法换用一个正常的键盘与主机相连，再开机试验。若故障消失，则说明键盘自身存在硬件问题，可对其进行检修；若故障依旧，则说明是主板接口问题，必须检修或更换主板。

4. 鼠标反应慢

- 故障现象：在更换一块鼠标垫后，光电鼠标反映变慢甚至无法移动桌面鼠标。
- 故障原因：造成此类故障的原因多是由于的鼠标垫反光性太强，影响光电鼠标接收反射激光信号，从而影响鼠标对位移信号的检测。
- 解决方法：更换一款深色、非玻璃材质的鼠标垫，如图 10-31 所示。

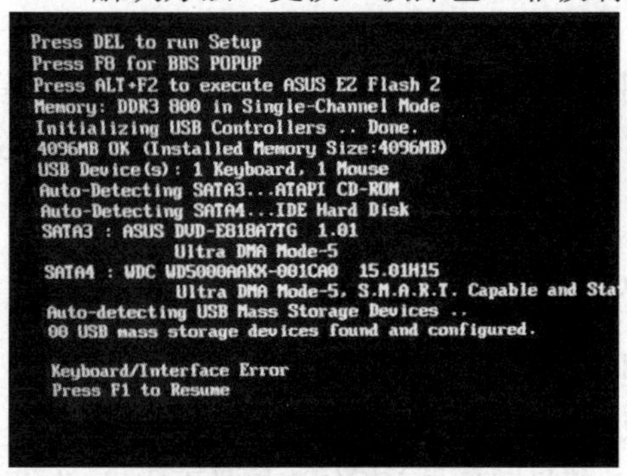

图 10-30　报错

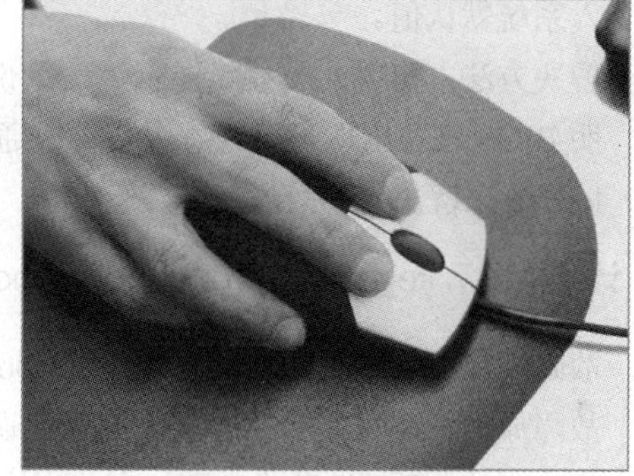

图 10-31　更换鼠标垫

5. 声卡没有声音

- 故障现象：计算机无法发出声音。
- 故障原因：可能是由于耳机或者音箱没有连接正确的音频输出接口。若连接正确，则检查是否打开了音箱或耳机开关。
- 解决方法：重新连接正确的音频输出接口，并打开音箱或耳机的开关。

6. 任务栏没有【小喇叭】图标

- 故障现象：在系统任务栏中没有【小喇叭】图标，并且计算机无法发声。
- 故障原因：这是由于没有安装或者没有正确安装声卡驱动所造成的。
- 解决方法：重新安装正确的声卡驱动程序，若是主板集成的声卡芯片，则可以在主板的驱动光盘中找到声卡芯片的驱动程序。

7. 无法上网

- 故障现象：无法上网，任务栏中没有显示网络连接图标。

- 故障原因：这是由于没有安装网卡驱动程序造成的。
- 解决方法：安装网卡驱动程序。

8. 计算机提示 CMOS battery failed 故障

- 故障现象：计算机在启动时提示 CMOS battery failed。
- 故障原因：此类提示的含义是 CMOS 电池失效。这说明主板 CMOS 供电电池已经没有电了，需要重新更换。
- 解决方法：更换主板 CMOS 电池即可解决此类故障。

9. 计算机提示 CMOS check sum error-Defaults loaded

- 故障现象：计算机在启动自检时提示错误 CMOS check sum error-Defaults loaded，并不能正常启动。
- 故障原因：计算机出现此类提示的含义是 CMOS 执行全部检查时出现错误，需要载入系统默认值。
- 解决方法：出现此类故障提示，一是说明计算机主板 CMOS 电池已经失效，二是说明 BIOS 设置出现了问题。用户可以通过更换 CMOS 电池或将 BIOS 设置为 Defaults loaded 来解决此类故障。

10. 计算机提示 keyboard error or no Keyboard present

- 故障现象：计算机在启动时提示 keyboard error or no Keyboard present。
- 故障原因：此类提示的含义是键盘错误或者计算机没有发现与其连接的键盘。
- 解决方法：要解决此类故障，应首先检查计算机键盘与主板的连接是否完好。如果已经接好，可能是计算机键盘损坏造成的，可以将计算机送至固定的维修点进行维修。

11. 计算机提示 Press Esc to skip memory test

- 故障现象：计算机在启动时提示错误 Press Esc to skip memory test。
- 故障原因：出现此类故障提示的原因是在 CMOS 内没有设定跳过存储器的第 2、第 3、第 4 次测试，启动计算机时就会执行 4 次内存测试。
- 解决方法：要解决此类故障，用户可以进入 BIOS，然后选择 BIOS Features Setup 选项，将其中的 Quick Power On Self Test 项设为 Enabled 状态并保存即可。

10.5 习题

1. Windows 7 操作系统无法正常弹出 USB 移动存储设备，系统总是提示设备正在工作无法关闭，如何解决？

2. 简述计算机 CPU 的常见故障及解决方法。